rapid biological : inventories 15

Perú: Megantoni

Corine Vriesendorp, Lelis Rivera Chávez,
Debra Moskovits y/and Jennifer Shopland, editores/editors

DICIEMBRE/DECEMBER 2004

Instituciones Participantes/Participating Institutions

  The Field Museum

  Centro para el Desarrollo del
Indígena Amazónico (CEDIA)

  Herbario Vargas, Universidad
Nacional San Antonio Abad
del Cusco

  Museo de Historia Natural
de la Universidad Nacional
Mayor de San Marcos

  Centro de Conservación, Investigación
y Manejo de Áreas Naturales
(CIMA-Cordillera Azul)

LOS INVENTARIOS BIOLÓGICOS RÁPIDOS SON PUBLICADOS POR/
RAPID BIOLOGICAL INVENTORIES REPORTS ARE PUBLISHED BY:

THE FIELD MUSEUM
Environmental and Conservation Programs
1400 South Lake Shore Drive
Chicago, Illinois 60605-2496 USA
T 312.665.7430, F 312.665.7433
www.fieldmuseum.org

Editores/Editors: Corine Vriesendorp, Lelis Rivera Chávez, Debra Moskovits, Jennifer Shopland

Diseño/Design: Costello Communications, Chicago

Mapas/Maps: Dan Brinkmeier, Kevin Havener, Sergio Rabiela, Jorge Rivera

Traducciones/Translations: Patricia Alvarez, Elizabeth Anderson, Lydia Gentry, Walter Kategari Iratsimeri, Sarah Kaplan, Tatiana Pequeño, Viviana Ruiz-Gutierrez, Miguel Chacami Shiompiki, Amanda Zidek-Vanega, Tyana Wachter.

El Field Museum es una institución sin fines de lucro exenta de impuestos federales bajo la sección 501 (c) (3) del Código Fiscal Interno./The Field Museum is a non-profit organization exempt from federal income tax under section 501 (c) (3) of the Internal Revenue Code.
ISBN 0-914868-59-4

Esta publicación ha sido financiada en parte por la Gordon and Betty Moore Foundation./This publication has been funded in part by the Gordon and Betty Moore Foundation.

Cita Sugerida/Suggested Citation: C. Vriesendorp, L. Rivera Chávez, D. Moskovits and Jennifer Shopland (eds.). 2004. Perú: Megantoni. Rapid Biological Inventories Report 15. Chicago, Illinois: The Field Museum.

Créditos Fotográficos/Photography Credits

Carátula/Cover: Megantoni fue nombrado por el meganto (Machiguenga para Guacamayo Militar, *Ara militaris*). Foto de H. Plenge/Megantoni is named for the meganto (Machiguenga for Military Macaw, *Ara militaris*). Photo by H. Plenge.

Carátula interior/Inner-cover: Megantoni protege una gran diversidad de hábitats desde las húmedas selvas bajas (500 m) hasta la puna (4000 m). Foto de H. Plenge./Megantoni safeguards a great diversity of habitats from humid lowlands (500 m) to high-altidude grasslands (4000 m). Photo by H. Plenge.

Láminas a color/Color plates: Figs. 3C, 3K, 8A-H, M. Hidalgo; Figs. 3D, 3F, 6B, 6P, C. Vriesendorp; Figs. 3E, 6F, 7A-C, 9E, 10A-B, 11A-C, 11E-F, 12A, H. Plenge; Figs. 3G-J, 4A-H, 5A-M, 6G-O, 6U, 6Y-DD, 6FF-GG, 6II, 6NN-VV, 12E, R. Foster; Figs. 6A, 6E, 6Q-T, 6V-X, 6EE, 6HH-KK, 6MM, N. Salinas; Figs. 6C, 9A-B, 9F-G, 11D, 13, G. Knell; Fig. 6D, J. Figueroa; Figs. 9C, 9H, L. Rodríguez; Fig. 9D, A. Catenazzi; Figs. 10C-E, D. Lane; Figs. 12B-D, L. Rivera

Impreso sobre papel reciclado./Printed on recycled paper.

CONTENIDO/CONTENTS

INTEGRANTES DEL EQUIPO

EQUIPO DE CAMPO

Hamilton Beltrán *(plantas)*
Museo de Historia Natural
Universidad Nacional Mayor de San Marcos
Lima, Perú

Alessandro Catenazzi *(anfibios y reptiles)*
Florida International University
Miami, FL, USA

Judith Figueroa *(mamíferos)*
Asociación Ucumari
Lima, Perú

Robin B. Foster *(plantas)*
Environmental and Conservation Programs
The Field Museum, Chicago, IL, USA

Max H. Hidalgo *(peces)*
Museo de Historia Natural
Universidad Nacional Mayor de San Marcos
Lima, Perú

Dario Hurtado *(logística de transporte)*
Policia Nacional del Perú
Lima, Perú

Guillermo Knell *(logística de campo)*
Environmental and Conservation Programs
The Field Museum, Chicago, IL, USA

Daniel F. Lane *(aves)*
LSU Museum of Natural Science
Louisiana State University, Baton Rouge, LA, USA

Trond Larsen *(escarabajos peloteros)*
Ecology and Evolutionary Biology
Princeton University, Princeton, NJ, USA

Debra K. Moskovits *(coordinadora)*
Environmental and Conservation Programs
The Field Museum, Chicago, IL, USA

Tatiana Pequeño *(aves)*
CIMA-Cordillera Azul
Lima, Perú

Heinz Plenge *(fotografía)*
Photo Natur, Lima, Perú

Roberto Quispe *(peces)*
Museo de Historia Natural
Universidad Nacional Mayor de San Marcos
Lima, Perú

Norma Salinas Revilla *(plantas)*
Herbario Vargas
Universidad Nacional San Antonio Abad del Cusco
Cusco, Perú

Dani Enrique Rivera *(logística de campo)*
Museo de Historia Natural
Universidad Nacional Mayor de San Marcos
Lima, Perú

Lelis Rivera Chávez
(coordinación, caracterización social)
CEDIA, Lima, Perú

Lily O. Rodríguez *(anfibios y reptiles)*
CIMA-Cordillera Azul
Lima, Perú

Jose-Ignacio (Pepe) Rojas Moscoso *(logística de campo)*
Blinn College
College Station, TX, USA

Aldo Villanueva *(logística de campo)*
Universidad Ricardo Palma
Lima, Perú

Corine Vriesendorp *(plantas)*
Environmental and Conservation Programs
The Field Museum, Chicago, IL, USA

Patricio Zanabria *(caracterización social)*
CEDIA, Lima, Perú

COLABORADORES/COLLABORATORS

Instituto Nacional de Recursos Naturales (INRENA)
Lima, Perú

**Proyecto Especial de Titulación de Tierras y
  Catastro Rural (PETT) de Quillabamba**

Comunidades Machiguenga de
Matoriato
Timpía
Shivankoreni

Consejo Machiguenga del Río Urubamba (COMARU)

The Field Museum

El Field Museum es una institución de educación y de investigación, basada en colecciones de historia natural, que se dedica a la diversidad natural y cultural. Combinando las diferentes especialidades de Antropología, Botánica, Geología, Zoología y Biología de Conservación, los científicos del museo investigan asuntos relacionados a evolución, biología del medio ambiente y antropología cultural. El Programa de Conservación y Medio Ambiente (ECP) es la rama del museo dedicada a convertir la ciencia en acción con el propósito de crear y apoyar una conservación duradera. ECP colabora con el Centro de Entendimiento y Cambio de Cultura del museo para involucrar a los residentes locales en esfuerzos de protección a largo plazo de las tierras en que dependen. Con la acelerada pérdida de la diversidad biológica en todo el mundo, la misión de ECP es de dirigir los recursos del museo—conocimientos científicos, colecciones mundiales, programas educativos innovadores—a las necesidades inmediatas de conservación a un nivel local, regional, e internacional.

The Field Museum
1400 S. Lake Shore Drive
Chicago, Illinois 60605-2496
Estados Unidos
312.922.9410 tel
www.fieldmuseum.org

Centro para el Desarrollo del Indígena Amazónico (CEDIA)

CEDIA es una organización civil peruana sin fines de lucro con más de 20 años de trabajo en favor de las poblaciones indígenas de la Amazonía peruana, mediante el ordenamiento territorial de cuencas, seguridad jurídica de la propiedad indígena, promoción y gestión participativa de planes de manejo de sus bosques. Ha facilitado procesos de titulación de más de 350 comunidades nativas con casi 4 millones de hectáreas para 11,500 familias indígenas. CEDIA busca consolidar la propiedad indígena a través del fortalecimiento institucional comunitario y el manejo sostenible de recursos naturales y la biodiversidad. Sus actividades se ejecutan con los pueblos indígenas Machiguenga, Yine Yami, Ashaninka, Kakinte, Nanti, Nahua, Harakmbut, Urarina, Iquito, y Matsés en las cuencas del Alto y Bajo Urubamba, Apurímac, Alto Madre de Dios, Chambira, Nanay, Gálvez y Yaquerana.

Centro para el Desarrollo del Indígena Amazónico (CEDIA)
Pasaje Bonifacio 166, Urb. Los Rosales de Santa Rosa
La Perla—Callao, Lima, Perú
51.1.420.4340 tel
51.1.457.5761 tel/fax
cedia+@amauta.rcp.net.pe

Herbario Vargas (CUZ) de la Facultad de Ciencias Biológicas de la Universidad Nacional de San Antonio Abad del Cusco

El Herbario Vargas, fundado en 1936, conserva y mantiene colecciones botánicas de la flora regional y constituye una fuente de información y consulta referencial de botánica y sistemática para estudiantes e investigadores nacionales y extranjeros. Asímismo sus colecciones, que sobrepasan 150.000 especímenes, son un instrumento fundamental para los estudios florísticos, taxonómicos y ecológicos de las diferentes formaciones de vegetación existentes en el país. Una biblioteca especializada acompaña a las colecciones botánicas y sirve también como una base de referencia y apoyo para la mejor sistematización de la información. El Herbario es un centro de prestación de servicios de la Facultad de Ciencias Biológicas de la Universidad Nacional de San Antonio Abad del Cusco que con sus 312 años se encuentra entre las Universidades más antiguas de Latino América.

Herbario Vargas (CUZ) de la Facultad de
   Ciencias Biológicas de la Universidad Nacional
   de San Antonio Abad del Cusco
Avenida De La Cultura 733
Cusco, Perú
51.84.23.2194 tel
http://www.unsaac.edu.pe/biologia.html

Museo de Historia Natural de la Universidad Nacional Mayor de San Marcos

El Museo de Historia Natural, fundado en 1918, es la fuente principal de información sobre la flora y fauna del Perú. Su sala de exposiciones permanentes recibe visitas de cerca de 50.000 escolares por año, mientras sus colecciones científicas—de aproximadamente un millón y medio de especímenes de plantas, aves, mamíferos, peces, anfibios, reptiles, así como de fósiles y minerales—sirven como una base de referencia para cientos de tesistas e investigadores peruanos y extranjeros. La misión del museo es ser un núcleo de conservación, educación e investigación de la biodiversidad peruana, y difundir el mensaje, a nivel nacional e internacional, de que el Perú es uno de los países con mayor diversidad de la Tierra y que el progreso económico dependerá de la conservación y uso sostenible de su riqueza natural. El museo forma parte de la Universidad Nacional Mayor de San Marcos, la cual fue fundada en 1551.

Museo de Historia Natural de la
   Universidad Nacional Mayor de San Marcos
Avenida Arenales 1256
Lince, Lima 11, Perú
51.1.471.0117 tel
www.unmsm.edu.pe/hnatural.html

**Centro de Conservación, Investigación y Manejo de
Áreas Naturales (CIMA-Cordillera Azul)**

CIMA-Cordillera Azul es una organización peruana privada,
sin fines de lucro, cuya misión es trabajar en favor de la
conservación de la diversidad biológica, conduciendo el manejo de
áreas naturales protegidas, promoviendo alternativas económicas
compatibles con el ambiente, realizando y difundiendo
investigaciones científicas y sociales, promoviendo las alianzas
estratégicas y creando las capacidades necesarias para la
participación privada y local en el manejo de las áreas naturales,
y asegurando el financiamiento de las áreas bajo manejo directo.

CIMA-Cordillera Azul
San Fernando 537
Miraflores, Lima, Perú
51.1.444.3441, 242.7458 tel
51.1.445.4616 fax
www.cima-cordilleraazul.org

AGRADECIMIENTOS

Aunque es imposible agradecer individualmente a todas las personas que participaron de alguna u otra manera en este esfuerzo, estamos profundamente agradecidos a cada uno de ellos por hacer posible el trabajo en Megantoni, y a todos los que trabajaron en traducir nuestros resultados para la creación del Santuario Nacional Megantoni, una nueva área protegida en el Perú.

Las comunidades indígenas que colindan con el ahora Santuario Nacional Megantoni, han estado trabajando por los últimos 22 años con CEDIA para proteger estas montañas espectaculares y sus extraordinarias riquezas culturales y biológicas. Agradecemos a estas comunidades por su perseverancia y por invitarnos a realizar el inventario biológico de estas montañas que anteriormente no habían sido exploradas científicamente. En especial agradecemos a las comunidades de Timpía, Matoriato y Shivankoreni, quienes participaron en las preparaciones, la logística y la ejecución del inventario.

El éxito de un inventario rápido en un sitio tan remoto e inaccesible depende en gran parte de la determinación del equipo de logística. Tuvimos la suerte de tener un grupo con suprema energía que no consideró ningún desafío como insuperable. Guillermo Knell estuvo a cargo del grupo de avance y con José-Ignacio (Pepe) Rojas y Aldo Villanueva, se aseguraron de que toda la logística terrestre —los helipuertos, campamentos, y senderos— estuvieran listos. A cargo de la complicada logística del transporte estuvo el experto en solucionar problemas, el excelente piloto Dario Hurtado. El personal de CEDIA ayudó con la coordinación a cada paso y con la comunicación por radio. Le agradecemos al Hostal Alto Urubamba y a la Comisaría de la Policía en Quillabamba, especialmente al Mayor Walter Junes, por su generosidad en brindarnos su ayuda varias veces para apoyar al equipo. Fritz Lutich y los pilotos Roberto Arias y Ricardo Gutiérrez (Helisur) facilitaron la entrada del equipo de avance. La Policía Nacional del Perú ayudó con el almacenaje de nuestro equipo entre vuelos. El piloto Daniel de la Puente y el Ing. Juan Pablo San Cristobal (Copters Perú) trataron de no dejarnos abandonados en el campo. Y le debemos una especial gratitud al Ing. Funes, de Techin, SA, por habernos rescatado cuando nos quedamos atrapados en el campo. A pesar de que sus helicópteros estaban muy ocupados, el Ing. funes tuvo la amabilidad de enviar uno de ellos a recogernos.

El primer campamento, Kapiromashi, y sus senderos fueron hechos extraordinariamente bien bajo la coordinación de Pepe Rojas y el trabajo de los residentes de Timpía: Filemón Olarte, Gilberto Martínez, Javier Mendoza, Jaime Domínguez, Martin Semperi, Francisco García y Beatriz Nochomi (cocinera). Guillermo Knell, con la ayuda de Dani Rivera, coordinaron el campamento espectacular en la meseta llena de musgo del segundo campamento, Katarompanaki, con el experto trabajo de Jose Semperi, Valerio Tunqui, Felipe Semperi, Cesar Mendoza, Antonio Nochomi, Wilber Yobeni, Pedro Korinti, Rina Intaqui (cocinera) y Adolfo Nochomi, también residentes de Timpía. Le damos las gracias al jefe de Timpía, Camilo Ninasho, por su apoyo. El tercer y más alto campamento, Tinkanari, fue la obra de Aldo Villanueva y su equipo de Matoriato —Roger Yoyeari, Gilmar Manugari, Bocquini Sapapuari, Luis Camparo, Samuel Chinchiquiti, Yony Sapapuari (cocinero), Patricio Rivas y Ronald Rivas— y de Shivankoreni —Miguel Chacami y Esteban Italiano. Agradecemos muy profundamente a Delia Tenteyo y René Bello por habernos alimentado tan bien en el campo.

El equipo de botánica agradece a Eric Christenson, Jason Grant, Charlotte Taylor, Lucia Lohmann, James Luteyn, Andrew Henderson, Stefan Dressler, Lucia Kawasaki, Bil Alverson, Jun Wen, Nancy Hensold, Paul Fine, John Kress, y David Johnson por su ayuda en la identificación de especies. Por la ayuda en el secado de plantas, reconocemos a Marlene Mamani, Karina Garcia, Natividad Raurau, Angela Rozas, Vicky Huaman, William Farfan, Javier Silva, Walter Huaraca, Darcy Galiano, y Guido Valencia. En Chicago, Sarah Kaplan proceso muchas de las imágenes y Tyana Wachter ayudó con su magia a cada paso.

Francois Genier ayudó con la identificación de los escarabajos peloteros. Richard Vari, Scott Schaefer, Mario de Pinna, y Norma Salcedo apoyaron con las identificaciones de los peces y Hernan Ortega revisó el manuscrito de peces. Le agradecemos a Charles Myers, William Duellman, David Kizirian, Roy McDiarmid, Michael Harvey, Diego Cisneros, y especialmente a Javier Icochea, por ayudarnos con la identificación de los reptiles y anfibios. Dani Rivera participó activamente en el trabajo de campo de la parte herpetológica, especialmente en el Campamento Katarompanaki. Guillermo Knell, como siempre, participó con el trabajo de campo y en la fotografía de la herpetofauna.

Constantino Aucca, Nathaniel Gerhart, Ross McLeod, John O'Neill, J. V. Remsen, Thomas Schulenberg, Douglas Stotz, Thomas Valqui, Barry Walker y Bret Whitney todos contribuyeron con sus valiosos comentarios en el manuscrito de aves. Le damos las gracias a Paul Velazco y a Marcelo Stucchi por sus revisiones del capítulo sobre mamíferos.

Los editores agradecen a todos los autores por sus esfuerzos en escribir sus capítulos tan rápidamente y especialmente, por la pronta recepción de los resúmenes a nuestro arribo a la ciudad del Cusco. Estos resúmenes se convirtieron en la base de nuestra presentación para solicitar el estatus de Santuario Nacional para estas montañas tan ricas en biodiversidad. El equipo de CEDIA (especialmente Jorge Rivera) y Sergio Rabiela, Dan Brinkmeier y Kevin Havener fueron de una gran ayuda con la elaboración de los mapas para el informe.

Le agradecemos a Heinz Plenge (que estuvo con nosotros en el primer campamento) por dejarnos usar sus increíbles fotografías y a Guillermo Knell por sus excelentes videos en el campo. Por su inestimable ayuda en las versiones finales de este informe, le agradecemos a Douglas Stotz y por sus aportes a lo largo del inventario, le damos las gracias a Jorge Aliaga y Malaquita Vargas (CIMA, Lima), y a Rob McMillan, Brandy Pawlak y Tyana Wachter (Field Museum, Chicago). Tyana también fue de una gran ayuda con las traducciones. Jim Costello como siempre dio totalmente de sí para capturar la esencia de este inventario con su diseño del informe. John McCarter, Jr. sigue aportando gran apoyo a nuestros programas de conservación. Agradecemos al Gordon and Betty Moore Foundation por el financiamiento otorgado para éste inventario.

La meta de los inventarios rápidos—biológicos y sociales—
es catalizar acciones efectivas para la conservación en
regiones amenazadas, las cuales tienen una alta riqueza
y singularidad biológica.

Metodología

En los inventarios biológicos rápidos, el equipo científico se concentra principalmente en los grupos de organismos que sirven como buenos indicadores del tipo y condición de hábitat, y que pueden ser inventariados rápidamente y con precisión. Estos inventarios no buscan producir una lista completa de los organismos presentes. Más bien, usan un método integrado y rápido (1) para identificar comunidades biológicas importantes en el sitio o región de interés y (2) para determinar si estas comunidades son de excepcional y de alta prioridad a nivel regional o mundial.

En los inventarios rápidos de recursos y fortalezas culturales y sociales, científicos y comunidades trabajan juntos para identificar el patrón de organización social y las oportunidades de colaboración y capacitación. Los equipos usan observaciones de los participantes y entrevistas semi-estructuradas para evaluar rápidamente las fortalezas de las comunidades locales que servirán de punto de inicio para programas extensos de conservación.

Los científicos locales son clave para el equipo de campo. La experiencia de estos expertos es particularmente crítica para entender las áreas donde previamente ha habido poca o ninguna exploración científica. A partir del inventario, la investigación y protección de las comunidades naturales y el compromiso de las organizaciones y las fortalezas sociales ya existentes, dependen de las iniciativas de los científicos y conservacionistas locales.

Una vez completado el inventario rápido (por lo general en un mes), los equipos transmiten la información recopilada a las autoridades locales y nacionales, responsables de las decisiones, quienes pueden fijar las prioridades y los lineamientos para las acciones de conservación en el país anfitrión.

RESUMEN EJECUTIVO

Fechas del trabajo de campo	25 abril-13 mayo del 2004

Región

Las 216.005 hectáreas de bosques intactos en las vertientes orientales de los Andes, en el departamento del Cusco (Provincia de la Convención, Distrito de Echarate), se ubican en la parte central de la cuenca del río Urubamba. El escarpado y espectacular terreno de la Zona Reservada Megantoni (ZRM) atraviesa diferentes pisos altitudinales que van desde hondos y húmedos cañones hasta los altos pajonales de la puna. Los bosques crecen en una mezcla heterogénea de colinas rocosas, pendientes irregulares, riscos escarpados y mesetas planas de elevaciones medias. Dos cadenas extremadamente empinadas atraviesan la Zona Reservada, descendiendo desde el este hacia el oeste. El río Urubamba disecta una de estas cadenas en la esquina suroeste, creando el mítico cañón del Pongo de Maenique. Tres de los tributarios del Urubamba—los ríos Timpía y Ticumpinía desde el norte y el río Yoyato en el límite sur—corren en los valles de la Zona Reservada, excavando las altas crestas que los rodean.

Sitios muestreados

Seleccionamos 3 sitios entre los 650 y 2.350 m de altitud para nuestro inventario rápido. Aunque las selvas bajas tienen mucho más especies, son las elevaciones medianas que albergan generalmente especies únicas (endémicas) o de rangos restringidos. Para averiguar la presencia de estas especies de alto interés biológico, seleccionamos las plataformas más inaccesibles y aisladas.

Campamento Kapiromashi: (bambú en Machiguenga): Este fue nuestro único sitio de muestreo a lo largo de un río grande. Nuestro campamento estaba ubicado en el pie de monte, en la regeneración de un derrumbe a lo largo de una pequeña quebrada unos 200 m arriba de su unión con el Ticumpinía. El río Ticumpinía es uno de los grandes ríos en la Zona Reservada, pudiendo abarcar un ancho de 150 m durante época de crecida. En este campamento, con sus grandes pacales, muestreamos entre 650-1.200 m de altitud.

Campamento Katarompanaki: (*Clusia* en Machiguenga): En el corazón de la Zona Reservada, enormes plataformas de roca emergen entre los dos tributarios del río Ticumpinía. Estas plataformas son muy obvias en las imágenes satélite y no parecen ocurrir en el Parque Nacional del Manu ni en la Cordillera de Vilcabamba. Nuestro segundo campamento se ubicó en la plataforma más alta, desde aquí pudimos también explorar una plataforma adyacente, 400 m más abajo. En este campamento muestreamos elevaciones entre 1.300-2.000 m de altitud.

Sitios muestreados (continua)	**Campamento Tinkanari:** (helecho arbóreo en Machiguenga): Nuestro tercer sitio estaba ubicado en el límite oriental de la Zona Reservada, en el borde con el Parque Nacional del Manu. A través de los Andes y también en la Zona Reservada, esta elevación contiene algunas de las laderas y montañas más empinadas. Nuestro sitio era inusualmente plano, con agua acumulándose en varios sitios e inclusive formando un pequeño (15-20 m de diámetro) lago de aguas negras. Las cabeceras del río Timpía y del Manu se originan unos cientos de metros más arriba de este sitio y nuestras trochas cruzaron docenas de pequeñas quebradas con rocas cubiertas de musgo. Un huaico formado por un derrumbe reciente nos permitió ver la complicada geología del área. En este campamento pudimos muestrear entre los 2.100-2.400 m de altitud.
Organismos estudiados	Plantas vasculares, escarabajos peloteros, peces, reptiles y anfibios, aves, y mamíferos grandes
Resultados principales	Las comunidades biológicas de la Zona Reservada Megantoni son una mezcla interesante de especies del norte y sur, este y oeste. Estimábamos encontrar una mezcla de complementos de las áreas protegidas adyacentes, la Cordillera de Vilcabamba y el Parque Nacional del Manu. Aunque encontramos esta mezcla en la avifauna, los otros organismos mostraron una relación más estrecha con Manu, con varias especies exclusivas para Megantoni. En las tres semanas de muestreo, encontramos un número extraordinariamente alto de más de 60 especies nuevas para la ciencia (entre ellas más de 20 orquídeas). La diversidad de hábitats es muy alta en la Zona Reservada. **Plantas:** El equipo registró más de 1.400 especies de plantas en el campo y estimamos de 3.000-4.500 especies en la Zona Reservada, incluyendo la selva baja y la puna. En solamente 15 días en el campo, encontramos un número sorprendente de plantas nuevas para la ciencia: 25 a 35 especies. Los cerros tienen muy alta diversidad de hábitats, con varias especies de plantas restringidas a un sólo tipo de suelo o roca, condiciones que probablemente favorecen el proceso de especiación en la región. Orquídeas y helechos son las familias excepcionalmente diversas en la Zona Reservada, representando un cuarto de todas las especies de plantas observadas. Casi una quinta parte de las orquídeas que encontramos en flor (20 de 116 especies) son nuevas para la ciencia.

Resultados principales
(continua)

Escarabajos peloteros: El equipo registró 71 de las 120 especies estimadas para la Zona Reservada. Encontramos poco traslape de especies entre sitios (y donde había traslape, la abundancia de las especies era mucho más alta en un sitio que en el otro). La riqueza de especies es excepcionalmente alta en la región, aún más alta que en elevaciones similares en Kosñipata, en el Parque Nacional Manu. Las dos elevaciones más altas que muestreamos tenían alta abundancia de los escarabajos grandes, que son más vulnerables a la extinción. Los bosques secundarios y los bosques con bambú tenían menos especies. Muchas de las especies encontradas tienen rangos altitudinales (y probablemente geográficos) muy restringidos y probablemente son endémicas a la región. Varias de las especies encontradas son raras o nuevas para la ciencia. En términos ecológicos, las especies más grandes son especialmente importantes, no solo para el reciclaje y control de parásitos, sino también para la dispersión de semillas.

Peces: En el río Ticumpinía y las quebradas muestreadas el equipo registró 22 especies de peces. Estimamos que la ictiofauna de la Zona Reservada excede las 70 especies, con la mayoría de especies adicionales esperadas en los bosques de selva baja (< 700 m) que no fué visitado. Algunas de las especies de altura podrían ser endémicas de esta región (*Astroblepus* y *Trichomycterus*) y presentan adaptaciones morfológicas singulares a condiciones de aguas torrentosas, frías y limpias, con altas concentraciones de oxígeno disuelto. Los hábitats acuáticos que muestreamos están en excelente estado de conservación, sin presencia de especies introducidas como la trucha (*Oncorhynchus mykiss*) que se han adaptado muy bien a las condiciones particulares de los ríos de la región andina del Perú y han desplazado (y extinguido) la fauna nativa.

Reptiles y anfibios: El equipo herpetológico registró 32 especies de anfibios (anuros) y 19 de reptiles (nueve lagartijas y diez culebras) en los 3 sitios muestreados entre los 700-2.200 m de altitud. Basado en inventarios anteriores en un transecto altitudinal en el Valle de Kosñipata (Parque Nacional del Manu), estimamos 50-60 especies de anfibios para las mismas elevaciones en la Zona Reservada Megantoni. Encontramos varias especies en elevaciones inesperadas (*Phrynopus* más abajo, *Epipedobates macero* más arriba) y algunas con extensions de su rango geográfico (p. ej., *Syncope* hacia al sur). La Zona Reservada Megantoni comparte una parte de su herpetofauna con el vecino Parque Nacional Manu, pero contiene especies únicas: por lo menos una tercera parte de la herpetofauna de la Zona Reservada Megantoni no está comprendida en otras áreas protegidas. Encontramos 12 especies nuevas para la ciencia (7 anuros, 4 lagartijas, y 1 serpiente).

Aves: El equipo de ornitólogos registró 378 especies en los 3 sitios muestreados. Hábitats que no fueron visitados tendrían muchas especies adicionales, restringidas a otras elevaciones (selva baja tropical, bosque montano de altura, puna). Especies migratorias que no encontramos durante el inventario también aumentarían la lista y estimamos un total de 600 especies de aves para la Zona Reservada Megantoni. El área presenta una mezcla de especies andinas del centro del Perú, antes conocidas solamente al oeste de la Cordillera Vilcabamba, y especies de las Yungas Bolivianas, antes conocidas solamente hasta Puno o hasta el límite oriental del Parque Nacional Manu. La protección del área preservará la alta densidad de pavas y de guacamayos que vimos durante el inventario. La caza de aves grandes, como pavas y perdices, ha reducido enormemente su abundancia en otras áreas del Perú, inclusive en nuestro primer campamento (Kapiromashi), donde encontramos señales de caza, la abundancia de pavas era más baja. Especies extremadamente raras y locales, como la Perdiz Negra (*Tinamus osgoodi*), la Piha Alicimitarra (*Lipaugus uropygialis*) y el Cacique de Koepcke (*Cacicus koepckeae*), todas consideradas vulnerables a la extinción (Birdlife International) y conocidas de muy pocos sitios en todo el mundo, estarían protegidas en Megantoni.

Mamíferos: De las 46 especies esperadas en la Zona Reservada Mengantoni, el equipo registró 32 especies de mamíferos grandes y medianos (pertenecientes a 7 órdenes y 17 familias) en los 3 sitios muestreados. Según la Convención Internacional del Tráfico de Especies (CITES), 5 de estas especies se encuentran amenazadas de extinción y 12 están potencialmente amenazadas. En los tres sitios vimos una gran cantidad de huellas y rastros del oso de anteojos (*Tremarctos ornatus*), indicando la presencia de poblaciones saludables de esta especie, y resaltando la importancia de proteger el corredor altitudinal. La Zona Reservada debe ser un corredor de suma importancia para migraciones de otras especies también, entre ellas *Panthera onca* y *Puma concolor*. Dentro de los objetos de conservación incluimos los mamíferos clasificados como CITES Apéndice I: *Tremarctos ornatus, Panthera onca, Leopardus pardalis, Lontra longicaudis* y *Priodontes maximus* y CITES Apéndice II: *Myrmecophaga tridactyla, Dinomys branickii, Herpailurus yagouaroundi, Puma concolor, Tapirus terrestris, Alouatta seniculus, Cebus albifrons, Cebus apella, Lagothrix lagothricha, Tayassu pecari* y *Pecari tajacu*.

RESUMEN EJECUTIVO

Comunidades humanas

Existen 38 comunidades nativas de cuatro etnias distintas en las cuencas del Bajo y Alto Urubamba, al norte y al sur de Megantoni. La gente Machiguenga, Ashaninka, Yine Yami, y Nanti han vivido en estos bosques por miles de años, cazando, pescando, y cultivando sus chacras pequeñas. Para muchos de ellos, sus raices espirituales se centran en Megantoni, especialmente en las aguas turbulentas del Pongo de Maenique— el sagrado lugar donde las almas se trasladan entre este mundo y el próximo, y donde se creó el mundo. Hace 22 años, ellos formaron alianzas con CEDIA para promover el manejo efectivo de sus recursos naturales y proteger sus tierras, la biodiversidad, y el centro de su mundo espiritual. Al sur de Megantoni, mas que 150.000 colonos viven en el Alto Urubamba.

Amenazas principales

A lo largo del Bajo Urubamba y a ambos lados de la Zona Reservada, se observa fuerte deforestación, con chacras grandes (parcelas de roza y quema) muy obvias en las imágenes de satélite, además de evidencias de una colonización que sólo desaparece al acercarse al límite de la Zona Reservada. Arriba del Pongo de Maenique y a lo largo del río Yoyato, sobre el lado sur de la Zona Reservada, la amenaza de colonización en la parte alta de los Andes parece aún mayor, con el cañón funcionando como una barrera parcial al avance de la deforestación. Además de la destrucción de hábitat, una caza descontrolada dentro de la Zona Reservada amenazaría varias especies de fauna. Pudimos ver evidencias del impacto de la caza en nuestro primer campamento, Kapiromashi.

Antecedentes

CEDIA (Centro del Desarrollo del Indígena Amazonico) y COMARU (Consejo Machiguenga del Río Urubamba) iniciaron las gestiones ante el Ministerio de Agricultura en 1988, para la declaración del Megantoni y todas su áreas de influencia (210.000 ha) como Área Natural Protegida. En 1992, elaboraron el primer expediente técnico solicitando la creación del propuesto "Santuario Nacional Machiguenga Megantoni." En 1998, el INRENA devuelve el expediente a la Dirección Regional Agraria de Cusco para verificar algunos vacíos de información respecto a la lista CITES y al catastro del área colindante.

Entre 1997 y 1998, la ex-Región Inca, hoy Gobierno Regional Cusco, convocó la participación de instituciones locales para la formulación de una propuesta de desarrollo sostenible en la cuenca del Bajo Urubamba. En el documento final se recomienda, entre otras acciones, la culminación de los estudios tendientes a la declaración oficial de la Zona Reservada Megantoni.

En marzo 2004, se creó la Zona Reservada Megantoni por Resolución Ministerial Nª 0243-2004-AG en el Sistema Nacional de Áreas Naturales Protegidas.

Estado actual

Los resultados de éste inventario han dado la información biológica que se requería para sustentar un nivel máximo de protección a la Zona Reservada. El 11 de Agosto del 2004 por Decreto Supremo Nª 030-2004-AG basado en el expediente técnico preparado por CEDIA e incorporando nuestros datos biológicos, se declaró el Santuario Nacional Megantoni. El Santuario forma parte del corredor extensivo que protege los bosques empezando en Vilcabamba, pasando por Manu y Bahuaja-Sonene, y continuando hasta Bolivia.

Megantoni

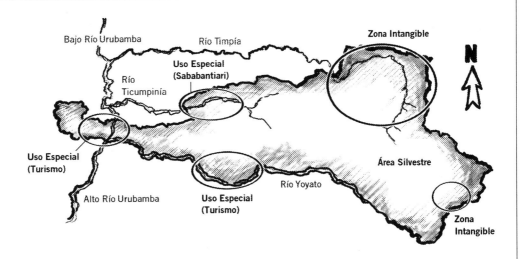

Principales recomendaciones para la protección y el manejo

01 **Categorizar con la máxima protección posible la actual Zona Reservada Megantoni para conservar los altos valores culturales y biológicos que contiene,** incluyendo especies posiblemente restringidas a las montañas de Megantoni, y para mantener intacto el corredor sumamente importante entre Manu y la Cordillera de Vilcambamba. [*El Santuario Nacional Megantoni fue declarado en agosto de 2004; apenas tres meses despues del trabajo de campo.*]

    A. Dentro de la nueva área de conservación, recomendamos para su zonificación ver mapa arriba:

        i. Proteger el área donde viven indígenas Nanti voluntariamente aislados, para su Uso Exclusivo.

        ii. Proveer una zona de Uso Especial para los indígenas de Sababantiari, que permita el uso actual de los bosques; monitorear el impacto de la caza y, si es necesario, manejarla en conjunto con la comunidad.

        iii. Proveer protección estricta para la península de puna aislada que, por su aislamiento de la extensión de puna en Megantoni y Parque Nacional Manu, podría albergar especies endémicas y raras.

Principales
recomendaciones
para la protección y
el manejo
(continua)

    iv. Asegurar posibilidades para investigación en hábitats de puna intacta a lo largo del borde sur de la Zona Reservada; estos estudios eventualmente podrán ayudar a la recuperación y el manejo de punas degradadas en sitios cercanos.

    v. Proveer una zona de turismo de bajo impacto alrededor del Pongo de Maenique y de otros posibles puntos de entrada (p. ej., norte de la carretera a Estrella) para beneficio de las comunidades vecinas.

02 Promover la conclusión del saneamiento físico-legal de las áreas colindantes a la Zona Reservada Megantoni.

03 Impedir la construcción de obras e infraestructura dentro de la frágil Zona Reservada.

04 Generar mecanismos de participación para las poblaciones colindantes en la protección y el manejo de la nueva Área Natural Protegida

Beneficios de conservación a largo plazo

Son poquísimas las áreas prístinas que, como la Zona Reservada Megantoni, conectan la puna con la selva baja. Estos corredores contínuos no solo contienen una riqueza impresionante de especies únicas y restringidas en sus rangos altitudinales, sinó también sirven de corredores sumamente importantes para la fauna, especialmente con los cambios del clima y la deforestación.

La Zona Reservada Megantoni presenta, además, una oportunidad única para expandir enormemente dos de las áreas de más importancia global en términos de riqueza biológica y cultural: el Parque Nacional Manu y el complejo de áreas protegidas de la Cordillera Vilcabamba. Asegurando la protección máxima de las aproximadamente 200.000 hectáreas en la Zona Reservada, se conservaría a su vez y en mayor medida, un complejo de más de 2,6 millones de hectáreas.

La categoría de Santuario Nacional Megantoni en la actual Zona Reservada aseguraría la protección de miles de especies, previniendo a su vez el avance de la deforestación y creando la única área que serviría como un corredor seguro e intacto para los animales que transitan entre el Manu y Vilcabamba.

Los bosques del propuesto Santuario Megantoni también soportan y albergan a los pueblos Machiguengas, Ashaninka, Yine Yami y Nanti (o Kugapakori). Estos grupos indígenas han vivido en los valles y bosques de Megantoni por milenios, y los habitantes de hoy sobreviven cultivando yuca y cazando sosteniblemente como lo hacían sus antepasados. Creando un área de protección estricta estaríamos asegurando la preservación del patrimonio cultural de estos grupos nativos.

¿Por qué Megantoni?

Megantoni es considerado como una pieza fundamental en el mosaico de conservación del sudeste peruano. Esta área localizada en la vertiente oriental de los Andes peruanos encaja perfectamente entre dos de las áreas protegidas más grandes del Perú: el Parque Nacional Manu (1.7 millones de hectáreas) y el complejo de conservación en la Cordillera Vilcabamba (Reserva Comunal Machiguenga, Parque Nacional Otishi, Reserva Comunal Ashaninka: área total de 709.347 hectáreas).

Con tan solo una extensión de 216.005 hectáreas, Megantoni parecería ser muy pequeño en comparación a las áreas de protección colindantes, pero en su terreno escarpado que va desde los 500 a los 4.000 m de elevación, distribuidos a lo largo de pendientes marcadas por huaycos de impresionante magnitud, con aguas que atraviesan cañones profundos, en las crestas montañosas y en bosques casi impenetrables de bambú, los bosques del Megantoni albergan una impresionante diversidad biológica. Estimaciones conservadoras calculan una diversidad vegetal en Megantoni de 3.000 a 4.000 especies, lo que indicaría que sus bosques potencialmente contienen un cuarto de la flora peruana. Varias aves y mamíferos amenezados en otras partes del Perú y América del Sur se refugian aquí, y especies endémicas abundan, cerca de 20% de las ranas y peces de Megantoni no han sido encontrados en ninguna otra parte del mundo.

Según la mitología tradicional de los pobladores indigenas de la región, los Machiguenga Ashaninkas, Nanti y Yine Yami (Figura 12)—la abundante flora y fauna de la región es protegida por el *Tasorinshi Maeni*, el oso de anteojos (*Tremarctos ornatus*, Figura 11B). Estos grupos indígenas han subsistido en estos valles por milenios, dependiendo del cultivo de tuberosas y de la caza con arco y flecha. Sus destinos y supervivencia están estrechamente ligados a los bosques y la vida silvestre de Megantoni.

Megantoni nos ofrece, además de la protección de las comunidades biológicas y culturales una oportunidad excepcional para unificar dos gigantes de la biodiversidad, asegurando la continuidad de una extensión de áreas protegidas de 2.6 millones de hectáreas. La colonización mal planificada en el sur, y la exploración de gas y la deforestación en la parte norte del corredor Megantoni, son algunas de las amenazas para el área. Esta oportunidad única para preservar de manera intacta una de las porciones más ricas del mundo dependerá de las acciones rápidas y visión a largo plazo por parte de los pobladores locales de Megantoni, sus organizaciones de apoyo y el gobierno peruano.

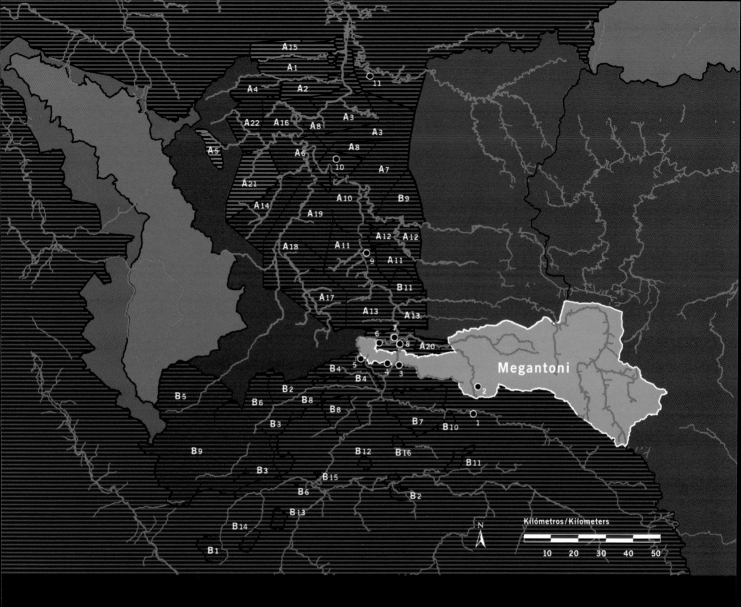

	Megantoni
≡	Paisaje colonizado/ Colonized landscape

Etnia/Ethnicity

≡	Ashaninka
≡	Caquinte
≡	Machiguenga
≡	Yine Yami

Áreas Naturales Protegidas/
Protected areas

Parque Nacional Otishi

Reserva Comunal
Ashaninka

Reserva Comunal
Machiguenga

Zona Reservada
Alto Purús

Parque Nacional Manu

Reserva del Estado/State Reserve

A Favor de los
Grupos Étnicos Aislados
Kugapakori-Nahua

FIG.1 La Zona Reservada Megantoni forma un corredor clave
entre el Parque Nacional Manu y la Reserva Comunal Machiguenga,
estableciendo una zona segura para las migraciones de plantas
y animales./Zona Reservada Megantoni bridges two large protected
areas, conserving the only uninterrupted stretch of wilderness between
Parque Nacional Manu and Reserva Comunal Machiguenga, providing
safe passage for plants and animals.

Comunidades Nativas/Native Communities

A) Cuenca del Bajo Urubamba/Bajo Urubamba watershed
1 Miaria, 2 Sensa, 3 Nueva Luz, 4 Porotobango, 5 Taini,
6 Carpintero, 7 Shivankoreni, 8 Nueva Vida, 9 Segakiato, 10 Camisea,
11 Ticumpinía, 12 Cashiriari, 13 Timpía, 14 Kochiri, 15 Puerto Rico,
16 Nuevo Mundo, 17 Camana, 18 Mayapo, 19 Puerto Huallana,
20 Sababantiari, 21 Tangoshiari, 22 Kitepampani

B) Cuenca del Alto Urubamba/Alto Urubamba watershed
1 Aendoshiari, 2 Koribeni, 3 Shimaa, 4 Poyentimari, 5 Alto Picha,
6 Chakopishiato, 7 Matoriato, 8 Monte Carmelo, 9 Tipeshiari,
10 Yoquiri, 11 Chirumbia, 12 E. del Alto Sangobatea, 13 Inkaare,
14 Tivoriari, 15 Corimani, 16 Porenkishiari

○ **Asentamientos de colonos/Colonist settlements**
1 Estrella, 2 Kirajateni, 3 Yoyato, 4 Pomoreni, 5 Shingoriato,
6 Saringabeni, 7 Ticumpinía, 8 Kitaparay, 9 Timpía - Camisea,
10 Shintorini, 11 Mishagua

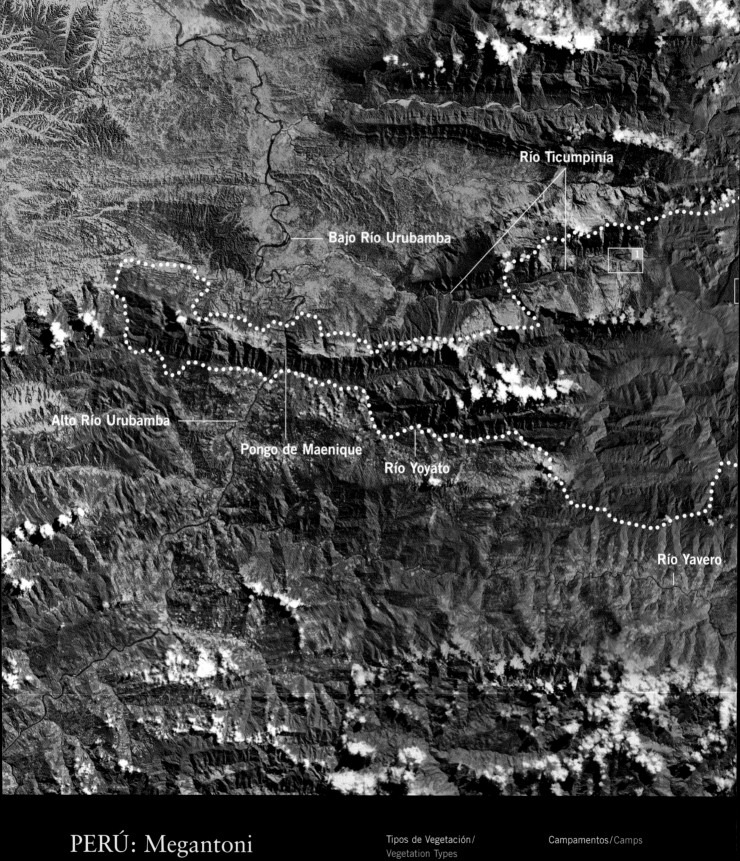

Río Ticumpinía

Bajo Río Urubamba

Alto Río Urubamba

Pongo de Maenique

Río Yoyato

Río Yavero

PERÚ: Megantoni

Tipos de Vegetación/
Vegetation Types

Bambú/Bamboo

Puna

Pie de monte Andino/
Andean foothills

Campamentos/Camps

1 Kapiromashi

2 Katarompanaki

3 Tinkanari

N

Kilómetros/Kilometers

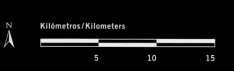

5   10   15

Río Timpía

FIG.2 En la vertiente oriental de los Andes, el escarpado y espectacular terreno de la Zona Reservada Megantoni varia en elevaciones entre 500 y 4000 m. En esta imagen de satélite compuesta (2000/2001/2002) resaltamos los ríos más grandes dentro de Megantoni, algunos distintos tipos de vegetación, y los tres campamentos del inventario. Por ser una imagen compuesta, el bambú aparece en dos distintos colores./

Situated on the eastern slopes of the Andes, the rugged, spectacular terrain of the Zona Reservada Megantoni varies in elevation from 500-4000 m. In this composite satellite image (2000/2001/2002) we highlight the major rivers within Megantoni, several outstanding vegetation types, and our three inventory sites. Because this is a composite image, bamboo appears in two distinct colors.

FIGS.3A, B Seleccionamos tres sitios entre los 650 y 2350 m de altitud para nuestro inventario rápido, enfocándonos en sitios con especies únicas (endémicas) o especies con rangos restringidos./

We selected three sites between 650-2350 m in elevation for our rapid inventory, concentrating on sites with unique species (endemics), or restricted-range species.

Campamento 1/Camp 1 ▶

Kapiromashi (760-1200 m). Bambú es la vegetación dominante en las vertientes del valle ancho del río Ticumpinía./ Bamboo dominates the forested slopes of the broad Ticumpinía river valley.

FIG.3C, D río Ticumpinía/ Río Ticumpinía

FIG.3E Bambú de *Guadua*/ *Guadua* bamboo

Campamento 2/Camp 2 ▶

Katarompanaki (1360-2000 m). Mesetas aisladas de las cordillera aledañas emergen en el corazón de Megantoni./ Massive tablelands, isolated from the nearby mountain ranges, rise up from the heart of Megantoni.

FIG.3F Formaciones Vivian/ Vivian formations

FIG.3G *Clusia* sp.

FIG.3H Plataforma superior/ Upper platform

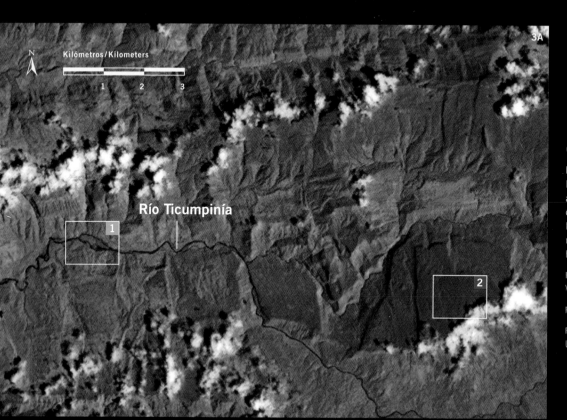

Kilómetros/Kilometers
1 2 3

3A

Río Ticumpinía

1

2

Campamento 3/Camp 3 ▶

Tinkanari (2100-2300 m). Las cabeceras de los ríos Timpía y Manu originan en estas vertientes de elevación mediana./The Río Timpía and the Río Manu headwaters originate on these middle elevation slopes.

FIG.3I Bosque enano/ Stunted forest

FIG.3J Helecho arbóreo/ Tree fern *Cyathea* sp.

FIG.3K Cabeceras del río Timpía/ Río Timpía headwaters

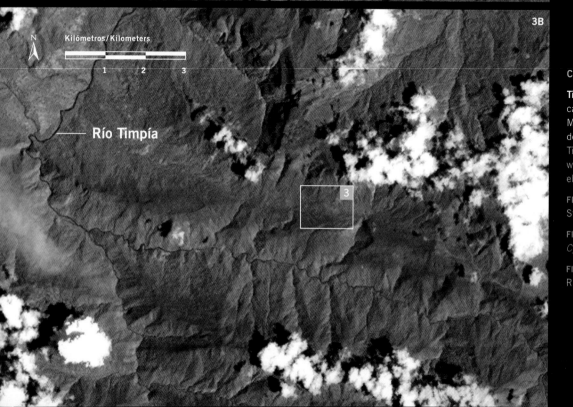

Kilómetros/Kilometers
1 2 3

3B

Río Timpía

3

FIG.6 Encontramos más de 200 especies de orquídeas en Megantoni, incluyendo 20 especies potencialmente nuevas para la ciencia./

We found more than 200 species of orchids in Megantoni, including potentially 20 species new to science.

FIG.4 Más de 3000 especies de plantas crecen en estos bosques, incluyendo por lo menos 25 especies nuevas para la ciencia y una docena jamás vistas en el sur del Perú./ More than 3000 plant species thrive in these forests, including at least 25 new to science and a dozen species never recorded before in southern Peru.

FIG.4A Potencial especie nueva./Potential new species. *Psammisia* (Ericaceae)

FIG.4B Extensión de rango./ Range extension. *Tapeinostemon zamoranum* (Gentianaceae)

FIG.4C Potencial especie nueva./Potential new species. (Gesneriaceae)

FIG.4D Extensión de rango./ Range extension. *Peltastes peruvianus* (Apocynaceae)

FIG.4E Potencial especie nueva./Potential new species. *Hilleria* cf. (Phytolaccaceae)

FIG.4F Especie nueva./ New species. *Schwartzia* (Marcgraviaceae)

FIG.4G Extensión de rango./ Range extension. *Spirotheca rosea* (Bombacaceae)

FIG.4H Primera colección en el Perú./First collection for Peru. *Guzmania globosa* (Bromeliaceae)

FIG.5 En las tres semanas en Megantoni, registramos casi la mitad (55) de los 118 géneros de helechos conocidos del Perú./ In three weeks in Megantoni, we recorded nearly half (55) of the 118 fern genera reported for Peru.

FIG.5A *Cyathea*

FIG.5B *Cyathea*

FIG.5C *Diplazium*

FIG.5D *Adianthum*

FIG.5E *Thelypteris*

FIG.5F *Sticherus*

FIG.5G *Blechnum*

FIG.5H *Elaphoglossum*

FIG.5I *Equisetum giganteum*

FIG.5J *Thelypteris decussata*

FIG.5K *Cyathea*

FIG.5L *Lindsaea*

FIG.5M *Grammitis*

4A 4B 4C 4D

4E 4F 4G 4H

FIG.6Q   *Stelis* sp.

FIG.6R   *Epidendrum* sp.

FIG.6S   *Pleurothallis ruscifolia*

FIG.6T   *Maxillaria* sp.

FIG.6U   *Pleurothallis* sp.

FIG.6V   *Cyrtidiorchis* sp.

FIG.6W   *Cyrtidiorchis* sp.

FIG.6X   *Maxillaria* sp.

FIG.6Y   *Maxillaria striata*

FIG.6Z   *Pleurothallis cordata*

FIG.6AA   *Pleurothallis* sp.

FIG.6BB   *Odontoglossum* aff. *wyattianum*

FIG.6CC   *Epistephium* sp.

FIG.6DD   *Elleanthus* sp.

FIG.6EE   *Stelis* sp.

FIG.6FF   *Lepanthes* sp.

FIG.7A Más de 10 de las 71 especies de escarabajos peloteros que encontramos son nuevas para la ciencia./More than 10 of the 71 dung beetle species we found are new to science.

FIG.7B Los escarabajos peloteros dispersan semillas, reciclan nutrientes, y pueden ayudar a controlar parásitos en mamíferos./ Dung beetles disperse seeds, recycle nutrients, and can help control mammalian parasites.

FIG.7C Trampas de interceptación de vuelo capturan escarabajos de una manera oportunista./Flight intercept traps capture dung beetle species opportunistically.

FIG.8A Este bagre (*Chaetostoma*) del río Ticumpinía es probablemente una especie nueva./ This *Chaetostoma* is likely a new species from the Río Ticumpinía.

FIG.8B Con sus bocas ventosas y sus poderosos músculos ventrales, los *Astroblepus* tienen adaptaciones únicas para la vida en aguas torrentosas./With adhesive mouths and powerful ventral muscles, *Astroblepus* are uniquely adapted to life in turbulent, highland streams.

FIG.8C Los bagres usan sus barbas sensibles para detectar la presencia de otros organismos./ Catfish use their whiskers to detect the presence of other organisms.

FIG.8D Varias especies de *Astroblepus* parecen vivir únicamente en Megantoni./Some *Astroblepus* species appear to be unique to Megantoni.

FIGS.8E, F Observamos *Trichomycterus* en casi todas las quebradas muestreadas en Katarompanaki./ *Trichomycterus* live in almost every stream we sampled in Katarompanaki.

FIG.8G En el río Ticumpinía encontramos una nueva especie de Cetopsidae./In the Ticumpinía, we found a new species of Cetopsidae.

FIG.8H Encontramos ejemplares inusualmente grandes de *Astroblepus* en Katarompanaki./ We found atypically large individuals of *Astroblepus* in Katarompanaki.

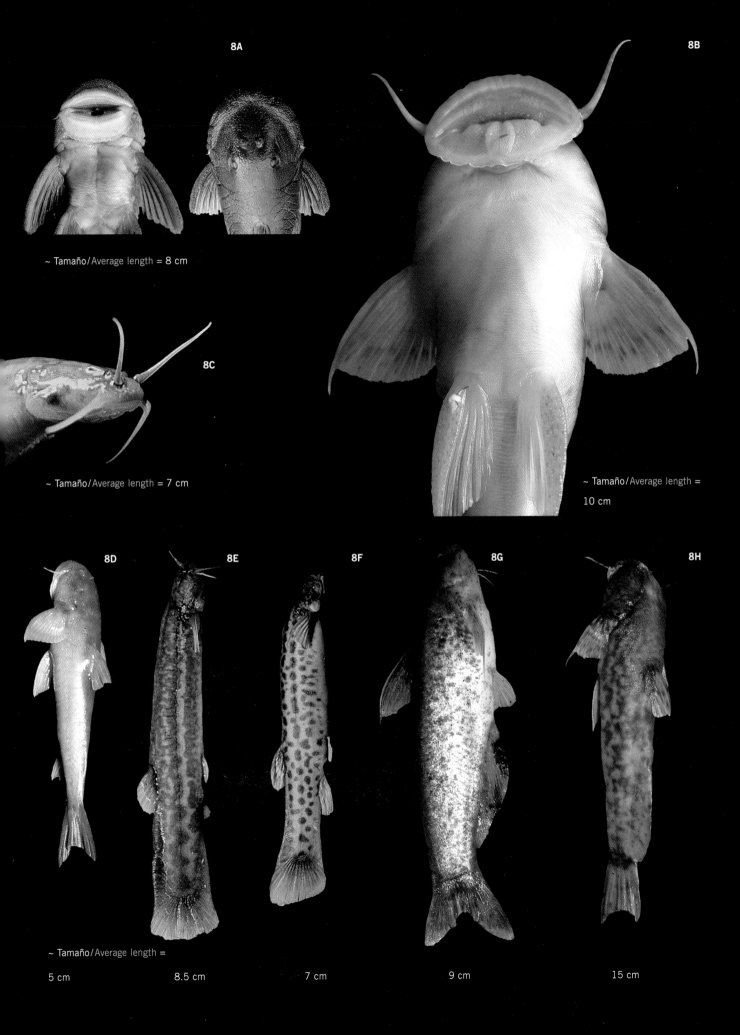

8A

~ Tamaño/Average length = 8 cm

8B

~ Tamaño/Average length = 10 cm

8C

~ Tamaño/Average length = 7 cm

8D   **8E**   **8F**   **8G**   **8H**

~ Tamaño/Average length =

5 cm   8.5 cm   7 cm   9 cm   15 cm

FIG.9A Este *Euspondylus* es una de las cuatro lagartijas nuevas para la ciencia. / This *Euspondylus* is one of four lizards new to science.

FIG.9B *Oxyrhopus marcapatae*, endémico al Perú, ocurre solamente entre los valles del Urubamba y Marcapata. / *Oxyrhopus marcapatae*, endemic to Peru, occurs only between the Urubamba and Marcapata valleys.

FIG.9C Esta rara y aún no identificada lagartija, *Alopoglossus*, vive en las mesetas aisladas de Megantoni. / This rare and still unidentified *Alopoglossus* lives on the isolated tablelands in Megantoni.

FIG.9D Descubrimos una nueva especie de *Taenophiallus* en el bosque de nubes, a 2300 m. / We discovered a new species of *Taenophiallus* in the cloud forests at 2300 m.

FIG.9E Este *Osteocephalus*, todavía no descrito, vive en Megantoni y en el Valle Kosñipata. / This *Osteocephalus* occurs in Megantoni and the Valle Kosñipata, and is still undescribed.

FIG.9F Esta gran *Gastrotheca*, muy común en Tinkanari, es probablemente una nueva especie. / This large *Gastrotheca*, ubiquitous at Tinkanari, is probably a new species.

FIG.9G Nuestro registro de *Epipedobates macero* extiende su rango de 350 m a 800 m. / Our record of *Epipedobates macero* extends its known range from 350 m to 800 m.

FIG.9H Esta *Centrolene*, es uno de los siete anfibios nuevos que encontramos. / This *Centrolene* is one of the seven new amphibian species we found.

9E

9F

9G

9H

10A

10B

10C

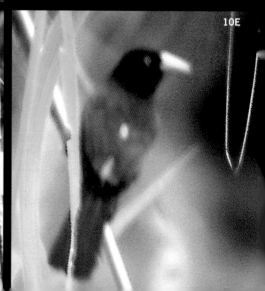

10D

10E

FIG.10A Megantoni alberga grandes poblaciones del vulnerable *meganto* (Guacamayo Militar, *Ara militaris*)./ Megantoni harbors substantial populations of the vulnerable Military Macaw (*Ara militaris*, *meganto* in Machiguenga).

FIG.10B Encontramos 22 especies de colibríes en Megantoni, incluyendo este *Eutoxeres condamini*./We found 22 species of hummingbirds in Megantoni, including this *Eutoxeres condamini*.

FIG.10C *Tinamus osgoodi*, muy común en Megantoni, se conoce de muy pocos sitios mundialmente./ *Tinamus osgoodi*, common in Megantoni, is know from very few sites worldwide.

FIG.10D El extremadamente raro Piha Alicimitarra (*Lipaugus uropygialis*) no está protegido en ninguna otra área del Perú./ The extremely rare Scimitar-winged Piha (*Lipaugus uropygialis*) is not protected anywhere else in Peru.

FIG.10E Recién descubierto (después de 35 años), *Cacicus koepckeae* fue común en Kapiromashi./Only recently rediscovered (after 35 years), *Cacicus koepckeae* was common in Kapiromashi.

FIG.11A Megantoni protege un corredor crítico para especies que necesitan grandes áreas, como el jaguar (*Panthera onca*)./ Megantoni protects a forested corridor·critical for wide-ranging species such as jaguars (*Panthera onca*).

11B

11C

11D

11E

11F

FIG.11B El oso andino (*Tremarctos ornatus, maeni* en Machiguenga) fue uno de los mamíferos grandes más abundantes registrados durante el inventario./Spectacled bears (*Tremarctos ornatus, maeni* in Machiguenga) were one of the most abundant large mammals registered during the inventory.

FIG.11C Intensivamente cazados en otras partes de Sud América, los choros (*Lagothrix lagothricha*) son comunes en Megantoni./ Intensively hunted in parts of their range, woolly monkeys (*Lagothrix lagothricha*) are common in Megantoni.

FIG.11D Encontramos abundantes rastros de carnívoros grandes amenazados en otras partes del Perú, como el puma (*Puma concolor*)./We found abundant signs of large carnivores such as puma (*Puma concolor*) that are threatened elsewhere in Peru.

FIG.11E El río Ticumpinía sostiene poblaciones saludables de nutrias (*Lontra longicaudis*)./ Río Ticumpinía supports healthy populations of river otters (*Lontra longicaudis*).

FIG.11F Encontramos tapires (*Tapirus terrestris*) en las elevaciones más bajas que muestreamos (~760 m)./ We found tapirs (*Tapirus terrestris*) at our lowest elevation site (~760 m).

FIG.12A Los indígenas locales viven de la caza, pesca, y de sus cultivos, utilizando los métodos tradicionales de sus ancestros./ Local indigenous people survive by hunting, fishing, and cultivating crops, using traditional methods of their ancestors.

FIG.12B Un área protegida en Megantoni ayudará a conservar la biodiversidad para generaciones futuras./A protected area in Megantoni will help conserve biodiversity for future generations.

FIG.12C Proteger Megantoni es un paso importante para preservar el patrimonio cultural de los indígenas peruanos./Protecting Megantoni is an important step towards preserving the cultural heritage of these indigenous Peruvians.

FIG.12D Nanti, Machiguenga, Ashaninka y Yine Yami han vivido en estos bosques durante milenios./Nanti, Machiguenga, Ashaninka, and Yine Yami have lived in these forests valleys for millennia.

FIG.12E Este platanal pequeño a lado del río Timpía indica la presencia de los Nanti viviendo en aislamiento voluntario en la esquina noreste de Megantoni./ Plantain patches along the Río Timpía reveal the presence of voluntarily isolated Nanti living in the northeastern corner of Megantoni.

13

Aguas Sagradas / Sacred Waters

El Tonkini y el Pongo de Maenique

Las profundas raíces culturales que unen a los Machiguenga a su territorio, en ningún lugar se anclan tan fuertemente como en el Pongo de Maenique. Allí, el mito, la leyenda y la historia se encadenan para formar el Centro espiritual del mundo Machiguenga—el origen de su existencia, y el puente que traslada sus almas.

En la mitología Machiguenga, Pachacamue y Pareni (los hijos gemelos de Yavireri, el gran Tasorinshi, Dios creador) salieron de las aguas del Pongo. Ellos poblaron el valle del Urubamba con animales y plantas, y enseñaron a los Machiguenga como sembrar sus chacras, usar las plantas medicinales, cocinar y preparar el mazato.

Al centro del Pongo, el Tonkini—gran remolino de aguas turbulentas y torrentosas—forma el puerto sagrado del río mítico Mesiareni. El Mesiareni une el Inkiti (el cielo) con Kipatsi (la tierra o mundo de los vivos), pasando por Menkoripatsi (las nubes y las tinieblas). El Tonkini también es el puerto del río Mesiánico Kamabiría, que une Kipatsi con Gamaironi (el infierno), el lugar oscuro de aguas negras y pestilentes sin peces.

Por el Tonkini, las almas de los muertos pueden acceder al cielo o el infierno. Luego de purgar sus penas, regresan para cumplir nuevas misiones encomendadas por el gran Tasorinshi.

Está perfectamente claro para el Machiguenga y el Yine Yami—que comparten el mismo mito con diferente nombre (Tsla para el Yine Yami)—proteger sus bosques es indispensable para preservar sus aguas, y con agua siempre habrá Tonkini. Pero sin los bosques, no habrá agua ni Tonkini. Sin bosques, no habrá agua, no habrá Tonkini, no habrá el traslado de almas. Será el fin.

Tonkini and Pongo de Maenique

In no other place do the cultural roots of the Machiguenga bind as strongly to their territory as in the Pongo de Maenique. Here myth, legend, and history converge at the center of the spiritual world for the Machiguenga—the origin of their existence and a passage for their souls.

In Machiguenga mythology, Pachacamue and Pareni (twin sons of Yavireri, the powerful creator or Tasorinshi) emerged from the waters of the rapids, or *Pongo*. The twins seeded the Urubamba valley with plants and animals and taught Machiguenga men and women how to plant crops, use medicinal plants, cook, and prepare the yuca drink *mazato*.

At the center of the Pongo, the Tonkini— a huge, tumultuous whirlpool—forms a sacred portal to the mythical Río Mesiareni. The Mesiareni links the Inkiti (heavens) with Kipatsi (world of the living), passing through Menkoripatsi (clouds and darkness). The Tonkini also is the passage to the Río Mesiánico Kamabiría, which unites Kipatsi with Gamaironi (hell), a dark place of black, stagnant waters devoid of fishes.

Souls of the dead travel through the Tonkini to reach the heavens or descend to hell. After purging their sins, these souls return to complete new missions for mighty Tasorinshi.

For the Machiguenga and the Yine Yami, who share the same beliefs with different names (Tsla represents the Tonkini for the Yine Yami), protecting their forests is critical to preserving their waters. Without forests, their world would end: no water, no Tonkini, no passage of souls.

Panorama General de los Resultados

Mucho antes de ingresar a los bosques de la Zona Reservada Megantoni (ZRM), localizada en las vertientes orientales de los Andes, sabíamos que nuestro inventario rápido se enfocaría en algunas de las más diversas comunidades biológicas del planeta. Los Andes albergan cerca de un 15% de la diversidad mundial de plantas y casi un 20% de los vertebrados terrestres (más o menos unas 3.200 especies). Estas cadenas montañosas son conocidas no sólo por su riqueza de especies sino también por su taxa peculiar y aún no descrita. Por lo menos la mitad de la flora y fauna de los Andes es considerada endémica, o sea que no existe en ninguna otra parte del planeta.

Megantoni encaja perfectamente en los patrones de biodiversidad Andina. Durante nuestro inventario rápido de sus bosques, entre los meses de abril y mayo del 2004, catalogamos cerca de 2.000 especies, muchas de ellas endémicas de la región, algunas amenazadas o vulnerables en otras partes de su rango de distribución, y entre 50 a 80 especies nuevas para la ciencia. Los herpetólogos encontraron 7 especies nuevas de ranas, los ictiólogos descubrieron peces endémicos aferrados a las rocas existentes en los arroyos turbulentos, los entomólogos descubrieron por lo menos unas 30 especies nuevas de escarabajos peloteros, y los botánicos catalogaron unas 1.400 especies de plantas, incluyendo unas 400 especies de orquídeas y helechos. Algunos animales amenazados en otras partes de Sur América, incluyendo a los osos de anteojos, sachavacas y otorongos, caminan libremente por el área. Especies cinegéticas de aves, como la pava y perdiz, son sorprendentemente abundantes.

En la siguiente sección hacemos un recuento de los principales resultados de nuestro inventario rápido dentro del la ZRM. Enfatizamos en las especies nuevas descubiertas en Megantoni y, para las especies conocidas, damos a conocer sus rangos de extensión registrados durante nuestro inventario. Describiremos nuestros resultados obtenidos en los tres sitios del inventario, empezando desde el sitio más bajo hasta el más alto, integrando la información de todos los organismos muestreados. Finalmente, damos a conocer los valores intrínsecos de la región, y las amenazas para sus riquezas biológicas y culturales.

NUEVAS ESPECIES Y RANGOS DE EXTENSIÓN

NUEVAS ESPECIES

Antes de nuestro inventario, Megantoni era casi completamente desconocido para los científicos. Durante nuestro inventario rápido, encontramos numerosas especies de las cuales muchas se esperaban encontrar ahí. Sin embargo, algunos de nuestros descubrimientos fueron totalmente inesperados (Tabla 1). Por cada 100 especies de plantas registradas, dos eran probablemente nuevas para la ciencia, por cada 10 escarabajos peloteros, de 1 a 4 son nuevos, de cada 10 peces, 1 o 2 son probablemente nuevos; de cada 10 anfibios o 10 reptiles, probablemente 2 son nuevos. Para un inventario de sólo 15 días, estos números son sorprendentes y son indicadores de la riqueza de especies en los bosques de Megantoni.

Tabla 1. Riqueza de especies (observada y estimada) y el número potencial de especies nuevas para la ciencia para cada grupo muestreado durante el 25 de abril al 13 de mayo del 2004 durante el inventario rápido realizado en la Zona Reservada Megantoni, Perú. Los registros que faltan están representados con —.

Organismos	Número de Especies		
	Observados	Estimados	Potencialmente Nuevos
Plantas	1.400	3.000-4.000	25-35
Escarabajos peloteros	71	120	10-30
Peces	22	70	3-5
Anfibios	32	55	7
Reptiles	19	—	5
Aves	378	600	—
Mamíferos	32	45	—

Descubrimos gran parte de las especies potencialmente nuevas en nuestros campamentos de mayor elevación, con excepción de una rana *Osteocephalus* y aproximadamente 8 especies nuevas de escarabajos peloteros, las cuales fueron encontradas en las partes bajas. Para las plantas, la mayoría de las especies potencialmente nuevas son orquídeas, una impresión preliminar nos sugiere que tal vez 20 de las 116 colecciones fértiles de orquídeas son nuevas para la ciencia (ver Flora y Vegetación, Figura 6). De acuerdo a las imágenes digitales tomadas en el campo, los especialistas han identificado 9 especies de plantas adicionales, de 9 diferentes familias, como nuevas para la ciencia.

Muchas de las 22 especies de peces registradas durante el inventario son endémicas para Megantoni. Particularmente, algunas especies en las familias Astroblepidae y Trichomycteridae, casi seguramente han sufrido algún tipo de especiación dentro de las aisladas cuencas de Megantoni. Por lo menos 3 de las especies colectadas son nuevas para la ciencia, incluyendo *Cetopsis* sp. (Figura 8G), *Chaetostoma* sp. B (Figura 8A), y *Astroblepus* sp. C (Figura 8D). Muchas de las especies dentro de la familia Trichomycteridae son también potencialmente nuevas.

Encontramos 51 especies de anfibios y reptiles. Un poco más del 20% son nuevas para la ciencia: 7 anuros, 4 lagartijas y una serpiente. Las nuevas especies de anfibios incluyen a un *Osteocephalus* (Figura 9E), un *Phrynopus*, por lo menos una especie nueva de *Eleutherodactylus*, un *Centrolene* (Figura 9H), un *Colostethus*, un *Gastrotheca* (Figura 9F), y un *Syncope*. También se descubrió una especie nueva de serpiente (*Taeniophallus*, Figura 9D) en las pendientes de mediana elevación y 4 especies nuevas de lagartijas (*Alopoglossus* [Figura 9C], *Euspondylus*, *Neusticurus*, y *Proctoporus*) las cuales vivían en las aisladas mesetas dentro del corazón del Megantoni.

RANGOS DE EXTENSIÓN

Nuestro inventario en Megantoni registró algunas de las especies previamente conocidas en otras áreas a más de 500 km de distancia, así como algunas especies localizadas a elevaciones mucho mayores o menores que las registradas anteriormente. Otros grupos son tan poco conocidos para el resto de la región (e.g. escarabajos peloteros, peces) que harían necesaria una recolección de datos más intensiva antes de poder sacar conclusiones sobre endemismo o rangos de extensión.

Para plantas, anfibios, reptiles, aves y mamíferos, podemos comparar algunos de nuestros descubrimientos en Megantoni con otros lugares del Perú o Sur América. A medida que seguimos examinando nuestras colecciones e informes publicados sobre investigación para otras áreas del Perú y otros lugares de Sur América, esperamos develar más rangos de extensiones geográficas y altitudinales dentro de las comunidades biológicas de Megantoni.

Plantas

En el caso de plantas, las colecciones realizadas en Megantoni extienden los rangos conocidos de ciertas especies en cientos de kilómetros más al sur. En nuestro campamento de baja elevación, Kapiromashi, registramos *Wercklea ferox* (Malvaceae) por primera vez en el sur del Perú. En los dos campamentos de mayor elevación, encontramos *Ceroxylon parvifrons* (Arecaceae), *Tapeinostemon zamoranum* (Gentianaceae, Figura 4B), *Sarcopera anomala* (Marcgraviaceae), *Macleania floribunda* (Ericaceae), *Miconia condylata* (Melastomataceae), y *Peltastes peruvianus* (Apocynaceae, Figura 4D), todas previamente conocidas sólo en la parte norte del Perú.

Nuestra colección de *Heliconia robusta* (Heliconiaceae) llena un gran vacío en cuanto al rango de distribución conocido. Conocida mayormente en Bolivia, ha sido colectada muy contadas veces en el Perú, y en lugares más al norte de Megantoni. Esta *Heliconia*, con brácteas triangulares verdes y rojas, y flores amarillas, domina partes del bosque naturalmente disturbado que se encuentra alrededor de Kapiromashi.

Anfibios y reptiles

Nuestro inventario incrementó las distribuciones geográficas y de elevación, conocidas para numerosas especies e inclusive para algunos géneros. En Megantoni tuvimos el registro de distribución más al sur del Perú para *Syncope*, y la elevación más baja registrada para *Phrynopus* y *Telmatobius*. También registramos una especie aparentemente no descrita para el género *Neusticurus*, registrada previamente para Santa Rosa (~800 msnm), en la cuenca del Inambari, departamento de Puno, más o menos 230 km al sudeste del Megantoni.

En Kapiromashi encontramos *Epipedobates macero* (Figura 9G), una rana venenosa rara restringida

para las zonas del río Purús en el Brasil, Parque Nacional Manu, y los ríos del valle del Urubamba. Este registro extiende su rango de altitud a 800 m, comparados con el registro previo de 350 m en el Manu. Durante el muestreo realizado en la hojarasca acumulada en el suelo, descubrimos un pequeño *Phrynopus* cf. *bagrecito*, conocido en las elevaciones más altas en Manu pero nunca encontrado a tan bajas elevaciones (~2,200 msnm).

Aves

Encontramos especies de aves localizadas fuera de su rango de altitud conocido en cada uno de nuestros sitios del inventario. Nuestros registros en Megantoni extienden los límites de distribución, más al sur para algunas especies y más al norte para otras. Tres aves merecen una mención especial: la Piha Alcimitarra (*Lipaugus uropygialis*, Figura 10D), el Cacique de Koepcke (*Cacicus koepckeae*, Figure 10E), y la Perdiz Negra (*Tinamus osgoodi,* Figura 10C). Estas tres especies son remarcablemente abundantes en varias partes de Megantoni y muy escasas en el ámbito mundial. Nuestros registros incrementan nuestros conocimientos de distribución para estas aves tan raras.

Nuestro registro de la Piha Alcimitarra es el segundo para el Perú, previamente registrado sólo en el Abra Marancunca en el departamento de Puno. Desde Puno, la especie se extendía hacia el este a lo largo de las yungas húmedas bolivianas hacia el departamento de Cochabamba (Bryce et al., en edición). Nuestro registro es una ampliación en su rango de extensión en más de 500 km hacia el noroeste y sugiere que la especie podría existir en las vertientes montañosas de los departamentos de Cusco y Puno, así como dentro del Parque Nacional Manu.

En Kapiromashi registramos el Cacique de Koepcke, una especie descrita para Balta, departamento de Ucayali, por Lowery y O'Neill en 1965, y casi desconocida hasta su redescubrimiento realizado por Gerhart cerca a Timpía (Schulenberg et al. 2000; Gerhart, en edición.; Figura 1, A13). La nuestra es una de las observaciones más numerosas y conforma el registro de más elevación para esta especie.

La Perdiz Negra tiene una distribución muy dispersa en los Andes, con registros escasos para Colombia, Ecuador, Perú, y Bolivia. Esta especie fue común en nuestros dos sitios de mayor elevación, y nuestros registros llenan uno de los numerosos vacíos de conocimiento en lo que respecta a su distribución.

Mamíferos

Observamos a un grupo de cuatro individuos de machines negros (*Cebus apella*) a una elevación de 1.760 m. Este registro es de 260 m más alto que el rango de altitud reportado por Emmons y Feer (1999).

RESULTADOS INDIVIDUALES DE LOS SITIOS DEL INVENTARIO

Durante nuestros 15 días de inventario, exploramos tres sitios que van desde los 650 m a los 2.400 m de elevación, todos diferentes uno del otro en topografía, geología y composición de especies. Como esperado, encontramos que la mayor riqueza de especies estaba en el sitio de menor elevación, Kapiromashi, comparado con los otros sitios de mayor elevación (Tabla 2). Por otro lado, a medida que íbamos más alto, registramos más especies endémicas y nuevas. De manera colectiva nuestros descubrimientos trazan una figura preliminar de una región altamente diversa y heterogénea, donde los tipos de hábitats varían en escalas lo suficientemente pequeñas de tal manera que uno puede caminar a través de bosques enanos, repletos de epífitas creciendo sobre salientes rocosas, hacia bosques altos de suelos fértiles, en menos de una hora.

En las siguientes secciones presentamos un resumen de nuestros mayores descubrimientos, enfocándonos en cada uno de los sitios del inventario, en lugar de enfocarnos en individuales grupos taxonómicos como en el Reporte Técnico (página 61). A pesar de que nuestro inventario cubrió una pequeña parte de la diversidad geológica y biológica de Megantoni creemos que nuestros lugares del inventario son representativos de otros lugares dentro de la ZRM y que las diferencias entre ellos también son patrones ocurriendo a gran escala y representativas dentro de la región.

Tabla 2. Riqueza de especies en cada campamento, para todos los organismos muestreados en la Zona Reservada Megantoni, Perú

Organismo	Kapiromashi	Katarompanaki	Tinkanari
Plantas	~650-800	~300-450	~300-450
Escarabajos peloteros	41	32	14
Peces	17	3	5
Anfibios/ Reptiles	20	19	16
Aves	243	102	140
Mamíferos	19	10	11

Pendientes de las partes bajas (Kapiromashi, 650-1.200 m)

En este sitio del valle del Ticumpinía, se acampó a 200 m del lecho principal del río y exploramos las vertientes boscosas en ambos lados del río, la isla ribereña más grande, el mismo río y sus numerosos tributarios. Los huaycos recientes y los bosques que se regeneran sobre los viejos derrumbes, son características típicas del paisaje. Esto nos demuestra que el área es geológicamente activa y los disturbios en las comunidades biológicas son frecuentes a lo largo de toda la región. Existen sitios de bajas elevaciones dentro de la ZRM (~500 m), sin embargo Kapiromashi (650-1.200 m) fue el sitio de menor elevación muestreado durante el inventario.

Durante el inventario, fue en este punto donde encontramos la mayor riqueza de especies para todos los organismos (Tabla 2). Las especies de las partes altas y bajas se encontraron en este lugar, las especies más comunes de elevaciones bajas alcanzaron sus límites superiores de elevación, y las especies de tierras altas atípicamente vivían en terrenos de bajas elevaciones, tal vez debido a la humedad atrapada en el angosto valle ribereño. Comparado con otros grupos biológicos muestreados, registramos pocas especies de peces. Aparentemente, las enormes caídas de agua que separan esta parte del río Ticumpinía del Bajo Urubamba, previenen a la mayoría de los peces de tierras bajas alcanzar este lugar.

A lo largo de Megantoni existen esparcidos irregularmente numerosos parches de bambú de tallo largo (*Guadua* sp., Poaceae; conocida localmente como *paca*), y son característicamente densos en Kapiromashi. En los parches de bambú, la riqueza de plantas, escarabajos peloteros, aves, y mamíferos es marcadamente menor a aquella existente en lugares libres de bambú. Sin embargo, los parches de bambú pueden albergar especies que han evolucionado para especializarse a este hábitat. Estas especies incluyen por lo menos a un anfibio (*Dendrobates biolat*, esperado pero no encontrado durante el inventario) y cerca de 20 aves (17 registradas durante el inventario).

Encontramos una pequeña plantación de 8 a 9 plátanos y viejas trochas de cacería en la vertiente sur del valle, lo que nos indica que los pobladores de Sababantiari, una comunidad localizada a un día de viaje río abajo, probablemente cazan en esta área. La casi ausencia de numerosas especies de mamíferos tales como las huanganas y sajinos (*Tayassu pecari, Pecari tajacu*) y grandes primates (*Alouatta seniculus, Lagothrix lagothricha*), pueden reflejar las migraciones estacionales a gran escala o la sobrecaza en el área. Las aves de presa, especialmente las pavas (Cracidae), fueron menos comunes en este sitio que en los otros dos, cuando eran observadas, parecían estar más a la defensiva debido a nuestra presencia en comparación a los individuos casi mansos observados a elevaciones más altas. A pesar de la cacería local, registramos poblaciones estables de carnívoros grandes (otorongo, *Panthera onca*) y de ungulados grandes (sachavaca, *Tapirus terrestris*).

Mesetas de mediana elevación (Katarompanaki, 1.350-2.000 m)

Sólo a 12 km al este de Kapiromashi, se asoman unas anchas mesetas por entre los dos tributarios del río Ticumpinía. Nuestro segundo campamento se estableció en la más alta de estas mesetas, y exploramos este nivel y la otra plataforma ubicada a unos 400 m debajo de ésta. En cada plataforma crecía una vegetación totalmente diferente; en la plataforma más alta crecía una vegetación enana de baja diversidad sobre suelos ácidos duros, la plataforma más baja albergaba una vegetación alta, de una mayor diversidad creciendo sobre suelos ricos. Observamos diferencias en la composición y riqueza para todo tipo de organismos

entre estas dos plataformas. La riqueza de especies fue mayor en la plataforma más baja; para numerosos grupos, las comunidades más especializadas vivían en la plataforma más alta.

La especialización fue muy obvia en cuanto a peces. Los arroyos de caudal rápido alimentaban las caídas de agua que pasaban por encima de las paredes lisas de las mesetas para luego caer en las quebradas de los niveles más bajos. Muy pocos peces vivían en estos arroyos, pero los tres endémicos registrados durante nuestro inventario eran abundantes y particularmente adaptados a estas aguas turbulentas, usando sus bocas adherentes para aferrarse a las rocas y sus músculos ventrales para movilizar su cuerpo río arriba, en contra de la corriente.

Al igual que los ictiólogos y entomólogos, los herpetólogos encontraron pocas especies pero numerosas endémicas. Los bosques con poca cantidad disponible de nutrientes son generalmente poco favorables para los reptiles y anfibios, y en la plataforma más alta el equipo sólo encontró 16 especies: 8 anuros, 3 lagartijas y 3 serpientes. Sin embargo más o menos la mitad son especies potencialmente nuevas para la ciencia, 3 lagartijas (*Euspondylus, Neusticurus, Proctoporus*) y 3 ranas (*Centrolene, Eleutherodactylus, Syncope*), lo que nos sugiere que estas mesetas aisladas podrían conducir de maneras similares la evolución de los peces, lagartijas y escarabajos peloteros.

La diversidad de plantas se concentró en los árboles y arbustos en Kapiromashi y en la plataforma más baja, cambiando a formas de vida más pequeñas en la plataforma superior del Katarompanaki. Aquí, la riqueza de especies más alta se concentró en las epífitas y las trepadoras, en especial orquídeas y helechos. De los 275 especímenes fértiles de las mesetas, un cuarto fueron orquídeas, incluyendo más o menos 15 especies nuevas para la ciencia.

En otras áreas del Perú (e.g., Cordillera del Cóndor, Cordillera Azul), los bosques enanos albergan un conjunto de especies de aves especializadas, pero no encontramos ninguno de estos especialistas en Katarompanaki. Los ornitólogos documentaron un conservador número de especies de aves en este lugar, aunque las densidades de las aves de presa, en particular la perdiz negra, típicamente rara, fueron extraordinariamente altas.

Encontramos numerosas señales de la presencia de los osos de anteojos (*Tremarctos ornatus*) en los bosques enanos, incluyendo trochas, madrigueras, y restos de pedazos mordidos de tallos de palmeras. Nuestros guías Machiguengas calcularon que los osos estuvieron presentes en el área unos 3 meses antes de nuestra visita, lo que confirmaría otras investigaciones que sugieren que estos animales viajan extensivamente a lo largo de grandes territorios, rastreando las fluctuaciones estacionales en la abundancia de alimento.

En la plataforma más baja, la riqueza de especies de todos los grupos fue mucho más alta, aunque los investigadores invirtieron menor tiempo en esta área. Lo más notable fue la abundancia de árboles fructificando y la extraordinaria densidad de monos choro (*Lagothrix lagothricha*) alimentándose de éstos, incluyendo un grupo enorme de 28 individuos.

Creemos que los seres humanos no han visitado esta área con anterioridad. El alcance de las mesetas sin la ayuda de un helicóptero parece imposible de realizar.

Vertientes de mediana elevación (Tinkanari, 2.100-2.300 m)

Nuestro tercer sitio del inventario se localizó en la parte oeste de la Zona Reservada, cerca del límite con el Parque Nacional Manu (Figure 3B). Las cabeceras del río Timpía y el río Manu se originan a poca distancia de este lugar, y nuestras trochas cruzaban docenas de pequeños arroyos con piedras cubiertas de musgo (Figura 3K). Este sitio era atípicamente plano, sin embargo, albergaba numerosos charcos de agua en diferentes sitios del bosque los cuales formaban áreas pantanosas.

Al igual que en el campamento Katarompanaki, se distinguieron dos tipos de bosques en este sitio. Un bosque de dosel alto y suelos ricos que dominaba el 90% del área y que rodea un área claramente delimitada (~0.5 km^2) por un bosque enano de arbustos creciendo en suelos ácidos de dura consistencia. Los bosques enanos se distinguían fácilmente desde el aire

y fueron similares a las otras salientes de rocas ácidas vistas durante el sobrevuelo a la Zona Reservada.

Comúnmente se observaban señales que indicaban la presencia del oso de anteojos en el bosque enano incluyendo trochas, madrigueras con restos recientes de comida y heces frescas. El oso de anteojos fue uno de los mamíferos más abundantes registrados en el Megantoni, después de los monos choros. Más aun, nuestra evaluación del Megantoni registró la mayor densidad relativa de osos de anteojos reportada en cualquier otro inventario en el Perú.

Las aves de presa fueron nuevamente abundantes y dóciles, incluyendo a la Pinsha (*Chamaepetes goudotii*), la Pava Negra (*Aburria aburri*), y la Pava Andina (*Penelope montagnii*). En este sitio, los ornitólogos fotografiaron la Piha Alcimitarra (ver arriba Rango de Extensiones) y grabaron los cantos y el patrón de vuelo. Creemos que este patrón de vuelo nunca ha sido presenciado antes.

Encontramos numerosas especies nuevas y rangos de extensiones para la flora de este lugar. Los helechos dominaban estos bosques (Figura 5) con una alta riqueza de especies (~30 especies/100 m^2) y altas densidades, especialmente los helechos arbóreos (~2.000 individuos/ha). Así como en las mesetas del Katarompanaki, la riqueza de especies se concentró en la epífitas más que en los árboles y arbustos.

Los anfibios y reptiles mostraron patrones de diversidad paralelos a los mostrados por los peces, así como lo hicieron en el campamento Katarompanaki. La riqueza de especies era limitada por lo general, pero numerosas novedades y especies endémicas dominaron la comunidad. Los ictiólogos encontraron una alta densidad de peces en todos los arroyos muestreados, registrando 5 especies de peces, incluyendo 2 *Astroblepus* no encontrados en Katarompanaki. Los herpetólogos registraron 10 especies de anuros, 2 lagartijas y 4 serpientes. Uno de los registros más notables, fue el *Atelopus erythropus*, previamente conocido tan solo por el holotipo y una población del valle de Kosñipata. La más grande de las ranas encontradas en este sitio fue una rana marsupial,

Gastrotheca sp. (Figura 9F), similar a la *G. testudinea* (W. Duellman, com. pers.). *Gastrotheca* sp. era casi ubicua—los machos cantaban desde el dosel en casi todos los hábitats—y esta especie es probablemente nueva para la ciencia.

COMUNIDADES HUMANAS

Al contrario de lo que ocurrió con las comunidades biológicas, la situación social era muy bien conocida antes de realizar nuestro inventario. Por más de una década, CEDIA y otras organizaciones se han comprometido en trabajos participativos con numerosas comunidades de la región, y sus esfuerzos, junto con la visión a largo plazo de numerosos pobladores indígenas, inspiraron la propuesta para la creación de un área protegida en Megantoni.

A la fecha los esfuerzos de CEDIA se han enfocado mayormente en los pobladores tradicionales de la región: los Machiguengas, Ashaninka, Yine Yami, y Nanti. Sin embargo, en el área que rodea a la Zona Reservada Megantoni, viven dos grupos culturalmente distintos: las poblaciones nativas viviendo en comunidades y los colonos que viven en asentamientos rurales (ver Figura 1). Estos grupos están abruptamente separados por el paisaje. La mayoría de las poblaciones indígenas viven en la región norte más que en el sur de Megantoni (12.000 vs. 4.000 personas) e inversamente, la mayoría de colonos viven en el sur en vez del norte de la ZRM (150.000 vs. 800 personas). Los pobladores indígenas practican agricultura de subsistencia y han vivido en estos bosques por milenios, mientras que los colonos han llegado recientemente, y típicamente practican la agricultura comercial a gran escala. Gran parte del éxito a largo plazo del establecimiento de un área protegida en Megantoni dependerá en la demarcación final de las fronteras agrícolas por el sur, e involucrar tanto a los pobladores nativos como a los colonos en la protección y manejo de la región.

RIESGOS DE CONSERVACIÓN Y OPORTUNIDADES

La visión de conservación que proponemos para Megantoni brindará una fuerte protección a largo plazo para esta región tan rica tanto en recursos culturales como en los biológicos, y es una oportunidad única para:

01 **Protección de la flora y fauna característica y única del área,** incluyendo de 50 a 80 nuevas especies para la ciencia encontradas en Megantoni,

02 **Unión de dos grandes áreas protegidas,** que ascienden desde los llanos amazónicos en el Parque Nacional Manu hacia las vertientes de la Cordillera Vilcabamba,

03 **Preservar el paisaje que alberga a comunidades de indígenas sin contactar,** las cuales viven en la región noreste de Megantoni y,

04 **Trabajo conjunto con las comunidades vecinas para el diseño de actividades ecológicas compatibles** las cuales reforzarán la protección de Megantoni (incluyendo un ecoturismo bien manejado).

VENTAJAS

El aislamiento y el terreno escarpado de Megantoni, el conocimiento colectivo de sus pobladores, y la riqueza cultural y biológica albergada dentro de sus límites son grandes ventajas para la conservación en esta región. A continuación detallamos algunas de las ventajas más generales e impactantes de conservación para la ZRM, sin duda existen más.

Hábitats intactos

Dentro de la ZRM existen muchos hábitats bien preservados y únicos en su composición. En otras partes de los Andes peruanos, las punas están bajo un proceso de uso extensivo de tierras, sobrepastoreo, y quema. Los arroyos de las cabeceras están siendo poblados por la exótica e invasora trucha arco iris, desplazando a las especies nativas. Megantoni provee de una oportunidad única para preservar la riqueza total de esta flora y fauna de montaña intacta y podría tambien proveer de una referencia viviente para los esfuerzos de restauración de las punas degradadas y hábitats acuáticos en las áreas aledañas.

Conocimiento tradicional/Riqueza cultural

Estos bosques son íntimamente conocidos por los Machiguenga, Nanti, Ashaninka, y Yine Yami, quienes han vivido aquí por milenios. Colectivamente, estos grupos han acumulado centurias de conocimiento tradicional—un entendimiento sobre movimientos y comportamiento animal, fluctuaciones estacionales en el clima y recursos, tiempos favorables de cosecha y métodos de cultivo ecológicamente sensibles—proveyendo algo muy parecido a un almanaque comunal para la región.

Pongo de Maenique

Las aguas caudalosas, peligrosos remolinos y rápidos del Pongo de Maenique son un centro espiritual para los pobladores tradicionales de la región y separa el Alto río Urubamba del Bajo Urubamba. Aunque ahora es navegable, por numerosas decadas el Pongo protegió al Bajo Urubamba del desarrollo y la colonización. El Pongo sigue siendo una ventaja para la región, ya que a pesar de ser ente espiritual en la vida de los pobladores tradicionales de la región, brinda oportunidades ecoturísticas para las comunidades nativas, las cuales dirigen paseos para conocer estos paisajes de belleza sin igual y abundante fauna silvestre.

Aislamiento

Las vertientes boscosas y los valles de la Zona Reservada Megantoni son difíciles de alcanzar—requieren de un viaje de tres días desde el Cusco, en avión, botes y a pie—y su aislamiento ha defendido a Megantoni de la deforestación, común en muchas partes de los Andes.

AMENAZAS

Entre las mayores amenazas para la Zona Reservada Megantoni se encuentran las siguientes:

Colonización creciente y sin planificación

Los colonos se han asentado en las pendientes escarpadas y sujetas a huaycos. El establecimiento de cultivos que sean compatibles con la conservación es imposible en estas áreas. Por lo general los colonos se mueven de una zona poco rentable a la próxima, sobreviviendo apenas y deforestando grandes áreas en este proceso.

Desarrollo de conductos de gas natural

La extracción de hidrocarburos es tal vez la mayor amenaza a la ZRM, ya que la operación del Gas de Camisea yace a tan sólo ~40 km al norte de la Zona Reservada. La extracción del gas natural en el área ya ha forzado a las comunidades nativas a abandonar sus tierras tradicionales, y en los próximos años se verá el incremento de la exploración de depósitos de gas a lo largo del Bajo Urubamba.

Tala ilegal

El cumplimiento de las leyes forestales parece casi imposible en estas áreas remotas, y los madereros ilegales han extraído madera de la región norte de la ZRM (e.g., Reserva del Estado A Favor de los Grupos Étnicos Kugapakori-Nahua).

OBJETOS DE CONSERVACIÓN

El siguiente cuadro resalta las especies, los tipos de bosque, las comunidades y los ecosistemas más valiosos para la conservación en la Zona Reservada Megantoni. Algunos de los objetos de conservación son importantes por ser (i) especialmente diversos, o endémicos al lugar; (ii) raros, amenazados, vulnerables, y/o en declino en otras partes del Perú o de los Andes; (iii) importantes en la función del ecosistema; o (iv) claves para la economía local. Algunos de los objetos de conservación entran en más de una de las categorías arriba detalladas.

GRUPO DE ORGANISMOS	OBJETOS DE CONSERVACIÓN
Comunidades Biológicas	Las cabeceras de los ríos Ticumpinía y Timpía (Figura 3K) que albergan una íctiofauna única.
	Ambientes acuáticos prístinos de los Andes peruanos con poblaciones saludables de especies nativas
	Vegetación arbustiva enana creciendo en rocas ácidas
	Expansiones prístinas de puna
	Grandes extensiones de bosque dominado por bambú (Figura 3E)
	Bosques continuos desde las llanuras del río hasta la puna
Plantas Vasculares	Familias de plantas andinas hiperdiversas, especialmente orquídeas y helechos
	Poblaciones de árboles maderables localizados a bajas elevaciones (*Cedrela fissilis*, cedro; *Cedrelinga cateniformis*, tornillo)
	Más de 25 especies de plantas que ocurren únicamente en Megantoni
Escarabajos Peloteros	Especies grandes de escarabajos peloteros (especialmente *Deltochilum*, *Dichotomius*, *Coprophanaeus*, *Phanaeus*, y *Oxysternon*), que son susceptibles a la extinción local y componentes muy importantes en la dispersión de semillas, control de parásitos de los mamíferos y el reciclaje de nutrientes
	Especies raras y de rango restringido, incluyendo por lo menos 10 especies nuevas para la ciencia

OBJETOS DE CONSERVACIÓN

Peces	Comunidades de peces en quebradas y otros ambientes acuáticos en bosques intactos entre los 700 y 2.200 msnm
	Especies endémicas andinas como *Astroblepus* (Figuras 8B, 8D), *Trichomycterus* (Figuras 8E, 8F), *Chaetostoma* (Figura 8A)
	Especies restringidas a altitudes mayores de 1.000 m y altamente especializadas a las aguas torrentosas
Anfibios y Reptiles	Comunidades de anuros, lagartijas y serpientes de vertientes orientales de elevaciones medias del Sureste peruano (1.000-2.400 m)
	Comunidades de anfibios de quebradas pequeñas
	Poblaciones de especies raras y de distribución restringida como *Atelopus erythropus* y *Oxyrhopus marcapatae* (Figura 9B)
	Especies nuevas de anfibios incluyendo un *Osteocephalus* (650-1.300 m, Figura 9E), un *Phrynopus* (1.800-2.600 m), un *Eleutherodactylus* (1.350–2.300 m), un *Centrolene* (1.700 m, Figura 9H), un *Colostethus* (2.200 m), una *Gastrotheca* (2.200 m, Figura 9F) y un microhylido *Syncope* (1.700 m)
	Especies nuevas de reptiles, incluyendo una culebra (*Taeniophallus*, 2.300 m, Figura 9D); y lagartijas como un *Euspondylus* (1.900 m, Figura 9A), un *Alopoglossus* (Figura 9C), un *Neusticurus* y un *Proctoporus*, habitantes de las mesetas aisladas en Megantoni
	Poblaciones de tortugas de consumo humano (p. ej., *Geochelone denticulata*), en las zonas más bajas (< 700 m)
Aves	Poblaciones saludables de aves de caza (Tinamidae y Cracidae), sobreexplotadas en lugares más poblados
	Perdiz Negra (*Tinamus osgoodi*, Figura 10C), Piha Alicimitarra (*Lipaugus uropygialis*, Figura 10D), y Cacique de Koepcke (*Cacicus koepckeae*, Figura 10E), especies Vulnerables (UICN), conocidas de pocos sitios
	Poblaciones saludables del Guacamayo Militar (*Ara militaris*, Figura 10A), una especie Vulnerable (UICN), y el Guacamayo Cabeciazul (*Propyrrhura couloni*), un guacamayo raro y local en el Perú
	Avifauna saludable del bosque tropical alto, bosque montano y puna

Mamíferos

Carnívoros con grandes territorios, incluyendo al otorongo (*Panthera onca*, Figura 11A), el puma (*Puma concolor*, Figura 11D) y el oso andino (*Tremarctos ornatus*, Figura 11B)

El tapir amazónico (*Tapirus terrestris*, Figura 11F) cuya baja tasa reproductiva lo hace vulnerable a la cacería

Las poblaciones de nutria de río (*Lontra longicaudis*, Figura 11E) que se encuentran en peligro debido principalmente a la contaminación de los ríos donde habitan

Los primates que se encuentran sometidos a fuertes presiones de caza en varias áreas de su distribución geográfica, como el mono aullador (*Alouatta seniculus*), el machín blanco (*Cebus albifrons*), el machín negro (*Cebus apella*), el mono choro común (*Lagothrix lagothricha*, Figura 11C) y el pichico común (*Saguinus fuscicollis*)

Especies vulnerables como la pacarana (*Dinomys branickii*), el ocelote (*Leopardus pardalis*), el oso hormiguero (*Myrmecophaga tridactyla*) y el armadillo gigante (*Priodontes maximus*).

Poblaciones viables de mamíferos grandes y medianos, en especial monos, los cuales proveen de recursos fecales necesarios para el mantenimiento de las comunidades de escarabajos peloteros y otros invertebrados.

Nuestra visión a largo plazo para el paisaje de Megantoni integra dos retos complementarios: conservar la increíble diversidad biológica del área, y preservar el patrimonio cultural de los habitantes tradicionales de la región — incluyendo la gente Nanti viviendo en aislamiento voluntario dentro de Megantoni. En esta sección ofrecemos algunas recomendaciones para realizar esta visión para la Zona Reservada Megantoni, incluyendo notas específicas para protección y manejo, inventarios biológicos adicionales, investigación, monitoreo, y vigilancia.

Protección y manejo

01 **Establecimiento del Santuario Nacional Megantoni dentro de los límites establecidos en las Figuras 1, 2.** La protección inmediata de Megantoni es crítica, debido a la creciente colonización sin manejo alguno, la cual continua deforestando las áreas silvestres al norte y al sur de los límites de la reserva. La Zona Reservada Megantoni debería ser reconocida con el estatus de protección más elevado, para así preservar sus valiosos recursos culturales y biológicos, los que incluyen especies potencialmente endémicas de las montañas de Megantoni, y para mantener el corredor entre el Parque Nacional Manu y la Cordillera Vilcabamba, considerado de extrema importancia. **Situación Actual:** El 11 de agosto del 2004, de acuerdo al Decreto Supremo 030-2004-AG, se designó una nueva área de protección, el Santuario Nacional Megantoni (216.005 hectáreas). Junto con la categoría de Parque Nacional (para designar típicamente a áreas más grandes), el Santuario Nacional implica la mayor protección dentro del sistema de áreas naturales del Perú (SINANPE).

02 **Reubicación de los asentamientos actualmente establecidos dentro de la Zona Reservada.** Dentro de los límites sur de la Zona Reservada se encuentran dos comunidades adyacentes de colonos, Kirajateni y La Libertad (Figura 1). Estas comunidades albergan a un promedio de 10 a 30 propietarios, con una antigüedad menor a los dos años, y situados en las pendientes escarpadas de suelos pobres, sin valor agrícola alguno. Se deben de enfocar esfuerzos para reubicar a estos asentamientos en tierras más favorables para esta actividad.

03 **Incentivo para concluir con la reforma de tierras en las áreas contiguas a la Zona Reservada Megantoni y estabilización de las fronteras agrícolas.** En el pasado, se ha promovido áreas no aptas para la agricultura (pendientes abruptas y susceptibles a los huaycos) como asentamientos humanos para los colonos. Estos asentamientos indudablemente conllevan a una severa degradación de las comunidades biológicas, así como al desencanto y frustración en general de los agricultores. Un esfuerzo de planeamiento regional, basado en evaluaciones precisas de opciones viables del uso de tierra, podrían manejar de alguna manera, tanto las necesidades de tierra por parte de la gente de la región como la protección de sus comunidades biológicas.

Protección y manejo
(continua)

04 Mapeo, marcación y publicación de las fronteras del área protegida de Megantoni.
Como parte de la iniciativa de protección legal al área, CEDIA ha iniciado los
esfuerzos para demarcar los límites de Megantoni en varias áreas. Siguiendo estos
primeros esfuerzos, se debería comenzar una campaña más comprensiva que
empiece por las áreas más vulnerables a las incursiones ilegales, especialmente a
lo largo del límite sur en el Alto Urubamba. Los letreros deberían incluir
información del estatus legal de Megantoni y de las normas vigentes que regulan
las actividades dentro del área.

05 Minimizar las incursiones ilegales al área mediante el establecimiento de puestos
de control en puntos críticos a lo largo de los límites de Megantoni,

**06 Involucrar a las comunidades y autoridades locales en la protección y manejo
del área protegida Megantoni,** promoviendo la participación local en los esfuerzos
de protección, los cuales deberán incluir:

A. **Participación de los miembros de las comunidades locales como
guardaparques, administradores y educadores.**

B. **Incentivo de esfuerzos locales de ecoturismo, y promoción de un desarrollo
regulado de otras oportunidades turísticas.** La comunidad nativa de Timpía
(Figura 1, A13) ha establecido una operación ecoturística a lo largo del
Urubamba (Centro de Estudios Tropicales Machiguenga), y realizan tours hacia
las colpas y paisajes dentro del espectacular Pongo de Maenique. Se debe de
incentivar el desarrollo responsable del ecoturismo, de tal manera que se
incluyan a las comunidades locales directamente en las actividades compatibles
con la protección del área a largo plazo.

C. **Manejo de la caza de aves, mamíferos y peces realizada por miembros de las
comunidades nativas.** Encontramos evidencia de actividades previas de cacería
(trochas viejas, pequeña plantación de plátanos) en nuestro campamento
Kapiromashi a lo largo del río Ticumpinía. Recomendamos una investigación
(ver abajo) sobre el uso de tierras por parte de los pobladores nativos y sistemas
de manejo tradicional en cuanto a actividades de cacería.

07 Minimización de los impactos en las cabeceras dentro la región. En el área se
originan cuatro grandes ríos: el Timpía, el Ticumpinía, el Yoyato (desembocadura
del Urubamba), y el Manu (desembocadura del Madre de Dios). El río Timpía y
el río Manu se originan en las vertientes de las montañas de la parte noreste de
Megantoni (cerca al campamento Tinkanari), el río Ticumpinía se origina en el
corazón de la reserva, y las cabeceras del Yoyato yacen dentro de la "prominencia"

Protección y manejo
(continua)

del límite sur de Megantoni (Figuras 2, 3). Se debe de tomar medidas de protección extremas para estas áreas, ya que proveen de agua a dos de los ríos más importantes del sudeste del Perú.

08 **Protección de todas la comunidades naturales en contra de las colectas ilegales, particularmente las orquídeas.** Las orquídeas están protegidas por el reglamento del CITES en el Perú, y la protección formal de Megantoni es un paso muy importante para impedir la colecta sin autorización de orquídeas. Sin embargo, los guardaparques deberían ser alertados sobre los colectores ilegales de orquídeas, ya que la belleza de estas plantas puede hacer que estos colectores vayan a extremos inimaginables para la obtención de muestras.

Zonificación
(ver mapa, p. 17)

01 **Protección del área donde radican poblaciones indígenas en aislamiento voluntario para su Uso Exclusivo.** Poblaciones Nanti no contactados viven a lo largo del río Timpía en la región noreste de Megantoni.

02 **Creación de un área de Uso Especial para las poblaciones nativas viviendo en la Comunidad Nativa Sababantiari que les permita seguir con el uso tradicional del bosque.** En esta área, si es necesario, también recomendamos la implementación de un programa de participación comunitaria para el monitoreo de los impactos de cacería.

03 **Protección de los hábitats prístinos de puna dentro de Megantoni**

A. **Protección estricta para los aislados hábitats de puna en la región sureste de Megantoni.** Debido a su aislamiento en otras áreas más grandes e interconectadas de hábitats de puna, en otras partes de Megantoni y del PN Manu, esta puna podría albergar especies raras y endémicas.

B. **Zonificación de los hábitats intactos de puna a lo largo del límite sur de la Zona Reservada dentro de la categoría Área Silvestre** para incentivar estudios de investigación que podrían eventualmente ayudar a la restauración y manejo de la puna alterada localizada en áreas aledañas.

Inventarios posteriores

01 **Continuación de los inventarios básicos de plantas y animales, con énfasis en otros sitios y estaciones, especialmente entre octubre a febrero.**

A. **Hábitats acuáticos no evaluados** incluyen (1) la parte baja de la ZRM desde 500 a 700 msnm; (2) la desembocadura del río Yoyato; (3) la cabecera del río Timpía; (4) los hábitats acuáticos de las montañas entre el río Ticumpinía y el Pongo de Maenique; (5) hábitats localizados entre los 900 a 1.500 msnm; (6) el río Urubamba donde atraviesa el Pongo de Maenique; (7) las lagunas de aguas negras en las cabeceras del río Timpía; (8) las lagunas de los pastizales de puna; y (9) los ecosistemas acuáticos dentro de la ZRM, al oeste del Pongo, incluyendo parte del río Saringabeni.

B. **Hábitats terrestres no evaluados** incluyen (1) áreas al oeste del Pongo de Maenique, (2) las vertientes alrededor del pongo, (3) los bosque creciendo a elevaciones desde 500 a 700 msnm y de 2.300 a más de 4.000 msnm, (4) pastizales de puna (5) la extensión de bloques triangulares (Vivians) a lo largo de la región norte de la reserva, (6) salientes de rocas ácidas dispersadas a lo largo de la reserva, y (7) inusuales parches ubicados a gran altitud del bambú *Guadua*, característico de tierras bajas (1.200-1.500 msnm).

02 **Hacer un mapa de las formaciones geológicas dentro de Megantoni, y realizar inventarios geológicos más detallados a lo largo de la región, empezando con las características del paisaje más prominente (e.g., mesetas, Vivians, Pongo de Maenique).** Adicionalmente, el Sistema de Información Geográfica (SIG), desarrollado por CEDIA, para la región debería elaborarse para incluir información geológica más detallada, e integrada con los datos existentes de las comunidades biológicas.

03 **Búsqueda de dos especies no descritas de aves, ambas recientemente descubiertos al este de Megantoni (D. Lane, dat. sin publ.).** Ambas especies aun no descritas son probablemente especialistas de *Guadua* , un mosquerito (*Cnipodectes*, Tyrannidae) conocido a lo largo del río Manu, y a lo largo de la parte baja del río Urubamba a elevaciones menores a 400 m (Lane et al., dat. sin publ.); y una tangara (Thraupidae), observado a lo largo de la carretera de Kosñipata a San Pedro, a ~1.300 m de elevación (Lane, obs. pers.). Ambas especies se encuentran probablemente dentro de los límites de la Zona Reservada.

Investigación

01 **Examinar el uso del corredor Megantoni por especies de amplios rangos (carnívoros grandes y ungulados, rapaces, aves migratorias y mamíferos).** Muy pocas áreas prístinas como la Zona Reservada Megantoni conectan la puna y el bosque bajo tropical. Los corredores continuos pueden ser extremadamente importantes para la fauna, especialmente para las especies con grandes migraciones estacionales, o con grandes rangos de desplazamiento. El entendimiento de los patrones de movimiento y uso de los recursos en estas especies de amplios rangos será critica en el diseño de estrategias de manejo a largo plazo para sus poblaciones.

02 **Evaluación del impacto del área protegida en las tasas de deforestación de la región,** particularmente en la deforestación que ocurre cerca (o dentro) de los límites del parque.

03 **Evaluación del impacto ecológico de la cacería de subsistencia en la fauna realizada por las comunidades locales.** Recomendamos que se dirija esta investigación en las zonas utilizadas por la comunidad de Sababantiari y otras comunidades que viven cerca de la Zona Reservada—por ejemplo, Timpía, Saringabeni, Matoriato, y Estrella. Esta investigación debería enfocarse hacia la conservación de las poblaciones de fauna silvestre sin necesidad de reducir la calidad de vida de subsistencia de los cazadores y sus familias.

04 **Medir la eficacia de los letreros que marcan los límites de la reserva con respecto a la reducción de incursiones ilegales al parque.**

05 **Investigación de las dinámicas naturales de los ambientes prístinos acuáticos de la ZRM.** En la cuenca del río Alto Urubamba, la trucha arco iris (*Oncorhynchus mykiss*) se encuentra en numerosos ambientes naturales y son cultivados a lo largo de la cuenca. Esta especie invasora no se encuentra todavía en la ZRM. Megantoni nos ofrece una oportunidad única de conservar y estudiar los hábitats acuáticos que todavía están libres de especies invasoras que no son nativas.

06 **Evaluación de los efectos de las toxinas que se usan para pescar (métodos tradicionales de pesca, conocidos localmente como barbasco o huaca) sobre las comunidades acuáticas.** Observaciones casuales nos sugieren que estas toxinas naturales dañan a las comunidades de peces y otras biotas acuáticas, incluyendo a las nutrias de río (*Lontra longicaudis*), pero se han realizado muy pocos estudios científicos en el Perú para la cuantificación de ese daño, especialmente en el ámbito poblacional, evaluando el efecto de acumulación. Recomendamos la investigación de los efectos de estas toxinas en las comunidades acuáticas, y si necesario, complementando esos estudios con talleres o programas de educación ambiental, o ambos, para reducir el uso de toxinas por parte de las comunidades locales.

Investigación (continua)	07	**Investigación del rol del cambio climático en la distribución de especies.** Las especies con un rango altitudinal estrecho, incluyendo numerosas plantas, escarabajos peloteros, anfibios, reptiles y peces encontrados en Megantoni, pueden ser muy sensibles al calentamiento global y a los cambios climáticos locales asociados a la deforestación. El Consorcio de Biodiversidad Andina (www.andesbiodiversity.org) se encuentra actualmente investigando las tendencias climáticas a largo plazo en las cadenas de las montañas cerca a Megantoni, y los estudios de taxa no vegetales podrían acomodarse fácilmente a estos esfuerzos.
	08	**Determinación de la capacidad de carga de los esfuerzos locales turísticos,** por medio de la investigación dirigida al estimado de visitas turísticas y su impacto en las comunidades biológicas.
Monitoreo	01	**Crear un programa comprensivo de monitoreo ecológico que mida el progreso orientado a los objetivos de conservación establecidos en el plan de manejo** (ver Recomendaciones de Protección y Manejo 03, arriba). Usar los resultados de la investigación para establecer una relación entre los indicadores del monitoreo y fuentes potenciales de cambio. Usar los resultados del inventario para establecer una referencia para proyectos de monitoreo.
	02	**Seguimientos de incursiones ilegales dentro del área.** Usar los resultados de las recomendaciones de Investigación 04 (ver arriba) para establecer los objetivos para la reducción de éstas incursiones. Modificar las estrategias para enfocarse en los puntos más vulnerables de entrada.
	03	**Monitoreo del grado y distribución de deforestación en la región, en relación a los límites de las áreas protegidas. Usar los resultados de las recomendaciones de Investigación 02 (ver arriba) para establecer las metas para disminuir los avances de deforestación.** Modificar las estrategias de manejo, incluyendo zonificación o límites de las áreas protegidas, para responder a los resultados del monitoreo.
Vigilancia	01	**Establecimiento de estaciones metereológicas en el área.** Actualmente no existe ninguna estación cerca a Megantoni, y los datos metereológicos complementarían muchas de las investigaciones propuestas para el área (e.g. respuesta de las especies al cambio climático, migraciones estacionales a lo largo del corredor)
	02	**Seguimientos de las movilizaciones de las poblaciones nativas.** Las comunidades nativas por lo general se movilizan estacionalmente, como respuesta a la variación natural de la disponibilidad de recursos, y sus movimientos podrían influenciar la abundancia de flora y fauna marcadamente a través del paisaje.

Vigilancia
(continua)

03 **Muestreo regular de hongos citridiomiceto en los hábitats acuáticos de tierras altas.** A medianas y altas elevaciones, en recientes años, la rápida difusión de los hongos citridiomiceto desde Centro América hacia los Andes ha originado una rápida disminución de poblaciones y extinción de anfibios en Ecuador, Venezuela y en el norte del Perú. No encontramos evidencia de la existencia de hongos citridiomiceto en Megantoni, pero un muestreo regular de las especies que viven en los arroyos de las partes altas, tales como las ranas *Atelopus* y las ranas de cristal (Centrolenidae, Figure 9H), serán muy importantes para la detección de los hongos.

Si se encontraran hongos citridiomiceto en Megantoni, esta deberá ser inmediatamente reportada a la Declining Amphibian Populations Task Force (http://www.open.ac.uk/daptf/index.htm), una organización que sirve como una fuente abierta de información sobre disminución de poblaciones y los medios por los cuales estas disminuciones pueden ser contenidas, detenidas o revocadas.

04 **Evaluación de poblaciones de peces.** En los próximos años se tendrá un incremento en la explotación de depósitos de gas natural a lo largo del Bajo Urubamba. Las exploraciones adicionales de gas crean un riesgo de contaminación del Bajo Urubamba, y potencialmente alteran patrones de migración de los peces que se reproducen cerca de las cabeceras (a más de 500 msnm). Estos cambios podrían alterar distribuciones locales de peces y posiblemente reducen las especies comestibles. El seguimiento de la composición de las comunidades de peces, más el registro de uso de recursos por los pescadores locales, serán elementos claves para la protección de la desembocadura del Bajo Urubamba, y para el cambio de manejo con el fin de preservar las comunidades de peces dentro de sus aguas.

Informe Técnico

PANORAMA GENERAL DE LOS SITIOS MUESTREADOS

La Zona Reservada Megantoni es un corredor biológico prístino con 216.005 ha de extensión, ubicado en la vertiente oriental de los Andes peruanos. Su mayor superficie esta en la parte este, a lo largo de su límite con el Parque Nacional Manu, y disminuye hacia su borde occidental, donde se une al complejo de conservación Vilcabamba (Reservas Comunales Machiguenga y Ashaninka, Parque Nacional Otishi, ver Figura 1). La elevación baja a lo largo de la misma trayectoria este-oeste, con pastizales localizados a mayores elevaciones (más de 4.000 m) restringidos al límite sureste del área, descendiendo por una serie de acantilados y vertientes empinadas hasta las tierras bajas (500+ m) en el oeste.

En el límite suroeste, el río Urubamba atraviesa un flanco montañoso de tamaño considerable, creando el mítico Pongo de Maenique con collpas expuestas para los guacamayos (*Ara militaris*) y maquisapas (*Ateles* sp.). Tres de los tributarios del Urubamba—el río Timpía y Ticumpinía al norte, y el río Yoyato ubicado a lo largo del límite sur—se originan dentro de la Zona Reservada, así como las cabeceras del río Manu (ver Figuras 1, 2).

La mayor parte de la Zona Reservada Megantoni está cubierta de parches de bambú muerto y vivo, con especies de *Guadua* (Figura 3E) a bajas elevaciones, y especies de *Chusquea* y sus parientes ubicadas a mayores elevaciones. En algunos lugares el bambú crea grupos impenetrables y monodominantes, mientras que en otros lugares las especies de bambú estan envolviendo los árboles.

La Zona Reservada Megantoni se caracteriza por su tremenda heterogeneidad. A distancias cortas, tan pequeñas como unos cuantos cientos de metros, los hábitats pueden cambiar desde pequeñas formaciones arbustivas que crecen en rocas ácidas expuestas, a bosques que crecen en suelos más ricos con una vegetación de dosel diez veces más alta, con pocas especies en común entre ambas áreas.

La Zona Reservada alberga una alta heterogeneidad de hábitats, horizontalmente, a pequeñas escalas espaciales, y verticalmente, a lo largo de la gradiente latitudinal. Por eso, nuestro objetivo en la selección de los sitios del inventario fue muestrear la diversidad de hábitats en la mayor extensión posible.

SITIOS VISITADOS POR EL EQUIPO BIOLOGICO

Combinamos nuestras observaciones realizadas en el sobrevuelo del área en noviembre del 2003 con las interpretaciones de las imágenes de Landsat TM+ (bandas pancromáticas 4, 5, 3 y 8) para seleccionar los sitios del inventario a diferentes elevaciones, tratando de incluir diferentes rangos altitudinales y hábitats en un sólo sitio (Figuras 2, 3). Debido a lo escarpado del terreno, llegar a los lugares más altos en Megantoni sería un reto, y en numerosas ocasiones imposible. Para nuestros dos sitios más elevados, el grupo de avance, encargado del corte de trochas y preparación de los campamentos antes del inventario, sólo podían llegar al sitio descendiendo un cable desde el helicóptero en movimiento.

Durante el inventario biológico rápido en la Zona Reservada Megantoni, realizado desde el 25 de abril al 15 de mayo del 2004, el equipo realizó un muestreo en tres sitios desde los 650 m sobre el nivel del mar y alcanzando los 2.350 m. A continuación describimos en forma detallada los tres sitios e incluiremos información de un cuarto lugar que sólo fue visitado por el grupo de avance. Los nombres de los sitios están en lengua Machiguenga y fueron escogidos por los guías Machiguengas que nos acompañaron en nuestro inventario, y representan características obvias y dominantes de la vegetación presente.

Kapiromashi (12°09'43.8"S 72°34'27.8"O, ~760-1.200 msnm 25 al 29 de abril 2004)

Este fue el primer lugar visitado, y el único en un valle ribereño (Figuras 3A, 3C). Nuestro campamento se ubicó en un viejo huaico a lo largo de un pequeño arroyo temporal, a unos 200 m del río Ticumpinía. Aunque el río Ticumpinía midió unos 40 m de ancho durante nuestra estadía, es uno de los ríos más grandes de la Zona Reservada Megantoni, y puede llegar a extenderse unos 150 m o más cuando se carga de agua.

Nuestros guías Machiguengas de Timpía, una comunidad a unos 28 km al noroeste de la unión del río Timpía con el Urubamba, nunca habían visitado este sitio. Sin embargo, encontramos un pequeño terreno con unos 8 a 9 plátanos sembrados y caminos antiguos de cacería en la vertiente sur del valle, indicando que los pobladores de Sababantiari, una comunidad que se encuentra a un día de viaje río abajo, realizan actividades de cacería en esta área.

Durante cuatro días exploramos más de 12 km de trocha a cada lado del valle originado por el río Ticumpinía, generalmente caminando por más de medio kilómetro a lo largo de playas arenosas para llegar a los pocos sitios en que podíamos cruzar el río. Una trocha adicional cruzaba una isla grande de 1,5 km de largo en el Ticumpinía.

Nuestro sistema de trochas alcanzaba la cresta del flanco sur, a unos 1.100 m, y aunque el flanco en el lado opuesto del río parecía extenderse por lo menos a unos 1.500 m, no lográbamos llegar a las áreas con más de 1.200 m de elevación en este flanco. Las nubes generalmente venían del sur por encima del flanco de más baja elevación, formando un banco de nubes a alrededor de 1.100 m en el flanco más alto. Por lo general el área albergaba bosques excepcionalmente húmedos. A pesar de esta característica, mientras estábamos en el campo no hubieron mayores precipitaciones, numerosos arroyos se secaron y había evidencias de una sequía por la condición en la que se encontraban las orquídeas en el flanco norte.

La palabra *kapiromashi* significa "mucho bambú" en Machiguenga, y es la palabra que los guías locales utilizaron para describir los impresionantes mosaicos de bambú (*Guadua*, Poaceae; Figura 3E) que marcan las vertientes de ambos lados del río y de la isla ribereña. Todas las trochas contenían por lo menos un parche de bosque de bambú y muchas de ellas atravesaron un 80% de bosque dominado por bambú (pacal). Encontramos evidencia de disturbios naturales en la mayoría de las trochas, caminando por tipos de bosque en diferentes estados de recuperación, desde antiguos a nuevos derrumbes, con bosques más antiguos caracterizados por sus árboles de grandes tamaños y mayor cantidad de epífitas. Por debajo de este complejo disturbado, yace un mosaico de calizas derivadas y suelos más ácidos, algunas veces separados tan sólo por unos cuantos metros, con varias de las especies de plantas restringidas a un sólo tipo de estos suelos.

Esta área es representativa del hábitat ubicado a lo largo del río Timpía y habitado por gente Nanti en aislamiento voluntario (Figura 12E).

Katarompanaki (12°11'13.8"S 72°28'13.9"O, ~1.300-2.000 msnm 2 al 7 de mayo 2004)

En el corazón de la reserva, entre los dos tributarios del río Ticumpinía, se levantan algunas grandes mesetas (Figura 3A). Estas mesetas son obvias en las imágenes satelitales y no parecen ocurrir en el Parque Nacional Manu y tampoco en el complejo de conservación Vilcabamba. Nuestro segundo campamento se ubicó en la más alta de éstas mesetas, y pudimos explorar esta área y otra plataforma a unos 400 m por debajo. El nombre de este campamento, *katarompanaki*, indica la dominancía del árbol *Clusia* (Figura 3G) en los niveles superiores de las mesetas.

Desde el aire el área parece tener una topografía plana. Sin embargo, la superficie ascendente e irregular, con una red de numerosos arroyos que tallan profundamente las áreas de suave sustrato. Cruzando cada arroyo las trochas descendieron y ascendieron abruptamente. Los dos arroyos más grandes (10-20 m ancho), uno en cada nivel, estaban formados por rocas enteras de gran tamaño, compuestos de un sustrato tan duro que era casi imposible raspar la superficie, aun con las tijeras de podar plantas.

Vegetación diferente crece en cada nivel. En la plataforma más alta crecía vegetación de tamaño reducido encima de suelos ácidos duros, mientras que en la plataforma más baja crecía una vegetación de mayor tamaño y de mayor diversidad en suelos más ricos. En la plataforma alta, debido a las bajas tasas de descomposición, el suelo del bosque está cubierto de raíces enredadas y árboles caídos, con una consistencia esponjosa muy característica y a veces con agujeros de más de 1 m de profundidad. Encontramos poca evidencia de suelos minerales, aunque existe una pequeña capa de humus. En la plataforma baja,

el bosque era más productivo y los suelos arcillosos albergaban numerosos árboles en fructificación y una población considerable de mamíferos.

Viajar entre estas dos plataformas fue difícil con un descenso, en algunos puntos, peligrosamente vertical. Una vez que la trocha llegaba a la plataforma inferior, atravesaba una cascada espectacular, que brotaba desde la plataforma superior, cayendo 40 m por roca vertical para caer directamente en la plataforma inferior.

En los pocos días despejados, el límite sur de la plataforma superior nos proporcionaba una vista espectacular de los Vivians al oeste (Figura 3F), un conglomerado de crestas empinadas en el sur, numerosos picos puntiagudos al este, y por encima del bosque de plantas enanas de la plataforma se veía la pared lisa de piedra al otro lado del valle. Se podía ver claramente la isla ribereña del campamento Kapiromashi, a sólo 12 km al oeste, desde la parte suroeste de la plataforma superior.

Durante nuestros seis días en este lugar, hubieron numerosas lluvias, con intensa lluvia en un sitio, mientras a tan sólo 1,5 km hubieron cielos azules o una garúa insignificante.

No se encontró evidencia de gente que haya visitado estos sitios anteriormente y había una alta densidad de monos choro (*Lagothrix lagotricha*, Figura 11C) en la plataforma baja.

Tinkanari (12°15'30.4"S 72°05'41.2"O, ~2.100-2.350 msnm 9 al 13 de mayo 2004)

Nuestro tercer sitio del inventario se ubicó en el lado oeste de la Zona Reservada, cerca de sus límites con el Parque Nacional Manu (Figura 3B). A lo largo de los Andes y en otras partes de la Zona Reservada, esta elevacíon contenía algunas de las partes más empinadas. Este lugar fue inusualmente plano. Encontramos agua en numerosas partes del bosque, y en algunos casos se formaron pequeños charcos de aguas negras (20-m-diámetro) invisibles en la imagen satelital.

Las cabeceras del río Timpía y del río Manu se originan aquí y nuestras trochas cruzaban numerosos arroyos con rocas cubiertas de musgo (Figura 3K).

Un arroyo formado por un reciente huaico fue la quebrada más grande del lugar, y nos dió una idea de la complicada geología del área. Las caminatas hacia la parte superior del huaico, sobre rocas que aún no estaban cubiertas de musgo, nos dió la oportunidad de observar los diferentes estratos de las rocas expuestas, con capas de granito alternando con otros sustratos como carbón.

Los arroyos en el área generalmente descendían de una manera escalonada, con superficies planas, seguidos de un empinado descenso, continuando con otra superficie plana. Nuestra hipótesis es que las superficies planas reflejan la existencia de sustratos suaves o aluviales, de erosión rápida, seguidos por sustratos de granito más duros, remplazados de nuevo por la capa de sustratos blandos.

Parecido a Katarompanaki, pudimos distinguir dos tipos de bosque en este sitio. Un bosque alto de suelos fértiles domina el 90% del área, y rodea a un área claramente definida (~0,5 km²) de vegetación arbustiva enana creciendo en suelos duros y ácidos. No habían zonas de transición entre las dos áreas.

La vegetación arbustiva enana era obvia desde el aire, con un aspecto igual a la vegetación que crece en otros sitios de suelos ácidos vistos durante los sobrevuelos de la Zona Reservada. La vegetación arbustiva no es homogénea. La vegetación en la parte de más baja elevación era aun más pequeña, dominada por orquídeas terrestres y por plantas de *Clusia* sp. con tallos muy delgados. Aparte de nuestras trochas, vimos trochas hechas por osos de anteojos (*Tremarctos ornatus*) en el bosque de vegetación enana. Encontramos más de 10 especies de helechos arbóreos, conocidos en la lengua local como *tinkanari* (Figura 5A), dominando el bosque más alto, en conjunto con las numerosas especies y parientes del bambú *Chusquea*.

Shakariveni (12°13'08.9"S 72°27'09.1"O, ~960 msnm 13 al 19 de abril 2004)

Más o menos a 13 km al este de Kapiromashi, y directamente abajo de las plataformas de Katarompanaki, se estableció un campamento en la unión del río Shakariveni y un pequeño tributario.

El grupo de avance pasó seis días tratando de alcanzar las mesetas. Durante estos esfuerzos infructuosos, los miembros del equipo observaron numerosos vertebrados los cuales están incluidos en los apéndices. Cerca de este campamento, el equipo encontró una chacra abandonada, sugiriendo que los colonos están entrado a la Zona Reservada por la parte sur. Esta área es similar a Kapiromashi y contiene grandes áreas dominadas por parches del bambú *Guadua* y una flora de sucesión a lo largo del lecho rocoso ribereño.

SOBREVUELO DE LA ZONA RESERVADA MEGANTONI

Autores: Corine Vriesendorp y Robin Foster

LA ZONA RESERVADA MEGANTONI

Situado en la parte este de las colinas bajas de los Andes, este escarpado y espectacular terreno de la Zona Reservada Megantoni atraviesa diferentes pisos altitudinales desde hondos y húmedos cañones hasta los más altos pastizales de la puna. Formada durante la agitación geológica asociada con el levantamiento de los Andes, los bosques crecen en una mezcla heterogénea de colinas rocosas, irregulares pendientes, escarpados riscos y mesetas que varían en elevación entre 500-4.000+ m.

Dos cadenas altas y largas transversan la Zona Reservada, y descienden desde el este al oeste. En la esquina suroeste, la cresta es cortada por el río Urubamba, creando el cañón del Pongo de Maenique (ver Figuras 2, 13). Los tributarios del Urubamba (principalmente los ríos Timpía, Ticumpinía y Yoyato) corren irregularmente a través del hondo valle de la Zona Reservada, tallando un camino entre las altas crestas.

A lo largo del Bajo Urubamba y a ambos lados, se puede observar una desmedida deforestación, con grandes extensiones de chacras obvias en las imágenes satelitales, y evidencia de colonización hasta casi el límite de la Zona Reservada (Figura 1).

Arriba del Pongo de Maenique y a lo largo del río Yoyato sobre el lado sur de la Zona Reservada, la amenaza de la colonización parece más alta aún, y el cañón forma una barrera parcial a la deforestación.

SOBREVUELO DE HELICOPTERO

El 3 de noviembre del 2003, un grupo de científicos y personal de CEDIA, INRENA, CIMA, PETT y The Field Museum volaron por helicóptero el escarpado terreno de la Zona Reservada. La ruta de vuelo atravesó una impresionante gradiente altitudinal, comenzando en los bosques de selva baja (500+ msnm) ubicados en la esquina noroeste del área, cruzando hacia el centro donde se observaron extensas mesetas sobre las montañas y aisladas crestas (1.000–2.000 msnm), hasta los picos más altos (4.000+ msnm) en el borde suroeste. Complementamos la información que nos dieron las imágenes de satélite con nuestras observaciones desde el helicóptero, enfocandonos especialmente en los cambios de vegetación y hábitat.

Desde la base Malvinas de Pluspetrol, seguimos el sinuoso río Urubamba hacia arriba hasta encontrarnos con el espectacular Pongo de Maenique con más de 30 caídas de agua a ambos lados del cañón. Se observó un marcado contraste entre las caras norte y sur de estas crestas, con el lado norte casi cubierto en su totalidad con manchones de "pacales", o bambú (*Guadua* spp.), con una mayor diversidad de vegetación creciendo hacia el lado sur. La presencia del bambú cubriendo el lado norte de estas vertientes, sugiere que hubo una gran y catastrófica perturbación natural en la zona, quizá por fuego o terremotos.

También, en algunas zonas del lado norte de las vertientes, vimos parches abiertos donde árboles de gran altura al parecer cayeron bajo el peso del bambú *Guadua*, dejando una entremezcla de copas de *Iriartea deltoidea*, *Triplaris americana*, y *Cecropia* que sobrepasan los enmarañados bambúes. Aún en el bosque alto, el sotobosque parece estar dominado por el bambú. A mayores elevaciones *Guadua* está restringida a áreas perturbadas mas pequeñas y es reemplazada por *Chusquea* y otras especies más pequeñas de bambú.

En cambio, una vegetación florísticamente mucho más diversa crece en el lado sur de las vertientes, esporádicamente interrumpida por bosques enanos sobre peñascos de cuarcita, y pequeños deslizamientos colonizados por un gran número de especies de rápido crecimiento. Las cumbres generalmente presentan pequeñas manchas monoespecíficas de bosques, reflejando las condiciones pobres y extremas de estos antiguos suelos expuestos a alturas.

Más hacia el lado este, la cresta es interrumpida por una hilera de placas triangulares conocidas como formaciones Vivian (Figura 3F), con laderas suavemente elevadas hacia el ápice en un lado, y abruptamente escarpadas cayendo hacia el otro lado de la faz rocosa. Las formaciones Vivian soportan una amplia variedad de bosques enanos, y en algunos lugares están cubiertos por bambú. Después de ~30 km, las Vivian desaparecen y son reemplazadas por una serie de extensas mesetas. Espectaculares cataratas delgadas caen por encima de los barrancos de areniscas de las mesetas, hacia los cañones del río abajo. La vegetación que observamos en las mesetas es variable, dominada por la palmera *Dictyocaryum lamarckianum*, de tamaño inusualmente pequeño, y mezclada con otras especies de árboles enanos. Por lo menos una de las plataformas de las mesetas está dominada por árboles monocárpicos del género *Tachigali*, tanto árboles vivos como recientemente muertos. Las empinadas laderas en las mesetas más altas, situadas entre 1.500-2.000 m, estaban casi completamente cubiertas por árboles de *Alzatea* (Alzateaceae) mezclados con helechos arbóreos, un hábitat ideal para el elusivo Gallito de las Rocas (*Rupicola peruviana*).

Desde las altas mesetas descendimos hasta la confluencia de dos tributarios del río Timpía, pasando entre valles angostos con laderas muy empinadas. Junto a este ancho pero aislado valle donde el río Timpía forma un semicírculo, observamos entre 10 y 15 pequeñas chacras de plátanos y pequeñas malocas, apenas visibles, confirmando la presencia en esta área de grupos indígenas voluntariamente aislados (Figura 12E).

Observamos escarpadas laderas con deslizamientos siguiendo el recorrido hasta el punto más alto de la esquina sureste de la Zona Reservada, donde las partes altas de las cimas se tornan más redondeadas y con pendientes más suaves. Aquí los árboles son enanos, contorneados y están cubiertos con líquenes, hasta llegar a los pajonales de altura mezclados con parches de bosques arbustivos compuestos principalmente por *Polylepis* (Rosaceae) y *Gynoxys* (Asteraceae). La puna, adornada por pequeñas lagunas dispersas, tiene una vegetación mixta de gigantes *Puya* (Bromeliaceae), flora herbácea y pajonales.

Aunque existen reportes sobre el uso de estas áreas como zonas de pastoreo, no observamos huellas de ganado durante el sobrevuelo. Daños por incendios naturales recientes fueron evidentes en algunas zonas de los pajonales y zonas arbustivas, con manchas negruzcas de vegetación cubriendo las cimas de las montañas. Los pequeños bosques a lo largo de los riachuelos de altura actúan aparentemente como barreras naturales contra el fuego.

Desde aquí, descendimos nuevamente hacia el borde sur de la propuesta Zona Reservada, volando por crestas sucesivamente más bajas en nuestro regreso al aeródromo de Las Malvinas.

FLORA Y VEGETACIÓN

Participantes/Autores: Corine Vriesendorp, Hamilton Beltrán, Robin Foster, Norma Salinas

Objetos de conservación: Familias de plantas andinas hiperdiversas, especialmente orquídeas y helechos ubicados a lo largo de una gradiente altitudinal desde bosques bajos hasta la puna; pequeñas poblaciones de árboles madereros localizados a bajas elevaciones (*Cedrela fissilis,* cedro; *Cedrelinga cateniformis,* tornillo); grandes extensiones de bosque dominado por bambú, expansiones prístinas de pastizales localizados a elevaciones altas, vegetación arbustiva enana creciendo en rocas ácidas, más de 25 especies de plantas endémicas a la Zona Reservada Megantoni.

INTRODUCCIÓN

Antes de explorar los bosques de la Zona Reservada Megantoni (ZRM), sabíamos que nuestro inventario rápido encontraría una de las comunidades vegetales más diversas del planeta. Los Andes tropicales son conocidos como "el epicentro global de la biodiversidad" (Myers et al. 2000), y albergan cerca de un 15% de la diversidad de plantas del mundo en sus vertientes, crestas y aislados valles. Más de la mitad de la flora andina es endémica, exclusiva de ésta área e inexistente en otros lugares del mundo.

Los bosques andinos han sido poco estudiados desde el punto de vista florístico, y nuestros conocimientos botánicos de distribución, composición, y dinámica de estos bosques tan diversos son aún muy rudimentarios. Durante nuestro inventario, los puntos de comparación más cercanos fueron el Parque Nacional Manu al este, y la Cordillera Vilcabamba (Parque Nacional Otishi, Reserva Comunal Machiguenga, Reserva Comunal Ashaninka) al oeste.

Aunque el Manu es uno de los lugares mejor estudiados en América del Sur (Wilson y Sandoval 1996), la mayoría de investigadores se han enfocado en lugares de elevaciones más bajas que las de la Zona Reservada Megantoni (ZRM, 500-4.000 msnm). Sin embargo, botánicos han colectado en el Valle Kosñipata en el Manu, desde los 2.600 msnm a los 3.600 m, y han generado una lista preliminar de esta flora (Cano et al. 1995). Recientemente, Miles Silman, N. Salinas, y otros colegas han hecho inventarios de árboles en parcelas de 1 ha desde las tierras bajas hasta los límites arbóreos (700-3.400 msnm) dentro del Valle Kosñipata. Estas parcelas son más comparables a los lugares evaluados durante nuestro inventario que aquellos estudios florísticos llevados a cabo en la Estación Biológica Cocha Cashu, Parque Nacional Manu (Foster 1990). Al oeste de la ZRM, existe un traslape de muestreo entre nuestros sitios del inventario (650 m, 1.700 m, 2.200 msnm) y la evaluación rápida de la Cordillera Vilcabamba (1.000 m, 2.050 m, 3.350 msnm; Boyle 2001).

Al norte de la ZRM, científicos trabajando con el Smithsonian Institution han documentado un bosque muy diverso y en estado prístino, coexistiendo con tallos de bambú. Este proyecto fue parte de una evaluación de biodiversidad e impacto ambiental para el proyecto de extracción de gas de Camisea (Holst 2001, Dallmeier y Alonso 1997). Estos bosques ubicados en la parte baja del valle del Urubamba se encuentran en colinas bajas, más secas que el Megantoni, y con bosques similares a los protegidos por la Reserva Kugapakori-Nahua que colinda con la ZRM en el noreste.

MÉTODOS

Para caracterizar las comunidades de plantas en cada lugar del inventario, el equipo botánico exploró la mayor cantidad de hábitats posible. Usamos una combinación de colecciones generales, muestreo cuantitativo en transectos, y observaciones de campo para generar una lista preliminar de la flora (Apéndice 1).

Durante nuestra estadía de tres semanas en el campo colectamos 838 especimenes fértiles, que ahora están depositados en el Herbario Vargas en Cusco (CUZ), el Museo de Historia Natural en Lima (USM), y el Field Museum (F). R. Foster y N. Salinas tomaron aproximadamente unos 2.500 fotos de las plantas colectadas.

C. Vriesendorp hizo el inventario de las plantas del sotobosque (1-10 cm dbh) en diez transectos—tres en Kapiromashi, cuatro en Katarompanaki, y tres en Tinkanari—con un total de 1.000 tallos. Los transectos del sotobosque varían en área muestreada, pero fueron estandarizados por el número de tallos, siguiendo la metodología de Foster et al. (http://www.fieldmuseum.org/rbi). Todos los miembros del equipo botánico registraron plantas en todas las formas de vida, desde plantas emergentes del dosel y arbustos, a hierbas y epífitas. Aparte de contribuir con las colecciones generales, N. Salinas (Orchidaceae) y H. Beltrán (Asteraceae y Gesneriaceae) se enfocaron en sus respectivas familias de estudio principal en cada uno de los sitios.

RIQUEZA Y COMPOSICIÓN FLORÍSTICA

Estimaciones de la diversidad de plantas vasculares para las vertientes orientales de los Andes varían de 7.000 a 10.000 especies, sugiriendo que estos bosques podrían albergar la mitad o más de la mitad de las especies de plantas del Perú (Young 1991). De acuerdo a nuestras observaciones de campo y a nuestras colecciones en los lugares estudiados durante el inventario, generamos una lista preliminar de 1.400 especies para la Zona Reservada Megantoni (Apéndice 1). Usando las listas preliminares de lugares ubicados a elevaciones similares en la Cordillera Vilcabamba al oeste (Alonso et al. 2001) y el Parque Nacional Manu al este (Cano et al. 1995, Foster 1990), estimamos la flora de Megantoni es de 3.000 a 4.000 especies. Esta es una aproximación porque nuestra evaluación rápida sólo cubrió una pequeña porción (650-2.350 m) del rango entero de elevación (500-4.000+ m) dentro de la Zona Reservada.

Como en otros bosques de la vertiente oriental de los Andes, la riqueza florística dentro de Megantoni es extremadamente alta. En la ZRM documentamos una diversidad impresionante de orquídeas y helechos, en particular en los dos sitios más elevados, Katarompanaki y Tinkanari. Estas dos familias de plantas dominaron la flora y representaron por lo menos un cuarto de las especies observadas en el campo (Pteridophyta, ~190 especies, Orchidaceae, ~210 especies, Apéndice 1). La diversidad y abundancia de helechos en Megantoni fueron particularmente altas. De los 118 géneros reportados para el Perú (Tryon y Stolze 1994), encontramos representantes para casi la mitad de estos (~ 55).

De las 116 colecciones fértiles de orquídeas, sospechamos que por lo menos el 20% son especies nuevas para la ciencia (ver Figura 6). El número de especies de orquídeas que está aún por descubrir podría ser mucho mayor, debido a que la mayoría de las orquídeas observadas en el campo estaban estériles o en fructificación (y por lo tanto estériles para los taxónomos de orquídeas). No pudimos hacer un muestreo comprensivo del dosel, donde la abundancia y diversidad de orquídeas son particularmente altas.

Comparados con otros lugares de mediana y baja elevación en las vertientes de los Andes, algunas familias y géneros tenían notablemente alta riqueza de especies. Observamos numerosas especies de Rubiaceae (92 especies), Melastomataceae (64), Asteraceae (53), Araceae (52), Fabaceae (*sensu lato*, 52), y Piperaceae (49) en los tres lugares. Al nivel de género encontramos 33 especies de *Psychotria* (Rubiaceae) así como de *Miconia* (Melastomataceae), 25 especies de *Peperomia* (~8 especies en cada sitio), 24 especies de *Piper* (Piperaceae), y por lo menos 15 especies diferentes de *Pleurothallis* y *Maxillaria* (Orchidaceae, Figuras 6C, 6E, 6F, 6G, 6I, 6S, 6T, 6X, 6Y, 6Z, 6AA, 6HH, 6JJ, 6KK, 6LL, 6NN). Encontramos una alta riqueza de especies para *Anthurium* (24 especies), y *Philodendron* (18), ambos géneros de Araceae, una familia en su mayoría epífita, generalmente con una alta riqueza de especies en elevaciones altas. La riqueza de especies de los helechos del género *Elaphoglossum* (más de 15 especies, Figura 5H) fue impresionante en Tinkanari (2.100-2.350 m), y este sitio podría ser el centro global de diversidad para este género. En esta misma elevación, registramos poblaciones simpátricas de por lo menos 10 especies de helechos arbóreos (mayormente del género *Cyathea*; Figuras 5A, 5B, 5K), y 8 especies de bambú (*Chusquea* e individuos emparentados).

Encontramos menos especies e individuos de palmeras (Arecaceae; 23 especies) de lo esperado, pero los lugares de baja elevación en el Megantoni podrían albergar una mayor población y diversidad de esta familia. Para una de las familias de epífitas más importantes, Bromeliaceae, el área alberga numerosas especies en cantidades abundantes, pero a excepción de *Guzmania* (15 especies), no parece ser en particular muy rica en especies.

TIPOS DE VEGETACIÓN Y DIVERSIDAD DE HÁBITATS

En contraste a los bosques amazónicos aledaños, donde se puede encontrar amplias similitudes florísticas a lo largo de miles de kilómetros (Pitman et al. 2001), los bosques Andinos son florísticamente heterogéneos en casi todas las escalas espaciales, desde las imágenes satelitales, los sobrevuelos de helicóptero y las caminatas cortas en el campo. Hasta los bosques de elevaciones similares mostraban diferencias inmensas en la composición y estructura florística. Mucha de esta heterogeneidad se deriva de la accidentada y variada topografía, cambios microclimáticos que ocurren a lo largo de las gradientes altitudinales, disturbios producidos por los huaicos y grandes variaciones a pequeña escala en el sustrato. Sin embargo, nuestro conocimiento de como estos factores interactúan para determinar la composición de la comunidad vegetal es aún muy limitado.

Nuestro inventario abarcó lugares desde los 650 m a los 2.350 msnm. No pudimos hacer un muestreo en los sitios de elevaciones bajas (500 a 650 m) ni en los más elevados (2.350 m a 4.000 m), los que constituían el 20% de la Zona Reservada. Sin embargo, creemos que los lugares que visitamos son representativos de las comunidades vegetales a lo largo de una gran parte de la Zona Reservada Megantoni.

Vertientes de elevación baja (Kapiromashi, 650-1.200 msnm, 26 al 30 de abril 2004)

Nuestro primer campamento se encontró cerca al río Ticumpinía, y exploramos los bosques dominados por parches de bambú en las vertientes empinadas a ambos lados del valle. Comunidades de plantas similares crecen a lo largo del río Timpía en el lado oriental de la Zona Reservada.

Uno de los más grandes ríos de la región, el río Ticumpinía, tiene un cauce rápido y dinámico, con un cambio de curso veloz, de tal manera que nuestra imagen satelital del 2001 ya había caducado. Durante nuestra visita a finales de la época de lluvia, los niveles del río estaban inusualmente bajos, exponiendo una amplia terraza inundable (Figura 3C). Sospechamos que estos bosques reciben unos 5 a 6 metros de lluvia por año, con insignificantes épocas secas. Esta alta humedad, magnificada aún más por la estrechez del valle, podría explicar nuestros registros de varias especies conocidas anteriormente de sitios de mayor elevación.

Bosque dominado por Guadua

Una de las características de la vegetación en este lugar y en otras partes de baja elevación de la Zona Reservada son los parches dispersos del bambú *Guadua* (Figura 3E). Aunque los factores que influencian la distribución del bambú en los parches a lo largo del paisaje son aún muy poco entendidos, estos parches son una continuación de los parches de bambú que dominan grandes extensiones de la Amazonía Sur Occidental. Todas las trochas en este sitio atravesaban parches de bambú *Guadua*, desde grupos aislados de bambú hasta enredaderas, las cuales se extendían por varios kilómetros. Dentro de los grandes parches de bambú, la riqueza de especies se redujo considerablemente, y en algunas áreas fue extremadamente empobrecido. Los datos de los transectos nos revela que la comunidad de plantas del sotobosque que crecía en áreas dominadas por bambú tenía cerca de la mitad de especies que aquella creciendo fuera de un bosque dominado por bambú *Guadua* (29 vs. 57 especies).

Por lo general, los tallos de bambú estaban mezclados con una variedad de palmeras (*Socratea exorrhiza, Iriartea deltoidea;* Arecaceae) y especies de bosque secundario (*Cestrum* sp., Solanaceae; *Neea* sp., Nyctaginaceae; *Triplaris* sp., Polygonaceae; *Perebea guianensis*, Moraceae; y lianas espinosas de *Uncaria tomentosa*, Rubiaceae, mejor conocida como *uña de gato*, la planta usada en medicina tradicional). Los arbustos de tallos delgados y hierbas dominaban el sotobosque, incluyendo *Begonia parviflora* (Begoniaceae), una *Sanchezia* sp. (Acanthaceae) con brillantes brácteas rojas, y *Psychotria viridis* (Rubiaceae), un ingrediente en la bebida de propiedades alucinógenas, *ayahuasca*. Con menos frecuencia encontramos algunas especies típicas de bosque maduro, incluyendo *Guarea* sp. (Meliaceae), y por lo menos tres especies de Lauraceae.

Bosque no dominado por bambú

En las regiones más altas de esta área (más de 800 msnm) exploramos áreas sin bambú y encontramos comunidades de plantas más interesantes, con una diversidad más alta de árboles y arbustos. Esta comunidad de plantas presentaba una mezcla de especies típicas de elevaciones más altas, especies típicas de bajas elevaciones, y especies de bosque secundario colonizadoras de áreas afectadas por disturbios locales. Debido a la alta frecuencia de huaicos y caídas de árboles, hay muy pocos lugares no disturbados, y muy pocas especies dominantes en las comunidades vegetales.

Dentro de los valles más húmedos, numerosas especies crecen más bajo que sus rangos altitudinales. Debajo de los 1.000 m de altura, encontramos *Bocconia frutescens* (Papaveraceae) que crece usualmente a los 1.700 m, y *Maxillaria alpestris* (Orchidaceae), una orquídea que crece entre los 1.800 a 2.700 m en Machu Picchu.

Los árboles de dosel aquí fueron más grandes que aquellos creciendo dentro de los parches de bambú, y con mayor propensidad a estar cubiertos de trepadores de troncos. Se encontraron muchas de las especies de árboles grandes (dbh > 30 cm) típicos de elevaciones bajas, incluyendo al caucho silvestre *Hevea guianensis* (Euphorbiaceae); dos árboles madereros importantes y poco comunes, *Cedrela fissilis* (Meliaceae) y *Cedrelinga cateniformis* (Fabaceae); *Poulsenia armata* (Moraceae), *Dussia* sp., *Enterolobium* sp. (Fabaceae), y numerosas especies de *Ficus* (Moraceae).

Observamos pocas especies de palmeras. Se encontraron en densidades muy bajas algunas especies de palmeras, como *Socratea exorrhiza, Iriartea deltoidea, Oenocarpus bataua, Wettinia maynensis,* y pocas especies de *Geonoma*. No observamos ninguna especie de *Bactris* o *Euterpe* que típicamente son abundantes en sitios de elevaciones bajas.

Así como en el dosel, las comunidades del sotobosque albergaron una mezcla de especies de bosque secundario y especies típicas de bosque maduro. Encontramos 57 especies en un transecto de 100 tallos en el sotobosque, y la especie más común fue *Henriettella* sp. (Melastomataceae), componiendo tan sólo un 6% de los tallos. Otra especie común del sotobosque fue *Perebea guianensis* (Moraceae, 5%), *Miconia bubalina* (Melastomataceae, 5%), y *Tapirira* guianensis (Anacardiaceae, 4%). En el mismo transecto, registramos 20 familias diferentes. Cuatro de las familias tienen la mayor cantidad de la diversidad de especies: Lauraceae (7 especies), Fabaceae *sensu lato* y Rubiaceae (6 especies cada una), y Melastomataceae (5 especies). En algunas áreas, los arbustos *Psychotria caerulea* y *Psychotria ramiflora* (Rubiaceae) fueron dominantes a escala local. La riqueza de especies aquí pareciera ser similar a otras áreas en las partes bajas húmedas de los Andes del sur del Perú y Bolivia, mucho más rica que la Amazonía central, pero no tan rica que la flora del norte del Perú y Ecuador.

Terrazas inundables ribereñas e islas

En esta área crece una flora de sucesión característica, a lo largo de los bordes del río Ticumpinía y en la isla ribereña cerca de nuestro campamento, tal como ocurre en los otros ríos que cruzan las tierras bajas del sudeste peruano (p.ej., Madre de Dios). Cerca del río crecen agregados de *Tessaria integrifolia* (Asteraceae), *Gynerium sagittatum* (Poaceae), y *Calliandra angustifolia* (Fabaceae *s.l.*), seguidos de un bosque de *Ochroma pyramidale* (Bombacaceae), *Cecropia multiflora* (Cecropiaceae) y *Triplaris americana* (Polygonaceae). Más lejos del agua, o en algunas ocasiones mezclados con los otras especies, encontramos árboles de *Guettarda crispiflora* (Rubiaceae) e *Inga adenophylla* (Fabaceae *s.l.*). El centro de la isla ribereña, un área húmeda y ligeramente honda, albergaba una vegetación herbácea que incluía especies de *Mikania* (Asteraceae), *Costus* (Costaceae), y *Renealmia* (Zingiberaceae).

Bosque ribereño

En las riberas de los arroyos más grandes encontramos una comunidad de baja diversidad de especies colonizadoras, incluyendo *Tovaria pendula* (Tovariaceae), tres especies de *Urera (U. caracasana, U. baccifera, U. laciniata;* Urticaceae), *Acalypha diversifolia* (Euphorbiaceae), una mezcla de *Phytolacca rivinoides* (Phytolaccaceae) y *Mikania micrantha* (Asteraceae), un arbusto espinoso *Wercklea ferox* (Malvaceae) y manchas compactas de arbolitos de *Banara guianensis,* (Flacourtiaceae). En el dosel de

crecimiento secundario a lo largo del arroyo, hubo una abundancia de numerosas especies importantes para los vertebrados frugívoros, incluyendo *Inga adenophylla* (Fabaceae *s.l.*), un *Allophyllus* sp. (Sapindaceae), cuatro especies de *Piper* (Piperaceae), y una *Guarea* (Meliaceae) de hoja grande.

El bosque menos disturbado que se encontraba a lo largo del arroyo estuvo dominado por árboles grandes de *Ladenbergia* (Rubiaceae)—una especie conspicua debido a sus anchas hojas ovadas y panículas de cápsulas secas dehiscentes—y árboles de *Triplaris* (Polygonaceae), protegidos por las temibles hormigas *Pseudomyrmex*. Debajo de este dosel, encontramos *Sanchezia* sp. (Acanthaceae), *Psychotria caerulea* (Rubiaceae), *Macrocnemum roseum* (Rubiaceae), y *Hoffmannia* spp. (Rubiaceae). Adicionalmente, observamos poblaciones extensas en el sotobosque de *Heliconia robusta* (Heliconiaceae) una especie raramente colectada, conocida para el Perú por sólo unas cuantas colecciones.

Mesetas (Katarompanaki, 1.350-2.000 msnm, 2 al 7 de mayo 2004)

Desde el valle formado por el río Ticumpinía volamos en helicóptero a las mesetas aisladas cerca del centro de la ZRM. Desde el aire pudimos observar la vegetación arbustiva enana en la plataforma más alta y un bosque mucho más alto y de dosel cerrado en la plataforma más baja. Una vez en tierra firme se vio claramente el suelo de roca dura que sostenía esta vegetación en la plataforma más alta, y sospechamos que las plantas arbustivas enanas probablemente reflejaban la disponibilidad limitada de nutrientes y las condiciones pobres de crecimiento de este sustrato. Nuestro campamento se centró en la vegetación arbustiva de la plataforma alta y pasamos la mayor parte del tiempo haciendo un muestreo de estas plantas, en los dos últimos días nos dedicamos a explorar la plataforma más baja.

Los bosques de vegetación enana que crecen en estas formaciones rocosas son comunes dentro de la ZRM. Aunque estas comunidades tienen una apariencia y una estructura boscosa consistente vistas desde el aire, en verdad la composición florística varía mucho entre comunidades, con diferentes especies dominando cada superficie rocosa. Esto podría reflejar barreras fisiográficas de dispersión entre lugares que tienen una geología similar, una composición al azar de comunidades, diferente geoquímica, o inclusive micro endemismos causados por la reciente diferenciación de especies en los sustratos aislados.

Una pared de nubes forma un banco casi permanente en el límite sur del nivel superior de la plataforma, y la densidad y diversidad de las epífitas trepadoras fueron más altas en este sitio que en Kapiromashi. La diversidad de plantas en nuestro primer campamento se concentra en los árboles y arbustos, mientras que en este sitio de mayor elevación la mayor parte de la diversidad esta concentrada en epífitas y plantas herbáceas, especialmente en el nivel superior de las mesetas.

Las orquídeas ejemplifican este dramático cambio. Con cerca de 120 especies registradas en ambos niveles, la familia de las orquídeas conformaron cerca de un cuarto de la diversidad de plantas en este lugar. Además, de las 66 especies en floración, por lo menos 17 parecen ser nuevas para la ciencia (ver Figura 6).

En este sitio nos enfocamos en las diferencias y similitudes florísticas entre estos dos niveles, caracterizando la vegetación en cada una y comparando la vegetación de ambas con la vegetación de los sitios de muestreo en las vertientes bajas (Kapiromashi) y en las vertientes de mayor elevación (Tinkanari).

Plataforma superior (1.760-2.000 msnm)

La plataforma superior de la meseta está inclinada. Las pendientes de la plataforma suben hacia el sureste, con una variación de altura de unos 200 metros desde el punto inferior al superior. Siguiendo el incremento de altura de la plataforma superior, la comunidad de plantas disminuye su altura y diversidad. Este cambio es tal vez mejor ilustrado con la distribución de las palmeras *Dictyocaryum lamarckianum* (Arecaceae). En las elevaciones más bajas de la plataforma superior, *D. lamarckianum* es una de las especies más dominantes, pero al incrementar la altura, la población se enralece y los individuos disminuyen notoriamente su altura. A elevaciones más altas de la plataforma, no crece ningún individuo de *D. lamarckianum*.

Nuestro transecto de 100 tallos en el sotobosque de la parte más baja de la plataforma superior (~1.760 msnm) albergó 28 especies, comparado con las 13 especies encontradas en la parte más alta de la plataforma (~2.000 msnm). Sin embargo, la diversidad en ambos transectos es menor que la esperada para estas elevaciones, tal vez la dureza y acidez del sustrato limita el número de especies capaces de colonizar este lugar. Como un punto de comparación, en un transecto similar en el campamento de mayor elevación, Tinkanari (~2.200 msnm), se registró 32 especies.

En la parte baja de la plataforma, el dosel fue de 15 a 20 m de altura, y los tres árboles que dominaban el dosel y el sotobosque fueron *Alzatea verticillata* (Alzateaceae), una *Clusia* sp. de hojas grandes (Clusiaceae, Figura 3G) y la palmera *D. lamarckianum*. Creciendo junto con estos árboles había una mezcla de árboles de pequeña estatura de las familias Melastomataceae, Rubiaceae, Euphorbiaceae (4 especies cada una), por lo menos 3 especies de helechos arbóreos, y unas palmeras pequeñas ocasionales (*Euterpe precatoria*, *Geonoma* spp.; Arecaceae).

En las partes altas de la plataforma, los rayos probablemente impactan los árboles de mayor altura. Aqui la vegetación era mucho más baja, y el dosel alcanzaba unos 2 m de altura, con unos pocos "emergentes" que alcanzaba 4 metros. Tres de las especies más abundantes aquí fueron: *Weinmannia* sp. (Cunoniaceae), *Cybianthus* sp. (Myrsinaceae), y una *Clusia* sp. de hoja pequeña. Aparecen unos pocos individuos de los bambúes similares a la especie *Chusquea*, con los tallos delgados y flexibles, que por lo general se enrollan en otros tallos para erguirse. La palmera plateada *Ceroxylon parvifrons*, alimento preferido por los osos de anteojos (*Tremarctos ornatus*, Figura 11B), se encontraba esparcida a través de la región. Encontramos varias de estas palmeras enanas con marcas de dientes, y su suave interior completamente consumido.

Plataforma inferior (1.350-1.600 msnm)

Para llegar a la plataforma inferior, seguimos una trocha de 5 km al noreste del campamento, cruzando una docena de arroyos, y terminando con un espectacular descenso, muy empinado, de casi 250 m. En la plataforma inferior, manchas de bosque de dosel cerrado crecían junto con manchas de crecimiento secundario. Aquí el dosel tenía unos 30 a 40 m de altura, con numerosos tallos emergentes que se extendían unos 10 m por encima de este.

Nuestra única trocha en la plataforma inferior bordeaba el lado empinado rocoso por debajo del nivel superior, pasando una cascada de tamaño considerable y cruzando repetidas veces un arroyo grande. Examinamos las comunidades de plantas ubicadas a lo largo de ambos lados del arroyo, y estudiamos la flora de las orillas del arroyo, caminado lo más lejos posible hacia ambos extremos del arroyo.

A lo largo del arroyo, encontramos una flora principalmente compuesta de especies de elevaciones bajas, y de vez en cuando nos sorprendío encontrar especies típicas de elevaciones más altas. Muchas de estas especies ya fueron registradas para el campamento Kapiromashi, a 500 m de altura por debajo de este campamento, como *Guettarda crispiflora* (Rubiaceae) y *Banara guianensis* (Flacourtiaceae). Creciendo en el dosel del bosque ribereño, encontramos las grandes flores rojas de *Mucuna rostrata* (Fabaceae), una especie conocida en las terrazas inundables del Perú, representando tal vez el record de elevación más alta para esta especie. En esta parte también crecían especies típicas de elevaciones más altas como árboles de *Turpinia* sp. (Staphyleaceae).

Encontramos numerosas plantas con frutos en las terrazas boscosas en ambos lados del arroyo, muy importantes para los frugívoros (ver Mamíferos). En una sola caminata de 1.500-m, vimos frutas de *Caryocar amygdaliforme* (Caryocaraceae), 3 especies de *Ficus* (Moraceae), 2 especies de Myrtaceae

(probablemente *Eugenia*), *Tabernaemontana sananho* (Apocynaceae), 2 *Psychotria* spp. y una *Faramea* sp. (Rubiaceae), por lo menos 4 especies de Melastomataceae, una Cucurbitaceae enorme y un *Anomospermum* sp. (Menispermaceae).

En estas terrazas boscosas, encontramos numerosos árboles de más de un metro de diámetro, incluyendo 2 leguminosas (*Parkia* sp., *Dussia* sp.; Fabaceae), las 3 especies de *Ficus* (Moraceae), y por lo menos una especie de *Pouteria* (Sapotaceae). En nuestro transecto de 100 tallos en el sotobosque en ambos lados del arroyo, por lo menos el 70% de las especies existían en ambos transectos, y los transectos tenían una riqueza de especies parecida (50 y 46 especies). Un transecto fue dominado por *Iriartea deltoidea* (Arecaceae, 9%), la palmera más común en las parcelas de árboles de la Amazonía (Pitman et al. 2001), y la otra fue dominada por un *Croton* sp. (Euphorbiaceae, 8%) con una sola glándula en el pecíolo. Ambos transectos albergaron un número casi equivalente de *Protium* (Burseraceae), *Coussarea* (Rubiaceae), *Mollinedia* (Monimiaceae), y *Chrysochlamys* (Clusiaceae). Algunos de los dominantes del sotobosque en este lugar, incluyendo *Urera baccifera* (Urticaceae) y *Pourouma guianensis* (Cecropiaceae), estuvieron representadas en abundancias similares en los transectos del sotobosque de Kapiromashi. Al nivel de familias, cinco familias representaron más de la mitad de las especies, incluyendo Lauraceae (8 spp.), Rubiaceae (7 spp.), Melastomataceae (6 spp.), Myrtaceae (3 spp.) y Chloranthaceae (2 spp.).

Vertientes de elevación media (Tinkanari, 2.100-2.300 msnm, 9 al 14 de mayo 2004)

Desde las mesetas volamos a través de 41 km de crestas y valles para llegar al límite este de la Zona Reservada, colindante al Parque Nacional Manu. Las cabeceras del río Timpía y del río Manu se originan en estas vertientes, y encontramos muchos arroyos llenos de aguas límpias.

Pendientes a esta elevación típicamente son empinadas y abruptas, y el panorama a través del valle nos revela numerosos acantilados de superficie lisa, y abruptas cuestas ubicadas en la mayoría de las pendientes. Sin embargo, nuestro sitio de inventario era casi plano. Tan plano que en una de las hondonadas, se formó una pequeña laguna de aguas negras.

Parecido a Katarompanaki, encontramos dos tipos de bosque; una vegetación alta con dosel cerrado domina el sitio, y rodea a una mancha aislada de bosque arbustivo enano. Los bosques enanos crecen en suelos superficiales, sobre roca dura cerca del acantilado brindando una vista de las partes bajas del valle. Florísticamente, estos dos tipos de bosque comparten un 10% de sus especies, muy pocas para dos bosques colindantes.

Bosque alto

El bosque alto domina la vegetación de este lugar. El dosel varía de 30 a 40 m de altura, con algunos árboles emergentes que sobrepasan los 50 m de altura. La comunidad arbórea no es diversa, y está dominada por pocas especies. En casi todas las trochas, *Calatola costaricensis* (Icacinaceae) representa un cuarto de los árboles del subdosel, y sus semillas duras y grandes cubren el suelo. A la par, crecen dos especies de *Hedyosmum* (Chloranthaceae) y helechos arbóreos o bambú (*Chusquea*). El dosel estuvo dominado por los árboles de *Hyeronima* sp. (Euphorbiaceae), *Heliocarpus* cf. *americanus* (Tiliaceae), *Weinmannia* sp. (Cunoniaceae), *Elaeagia* sp. (Rubiaceae), *Ficus* spp. (Moraceae), y un *Sapium* sp. (Euphorbiaceae) —grande y de copa amplia— una especie nunca vista antes por ninguno de nosotros (y imposible de colectar). Observamos pocos individuos muy grandes (> 80 cm diámetro) de *Podocarpus oleifolius* (Podocarpaceae), *Juglans neotropica* (Juglandaceae), y *Cedrela montana* (Meliaceae). En este sitio *Alnus acuminata* (Betulaceae) y *Morus insignis* (Moraceae), géneros típicos de bosques temperados del norte, colonizan con frecuencia terrenos afectados por huaicos naturales.

Los arbustos dominantes fueron *Mollinedia* sp. (Monimiaceae) y un *Oreopanax* sp. (Araliaceae), y *Pilea* spp. (Urticaceae) fue la hierba terrestre más conspicua. Encontramos abundantes raíces parásitas de *Corynaea crassa* (Balanophoraceae) creciendo sobre raíces de *Hedyosmum*, aunque no exclusivamente.

Los helechos fueron elementos importantes y conspicuos de estos bosques (Figura 5). En un pequeño transecto de 5 x 25 m, encontramos 30 especies de helechos y plantas afines (Pteridophyta). Las Pteridophytas dominaron la comunidad epífita, y los árboles albergaban unos 10 helechos epífitos por tronco, en general. Los helechos arbóreos (mayormente *Cyathea*; Figuras 5A, 5B, 5K) fueron muy abundantes y diversos en el sotobosque de este sitio. Extrapolando de un transecto de 150 x 1 m, se estima que la densidad de helechos arbóreos en este lugar podría alcanzar 2.000 individuos por ha. Típicamente encontramos de 5 a 6 especies de helechos arbóreos, con 3 o 4 especies adicionales especializados en hábitats particulares y menos frecuentes en la comunidad.

Los helechos arbóreos fueron más comunes en bosques intactos de dosel alto, aun en lugares donde el sotobosque recibe altas tasas de iluminación. Por el contrario, el más común de los bambúes *Chusquea* (con tallos de ~10-cm-diámetro) formaba agrupaciones grandes y compactas principalmente en áreas con pocas especies de árboles altos de dosel. Las poblaciones de helechos arbóreos y bambú comparten pocos sitios, y nos sugiere que el bambú podría invadir áreas donde la vegetación ha sido disturbada (p.ej., después de una tormenta violenta), pero a medida que los árboles se recuperan y comienzan a sombrear el bambú, los helechos pueden gradualmente colonizar el área y reemplazar al bambú.

Bosque arbustivo enano

El bosque arbustivo cubre un área de 0,5 km², y es distinta desde el aire. Las plantas enanas crecen sobre una pendiente, y la parte alta alberga los tallos más grandes que alcanzan ~6 m de alto, y con el descenso de la pendiente, la comunidad de plantas decrece en altura y cambia en composición. Desde lejos, en las partes altas de la pendiente, el bosque parece ser de color naranja, debido a las especies de hojas anaranjadas del género *Graffenrieda* (Melastomataceae), *Clethra* (Clethraceae), *Clusia*, *Weinmannia* (Cunoniaceae), *Styrax* (Styracaceae) y *Cybianthus* (Myrsinaceae).

Muchas especies pequeñas de *Chusquea* crecen en esta área. Aunque muchos géneros están compartidos dentro del bosque arbustivo enano de las mesetas del Katarompanaki, las especies son distintas.

Más abajo, todavía aparece *Graffenrieda*, aunque con menor estatura, pero la mayoría de las otras especies dominantes de la parte alta de la pendiente desaparecen. La comunidad vegetal aquí presente es mucho más baja, con una altura promedio de 1,5 m. Varias especies de orquídeas terrestres son comunes en esta área, incluyendo *Gomphichis plantaginifolia* y *Erythrodes* sp., intercaladas con helechos *Blechnum*. Una *Clusia* sp. de pequeñas hojas domina la vegetación, junto una *Miconia* (Melastomataceae) de hojas tiesas. Encontramos tres especies de *Ilex* (Aquifoliaceae). La pequeña palmera cerosa presente en Katarompanaki, *Ceroxylon parvifrons*, existe también aquí, donde otra vez es consumida por los osos de anteojos.

ORQUIDEAS (Norma Salinas)

La familia de las orquídeas es una de las más diversas del grupo de plantas con flores. Las estimaciones varían bastante en cuanto al número de especies en el mundo, entre 25.000 y 35.000. Estas especies varían de tamaño desde muy diminutas hasta especies semejantes a arbustos.

Las vertientes orientales de los Andes—de Colombia hasta Bolivia—tienen una alta diversidad de orquídeas, con muchas especies endémicas, y otras todavía sin describir. Durante los últimos 30 años hubo una mínima actividad de orquideólogos en el Perú, y todavía existen muchas especies nuevas por descubrir. En un inventario en Cordillera del Cóndor, Perú, de las 40 especies de orquídeas encontradas, 26 eran especies nuevas (Foster y Beltrán 1997). Estudios más recientes en el Perú han revelado cientos de nuevos registros y han cambiado el centro de diversidad conocido para muchos géneros como *Lycaste*, *Kefersteinia* y *Stenia* de Ecuador y Colombia al Perú.

Entonces no es sorprendente que en Megantoni encontramos una gran diversidad de orquídeas durante el inventario rápido, en prácticamente todos los hábitats visitados (ver Figura 6). Registramos en pocos días

116 especies de orquídeas en floración y alrededor de 80 especies en condiciones vegetativas. La estimación de especies estériles es una aproximación ya que muchas especies de la subtribu Pleurothallidinae puedan confundirse vegetativamente. También, esas estimaciones no incluyen especies de la subtribu Oncidiinae, cuya floración no coincide con la fecha visitada, ni otras subtribus de orquídeas pequeñas.

Las especies que en mayor proporción se observaron en floración fueron las del género *Maxillaria*, *Epidendrum*, *Lepanthes*, *Platystele*, *Pleurothallis* y *Stelis*. Encontramos algunas especies de géneros raros, incluyendo una *Baskervilla*, género con alrededor de siete especies distribuidas desde Nicaragua, Perú a Brasil. También registramos *Brachionidium* que contiene especies distribuidas desde Costa Rica a Bolivia, pero con pocas especies conocidas para Perú.

Por lo prístino de la zona, encontramos todas estas poblaciones en buen estado de conservación. De las especies encontradas en floración, un 90% fueron especies epífitas, un 10% fueron terrestres. Algunas especies sin flores fueron observadas como litófitas.

Todos los sitios visitados durante el inventario (elevaciones desde 760 a 2.350 m) presentaron una diversidad de orquídeas elevada, tomando en cuenta sólo las especies en floración se puede mostrar una aproximación de la diversidad y riqueza en orquídeas que muestra cada zona visitada. Considerando todas las especies de plantas que vimos en floración, en Kapiromashi (~760-1.200 m) 7 % eran orquídeas, en Katarompanaki (~1.300-2.000 m), la zona con una mayor diversidad de especies de orquídeas, 24% eran orquídeas, y en Tinkanari (~2.100-2.350 m) 11% de las plantas fértiles eran orquídeas.

En varios géneros encontramos indicaciones de especiación incipiente. Por ejemplo, encontramos dos especies del género *Sobralia* que a simple vista parecen ser *S. virginalis* y *S. dichotoma*. Sin embargo, aunque presentan formas y colores semejantes a las especies mencionadas, realizando observaciones más detalladas se puede notar en ambos casos que la forma y ornamentaciones del labelo varían tanto que no podrían ser las mismas especies. En el género *Maxillaria* observamos una gran variabilidad de formas y colores en las especies y una riqueza sumamente alta de especies en la Zona Reservada.

De las especies fértiles, pocas son compartidas con otras áreas del Perú que muestran gran diversidad de orquídeas (p. ej., el Santuario Histórico de Machu Picchu, el Parque Nacional del Manu y la zona de Vilcabamba). Algunas de las especies compartidas, que se encuentran en peligro en otras áreas, o restringidas a áreas muy pequeñas, aparecen en la ZRM con poblaciones grandes en muy buen estado de conservación. Especies como *Masdevallia picturata* (Figura 6A) y *Maxillaria striata* (Figura 6TT), que se consideran amenazadas en el Parque Nacional del Manu, fueron encontradas en Megantoni. También, un *Otoglossum* sp. encontrada de forma abundante en Tinkanari (~2.100-2.350 mnsm) se encontró también en el Parque Nacional del Manu de 2.500 a 2.600 mnsm donde era muy escasa. *Prosthechea farfanii*, especie nueva encontrada recientemente en el Santuario Histórico de Machu Picchu, tiene poblaciones grandes en ZRM. Estos datos sugieran que en otras áreas de la ZRM (especialmente áreas más elevadas) tal vez podríamos encontrar otras especies con poblaciones en declino en otras áreas de los Andes, como por ejemplo *Masdevallia davisii* cuya población es cada vez más reducida.

ESPECIES NUEVAS, RARAS Y RANGOS DE EXTENSION

Aunque la mayoría de las plantas colectadas durante el inventario aún permanecen sin identificar, algunas ya son confirmadas como nuevas especies, o extensiones sustanciales del rango de especies ya descritas. A medida como se van describiendo nuevas especies, o se confirman especies adicionales, seguiremos actualizando nuestra lista preliminar en el sitio web http://www.fieldmuseum.org/rbi/. Aquí incluimos el número de colección como referencia para cada especie potencialmente nueva o con una extensión de su rango, como referencia a las colecciones del Herbario Vargas

en Cusco (NS, Norma Salinas) o el Museo de Historia Natural en Lima (HB, Hamilton Beltrán).

La mayor parte de las especies potencialmente nuevas son orquídeas, y vienen de elevaciones más altas (ver Figura 6). Las revisiones preliminares en el Herbario Vargas en Cusco, de colecciones realizadas en Perú, Bolivia y Ecuador, nos sugieren que tal vez 20 de las 116 colecciones fértiles de orquídeas podrían ser nuevas para la ciencia (ver Orquídeas), un número considerable para un inventario de tres semanas.

Basándose en nuestras fotos digitales tomadas en el campo, los especialistas han identificado tentativamente nueve especies como nuevas para la ciencia. Todas estas vienen de nuestros dos campamentos de mayor elevación.

En el nivel superior de las mesetas de Katarompanaki, encontramos potenciales especies nuevas en los siguientes géneros, *Psammisia* (Ericaceae, NS6931; Figura 4A), *Schwartzia* (Marcgraviaceae, NS6880; Figura 4F), *Trichilia* (Meliaceae, NS6788), y *Macrocarpaea* (Gentianaceae, NS6869). En Tinkanari encontramos varias especies potencialmente nuevas, incluyendo una Acanthaceae con flores lilas (NS7198), una *Sphaeradenia* (Cyclanthaceae, NS7184), una Gesneriaceae con una gran fruta pedunculada (HB5950, Figura 4C), una *Hilleria* cf. sp. con flores naranjas brillantes (Phytolaccaceae, NS7237; Figura 4E), y un *Tropaeolum* sp. (Tropaeolaceae, NS7235).

Varias colecciones en Megantoni extienden el rango conocido para especies muchos km hacia el sur. En nuestro campamento de baja elevación, Kapiromashi, registramos *Wercklea ferox* (Malvaceae, NS6735) por primera vez en el sur del Perú. Igual, en Katarompanaki, encontramos *Ceroxylon parvifrons* (Arecaceae, NS7037), *Tapeinostemon zamoranum* (Gentianaceae, NS6857; Figura 4B), *Sarcopera anomala* (Marcgraviaceae, NS6881) y *Macleania floribunda* (Ericaceae, NS6939). En Tinkanari, registramos *Miconia condylata* (Melastomataceae, NS7211), y *Peltastes peruvianus* (Apocynaceae, NS7273; Figura 4D), ambas conocidas anteriormente en Perú sólo en el norte.

Nuestra colección de *Heliconia robusta* (Heliconiaceae, NS6600) llena un gran vacío de su distribución. Esta *Heliconia*, con brácteas triangulares verdes y rojas, y flores amarillas, domina muchas partes del bosque naturalmente perturbado en Kapiromashi. Conocida mayormente para Bolivia, sólo ha sido colectada en contadas ocasiones en el Perú y fue olvidada en el *Catálogo de Plantas Vasculares y Gimnospermas del Perú* (Brako y Zarucchi 1993).

Dos especies encontradas en los sitios de mayor elevación, reflejaron las primeras colecciones en los bosques peruanos. Aunque vistos y reportados en Huánuco y Puno, nuestra colección en Tinkanari de *Spirotheca rosea* (Bombacaceae, NS7128; Figura 4G) es el primero para un herbario peruano. Otro espécimen nuevo para el Perú, *Guzmania globosa* (Bromeliaceae, NS6808; Figura 4H) crecía en pequeñas manchas en el nivel superior de las plataformas de Katarompanaki. Esta especie fue previamente registrada para Ecuador y también fotografiada, pero no colectada, en el inventario biológico rápido de la Cordillera Azul (Alverson et al. 2001).

AMENAZAS, OPORTUNIDADES Y RECOMENDACIONES

La Zona Reservada Megantoni conecta dos áreas importantes de conservación: el Parque Nacional Manu, y el complejo de conservación Vilcabamba (Parque Nacional Otishi, Reservas Comunales Ashaninka y Machiguenga, ver Figura 1). Recomendamos el más alto nivel de protección para los valles, vertientes, mesetas, picos y pastizales de altura que se extienden dentro de la gradiente altitudinal de más de 3.500 m en la ZRM. Grandes trayectos de altura intactos son muy raros en los Andes tropicales, y la protección de la ZRM es una prioridad urgente. Con la extracción del gas natural ocurriendo en el norte, se podría perder la única oportunidad de unir estas áreas protegidas y proteger más de 2,6 millones de ha.

De acuerdo a nuestras observaciones desde los sobrevuelos, el inventario, y las imágenes de satélite, reconocemos varios hábitats particularmente bien conservados y únicos dentro de la ZRM. En otras partes del Perú, los pastizales húmedos de altura (puna) están bajo un pastoreo intensivo y quemas frecuentes. Comparado con el Parque Nacional Manu y otras áreas en las vertientes orientales de los Andes, Megantoni, desde el aire, parece albergar posiblemente las extensiones menos disturbadas de puna en el Perú. Con la protección de la ZRM, se dará la oportunidad de preservar la riqueza total de esta flora intacta. También, la puna de Megantoni podría proporcionar las referencias para los esfuerzos de restauración de los pastizales degradados de los alrededores.

Las grandes mesetas, incluyendo el campamento Katarompanaki donde encontramos más de 15 orquídeas nuevas para la ciencia, son una formación geológica que parece ocurrir sólo en Megantoni, y no en las áreas protegidas vecinas, la Cordillera Vilcabamba y el Parque Nacional Manu. Megantoni protegerá estos paisajes únicos, y a su vez, un importante lugar para poblaciones de orquídeas. Las orquídeas son una familia de plantas protegidas bajo la convención del CITES en el Perú, y una protección legal prevendría de colecciones ilegales dentro del área.

La importancia de Megantoni como área de conservación no sólo se basa en su rol como corredor biológico prístino, sino también en el número de especies endémicas potencialmente albergadas en sus límites. Estimamos una riqueza florística de unas 3.000 a 4.500 especies para la ZRM. Sabemos que algunas de estas especies existen también en el Manu y Vilcabamba. Sin embargo, nuestro conocimiento de las comunidades de plantas en estas áreas es aún muy limitado para calcular con exactitud el número de especies compartidas. Como un indicador preliminar, las 25 o 30 especies nuevas para la ciencia implican altos niveles de endemismo dentro de la ZRM (ver Figuras 4, 5, 6). Estas especies nuevas potenciales, descubiertas durante 15 días de inventarios vegetales, nos sugiere que del 1 al 2 % de todas las especies de plantas potencialmente albergadas Zona Reservada Megantoni no son conocidas en las áreas protegidas adyacentes, ni en ningún otro sitio en el mundo. Por cierto, muestreos adicionales podrían encontrar estas especies no descritas en el vecino Parque Nacional Manu o Vilcabamba. Pero dado al alto número de novedades florísticas encontradas durante el inventario rápido, es muy probable que en los futuros muestreos en Megantoni se den a conocer aún más especies endémicas.

ESCARABAJOS PELOTEROS
(Coleoptera: Scarabaeidae: Scarabaeinae)

Participante/Autor: Trond Larsen

Objetos de conservación: Especies de escarabajos peloteros grandes, susceptibles a la extinción local y componentes muy importantes en la dispersión de semillas, control de parásitos de los mamíferos y el reciclaje de nutrientes (especialmente *Deltochilum*, *Dichotomius*, *Coprophanaeus*, *Phanaeus*, y *Oxysternon*); numerosas especies raras y de rango restringido, incluyendo por lo menos 10 especies nuevas para la ciencia, poblaciones viables de mamíferos grandes y medianos, en especial monos, los cuales proveen de recursos fecales, necesarios para el mantenimiento de las comunidades de escarabajos peloteros; hábitats intactos que alberguen distintas comunidades de escarabajos peloteros

INTRODUCCIÓN

Los escarabajos peloteros (subfamilia Scarabaeinae) son diversos y abundantes, y esta diversidad puede indicar patrones de diversidad en otros organismos dentro de la comunidad (Spector y Forsyth 1998). Su dependencia por el excremento de mamíferos, tanto para fines reproductivos y alimenticios, hace que las poblaciones de peloteros puedan ser un indicador de la biomasa de mamíferos y a veces, de la intensidad de cacería. Ademas los peloteros tienen una alta diversidad beta a lo largo de diferentes tipos de hábitats y son sensibles a diferentes tipos de disturbios, como la tala de árboles, cacería y otros tipos de degradación del hábitat (Hanski 1989, Halffter et al. 1992). Adicionalmente, los peloteros juegan un rol importante en el funcionamiento de los ecosistemas. Al enterrar las heces de los vertebrados, los escarabajos reciclan los nutrientes de plantas, dispersan semillas y pueden reducir la infestación de parásitos en los mamíferos (Mittal 1993, Andresen 1999).

Según tengo entendido, no existen estudios publicados de las comunidades de peloteros en los Andes peruanos. Desde 1998 hasta el 2003 he realizado muestreos de peloteros en numerosos lugares del sudeste peruano, tanto en la Amazonía como en los bosques andinos, al este de la Zona Reservada Megantoni (ZRM). La riqueza de especies en numerosos lugares de altitud baja (el río Palma Real, Estación Biológica Los Amigos, y la Estación Biológica Cocha Cashu) es una de las más altas a escala mundial, con más de 100 especies de escarabajos peloteros en un sólo sitio. En el valle del Kosñipata, adyacente a la ZRM, encontré que la diversidad de peloteros decrece con el incremento de elevación. Muchos de estas especies de peloteros muestran rangos restringidos y permanecen sin describir.

MÉTODOS

Para muestrear las comunidades de peloteros usé una combinación de trampas de caída con cebo y trampas de intercepción de vuelo sin cebo. Cada trampa de caída tenía dos vasos de plástico apilados de 473-ml (16-oz), enterrados en el suelo con los bordes superiores al ras del suelo. Llené el vaso superior hasta la mitad con una mezcla de agua y detergente para reducir la tensión superficial. Para cada trampa cebada con excremento, se envolvió ~20-gr de excremento humano en una tela de nylon y se suspendió el cebo encima de los vasos, atándolos en un pequeño palo enterrado en el suelo. Las trampas fueron estandarizadas con el uso de excremento humano porque es uno de los tipos de excremento más atractivo para la mayoría de especies de peloteros (Howden y Nealis 1975). Para prevenir que los peloteros caigan en el cebo y para proteger las trampas del sol y de la lluvia, se cubrió el cebo y las trampas con una hoja grande. Colecté las muestras cada 24 h, usualmente por un periodo de cuatro días, aunque hubo algunas trampas instaladas sólo por dos días. Este método y duración de muestro usualmente nos da descripciones cuantitativas relativamente completas de la diversidad, composición y abundancia relativa de la comunidad de escarabajos.

Dentro de cada uno de los cuatro sitios (Kapiromashi, Alto y Bajo Katarompanaki, Tinkanari), las trampas de caída fueron ubicadas a lo largo de cuantas trochas y hábitats posibles, con una distancia de 50 m entre cada trampa. Se instaló por lo menos 10 trampas en el bosque primario de cada sitio, y el mayor número posible de trampas en los hábitats adicionales. Reemplazé los cebos cada dos días.

Debido a la abundancia de especies de peloteros que usan otro tipo de recursos alimenticios, usé también trampas de caída con frutos podridos (mayormente plátanos), hongos podridos, pescados muertos e insectos muertos. Coloqué por lo menos 3 de estas trampas con cada uno de estos cebos en cada uno de los cuatro sitios, con 50 m entre cada trampa.

Para hacer un muestreo de las especies de peloteros que no estaban atraídos a ninguno de estos tipos de cebos, coloqué trampas de intercepción para capturar a los escarabajos de manera oportunista, sin uso de cebos, mediante una malla de nylon de color verde oscuro (1,5 m x 1 m) colocada entre dos palos, y colocando bandejas de agua jabonosa debajo de la malla para realizar la captura de los escarabajos que volaran dentro de la malla (Figura 7C). Se colocó entre una a dos trampas de intercepción en cada sitio.

Identifiqué y cuantifiqué los peloteros el mismo día de la colección, se preservó los especímenes vouchers en alcohol y fueron depositados en el Museo de Historia Natural de la Universidad Nacional Mayor de San Marcos en Lima, Perú, y en la Universidad de Princeton, New Jersey. Especímenes adicionales serán eventualmente depositados en el Museo de Historia Natural del Smithsonian Institution en Washington, D.C.

RESULTADOS

Encontré 71 especies y 3.623 individuos de peloteros durante los 15 días de muestreo en la Zona Reservada Megantoni (ZRM). Basándome en mis previas colecciones en el área de Madre de Dios, estimo que un promedio de 10 a 35 de las especies encontradas en Megantoni son nuevas para la ciencia. Mediante el uso de EstimateS

(Colwell 1997), un programa de computación que predice la diversidad de especies basándose en los muestreos, evalué la eficacia de mi muestreo durante el inventario. Aunque un muestreo adicional hubiera registrado más especies, en dos semanas pude hacer un muestreo de la mayoría de las especies de peloteros en los cuatro sitios del inventario. Mediante la extrapolación de mi investigación de peloteros en el área del Manu y otros lugares en el Perú, estimo que existen ~120 especies en la ZRM.

Las comunidades de peloteros en Megantoni albergaron un número inusualmente alto de especies raras (Apéndice 2, Fig. 14). Doce de las especies fueron registradas una sola vez, y 5 especies fueron atrapadas 2 veces, lo que nos sugiere que estas especies son raras o cercanas a los bordes de sus límites de distribución. Muchas especies, tales como *Coprophanaeus larseni* y una nueva especie de *Eurysternus* parecen ser raros en todo su distribución. Como punto de comparación, la especie más común, *Ontherus howdeni*, fue representada por 446 individuos.

Figura 14. Distribución de la abundancia de escarabajos peloteros para todos los sitios en la Zona Reservada Megantoni. Las especies más raras aparecen a la izquierda.

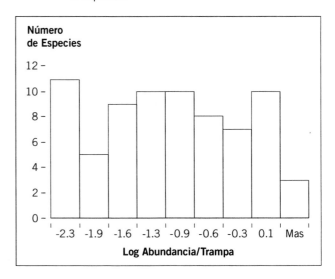

Kapiromashi

En este sitio de baja elevación, registré a los peloteros en bosque primario, bosque secundario, en bosque de bambú *Guadua* y en un lecho ribereño seco. De las 41 especies encontradas en este sitio, 39 fueron encontradas en bosque primario, mientras que 23 fueron colectadas en bambú, y 20 en bosque secundario. Sólo 4 especies fueron atrapadas en el lecho ribereño. La abundancia de escarabajos fue mayor en bosque primario, seguido por el bosque secundario, bambú y el lecho ribereño. Dos de las especies de *Canthidium* fueron capturadas sólo en las trampas de intercepción en este sitio, y posiblemente se especializan en un tipo de comida poco usual. Atrapé un individuo de *Coprophanaeus larseni* en una trampa de caída, cebada con carroña, en bosque primario de elevación alta. Esta especie parece ser muy rara, y fue recientemente descrita de sólo tres especímenes.

Plataforma baja del Katarompanaki

La plataforma baja en Katarompanaki alberga mayormente un bosque maduro, alto y distinto de la plataforma superior. Sólo hice el muestreo en el bosque primario de este sitio y encontré 30 especies. La abundancia de escarabajos en este lugar fue ligeramente inferior al del bosque primario de Kapiromashi. Capturé 3 especies (2 *Canthidium* spp., 1 *Ateuchus* sp.) solamente en las trampas de intercepción, y estas probablemente se especialicen en recursos desconocidos. Capturé un sólo individuo de la especie *Bdelyrus* en una trampa cebada con frutas. Este género de pelotero está pobremente representado en las colecciones de los museos, probablemente debido a su dieta inusual. Algunas especies de *Bdelyrus* podrían especializarse en detritos que se colectan en bromelias o en enredaderas, otras especies son atraídas por hongos putrefactos.

Plataforma alta del Katarompanaki

La plataforma alta en Katarompanaki se caracterizó por una vegetación enana, albergando una baja diversidad de árboles, creciendo en un lecho de piedras ácidas con poco o nada de suelo y con una capa de humus. En este lugar sólo encontré 10 especies de escarabajos peloteros con una abundancia muy baja. Dos de estas especies

(*Deltochilum* sp. nov. aff. *barbipes* y *Uroxys* sp. 6) no se encontraron en la plataforma baja y parecen ser nuevas para la ciencia.

Tinkanari

En el lugar de elevación más alta, hice un muestreo de escarabajos en los bosques primarios de vegetación alta (altura de 15-25m), bosque primario intermedio (altura de 5-15m), bosque arbustivo enano (con una altura de 0-5m), en el bambú del género *Chusquea*, y en el bosque joven de regeneración a lo largo del terreno escarpado. Trece de las 14 especies encontradas en este lugar fueron encontradas en bosque primario de vegetación alta, 8 de estas especies en bosque secundario, 5 en bosque primario intermedio y 3 en bosque arbustivo enano. La abundancia fue mayor en el bosque primario de vegetación alta, seguido por el bambú, secundario, intermedio, y bosque enano. Cuatro de estas especies fueron encontradas en un sólo tipo de hábitat; 3 en bosque primario alto, y 1 en el bosque arbustivo enano. Dos de estas especies parecen ser nuevas para la ciencia. Este lugar contiene una mayor proporción de especies nocturnas (64%) que en los sitios bajos. Aunque atrapé numerosas especies con carroña y en trampas de intercepción, estas mismas especies fueron atraídas por excrementos. No se colectó ninguna especie de peloteros en las trampas de frutas u hongos para este sitio.

Patrones comunitarios a través de hábitats y sitios.

A lo largo de estos cuatro sitios la riqueza de especies y abundancia decrece con el incremento de elevación, a excepción de la plataforma alta del Katarompanaki, la cual mostró una diversidad y riqueza de especies más baja que la del Tinkanari (Tabla 3). Esto probablemente refleja la presencia de vegetación arbustiva enana y la reducida biomasa de mamíferos de la plataforma más alta del complejo de mesetas del Katarompanaki. Dentro de cada sitio, la riqueza de especies y la abundancia varió considerablemente de acuerdo a cada tipo de hábitat (Tabla 4). El bosque primario de vegetación alta (15-25m de altura) siempre albergó la mayor diversidad y abundancia de peloteros, mientras

Tabla 3. Diversidad y abundancia de escarabajos peloteros a través de 4 sitios en la
Zona Reservada Megantoni, comparado a 8 sitios en el Valle Kosñipata, Manu.

	Todo Megantoni (4 sitios)	Kapiromashi	Katarompanaki, plataforma baja	Katarompanaki, plataforma alta	Tinkanari	Valle Kosñipata, Manu (8 sitios)
Elevaciones muestradas (m)	730-2210	730-900	1350-1500	1600-1900	1950-2210	650-3200
# 24 hr trampas	238	70	56	27	75	297
Epecies observadas	71	41	30	11	14	82
Especies esperadas (ACE)	79	48	38	15	17	–
Indivíduos*	3623	1533	1081	169	840	4246
Indivíduos/trampas**	15.2	21.9	19.3	6.3	11.2	14.3
Especies raras (1 trampa)***	12	9	8	4	3	–
Especies raras (2 trampas)****	5	2	2	1	1	–
Indice Shannon de diversidad	3.30	2.93	2.16	1.52	1.42	–
Indice Simpson de diversidad	18.01	13.95	5.16	2.96	2.86	–

que en el bosque de plantas de tamaño mediano (5-15m de altura). El bosque secundario y de bambú mostró un número mediano en abundancia y riqueza, y por último las áreas abiertas y arbustivas (0-5m de altura) albergaron la abundancia y riqueza más baja.

La composición de especies varió enormemente entre sitios y a lo largo de hábitats dentro de los sitios del inventario (Tabla 4). La mayoría de especies (80%) mostró rangos altitudinales muy restringidos, de 30 m o menos. Los lugares más cercanos en elevación contenían las mismas especies, mientras que los lugares más separados albergaban sólo una especie común. Los índices de similitud (Abundancia de Sorenson y Morisita-Horn) de todos los sitios fueron muy bajos. Cuando algunas especies se encontraban en más de un lugar, eran por lo general abundantes en un lugar, y representados por unos pocos individuos en otro lugar, lo que nos sugiere que estos posiblemente fueron colectados cerca de sus límites de su distribución.

Comparando los lugares, los hábitats más similares en elevación, estructura boscosa y suelos tuvieron la composición más similar de peloteros. Aunque las especies más grandes de peloteros eran menos abundantes que las pequeñas, la Zona Reservada Megantoni albergó abundancias inusualmente altas de grandes especies como *Dichotomius planicollis*, *D. diabolicus*, *D. prietoi*, *Phanaeus meleagris*, *P. cambeforti* y *Oxysternon conspicillatum*.

Habían indicadores de que los disturbios humanos dentro de la reserva podrían afectar negativamente a la población de peloteros. En Kapiromashi observamos evidencia de antiguas actividades de cacería (trochas antiguas y plantaciones de plátano) y menos mamíferos de lo esperado, en especial monos. Aunque los peloteros fueron más abundantes en este sitio, al ser estandarizada la abundancia por el esfuerzo de muestreo (21.9 individuos/trampa), esta fue más baja de la esperada para 850 msnm, y fue ligeramente más alta que la abundancia de peloteros en la plataforma baja de Katarompanaki (19.3 individuos/trampa).

Los disturbios a los regímenes naturales también afectan a los peloteros. En Kapiromashi y Tinkanari encontré una menor diversidad y abundancia de peloteros en el bosque secundario que en el primario (Tabla 4). Áreas colonizadas por bambú tuvieron una

Tabla 4. Comparación de similitud en composición de escarabajos peloteros a través de los sitios y hábitats en la Zona Reservada Megantoni y Manu.

	Site 1	Site 2	S Obs 1	S Obs 2	Compartida S	Sorenson	M-H
	Todos los sitios	Todos los sitios					
	Megantoni	Manu	71	82	49	0.43	0.47
	Kapiromashi	Katarompanaki	41	33	11	0.15	0.11
	Kapiromashi	Tinkanari	41	14	1	0.00	0.00
	Katarompanaki	Tinkanari	33	14	6	0.06	0.02
KAT	Bosque alto mixto	Bosque bajo de Clusia	26	10	8	0.07	0.19
TIN	Bosque alto mixto	Abierto con arbustos	13	3	2	0.01	0.06
KAP	Bosque primario	Bosque secundario	34	20	20	0.33	0.59
TIN	Bosque primario	Bosque secundario	13	8	8	0.15	0.87
KAP	Bosque primario	Bambú *Guadua*	34	23	21	0.14	0.60
TIN	Bosque primario	Bambú *Chusquea*	13	5	5	0.38	0.95

S Obs 1	# especies observadas en Sitio 1	M-H	Index de similitud de comunidades Morisita-Horn
S Obs 2	# especies observadas en Sitio 2	KAP	Kapiromashi
Shared S	# especies compartidas	KAT	Katarompanaki
Sorenson	Index de abundancia Sorenson	TIN	Tinkanari

menor diversidad y abundancia de peloteros que en el bosque primario en el mismo sitio.

Repartición de recursos

Con una alta diversidad de peloteros compitiendo por recursos similares, no es sorprendente encontrar que los peloteros se reparten los recursos existentes de diferentes maneras. Las especies varían desde generalistas a especialistas y se reparten los recursos de acuerdo al tipo de alimento, actividad temporal y selección de hábitats. Encontré que el 24% de las especies de peloteros en la reserva eran generalistas atraídos a todo tipo de comida, aparte de excremento (Tabla 5). Estos alimentos incluían hongos, fruta, carroña. El 10% de las especies colectadas nunca fueron atraídas por excremento, lo que nos sugiere una especialización en otro tipo de recursos alimenticios. Hasta ahora no se conoce ninguna especie de pelotero sólo atraído a cierto tipo de excremento (Howden y Nealis 1975; Larsen, dat. sin publ.).

La mayoria de las especies son diurnas o nocturnas, 45% y 41% respectivamente, con 14% de hábitos crepusculares. A pesar de los esfuerzos de muestreo a lo largo de los numerosos hábitats en cada lugar, el 32% de todas las especies estuvieron restringidas a un sólo tipo de hábitat. La repartición de recursos en general disminuyó con el incremento de altitud (Tabla 5). A mayores elevaciones, muchas especies respondieron sólo a trampas de excremento, y encontré menos especies que no son atraídas por excremento. En las áreas de altas elevaciones, las especies nocturnas dominaron la comunidad, y las especies se movían con mayor libertad entre hábitats. Esta disminución de repartición de recursos correspondió a la disminución de diversidad de peloteros y su abundancia.

Segregación de congéneres

A lo largo de los lugares del inventario en Megantoni, observé una segregación altitudinal de las especies congéneres (especies dentro del mismo género) de *Ontherus*. Este género probablemente tuvó una radiación de especies en los Andes, y es uno de los pocos peloteros que es más abundante y diverso en las montañas que en las tierras bajas. Debido a que las especies colectadas en Megantoni mostraron un patrón

Tabla 5. Repartición de recursos entre los escarabajos peloteros el los tres sitios en la Zona Reservada Megantoni.

Site	# Espcies	>estiércol	sin estiércol	día	noche	crep	>1 hab	1 hab
Todos	71	24%	10%	45%	41%	14%	68%	32%
Kapiromashi	41	24%	12%	51%	29%	20%	61%	39%
Katarompanaki	33	18%	12%	36%	52%	12%	–	–
Tinkanari	14	14%	0%	29%	64%	7%	71%	29%

>estiércol:	especies atraidas al estiércol y otro tipo de comida	>1 hab:	especies que se encontraron en más de un tipo de hábitat
sin estiércol:	especies nunca atraidas al estiércol		
día:	especies diurnas	1 hab:	especies que sólo se encontraron en un tipo de hábitat
noche:	especies nocturnas		
crep:	especies crepusculares		

similar al del Parque Nacional Manu, combiné estos datos de colección para cada región. Cada especie de *Ontherus* es reemplazada por otra especie con incrementos de elevación (Fig. 15). Las distribuciones de los *Ontherus* no parecen corresponder a los ecotones existentes entre las zonas de vegetación, y los factores causantes que determinan su distribución son desconocidos. Sin embargo, debido a que los congéneres son similares en tamaño, morfología, actividad diaria y dieta, parece ser que existiera una competencia interespecífica intensa y que prevée una coexistencia simpátrica.

DISCUSIÓN

La Zona Reservada Megantoni abarca un amplio rango de elevaciones y tipos de hábitats, y contiene una riqueza inusualmente alta de peloteros. En términos generales, la diversidad de peloteros disminuye con los incrementos de altura, y el hallazgo de 71 peloteros en un rango de 730-2.210 msnm es increíble. Muchas de las especies de escarabajos en el Megantoni tienen rangos restringidos (80% de las especies tienen rangos altitudinales menores a 300 m y muchas especies son especialistas de hábitats). Por lo menos unas 10 a 35 especies son especies nuevas.

Comparación con el Valle Kosñipata, Parque Nacional Manu

En el mes de noviembre del año 1999 colecté 82 especies de peloteros en el Valle Kosñipata, a lo largo del área de amortiguamiento del Parque Nacional Manu. Este sitio está a menos de 10 km de la parte sur de la Zona Reservada Megantoni, y contiene un rango de altitud similar. Haciendo una comparación directa de especímenes, estimo que un 31% de las especies de peloteros colectadas son únicas para Megantoni y no se encuentran en el Manu. En el Manu encontré más especies pero al mismo tiempo hice muestreos en más lugares (8 lugares) y en un rango de elevación más amplio (650-3.200 m) (Tabla 3). De acuerdo a la comparación directa de diversidad altitudinal entre el Manu y Megantoni se pueden observar varias tendencias (Fig. 16). El sitio más bajo, Kapiromashi, y la plataforma alta de la meseta, Katarompanaki, muestran niveles de riqueza de especies similares a las elevaciones correspondientes en el Manu. Por el contrario, la plataforma baja del Katarompanaki, la cual alberga el bosque maduro y alto, y el sitio de mayor elevación, Tinkanari, albergaron una riqueza mucho mayor que la esperada en elevaciones similares en el Manu. La abundancia de peloteros por trampa fue casi equivalente tanto para el Manu como para Megantoni.

Figura 15. Segregación de congéneres por elevación en el género *Ontherus* para de la Zona Reservada Megantoni y el Parque Nacional Manu.

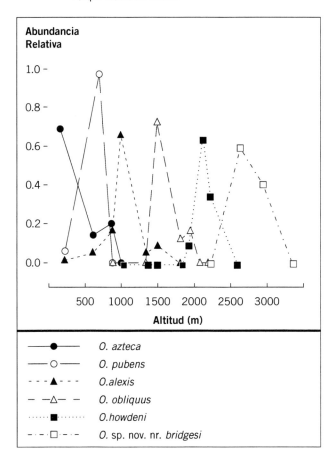

Abundancia Relativa / Altitud (m)

- ●— *O. azteca*
- ○— *O. pubens*
- ▲— *O.alexis*
- △— *O. obliquus*
- ■— *O.howdeni*
- □— *O. sp. nov. nr. bridgesi*

Patrones de Diversidad y Repartición de Recursos

La abundancia y diversidad de peloteros fue mayor en los bosques maduros de vegetación alta y de bajas elevaciones. Este patrón pudo reflejar la baja biomasa de mamíferos a mayores alturas y tambien en bosques con vegetación de tamaño más pequeño y más abierto. La alta abundancia de peloteros grandes en Megantoni es un fuerte indicador de que los hábitats están en estado prístino y contiene una gran cantidad de mamíferos grandes, ya que las grandes especies de peloteros son usualmente muy sensibles a los disturbios y requieren de gran cantidad de excremento. Adicionalmente estas especies de peloteros son funcionalmente importantes ya que entierran al excremento y dispersan las semillas.

La manera en la cual los peloteros se reparten los recursos de acuerdo al tipo de alimento, hábitat y actividad diaria podría ayudar a explicar como un número tan grande de especies puede coexistir mientras compiten por recursos similares. Junto con la reducción natural de la diversidad de especies en los sitios de mayor elevación, también observé menos repartición de recursos. Existe todavía un intenso debate acerca de los mecanismos que habilitan la coexistencia de las especies en lugares con una gran riqueza de especies. El patrón de segregación latitudinal de congéneres de *Ontherus* nos da una indicación que la competencia podría estructurar la comunidad de peloteros y determinar la distribución de especies.

AMENAZAS, OPORTUNIDADES Y RECOMENDACIONES

Existen muy pocas áreas prístinas que conectan la puna con las tierras bajas. Aparte de albergar numerosas especies endémicas, estos corredores son esenciales para el movimiento de animales, los cuales responden a cambios tales como el cambio climático y el calentamiento global. Las especies con rangos altitudinales estrechos, incluyendo muchos peloteros de Megantoni,

Figura 16. Comparación de la riqueza de especies de escarabajos peloteros por elevación, en la Zona Reservada Megantoni y el Parque Nacional Manu.

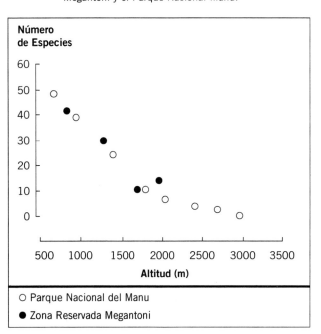

Número de Especies / Altitud (m)

○ Parque Nacional del Manu
● Zona Reservada Megantoni

son sensibles al calentamiento global y a cambios locales del clima asociados con la deforestación. La tala y otros cambios antropogénicos del hábitat podrían efectivamente llevar a la disminución en la riqueza y abundancia de peloteros, tal como lo observado en el primer lugar del inventario, donde niveles reducidos de cacería podían reducir el tamaño de la población. Como consecuencia de la extinción local de peloteros, numerosas funciones llevadas a cabo por estos serían interrumpidas, tales como la dispersión de semillas, control parasitario, los cuales afectan a otros animales y plantas dentro del ecosistema. La protección de los peloteros, en particular de especies más grandes, tan abundantes en Megantoni, ayudarían a proteger las interacciones funcionales dentro de las especies que mantienen la integridad del ecosistema.

La mejor manera para preservar a los peloteros y sus roles de funcionamiento en el ecosistema es en la manutención de grandes áreas de hábitats intactos y minimizar los impactos de cacería. Se sabe muy poco acerca de la distribución de los peloteros en estas áreas. Se necesita un mayor conocimiento de las distribuciones altitudinales de los peloteros en estas áreas andinas montanas y premontanas, para el entendimiento de cómo las especies responderían a un cambio climático y a la deforestación, y para mitigar también los efectos de la extinción de uno de los lugares más ricos y biológicamente más importantes en el ámbito mundial.

PECES

Participantes/Autores: Max H. Hidalgo y Roberto Quispe

Objetos de conservación: Comunidades de peces en quebradas y otros ambientes acuáticos en bosques intactos entre los 700 y 2.200 msnm; especies endémicas andinas como *Astroblepus* (Figuras 8D, 8D), *Trichomycterus* (Figuras 8E, 8F), *Chaetostoma* (Figura 8A); especies restringidas a altitudes mayores de 1.000 m y altamente especializadas a las aguas torrentosas; ambientes acuáticos prístinos de los Andes peruanos con poblaciones saludables de especies nativas; las cabeceras de los ríos Ticumpinía y Timpía (Figura 3K) que albergan una ictiofauna única

INTRODUCCIÓN

La red de drenaje de la Zona Reservada Megantoni (ZRM) corresponde a la cuenca del río Bajo Urubamba (Departamento de Cusco), y en los últimos 6 años se han hecho importantes esfuerzos para conocer la diversidad y el estado de conservación de las comunidades de peces de esta región, en especial en la llanura amazónica (Ortega et. al. 2001). Sin embargo, se han realizado muy pocos esfuerzos de colecta en aquellos tributarios por encima de los 700 m de altitud en esta cuenca, en parte debido a la accidentada geomorfología de las vertientes, lo que genera que muchas de estas áreas sean muy poco accesibles y los ambientes acuáticos no sean navegables.

El presente estudio tuvo como principal objetivo realizar el inventario de la ictiofauna que habita los diferentes ambientes acuáticos de la ZRM, con énfasis en las áreas por encima de los 700 m en la región. Esta zona alberga numerosos ríos y quebradas que nacen en las vertientes andinas (~4.000 m), y son los hábitats de especies particularmente adaptadas a las condiciones de los Andes. Las comunidades de peces en la ZRM han permanecido aislados de la influencia humana en comparación con otros sitios andinos, y nuestro inventario fue una gran oportunidad para documentar una fauna íctica desconocida.

MÉTODOS

Colecta y análisis del material biológico

Colectamos los peces con diferentes aparejos de pesca, que incluyeron una red 7 m x 1,8 m con abertura de malla de 5 mm, una red de 3 m x 1,2 m con malla de 2 mm, una tarrafa o atarraya de 8 kg, una red de mano o "calcal" y una red pequeña de acuario. Hicimos arrastres a las orillas o en el medio del canal con las redes más grandes, removimos las piedras en las zonas de rápidos poniendo las redes o el calcal como trampas de espera, e hicimos lances repetidos con la atarraya. En cada estación de muestreo se repitieron varias veces los lances con cualquiera de los aparejos empleados hasta obtener una muestra representativa, y en cada campamento se contó con el apoyo de un guía local para las faenas de pesca.

Todos los ejemplares colectados fueron fijados en una solución de formol al 10% por 24 h, y posteriormente preservados en alcohol al 70%. Las muestras fueron rotuladas, preparadas y empaquetadas para su transporte a Lima.

Realizamos la identificación de la mayoría de las especies en el campo. Para especies que sospechamos podrían tratarse de nuevos registros o especies nuevas, se tomaron fotos para consultar a los especialistas de estos grupos. Para el inventario rápido, las especies no identificadas fueron clasificadas como morfoespecies, de similar forma como se ha realizado en los inventarios previos de Yavarí y Ampiyacu, Apayacu, Yaguas, Medio Putumayo (Ortega et. al. 2003, Hidalgo y Olivera 2004). Todo el material colectado ha sido depositado en la Colección Ictiológica del Museo de Historia Natural—UNMSM.

Elección de lugares de muestreo

En cada estación tomamos las coordenadas con GPS, o lo referenciamos con respecto al campamento base, y anotamos las características físicas del ambiente (Apéndice 3). El esfuerzo de colecta fue variable, siendo mayor en los ambientes acuáticos más grandes. El acceso a todos los puntos de evaluación fue por trochas, y en el primer sitio, siguiendo el curso del río Ticumpinía aguas arriba y abajo del campamento. No empleamos ningún tipo de embarcación.

En Kapiromashi, hicimos las colectas en el río Ticumpinía, y en quebradas. En el río buscamos las áreas con playas arenosas, los rápidos, y los brazos formados por las islas en el cauce principal, y en las quebradas desde su desembocadura en el río hasta 200 m aguas arriba siguiendo el curso de las mismas.

En Katarompanaki y Tinkanari, seguimos las trochas buscando los cursos de agua, procurando evaluar tanto aguas arriba como hacia abajo. Muestreamos la mayor cantidad de quebradas a las que se tuvo acceso por las trochas. Sólo en Tinkanari exploramos una pequeña poza de agua negra, y fue el único ambiente léntico que intentamos muestrear durante el inventario.

Descripción de sitios y ambientes acuáticos

Evaluamos diferentes ambientes acuáticos en los alrededores de los campamentos Kapiromashi (4 días), Katarompanaki (5 días) y Tinkanari (5 días). En total hicimos muestreos en 23 estaciones de colecta, 8 en el primer y tercer sitio, y 7 en el segundo (Apéndice 3), las que correspondieron a 17 quebradas, y 6 puntos en el río Ticumpinía. En Kapiromashi, todas las estaciones de muestreo fueron de agua clara, en Katarompanaki de agua negra (o intermedias con agua clara), y en el tercer sitio dominancia de agua clara. Para el primer sitio logramos evaluar todos los tipos de hábitats acuáticos que identificamos en los alrededores del campamento Kapiromashi. Para el segundo sitio no pudimos evaluar los ríos que forman el Ticumpinía, ni el área próxima de las quebradas al llegar a los ríos principales. Para el tercer sitio, no estudiamos el río Timpía, ni las cochas grandes que pudimos observar en el sobrevuelo.

Kapiromashi (~750-900 m elevación)

Este sitio se ubica en el valle del río Ticumpinía (Figura 3C). El rango altitudinal de nuestros muestreos estuvo entre los 750 y 900 m. El río Ticumpinía es el hábitat más importante de este sitio para los peces, ya que alberga mayor número de especies en comparación con las quebradas, y sostiene además una mayor biomasa íctica. Este río es afluente de la margen derecha (este) del río Bajo Urubamba en su inicio, y su desembocadura está ~6 km al norte del Pongo de Maenique (Figura 2).

El área de estudio del Ticumpinía se caracteriza por ser un río mediano de agua clara y de color verdoso durante la época seca, de aproximadamente 30 a 50 m de ancho del curso de agua, y con un cauce ligeramente sinuoso, formando algunas islas de tamaño variable (1 km de largo frente al campamento base, Figura 3C). El tipo de sustrato es pedregoso, cantos rodados medianos y pequeños, con playas de arena en las curvas del río, y áreas fangosas donde se conectan los brazos de las islas con el cauce principal. La profundidad media del río fue de 80 cm, con una máxima de 1,5 metros, y la pendiente resultó ligeramente pronunciada, variando alrededor de 150 metros de altitud en 5 km de recorrido del cauce. Las orillas presentaron playas amplias de cantos rodados con zonas de arena, y en algunos tramos rectos, paredes verticales con vegetación.

El Ticumpinía presenta zonas de rápidos o "cachuelas" en donde el desnivel del río puede variar hasta 3 m en tramos de 50 m aproximadamente, generando corrientes fuertes. Por esta razón no pudimos evaluar el área donde se forma el Ticumpinía, en la unión del Shakariveni por el sur y un río sin nombre por el norte, a pesar de su cercanía al campamento base (~ 5 km). Evaluamos también los brazos estrechos, de poca corriente y profundidad, separados por las islas. Las quebradas fueron de fondo mixto (canto rodado, grava, y arena), de pequeño tamaño (hasta 4 m de ancho), con agua clara y transparencia total.

Katarompanaki (~1.360-1.700 m elevación)
Se ubica sobre dos plataformas entre los ríos que forman el Ticumpinía, a una altitud de 1.769 m. Realizamos los muestreos a ~1.360 y ~1.700 msnm comprendiendo todos los ambientes acuáticos que pudimos acceder por las diferentes trochas. Estas quebradas aparentemente drenan hacia el afluente norte que forma el Ticumpinía, y la mayoría de las evaluadas se ubicaron en el área de la plataforma alta (~1.700 m), y sólo una en el bosque de la plataforma baja (~1.360 m).

Entre los ambientes acuáticos de ambas plataformas hubo diferencias en la geomorfología y vegetación ribereña. La vegetación de la plataforma alta esta dominada por la especie arbórea *Clusia* sp. (Clusiaceae), mientras que en la plataforma baja la vegetación era más diversa, con árboles altos, un dosel cerrado, y muchas especies en fructificación (ver Vegetación y Flora). Las quebradas de la plataforma alta se caracterizan por ser pequeñas (hasta 4 m de ancho y 1,2 m de profundidad), y presentan aguas negras torrentosas, fondo compuesto por cantos rodados o rocas cubiertas de musgos, y fuerte pendiente (alrededor de 30°). Estas características las diferenciaron de las quebradas de Kapiromashi y Tinkanari.

La quebrada de la plataforma baja (~1.360 m) fue la más grande evaluada en este campamento

(hasta 13 m de ancho), y resultó particularmente diferente de las quebradas evaluadas durante todo el inventario. El fondo estuvo compuesto de roca muy dura, entera, resbalosa y que cubría todo el ancho de la quebrada en una sección de por lo menos 500 m, presentando numerosas pozas de hasta 1,5 m de profundidad. Luego de este tramo, el sustrato cambió a rocas grandes y encontramos pequeñas cascadas, igual a las quebradas del Tinkanari.

Tinkanari (~2.100-2.200 m elevación)
Se ubica en las cabeceras del Timpía, sobre las montañas de la margen este del valle de este río. Realizamos los muestreos entre ~2.100 y 2.200 m, y incluimos todos los ambientes acuáticos que pudimos acceder por las trochas. Algunas quebradas aparentemente drenan directamente al Timpía, mientras que otras drenan a quebradas más grandes antes de llegar al río.

La vegetación ribereña estaba dominada por helechos arbóreos y árboles de dosel alto. La pendiente de los cursos de agua fue variable, no muy pronunciada en la quebradas pequeñas, y fuerte en la quebrada grande, con presencia de numerosas cascadas pequeñas (menos de 1 m) y grandes (~6 m). Casi todas las quebradas fueron de agua clara, de ancho variable (2 a 13 m) y un sustrato muy heterogéneo, con presencia de cantos rodados de diferentes tamaños, roca, y grava fina. En ciertos tramos se formaban pozas grandes de hasta dos metros de profundidad, en especial en las zonas de cascadas, como observamos en la quebrada principal luego de recorrer ~1 km aguas abajo.

Durante el sobrevuelo hacia este campamento, observamos la presencia de lagunas relativamente grandes (~100-m-diámetro) cercanas al río Timpía y alejadas del área de estudio. Cerca al campamento encontramos una poza pequeña que no constituiría una laguna o cocha propiamente dicha en comparación con las observadas en el sobrevuelo. Este espejo de agua tenia un diámetro aproximado de 25 m, profundidad de 1.8 m, de aguas negras muy oscuras, un fondo muy fangoso con gran cantidad de algas y la presencia de gramíneas en las orillas. Aparentemente el origen de este cuerpo de agua es por filtración de la napa freática. En nuestra exploración no colectamos ningún pez, y por eso no lo consideramos en el análisis de resultados como una estación de muestreo. Si se hicieran muestreos en las lagunas grandes, especulamos que habrá mayor probabilidad de encontrar peces, por su proximidad al río Timpía.

RESULTADOS

Diversidad de especies y estructura comunitaria

Registramos 3.132 peces, que corresponden a 22 especies, agrupadas en 13 géneros, 7 familias y 2 ordenes (Apéndice 4). De las 22 especies registradas, solo 8 han sido identificadas hasta el nivel de especie (36%), y al menos otras 10 requieren una revisión más detallada del material (en Astroblepidae, Trichomycteridae, *Cetopsis* y *Chaetostoma*), para averiguar si son especies no descritas.

La identificación final para varias especies registradas durante el inventario requiere comparaciones con descripciones originales de especies, material en museos, y/o consultas con los especialistas. En ninguna de las especies de Astroblepidae y Trichomycteridae hemos confirmado identificaciones, ya que son grupos que han sido muy poco estudiados y probablemente se presenten nuevas especies para la ciencia, como es el caso de *Astroblepus* sp C. (S. Schaefer com. pers., Figura 8D). Las especies peruanas de carachamas (*Chaetostoma*) se encuentran en revisión, y podría haber novedades en este grupo, como *Chaetostoma* sp. B (N. Salcedo com. pers., Figura 8A). *Cetopsis* sp. es una especie nueva no descrita presente en la región del Bajo Urubamba (R. Vari com. pers., Figura 8G)

El panorama general de los resultados muestra una composición variada, exclusivamente de peces Characiformes y Siluriformes. Algunas especies de Characiformes se encuentran en selva baja y son además de amplia distribución en amazonía (*Astyanax bimaculatus, Hoplias malabaricus*). También registramos especies restringidas a la zona sur-central del Perú, en especial por encima de los 300 m de elevación en las

cuencas del Urubamba, Pachitea, y Perené (*Creagrutus changae, Ceratobranchia obtusirostris*) o de áreas de pie de monte, en la zona de transición entre el bosque de llanura y de altura (*Bryconamericus bolivianus, Hemibrycon jelskii*). Entre los Siluriformes, la mayoría de las especies son bagres de cuerpo desnudo (sin placas) y entre ellos *Rhamdia quelen* presenta amplia distribución en la amazonía peruana. De la familia Trichomycteridae, algunas especies probablemente tienen distribución restringida en los Andes central y sur del Perú, y por lo menos una especie (*Trichomycterus* sp. 1) ha sido registrada en áreas bajas del Urubamba y Manu, hasta Tambopata.

Con excepción de los huasacos (*Hoplias malabaricus*) y los cunchis (*Rhamdia quelen*), los adultos de las demás especies son pequeños, midiendo menos de 15 cm, en especial entre los cáracidos con tallas máximas de 10 cm. Colectamos algunos ejemplares de *Astroblepus* sp. B de 15 cm longitud total, un tamaño poco frecuente de observar en las colectas científicas. Los ejemplares de las otras tres especies de *Astroblepus* presentaron especímenes de tamaños más típicos, alrededor de 7 cm en los de mayor tamaño.

Alrededor de 10 de las especies registradas representan formas capturadas para consumo de subsistencia por las comunidades nativas cercanas a la Zona Reservada (Apéndice 4), principalmente Timpía y Sababantiari. Con excepción de *Astroblepus* sp. B (Figura 8H), todas las especies comestibles fueron encontradas en el río Ticumpinía y quebradas más cercanas.

Diversidad por sitios

Kapiromashi

Con 17 especies (9 Siluriformes, 8 Characiformes), este campamento presentó el mayor número de especies de los tres sitios. Todas las familias registradas en el inventario estuvieron presentes aquí (Apéndice 4). La abundancia de individuos en este campamento fue la más alta de todo el inventario, representando el 85% de nuestra captura total (3.132). Los 8 Characiformes representaron el 80% de la abundancia total del inventario. Ninguna de las especies registradas en este sitio estuvo presente en los otros dos campamentos.

De algunas especies observamos solamente 1 o 2 individuos (Apéndice 4), mientras que *Ceratobranchia, Astyanax, Hemibrycon* fueron los más abundantes y frecuentes en los diferentes hábitats que evaluamos en este campamento. Aunque menos abundante que los cáracidos, *Chaetostoma* presentó una abundancia relativa importante, similar a lo observado en la parte media alta del Río Camisea (300 a 450 m de altitud), en buen estado de conservación y con similares características, aguas claras y fondos rocosos (Hidalgo 2003). Dada la preferencia de estas especies de carachamas por ambientes de aguas turbulentas, la recolección de muestras resulto más difícil, lo que quizás influyó en la apreciación de la abundancia. Según lo que observamos, *Chaetostoma* fue más abundante en los ríos que en quebradas, pudiendo ser una fuente alimenticia importante para varias especies de aves acuáticas y nutrias de río.

Los peces en Kapiromashi se agrupan en varios gremios alimenticios, entre los omnívoros se encuentran la mayoría de especies de Characidae (*Astyanax, Bryconamericus, Ceratobranchia, Hemibrycon, Knodus, Creagrutus*), y probablemente las especies de Trichomycteridae. Todas las especies de carachamas (Loricariidae) se alimentan del material vegetal, principalmente algas, que crecen sobre el sustrato, raspando con los dientes las rocas y los troncos sumergidos. Se conoce muy poco del comportamiento alimenticio de *Astroblepus* pero es probable que de manera similar a las carachamas, se alimente de las algas que crecen sobre los substratos duros característicos de las quebradas torrentosas de los Andes, o de los insectos acuáticos de que habitan en estos ambientes.

En ambientes acuáticos donde el fondo esta compuesto por roca arcillosa es fácil observar agujeros hechos por carachamas (que además, en algunas especies como *Ancistrus*, los utilizan para fabricar sus nidos), lo que se ha observado también en el río Bajo Urubamba. *Chaetostoma*, y también *Ancistrus*, colocan los huevos pegados a los cantos rodados, o dentro de los troncos sumergidos y cuidan el nido.

Entre los depredadores, el más grande (y uno de los únicos piscívoros registrados en el inventario) fue el huasaco (*Hoplias malabaricus*), que puede alcanzar hasta 50 cm de longitud. Esta especie por lo general prefiere las zonas de menos corriente, en las cuales espera a sus presas para alimentarse. Otros depredadores, como los individuos grandes de *Rhamdia quelen* son depredadores nocturnos activos, que salen a buscar su alimento. Es probable que *Cetopsis* (Figura 8G) prefiera insectos acuáticos y quizás peces pequeños, por ser abundantes en el río Ticumpinía.

Katarompanaki

Para este sitio registramos tres especies de peces, dos de *Trichomycterus* (Figuras 8E, 8F) y una de *Astroblepus* (Figuras 8B, 8H). Comparado con el primer sitio, son muy pocas especies, pero lo interesante es que todas fueron diferentes de los peces encontrados en Kapiromashi. Esta diferencia podría reflejar el aislamiento de los ambientes acuáticos de los ríos grandes en Katarompanaki, o características distintas de las quebradas de altura comparado con las quebradas en la zona baja.

En este sitio detectar la presencia de los peces en las quebradas fue difícil. Las especies registradas en la altura presentan coloraciones muy crípticas contra el sustrato y viven asociadas al fondo, donde encuentran refugio y alimento (*Trichomycterus*) o donde se agarran del sustrato (*Astroblepus*), y resulta difícil observarlas.

En las quebradas de la plataforma alta (~1.700 m) sólo registramos *Trichomycterus* sp. C (Figuras 8C, 8E), una especie que estuvo presente en casi todas las quebradas evaluadas, pero con baja abundancia. En la quebrada grande de la plataforma baja (~1.360 m) fue donde registramos adicionalmente *Trichomycterus* sp. D (Figura 8F) y *Astroblepus* sp. B (Figuras 8B, 8H). De los tres campamentos, este presentó la menor abundancia de individuos (4%) y de especies (13%).

Tinkanari

Registramos cinco especies de peces, tres de *Astroblepus* y dos de *Trichomycterus*. Todas las especies del campamento Katarompanaki estuvieron presentes aquí, y dos de *Astroblepus* fueron únicas en el inventario. La abundancia de individuos fue mayor aquí que en Katarompanaki (11%).

Las características de las quebradas con fuerte pendiente, numerosas rocas y cantos rodados y agua clara quizás hayan influido en la presencia de más especies de *Astroblepus* en este sitio. Todas las quebradas tenían especies de *Astroblepus*, y en dos de ellas, fue posible capturar las tres especies viviendo simpátricamente.

Los *Astroblepus* tienen una boca en forma de ventosa, aletas pectorales y ventrales con odontodes o "ganchos", y una musculatura abdominal única entre los Siluriformes. Estas adaptaciones morfológicas permite que estas especies pueden remontar ambientes lóticos de fuerte pendiente y de aguas torrentosas sin mucha dificultad, e incluso paredes verticales (Figura 3H), entonces las quebradas de este sitio son ideales para su presencia. Según S. Schaefer (com. pers.) es muy inusual, pero posible, encontrar varias especies de este género viviendo en un mismo segmento de alguna quebrada. Existe una gran variación morfológica entre los Astroblepidae, y el estado sistemático del grupo es muy rudimentario. Entonces, para confirmar que estas tres especies son realmente especies distintas requiere mas revisión. Según las primeras observaciones y consultas, la probabilidad de que sean diferentes es alta, y por lo menos una especie es probablemente nueva para la ciencia.

Registros notables

A pesar del bajo número de especies, registramos comunidades y poblaciones importantes de peces de selva alta y andinas en buen estado de conservación. La probabilidad de que algunas de estas especies sean endémicas para esta región es alta, debido a su especialización en ciertos hábitats y el aislamiento geográfico de las cuencas (Vari 1998, Vari et al. 1998, De Rham et. al. 2001).

Los grupos mejor adaptados a estas condiciones son las especies de Astroblepidae, que presentan adapt-aciones únicas entre los bagres neotropicales de agua dulce para vivir en las aguas torrentosas de los Andes.

Es probable que entre las especies de Trichomycteridae, también se tengan formas únicas para la región. Al menos tres especies de bagres serían nuevos para la ciencia, estos son *Cetopsis* sp. (Figura 8G), *Chaetostoma* sp. B (Figura 8A) y *Astroblepus* sp. C (Figura 8D), y dependiendo de revisiones más minuciosas, alguna de las especies de Trichomycteridae también.

DISCUSIÓN

Comparación con áreas adyacentes (Urubamba y Manu)

Este estudio es el primer inventario de peces en la ZRM. Estudiamos las comunidades ictiológicas entre 750 a 2.200 msnm, por lo que la diversidad, y también la abundancia, resultan bajas en comparación con lo hasta ahora conocido para el Bajo Urubamba (202 especies, H. Ortega com. pers.) y el Manu (210 especies, H. Ortega 1996), es decir, las dos regiones entre las que se encuentra la ZRM. Tanto el Bajo Urubamba como el Manu presentan un gran drenaje, en donde los principales ríos fluyen en la llanura amazónica, lo que favorece la presencia de un gran número de microhábitats, de un alto número de especies y de una mayor biomasa íctica.

Para el Urubamba, por encima de los 500 m de elevación, se conocen dos inventarios ictiológicos previos. Eigenmann y Allen (1942) reportan la presencia de 21 especies para el Alto y Medio Urubamba (~700m), lo que resulta un valor casi igual a lo encontrado en la ZRM. Existe además mucha semejanza en la composición de Characiformes y Siluriformes, y la única diferencia con la ZRM es la presencia de dos especies de peces eléctricos, más frecuentes en las partes bajas del Bajo Urubamba.

El otro estudio corresponde al componente hidrobiológico del Estudio de Impacto Ambiental (EIA) del Gasoducto Camisea (Camisea EIA 2001), en el que se reportan 33 especies de peces en varios afluentes de los ríos Alto Urubamba y Apurímac (610-1.250 msnm), efectuándose más colectas en la subcuenca del río Cumpirosiato (afluente del primero). La composición de especies encontrada en la ZRM coincide en casi todos los grupos con las reportadas en el EIA, sin embargo, la abundancia total registrada en nuestro inventario fue mucho mayor (3.132 individuos en 23 estaciones vs. ~300 individuos en 12 estaciones). Debe notarse que estos dos estudios previos correspondieron a ambientes acuáticos de la vertiente oeste del Urubamba, es decir, aquella que forma parte de la Cordillera de Vilcabamba, y del valle del río Apurímac, no conociéndose ningún estudio en la vertiente este, que es donde se encuentra la ZRM.

Para el Manu, Ortega (1996) realizó colectas entre los 600 y 1.000 m en el Alto Madre de Dios (entre Salvación y Pilcopata), registrando 25 especies. Comparando con la ZRM, la riqueza es similar, pero la composición de especies muestra diferencias a nivel específico para varios géneros (*Creagrutus, Hemibrycon, Trichomycterus* y quizás *Astroblepus*), y ausencia de otros en la ZRM (*Bario, Hemigrammus, Gymnotus*) más relacionados a la llanura amazónica, y en el caso de *Bario*, no registrado inclusive en el Bajo Urubamba hasta la fecha.

En el Alto Madre de Dios, Ortega además reporta ciertos géneros que esperábamos encontrar en la ZRM, y que habitan las zonas de pie de monte (hasta los ~1.000 m), entre estos *Parodon*, y *Prodontocharax*, ambos con especies en el Bajo Urubamba. Similar al Urubamba, en el Alto Madre de Dios también hay peces eléctricos, en este caso *Gymnotus*, género más diverso y frecuente en la llanura amazónica y zonas inundables. Con más esfuerzos de colecta, estos géneros se deberían presentar en la ZRM.

Las diferencias entre la ZRM con el Alto Madre de Dios muestran patrones de composición que podrían estar relacionados con diferencias topográficas en las dos cuencas. A diferencia de Manu (Madre de Dios), la topografía más accidentada de las cuencas de los ríos Timpía y Ticumpinía (ZRM), con numerosas cascadas, parece haber limitado la dispersión de las especies presentes en la llanura (Bajo Urubamba) hacia las áreas por encima de los 500 m.

Comparación con otras áreas en el Perú

En términos de riqueza de especies, nuestros resultados eran esperados, y similares a lo que la literatura y otras investigaciones en regiones altas han mostrado. Ortega (1992) menciona que en el Perú por encima de los 1.000 m de altitud, habitan 80 especies de peces continentales, en los numerosos ambientes acuáticos desde la puna y a lo largo de las vertientes tanto del Pacífico como las orientales. Esas especies representan menos del 10% de la ictiofauna continental peruana (Chang y Ortega 1995).

Entre las regiones de selva alta estudiadas se tiene la cuenca del río Perené (Salcedo 1998) donde se reportan 45 especies (600-900 msnm), y comparando con la ZRM, hay semejanza en la composición de Characiformes, y a nivel de géneros en la mayoría de los bagres Siluriformes, con excepción de *Cetopsis* sp. nov. colectado en este inventario. Para la cuenca del río Pauya (Parque Nacional Cordillera Azul), entre 300-700 msnm, De Rham et. al. (2001) reportan 21 especies de peces, existiendo semejanza a nivel de géneros con la ZRM, sin embargo varias de las especies del Pauya sólo habitan la parte más baja de la cuenca. Para la Cordillera del Cóndor, Ortega y Chang (1997) reportan 16 especies que habitan entre lo 850 y 1.100 m, y encontraron una especie nueva de *Creagrutus*.

El estudio hecho en Vilcabamba por Acosta et. al (2001) centró esfuerzos en la colecta de invertebrados acuáticos y en limnología (entre 1.700 y 2.400 m), en quebradas de la vertiente del Apurímac, colectando una especie de *Trichomycterus* y una de *Astroblepus*. Ambas especies no han sido identificadas a nivel de especies, pero podrían tratarse de formas diferentes de las encontradas para la ZRM. De acuerdo a este estudio, la abundancia de estas dos especies fue baja.

En resumen, la ictiofauna de la ZRM es particular por la sorprendente diversidad de grupos especializados a los torrentes, por la abundancia considerable de las poblaciones, y por sus especies nuevas. Considerando las áreas no estudiadas (ver Resultados) estimamos un número cercano a 70 especies para la ZRM. Siendo los inventarios ictiológicos en los Andes muy escasos, y que además existen grandes vacíos de información, este inventario es un aporte importante para la ictiofauna continental del Perú.

AMENAZAS, OPORTUNIDADES Y RECOMENDACIONES

Oportunidades para conservación e investigación

A diferencia de la ZRM, la ictiofauna natural en muchos ambientes acuáticos en los Andes peruanos se ha reducido drásticamente debido a los cambios en la calidad acuática por la alteración en los hábitats (deforestación, contaminación, entre otros), y por la introducción de especies foráneas para acuicultura, que han invadido con éxito ambientes naturales. En el Lago Titicaca, la trucha (*Oncorhynchus mykiss*), el pejerrey argentino (*Odonthesthes bonariensis*), y probablemente también la contaminación, han llevado casi hasta la extinción a *Orestias cuvieri*, la especie más grande de este género endémico de los altos Andes (~4000 m) entre Perú y el norte de Chile. En la cuenca del Alto Urubamba la presencia de la trucha en ambientes naturales es muy evidente, y su cultivo muy extendido. En la ZRM, no vimos ninguna evidencia de la trucha invasora.

La protección de las cabeceras de varios ríos y de una gran extensión de hábitats acuáticos inalterados que nacen en la ZRM, es muy importante para el mantenimiento del ciclo hidrológico en estas cuencas, además que albergan una ictiofauna bien conservada (ver Figuras 3H, 3K). Para el área de la ZRM, permanecen como incógnitas ictiológicas la parte baja de la ZRM, de 500 hasta los 700 msnm; la cuenca del río Yoyato; la parte alta del río Timpía; los ambientes acuáticos de las cadenas montañosas entre el Ticumpinía y el Pongo de Maenique; el rango altitudinal entre los 900 y 1.500 m; el río Urubamba en el Pongo; las lagunas del alto Timpía; los cuerpos de agua de la puna, y todos los ambientes acuáticos dentro de la ZRM al oeste del Pongo, que incluyen parte de la cuenca del río Saringabeni y otros ambientes acuáticos.

Estudios de ecología, evolución, biogeografía basados en especies restringidas o endémicas a los Andes muy escasos, y que además existen grandes vacíos de información, este inventario es un aporte importante para la ictiofauna continental del Perú.

hábitats de altura de estas montañas intactas son una oportunidad para la investigación. Estudios de diversidad beta en esta área serían temas muy interesantes para investigación, especialmente porque observamos muy poco traslape entre especies en los tres sitios muestreados. Futuros estudios podrían resaltar algunos aspectos de cómo los procesos de aislamiento y vicariancia pueden haber influido en la especiación de los peces, especialmente *Astroblepus* y *Trichomycterus*.

Amenazas y Recomendaciones

La colonización en la ZRM es una amenaza que puede afectar la calidad de los ecosistemas acuáticos. Es probable que para las áreas más aisladas de la ZRM, como son las cabeceras del Timpía (Figura 3K), Ticumpinía y la zona de Puna ésta amenaza sea menor. Pero si las autoridades locales favorecen la colonización de tierras, quizás incluso estos territorios aparentemente inaccesibles pudieran verse amenazados.

La extracción de hidrocarburos es la amenaza más grande y cercana para la ZRM, considerando la explotación del Gas de Camisea a ~40 km al norte de esta región. Los mayores riesgos sobre los peces son la contaminación de las partes bajas en el Bajo Urubamba, y la probable alteración de los patrones de comportamiento de las especies migratorias que utilizan las cabeceras (hasta los ~500 msnm) para reproducirse. Esto produciría cambios en la distribución de las especies de manera local y la sensación de disminución de la abundancia en la pesca, por lo que los monitoreos biológicos-pesqueros son necesarios para proteger la cuenca del Bajo Urubamba.

Otra amenaza para la ictiofauna de la ZRM es el uso constante de tóxicos naturales (barbasco, huaca) para la captura de peces (Figura 12A). Para las diferentes etnias que habitan el Bajo Urubamba este es un método tradicional de pesca (además de flechas, arpones, tarrafas). A pesar de que observaciones de campo evidencian los efectos mortales de estas sustancias en peces y otras comunidades biológicas, son muy escasas las investigaciones científicas en el Perú que documenten los impactos de los ictiotóxicos, en especial a nivel poblacional (estudios cuantitativos).

Recomendamos que se hagan estos estudios, y que paralelamente se implementen talleres o programas de educación ambiental o ambos, en las comunidades de la zona que prevengan o disminuyan el uso de tóxicos.

Es necesario establecer el manejo integral de las cuencas, en especial porque el área de estudio involucra gran parte de las cabeceras del Timpía, Ticumpinía, y de otros ambientes acuáticos. La ZRM podría considerarse un refugio de una fauna íctica nativa que en otras regiones similares de los Andes peruanos son cada vez menos frecuentes y están desapareciendo. Esta región permitiría la conservación de ecosistemas que se encuentran comúnmente amenazados por la colonización y las presiones del desarrollo.

ANFIBIOS Y REPTILES

Participantes/Autores: Lily O. Rodríguez, Alessandro Catenazzi

Objetos de conservación: Comunidades de anuros, lagartijas y serpientes de vertientes orientales de elevaciones medias del Sureste peruano (1.000-2.400 m); comunidades de anfibios de quebraditas; poblaciones de especies raras y de distribución restringida como *Atelopus erythropus* y *Oxyrhopus marcapatae* (Figura 9B); especies nuevas de anfibios como un *Osteocephalus* (650-1.300 m, Figura 9E) y un *Phrynopus* (1.800-2.600 m), conocidos también del valle de Kosñipata; al menos una nueva especie de *Eleutherodactylus* (1.350-2.300 m), un *Centrolene* (1.700 m, Figura 9H) y un *Colostethus* (2.200 m) y una posible nueva especie de *Gastrotheca* (2.200 m, Figura 9F); un microhylido *Syncope* (1.700 m), el registro más sureño del Perú en este género; una especie nueva de culebra (*Taeniophallus*, 2.300 m, Figura 9D); especies nuevas de lagartijas, como una *Euspondylus* (1.900 m, Figura 9A), también presente en Vilcabamba, además de otras tres lagartijas raras aún sin identificación, *Proctoporus, Alopoglossus* (Figura 9C) y *Neusticurus*, habitantes de las aisladas mesetas en Megantoni; poblaciones de tortugas de consumo humano (*Geochelone denticulata*), en las zonas más bajas (< ~700 m)

INTRODUCCIÓN

La herpetofauna del valle del Urubamba no ha sido muestreada sistemáticamente. Existen reportes de anfibios y reptiles entre Kiteni y Machu Picchu (Köhler 2003, Reeder 1996, Henle y Ehrl 1991), así como muestreos realizados a partir de 1997 en el ámbito de las exploraciones para el proyecto de aprovechamiento del gas de Camisea (Icochea et al 2001). Estudios e inventarios más formales y colecciones importantes existen de trabajos en el valle de Kosñipata, en la parte alta del Parque Nacional (PN) Manu (Catenazzi y Rodríguez 2001). También existen datos del inventario rápido de la zona de Vilcabamba, localidades a altitudes de 2.100 y 3.400 m protegidas en el PN Otishi, en las vertientes de los ríos Tambo y Ene, y en la Reserva Comunal (RC) Machiguenga (~1.000 m) en el valle del Urubamba (Rodríguez 2001).

En el año 1999, durante una expedición organizada por CEDIA en partes aledañas a la Comunidad Nativa (CN) Matoriato ~5 km al norte de la Zona Reservada (ZR) Megantoni, se registraron algunas especies comunes de anfibios y reptiles de selvas bajas (CEDIA 1999). Sin embargo, la ZR Megantoni era hasta ahora virtualmente desconocida. Con base en los datos recogidos a altitudes similares a las aquí muestreadas en el transecto altitudinal del valle del Kosñipata (Catenazzi y Rodríguez 2001) esperábamos encontrar una riqueza específica de 50 a 60 especies de anfibios en el rango muestreado durante el inventario rápido en Megantoni.

Aquí reportamos nuestras observaciones del inventario en las tres localidades muestreadas, en altitudes entre 650 y 2.350 m y comparamos con las herpetofaunas conocidas de otras zonas montañosas en las vertientes orientales de los Andes peruanos. Especialmente resaltamos los grupos típicos de altitudes similares y regiones vecinas, con el fin de determinar la complementariedad de la Zona Reservada Megantoni con respecto a otras áreas naturales protegidas (ANP) en el Sistema de Nacional de Areas Naturales Protegidas del Peru (SINANPE), tales como PN Manu, PN Otishi y RC Machiguenga (en el complejo de ANP de Vilcabamba).

MÉTODOS

Concentramos el esfuerzo de muestreo en los anuros debido a la abundancia natural de sus poblaciones y al conocimiento de sus rangos de distribución. Sin embargo, registramos también las lagartijas y serpientes encontradas en cada sitio, lo que ha agregado nuevos datos en cuanto a complejos de herpetofauna y rangos de distribución geográfica.

Realizamos muestreos por transectos visuales, diurnos y nocturnos. También utilizamos los cantos de anuros para registrar su presencia y abundancia relativa en los diferentes tipos de hábitats. Especialmente visitamos quebradas y lugares húmedos que podrían ser favorables al registro de anuros. Hicimos algunos muestreos intensivos en la hojarasca, en busca de especies propias de este microhábitat. Colectamos algunos renacuajos, gracias a la ayuda de los ictiólogos, quienes muestreaban los mismos hábitats pero con mejor equipo y metodología para captura de organismos acuáticos.

Fotografiamos los especímenes en el campamento y los liberamos luego de identificarlos con seguridad. Aquellos que son registros nuevos o cuya identificación fue dudosa en el campo, han sido fijados en formol al 10%, preservados en alcohol, y depositados en la colección del Museo de Historia Natural de la UNMSM, Lima. En algunos casos también grabamos los cantos de anuros, los cuales se compararon con grabaciones realizadas en Kosñipata, y que se usarán para describir por primera vez el canto de varias especies.

Trabajamos por 170 horas de muestreo durante 19 días en los tres campamentos. El esfuerzo de muestreo varió entre sitios. En Kapiromashi concentramos nuestros esfuerzos en muestreos nocturnos de 4-6 h de recorridos que duraban hasta las 2300h, mientras que en los dos campamentos a mayores elevaciones realizamos recorridos y muestreos intensivos en hábitats particulares durante el día y visitamos trochas y bordes de quebradas en las primeras horas de la noche (de las 18 a 22 h). En el campamento Katarompanaki, el esfuerzo de muestreo se repartió entre la plataforma a 1.700 m, con aproximadamente 2/3 del esfuerzo total, y la plataforma a 1.350 m con el restante 1/3 del esfuerzo durante dos días.

Ocasionalmente, recibimos observaciones y animales capturados por otros integrantes del equipo, especialmente de Guillermo Knell y Dani Rivera.

Los hábitats muestreados en los tres campamentos variaron de acuerdo a los tipos de vegetación y a las trochas recorridas. En Kapiromashi, trabajamos en las playas y brazos laterales del río Ticumpinía, en quebradas estacionales y quebraditas en bosques de laderas bajas, bosques aluviales, y pacales (Figura 3E). Los microhábitats muestreados fueron la vegetación a lo largo de las trochas y en las orillas de quebradas hasta 2 m de altura, hojarasca y brácteas de palmeras muertas, los segmentos internudos de paca llenos de agua, la base de árboles con raíces tablares, los claros en el bosque y las pozas en quebradas. En Katarompanaki y Tinkanari, muestreamos bosques de laderas altas, quebradas de aguas torrentosas (incluyendo dos quebradas con sustrato de laja de piedra en Katarompanaki), pequeñas quebradas en plataformas y laderas con poca pendiente, paredes rocosas con chorros de agua, charcos, y bosque enano. Los microhábitats más muestreados en estos campamentos, aparte de la vegetación a lo largo de trochas y quebradas y la hojarasca, fueron hojarasca con musgos en el suelo, las bromelias epífitas y la base de árboles y helechos arbóreos.

Durante el recorrido en helicóptero de Katarompanaki hacia Tinkanari, observamos la presencia de varias cochas a elevaciones entre ~1.500 y 2.000 m las cuales no pudimos muestrear por la falta de acceso desde nuestros campamentos.

RESULTADOS

Registramos un total de 51 especies de anfibios y reptiles que incluyen 32 especies de sapos, 9 especies de lagartijas y 10 de serpientes. Entre ellas hay varias especies nuevas: por lo menos 7 especies nuevas de sapos, 4 de lagartijas y 1 serpiente. Además, nuestros resultados amplían los rangos de distribución geográfica y altitudinal conocidos para varias especies o incluso géneros. Megantoni es ahora la localidad más sureña del género *Syncope* en el Perú, con una nueva especie para la ciencia, y el registro altitudinal más bajo para los géneros *Phrynopus* y *Telmatobius*.

En general, por lo menos una cuarta parte de la herpetofauna de la Zona Reservada Megantoni es nueva para la ciencia. Es notable sobretodo el número de reptiles exclusivos de estas montañas. La ZR Megantoni complementa la herpetofauna conservada por los vecinos PN Manu y RC Machiguenga, con los cuales comparte solo algunas especies.

Kapiromashi

En el sitio de muestreo de más baja elevación (650-1.200 m) encontramos mayormente especies típicas de zonas bajas amazónicas, en el límite superior de distribución altitudinal. Registramos la presencia de 13 anfibios, 3 lagartijas, y 2 serpientes. Encontramos *Epipedobates macero* (Figura 9G), una rana dendrobátida descrita del Manu de 350 m, extendiendo su rango distribución altitudinal conocido hasta 800 m. *Epipedobates macero* es conocido del Purús en Brasil, el Manu, y el valle del Urubamba, a ambas márgenes. También registramos una especie sin describir de *Osteocephalus* (Figura 9E), una rana arbórea típica de elevaciones entre 650 y 1.300m de altitud, conocida también del valle de Kosñipata. Esta especie es nuestro único registro en esta localidad que no ocurre en selvas bajas. También registramos un juvenil de *Eleutherodactylus danae*, especie conocida del valle del Kosñipata, extendiendo su rango de distribución hacia el valle del Urubamba, pero a menores altitudes que las conocidas.

Registramos pocas especies de anuros, muy posiblemente debido a la estación del año. A estas latitudes, la temporada de reproducción de anuros termina normalmente en abril. Fuera de la temporada de reproducción, hay pocas especies cantando y en general los adultos de la mayoría de especies se hacen mucho más raros. A pesar de la abundancia del bambú en esta zona, tampoco registramos *Dendrobates biolat*, una especie que esperábamos encontrar en este tipo de hábitat durante el inventario. Si ocurre, sus densidades deben ser muy bajas.

En este campamento, fue notable también la baja densidad de culebras, especialmente en la playa del río Ticumpinía donde esperábamos algunos registros. Igualmente, las lagartijas eran escasas y sólo registramos un *Anolis* (parecido a *fuscoauratus*, pero probablemente otra especie) en el bosque y *Ameiva ameiva* y *Kentropyx altamazonica* en zonas aledañas a la playa. Hicimos un registro adicional, posiblemente de *Stenocercus roseiventris* (sin confirmar ya que la lagartija escapó antes de lograr verificar identificación), en los bosques de bambú de las colinas frente al campamento (~1.000 m de elevación).

Katarompanaki

En este campamento tuvimos acceso a dos plataformas a diferentes altitudes con marcadas diferencias en el tipo de hábitat. En ambas mesetas, los fondos de las quebradas fueron dominadas por una roca sólida, pero el bosque en la meseta inferior estaba mucho más desarrollado y alto. En la plataforma a mayor altitud (1.760-2.000 mnsm) encontramos 8 especies de sapos, 3 lagartijas y 3 serpientes. En las quebradas de la meseta alta encontramos tres especies (Centrolenidae) en reproducción aún, dos de las cuales se conocen también del valle de Kosñipata. La tercera especie es un *Centrolene* (Figura 9H), sin duda una especie nueva para la ciencia. Conocemos dos otras especies sin describir de este género, una más al norte, en el PN Otishi y la otra en el valle del Kosñipata. El tipo de hábitat en la meseta superior, bosque achaparrado y esponjoso, no es muy propicio para anuros, lo cual, sumado a su pequeña extensión y aislamiento, no permite la colonización por muchas especies.

La especie más abundante fue un *Eleutherodactylus* del complejo *rhabdoalemus* (dentro del grupo *unistrigatus*), aparentemente restringida a esta zona ya que las especies conocidas de Manu y de Vilcabamba, en el mismo grupo, son diferentes. Sin embargo, fue justamente en la vegetación achaparrada y musgosa de la cresta de esta meseta, donde registramos una lagartija nueva para la ciencia (de cuyo espécimen desafortunadamente sólo conservamos la cola) del género *Euspondylus*. Esta especie también es conocida de Llactahuaman en la Cordillera de Vilcabamba, de hábitats similares pero a altitudes que pueden llegar hasta 2.600 m (J. Icochea, com. pers.). Igualmente, registramos una especie aparentemente nueva para la ciencia de *Proctoporus*. Icochea et al. (2001) reportan otra especie del mismo género, *P. guentheri*, de altitudes similares en la vertiente sur de Vilcabamba. Finalmente también registramos una especie aparentemente no descrita de *Neusticurus* de la que también existe un reporte de Santa Rosa (800 m), cuenca del Inambari, departamento de Puno, unos 230 km al sureste de Megantoni (L. Rodríguez, unpub. data).

El registro más raro de este sitio fue un pequeño sapo (14 mm) del género *Syncope* (Microhylidae) encontrado en el musgo. Registros similares se tienen sólo en Cordillera del Sira (Pasco; Duellman y Toft 1979) y en Cordillera Azul (San Martín), por lo que éste sería el registro más sureño del género en el Perú (especies similares no han sido reportadas de Manu), y posiblemente una especie nueva para la ciencia. Igualmente registramos una especie de *Eleutherodactylus* del grupo *discoidalis*, otra especie probablemente nueva para la ciencia y única de este lugar.

En la plataforma inferior (1.350m), donde el esfuerzo de muestreo fue de sólo dos noches, no habían especies en reproducción en las quebradas. Aquí reportamos *Bufo typhonius* sp. 2, *Eleutherodactylus mendax* y *E. salaputium*, además de *Phyllonastes myrmecoides*. El esfuerzo de muestreo en este sitio fue considerablemente menor por lo que es difícil comparar con la otra plataforma. Sin embargo fue notable la abundancia de culebras, (p. ej., *Clelia clelia*), en este bosque de la plataforma inferior, con su dosel mucho más desarrollado y productivo que el bosque achaparrado de la plataforma superior.

Tinkanari

El tercer sitio es una muestra mayor en superficie de un tipo de hábitat poco explorado en Manu (entre 1.800 y 2.600 m), complementando grandemente la cobertura de áreas de protección en comunidades de herpetofauna de altitudes medias de las vertientes orientales de los Andes del sur peruano. En los pocos días de muestreo

registramos en estos bosques altos unas 10 especies de anuros, 2 lagartijas y 4 serpientes. Uno de los registros más interesantes de este campamento fue *Atelopus erythropus*, especie reportada hasta ahora sólo del holotipo (Boulenger 1903, Lötters et al., 2002) pero que se encuentra también en el valle del Kosñipata (Rodríguez y Catenazzi, unpub. data) y cuya población parece estar en un excelente estado de conservación. Es remarcable que el muestreo de esta zona tan apartada, permitió conocer poblaciones aparentemente no afectadas por el hongo citridiomiceto que está drásticamente reduciendo poblaciones de varias especies del mismo género en otras localidades en América Central y Sudamérica. También registramos una especie de *Bufo* del grupo *veraguensis*, con vientre rojizo, cuya identificación está pendiente.

Otro registro interesante fue *Gastrotheca* sp. (Figura 9F), parecida a *G. testudinea*, (W. Duellman, com. pers.). Esta rana marsupial arborícola, cuyos machos cantaban desde el dosel en todo tipo de hábitats, fue la especie de sapo más grande que registramos en este campamento. Es probablemente nueva para la ciencia, diferente a las otras especies no descritas de *Gastrotheca* que conocemos de altitudes similares de Manu y de Vilcabamba. También observamos un pequeño *Phrynopus* cf. *bagrecito* que encontramos en la hojarasca. Nuestro registro sería el registro más bajo de la especie; la especie está presente también en Manu, pero a mayores altitudes. Encontramos un *Eleutherodactylus* parecido a *E. rhabdolaemus* de coloración muy variable y único de Megantoni, del complejo grupo *E. rhabdolaemus* que parece tener varias especies en esta parte del corredor, entre Manu y Vilcabamba (ver comentarios en Rodríguez, 2001). Esta especie de *Eleutherodactylus* resultó ser muy común a orillas de una quebrada de aguas torrentosas, donde pudimos capturar en menos de 1 h, más de 30 individuos. Estaban activos durante el día, aparentemente alimentándose de moscas y otros dípteros abundantes en algunos tramos de la quebrada.

Encontramos juveniles o renacuajos de un *Telmatobius*, un *Colostethus* que por sus juveniles y la altitud sería una especie nueva para la ciencia y un Centrolenidae cuyos renacuajos probablemente no nos ayudarán en la identificación de esta especie, ya que muy pocos de los renacuajos de esta familia en el Perú son conocidos hasta ahora.

Las culebras fueron abundantes aquí, otro indicador de una comunidad de herpetofauna bien desarrollada que valdría la pena conocer mejor. Por ejemplo registramos una especie nueva de *Taeniophallus* (Figura 9D), la tercera para el Perú en este género. Registramos 3 individuos en 2 noches de *Oxyrhopus marcapatae* (Figura 9B), especie endémica para el sureste peruano conocida entre los valles del río Urubamba y Marcapata (río Inambari), a altitudes que llegan hasta los 2.600 m (Machu Picchu) y 2.450 m (Wayrapata, en la divisoria de cuencas del Apurímac y Urubamba). También observamos dos individuos de *Bothrops andianus* en el bosque enano. En cuanto a lagartijas, encontramos un *Prionodactylus* durmiendo en el hueco de un tronco, mientras que 2 individuos (más otro observado pero no capturado) de *Euspondylus* cf. *rhami* fueron capturados a orillas de una quebrada. Poco se conoce sobre la taxonomía de las lagartijas de este género, muy emparentado con *Proctoporus*, por lo que necesitamos aún mayores colecciones y trabajos taxonómicos para definir la posición de ambas especies en la clasificación.

DISCUSIÓN

Las comunidades herpetológicas muestreadas comparten muy pocos elementos entre sí. Sólo a bajas elevaciones, Megantoni comparte las especies de selva baja con Kosñipata (15 especies de anuros, 4 de reptiles), pero en Vilcabamba ocurren especies diferentes de *Eleutherodactylus*. De las localidades más altas, Katarompanaki tiene 3 especies de anuros diferentes a las presentes en Kosñipata y la mayor parte de las especies de reptiles parecen ser diferentes. En la plataforma superior, a 1.650 m de Katarompanaki, sólo encontramos 4 especies compartidas con Kosñipata (dos *Eleutherodactylus* y dos Centrolenidae), mientras que las otras especies parecen ser nuevas para la ciencia

incluyendo una ranita (*Syncope* sp.), y tres lagartijas (*Alopoglossus* sp. [Figura 9C], *Euspondylus* sp. [Figura 9A] y *Neusticurus* sp.). En la plataforma inferior, registramos dos especies diferentes a las de la plataforma superior, *Bufo typhonius* sp. 2 y *Phyllonastes myrmecoides*. Es importante resaltar que entre los sapos más abundantes tanto en Kosñipata como en Megantoni, destaca un complejo de especies de *Eleutherodactylus* del complejo *rhabdolaemus*. La especie descrita en Kosñipata como *E. rhabdolaemus* parece estar remplazada en Megantoni por una especie parecida que presenta mucha variabilidad en su coloración ventral. Esta especie es común en Katarompanaki y muy abundante en Tinkanari. Ninguna de las lagartijas fue compartida entre los dos campamentos.

Es interesante resaltar las diferencias entre sitios en cuanto a modos de reproducción de los sapos, ya que estos modos son un factor importante en la estructura de las comunidades. En Kapiromashi, al menos 7 de las 12 especies de sapos registradas se reproducen en ambientes acuáticos y tienen larvas de vida libre. Mientras que en Katarompanaki, sólo 3 de las 11 especies tienen reproducción acuática, y en Tinkanari 4 de las 10 especies tiene reproducción acuática. En los anfibios, la disponibilidad de hábitats para la reproducción (si tienen huevos con desarrollo directo o si tiene larvas acuáticas, y toda la gama posible entre ambos extremos) puede tener efectos sobre el número de especies y la abundancia de las poblaciones.

Comparar la composición herpetológica de Tinkanari (2.200 msnm) con otros lugares resulta difícil por los problemas en la identificación de varios taxa, sin embargo la mayoría de especies son de bosques montanos de altitudes similares o mayores. Hasta la fecha se desconocen los renacuajos de las especies de la familia Centrolenidae y de sapos del género *Telmatobius*, que podrían ser especies compartidas con Kosñipata. Sin embargo, por lo menos una especie de anuro identificada con seguridad, *Atelopus erythropus* es compartida entre las dos cuencas del Manu y Alto Urubamba, así como *Phrynopus*. Entre los reptiles, las serpientes *Chironius monticola* y *Bothrops andianus* son especies de altura que están presentes en Megantoni, Kosñipata y Vilcabamba, siendo sólo *C. monticola* de distribución conocida amplia. Las otras tres culebras registradas son especies con rangos restringidos, y una es nueva para la ciencia (*Taeniophallus*, Figura 9D).

Diferencias entre Megantoni, Manu y Vilcabamba

La ZR Megantoni completa el corredor entre el PN Manu y el complejo de áreas protegidas de Vilcabamba (RC Machiguenga, el PN Otishi y la RC Ashaninka, Figura 1). El campamento Tinkanari está ubicado en la divisoria de aguas entre la cuenca del Urubamba y del Manu, con algunas quebradas que corren hacia el río Timpía y otras que corren hacia los afluentes del Manu. Por lo tanto, es importante comparar la herpetofauna de Megantoni con la de los dos complejos de ANP mencionados, para resaltar los elementos nuevos que Megantoni contribuirá a proteger en el ámbito del SINANPE.

Una primera comparación es con el número de especies de sapos a elevaciones similares en las tres ANP (Fig. 17). Para el PN Manu, utilizamos nuestros datos (Catenazzi y Rodriguez 2001) del Valle de Kosñipata, colectados a lo largo de una gradiente altitudinal entre 500 y 3.800 m y con un esfuerzo de muestreo mucho mayor. Para el PN Otishi nos referimos a los datos colectados por Rodríguez (2001) en la zona norte de la Cordillera de Vilcabamba, durante un inventario rápido. Comparando con Manu, el menor número de especies para Megantoni se explica por la corta estadía en los sitios (p.ej., sólo dos noches en 1.350 m) y por la época, al final de la temporada de lluvias, en la que los anfibios ya terminaron de reproducirse.

Notable al respecto es la baja presencia de Hylidae en los tres sitios muestreados, especies normalmente muy abundantes al comienzo de la temporada de lluvias. En el Valle Kosñipata, observamos especies de *Hyla* y de ranitas de vidrio (Centrolenidae) en casi todas las quebradas y riachuelos entre 500-2.400 m. Especies de *Hyla* (como *H. armata* o *H. balzani*) también se han reportado de la parte alta del valle del río Apurímac en Ayacucho (Duellman et al. 1997).

La rareza de Hylidae también podría explicarse por el tipo de hábitats. En Kapiromashi, la mayoría de las quebradas, que drenan laderas bajas a lo largo del río Ticumpinía, son estacionales y pueden secarse completamente en pocos días. Estos ambientes no son favorables para el desarrollo de los renacuajos de Hylidae y Centrolenidae. En Katarompanaki, las quebradas con sustrato de laja de piedra entera podrían tener pocos microhábitats apropiados y corrientes demasiado fuertes para larvas de Hylidae, aunque si son colonizados por algunos Centrolenidae. Otra hipótesis es que en Katarompanaki, el bajo número de especies se deba al aislamiento y pequeña superficie de las mesetas.

En el campamento Tinkanari, estimamos que el número de especies podría ser superior al número registrado en Kosñipata. En Kosñipata no encontramos varios géneros a elevaciones similares (2.100-2.300 m), como *Colostethus* (hasta 1.600 m en Kosñipata), *Phrynopus* y *Telmatobius* (por arriba de 2.400 m en Kosñipata). Un mayor número de géneros e inclusive familias en Tinkanari podría reflejar la diferencia en exposición de estas vertientes además de la ubicación en la divisoria de aguas de las cuencas de Manu y Urubamba, con la posibilidad de intercambios entre las faunas de las dos cuencas. Además, la superficie de tierras a 2.100-2.300 m en Tinkanari es mucho más amplia que a elevaciones similares en Kosñipata, lo que implica que podría soportar una mayor diversidad de hábitats y nichos ecológicos para los sapos. En ausencia de datos de las partes altas colindantes del valle del Cumerjali (afluente del río Manu) es imposible confirmar la presencia de más especies compartidas en ambos valles.

Importancia del área para la conservación

La ZR Megantoni conserva poblaciones abundantes de especies de herpetofauna de bosques montanos, incluyendo especies nuevas y únicas de sapos y lagartijas y registros nuevos de distribución geográfica y altitudinal a nivel de especies y géneros. Las comunidades muestreadas se encuentran en un estado prístino, con especies y géneros raros y amenazados en otras localidades de selva alta. Megantoni además

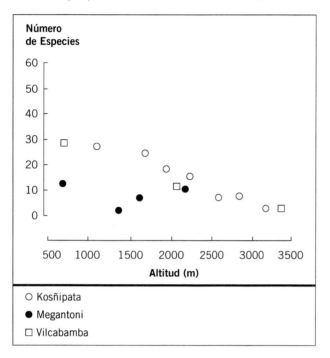

infecta principalmente las especies que viven en riachuelos y quebradas, como los sapos del género *Atelopus* y las ranitas de vidrio de la familia Centrolenidae (ver Figura 9H). El hongo aparentemente se propaga de manera natural y estaría extendiendo su rango altitudinal debido a un incremento de la temperatura como consecuencia del cambio climático global (Ron, Duellman, Coloma y Bustamante 2003).

Recolectamos muestras de tejidos de individuos de *Cochranella spiculata* (2), *Hyalinobatrachium* cf. *bergeri* (1) y de *Atelopus erythropus* (2) para realizar análisis histológicos y determinar la eventual presencia del hongo. Los resultados de estos análisis son negativos para todos los tejidos examinados. Además, la relativa abundancia de Centrolenidae en Katarompanaki y de *Atelopus erythropus* en Tinkanari sugiere que el hongo todavía no se ha propagado a esta zona.

Recomendamos vigilar la propagación del hongo citridiomiceto en el sur del Perú. La llegada de este agente patógeno podría provocar una reducción dramática en la diversidad de anuros a elevaciones medias y altas en Megantoni, y la pérdida de especies de distribución geográfica o altitudinal restringida.

Inventarios más detallados de la herpetofauna regional incrementarán sin duda el número total de especies, sobre todo si estos se realizan durante la temporada reproductiva de la mayoría de las especies de anuros (octubre-marzo). La temporada más seca y fría ocurre generalmente entre abril y agosto, por lo que la reproducción va de agosto o setiembre, hasta marzo.

Igualmente, será importante poder aumentar los conocimientos en los reptiles de toda la región, ya que evidentemente, la parte alta del valle del Urubamba y las zonas que dan origen a la porción más aislada de Vilcabamba contiene una gran cantidad de especies endémicas y es a la vez el límite norte de distribución de especies que se distribuyen entre las vertientes del Urubamba y el Inambari. Para las zonas no muestreadas en elevaciones altas, como la puna, ulteriores inventarios probablemente no aumentarán significativamente el número de especies bajo protección por el SINANPE, pero si el número de poblaciones de especies de estas

conserva la muestra entera de hábitats a lo largo de la gradiente altitudinal entre la puna y la selva baja, lo que daría mayores oportunidades de supervivencia a las especies de anfibios y reptiles que serán afectadas por las consecuencias del cambio climático global.

AMENAZAS, OPORTUNIDADES Y RECOMENDACIONES

Existen pocas amenazas directas para la herpetofauna en el área debido a la escasa presencia humana y al difícil acceso. No observamos poblaciones de especies comerciales de lagartos y tortugas; sin embargo sabemos de la presencia de poblaciones de motelo (*Geochelone denticulata*) cazadas por los pobladores de algunas comunidades nativas colindantes a la zona reservada. En el futuro será necesario evaluar el impacto de la caza sobre estas poblaciones.

A elevaciones medias y altas, la rápida difusión de un hongo citridiomiceto desde América Central hacia los Andes ha causado en los últimos años fuertes declinaciones y la extinción de poblaciones de anuros en Ecuador, Venezuela y el norte de Perú. Este hongo alturas, al momento sólo incluidas en una pequeña porción del Manu.

AVES

Participantes/Autores: Daniel F. Lane y Tatiana Pequeño

Objetos de conservación: Poblaciones saludables de aves de caza (Tinamidae y Cracidae), siempre sobreexplotadas en lugares más poblados; Perdiz Negra (*Tinamus osgoodi*, Figura 10C), Piha Alicimitarra (*Lipaugus uropygialis*, Figura 10D), y Cacique de Koepcke (*Cacicus koepckeae*, Figura 10E), especies consideradas mundialmente con estatus de Vulnerable, conocidas de menos de diez sitios; poblaciones saludables del Guacamayo Militar (*Ara militaris*, Figura 10A), una especie con estatus mundial de Vulnerable, y el Guacamayo Cabeciazul (*Propyrrhura couloni*), un guacamayo raro y local en el Perú; avifauna prístina del bosque tropical alto, bosque montano, y puna; un corredor entre el Parque Nacional Manu y las áreas protegidas en la Cordillera de Vilcabamba para especies grandes, con bajas densidades, y de alta movilidad (aves rapaces, loros, especies nómadas que siguen recursos)

INTRODUCCIÓN

Existe escasa información ornitológica acerca de los bosques húmedos de pie de monte a lo largo del río Urubamba. La mayoría de los estudios ornitológicos en la parte norte del departamento de Cusco se concentran en los bosques secos más accesibles, bosques húmedos de tierras bajas, y el valle del Alto Urubamba por encima de Quillabamba. Esta región ha sido bastante bien estudiada, principalmente en las elevaciones superiores (Chapman 1921, Parker y O'Neill 1980, Walker 2002). Las colinas que dividen el Urubamba en secciones superior e inferior son esencialmente desconocidas.

Los estudios ornitológicos a elevaciones similares en la Cordillera de Vilcabamba y en el valle del Kosñipata proporcionan puntos importantes de comparación para nuestro inventario rápido en las colinas de la Zona Reservada Megantoni. Terborgh y Weske (1975, 340-3.540 msnm) y los miembros de dos inventarios rápidos (Schulenberg y Servat 2001, 1.700-2.100 msnm, 3.300-3.500 msnm; Pequeño et al. 2001,

1.500-2.445 msnm) explorando la Cordillera de Vilcabamba, un macizo aislado entre el río Apurímac y el río Urubamba, al oeste de Megantoni.

Cuando discutimos Vilcabamba, nos referimos casi exclusivamente a los sitios más intensamente estudiados en este rango en la vertiente del Apurímac. En el lado este de Megantoni, el camino que sigue el valle del Kosñipata forma la frontera oriental del Parque Nacional Manu, y es el área próxima más cercana bien estudiada ornitológicamente entre los 750-2.300 m de elevación (Walker, Stotz, Fitzpatrick y Pequeño, unpubl. ms.; obs. pers.). Entre los sitios de Vilcabamba y del Kosñipata, existe un recambio de especies, en donde algunas alcanzan sus puntos más sureños de distribución en el primero, y otras especies alcanzan sus límites más norteños en el último. Nuestro trabajo de inventario ornitológico en la Zona Reservada llena un gran vacío de información (aproximadamente de 200 km) en la distribución de especies de aves de pie de monte y andinas en el sur del Perú.

MÉTODOS

Llevamos a cabo el estudio de la avifauna en cada uno de los tres campamentos recorriendo las trochas de 15 a 30 minutos antes de la salida del sol hasta por lo menos medio día, aunque perdimos dos días en Katarompanaki (1.360-2.000 msnm) debido a las inclemencias del tiempo. Cuando fue posible, intentamos caminar diferentes trochas cada mañana, inspeccionando todos los hábitats disponibles, y con excepción del lado sur del río Ticumpinía en Kapiromashi (760-1.200 msnm), se visitaron todos las trochas en cada sitio. Por las tardes, hacíamos búsquedas en cielo abierto o recorríamos las trochas para ver si registrábamos otras especies que hubiéramos perdido durante los estudios de la mañana, casi siempre permaneciendo en el campo hasta el crepúsculo, o después de este. Registramos las especies por observación directa o por cantos mientras recorríamos las trochas, usando grabadoras para registrar la voz de las aves y una cámara digital para documentar varias especies. Las grabaciones se depositarán en la Macauley Library of Natural Sounds del Laboratorio de Ornitología de Cornell.

Debido a nuestro limitado tiempo en cada sitio, no usamos ningún método de censo cuantitativo. Sin embargo, diariamente anotábamos en una lista las aves observadas y sus abundancias. En el Apéndice 6, estas estimaciones diarias son la base para nuestros códigos de abundancia relativa. Incluimos en esta lista, los registros de miembros no-ornitólogos del equipo del RBI—particularmente, aquellos de Robin Foster, Guillermo Knell, Trond Larson, Debra Moskovits, José Rojas, Aldo Villanueva y Corine Vriesendorp— para aumentar nuestras propias observaciones.

Más adelante, usaremos los términos tropical superior, subtropical, y templado para caracterizar los tipos de hábitat de bosque y su avifauna asociada. Estos términos tienen una larga historia de uso en la literatura ornitológica Neotropical (p. ej., Chapman 1926, Parker et al. 1982, Fjeldsa y Krabbe 1990), y normalmente se aplican a los hábitats dentro de la región andina. La zona tropical superior representa el límite superior de elevación para especies de aves típicas de tierras bajas, y normalmente asciende las cuestas de colinas hasta los ~1.000 m. La zona subtropical representa las elevaciones medias, iniciando a ~1.000 m y ascendiendo hasta los ~2.300 m. La zona templada representa las elevaciones superiores, empezando a ~2.300 m y ascendiendo hasta el límite del bosque, dónde son reemplazados por los pastos de altura, conocidos como puna. La avifauna de estas zonas de vida contienen una colección de especies que son características de cada una, con comunidades de aves que se traslapan marginalmente en las elevaciones de transición entre las zonas. Nuestras estimaciones para los límites de elevación son aproximaciones cuyos rangos pueden variar con la humedad (la humedad superior normalmente extiende ciertas zonas hacia elevaciones más bajas), pendiente, latitud, material geológico subyacente y tipos de suelo.

RESULTADOS

Los tres sitios del inventario cubren elevaciones que no se sobreponen, desde los 760-2.400 msnm.

Se registró un total de 378 especies durante nuestras tres semanas en el campo (Apéndice 6). Basado en las listas de avifauna de Vilcabamba y del Kosñipata para los hábitats correspondientes y elevaciones dentro del Zona Reservada, nosotros estimamos que aproximadamente 600 especies de aves pueden ocurrir dentro de Megantoni.

Kapiromashi (~ 760-1.000 msnm)

Nuestro primer campamento fue adyacente al río Ticumpinía, y las trochas proporcionaron el acceso a islas de río de reciente y mediana edad, bosque de margen de río, y algunas terrazas de bosques. El bambú (*Guadua* spp., conocida localmente como "paca", Figura 3E) era absolutamente el mayor componente del sotobosque en este sitio y a esta elevación, incluso en la isla de río de mediana edad, encontramos muchas aves que se especializan en el bambú ("especialistas de bambú", *sensu* Kratter 1997). También existen las manchas de bosque con pequeño o ningún sotobosque de bambú pero son relativamente escasas. Nosotros encontramos una comunidad de aves que refleja principalmente las especies de la zona tropical superior, con algunas aves más típicas de elevaciones subtropicales presentes, incluso en las islas del río. Probablemente, la humedad atrapada dentro de este valle relativamente estrecho permite a algunas especies descender hasta elevaciones más bajas. Las especies de la zona subtropical típica presentes a lo largo del río incluyen al Carpinterito Ocelado (*Picumnus dorbygnianus*), Mosquerito Canela (*Pyrrhomyias cinnamomeus*), y Candelita Gargantiplomiza (*Myioborus miniatus*). Registramos un total de 242 especies en este campamento (Apéndice 6).

Las aves de los pacales (bosque de bambú)

El valle del Ticumpinía es parte de un extenso bosque dominado por *Guadua* que continúa por el norte en el valle del Urubamba y por el este en la tierra baja Amazónica. Los extensos parches de bambú *Guadua*, o pacales, albergan en Kapiromashi una colección de especies estrechamente asociado con este hábitat (Kratter 1997). Entre estos la Monja Piquiamarilla (*Monasa flavirostris*), el Carpinterito

Pechirrufo (*Picumnus rufiventris*), la Coliespina de Cabanis (*Synallaxis cabanisi*), el Picorecurvo Peruano (*Simoxenops ucayalae*), el Rascahojas (crestado) Cachetioscuro (*Anabazenops dorsalis*), el Batará de Bambú (*Cymbilaemus sanctaemariae*), el Hormiguerito Adornado (*Myrmotherula ornata*), el Hormiguerito Alipunteado (*Microrhopias quixensis*), el Hormiguerito Estriado (*Drymophila devillei*), el Hormiguero del Manu (*Cercomacra manu*), el Hormiguero Lineado Blanco (*Percnostola lophotes*), el Hormiguerito Gorjeado (*Hypocnemis cantator subflava*), la Moscareta Amarilla (*Capsiempis flaveola*), el Tirano-todi Cachetiblanco (*Poecilotriccus albifacies*), el Tirano de Bambú Flamulado (*Hemitriccus flammulatus*), el Picoplano Cabezón (*Ramphotrigon megacephalum*), y el Picoplano Colioscura (*Ramphotrigon fuscicauda*). Varios especialistas del bambú no fueron encontrados, estos incluyen al Carpintero Cabecirrufo (*Celeus spectabilis*), el Rascahojas Lomipardo (*Automolus melanopezus*), y el Hormiguerito de Ihering (*Myrmotherula iheringi*). Presumiblemente, la elevación en este sitio es demasiado alta para estas especies. Desde el aire, los pacales ascienden cerca de los 1.500 m, una elevación atípicamente alta para el bambú *Guadua*. Sería muy interesante poder observar cuantas especies especialistas de bambú pueden alcanzar estos límites de elevación mayores.

Dos especies no descritas probablemente son especialistas de *Guadua*, una es un atrapamoscas tirano (Tyrannidae) y el otro es una tangara (Thraupidae), ambos conocidos de sitios cercanos a la Zona Reservada. El atrapamoscas pertenece al género *Cnipodectes* y es conocido a lo largo del río Manu, y en el río Bajo Urubamba en elevaciones por debajo de los 400 m (Lane et al. unpubl. manuscritp). La tangara parece representar un nuevo género, con afinidades inciertas dentro de la familia. A la fecha, sólo un individuo ha sido observado a lo largo del camino del Kosñipata, en San Pedro, a aproximadamente 1.300 m de elevación (Lane, obs. pers.). Es probable que ambas especies ocurran dentro de las fronteras de la Zona Reservada, pero nosotros no pudimos confirmar su presencia durante nuestra breve visita al pacal en el primer sitio del campo.

Registros notables

Durante nuestro trabajo de campo en Kapiromashi observamos varias especies notables de aves. Grabamos una vocalización vespertina justo por encima del cauce de río que corresponde a las grabaciones publicadas de la Perdiz Negra (*Tinamus osgoodi*, Figura 10C), una especie con distribución altamente disjunta: en el Perú, la subespecie nominal es conocida de los Cerros de Távara y en el valle de Marcapata, departamento de Puno, el oeste al borde oriental del Parque Nacional Manu, incluso en la Sierra de Pantiacolla, Consuelo, y San Pedro, aproximadamente 200 km al este de Megantoni (Parker y Wust 1994, T. Schulenberg, pers. comm.; obs. pers.). Una subespecie (*T. o. hershkovitzi*) es conocida de la Cordillera Cofán en el Ecuador norteño y en las cabeceras del valle del Magdalena en Colombia (Schulenberg 2002). Además, existen archivos inéditos, del Parque Nacional Madidi en el departamento de La Paz, Bolivia (T. Valqui, comm. pers.). *Tinamus osgoodi* permanece escasamente conocido, y las causas subyacentes de sus poblaciones tan extensamente dispersas son todavía un misterio.

Tanto el Guacamayo Militar (*Ara militaris*, Figura 10A) y el Guacamayo Cabeziazul (*Propyrrhura couloni*) eran abundantes en este sitio, excediendo en número a todos los otros guacamayos. Muchas especies de guacamayos están restringidos en su distribución debido al sustrato para anidación; *A. militaris* sólo anida en los precipicios o acantilados, y se encuentra en Sudamérica solamente a lo largo de las colinas andinas. Sus densidades han estado reducidas por la perturbación del hábitat y por la presión de comercio de animales domésticos, Birdlife International (2000) considera su estado mundial como Vulnerable. *Propyrrhura couloni* se restringe al sudoeste de la Amazonía, y permanece más pobremente conocido que la mayoría de los guacamayos. Parece ser muy sensible a la perturbación humana, ocurriendo sólo en extensos tramos de bosque primario de tierras bajas y bosque de colina.

Durante nuestra segunda mañana observamos brevemente al muy secretivo y poco abundante, aunque de extendida distribución, Cuco-terrestre Ventrirufo (*Neomorphus geoffroyi*). Normalmente, esta especie es observada alimentándose al lado de enjambres de hormigas guerreras (*Eciton burchelli*) o de manadas de sajinos (*Tayassu pecari*), pero nosotros no encontramos ninguno cerca. Además, grabamos a dos hormigueros seguidores de hormigas: el Hormiguero Cresticanoso (*Rhegmatorhina melanosticta*) y el Ojipelado Negripunteado (*Phlegopsis nigromaculata*), a pesar de no observar ningún enjambre grande de hormigas guerreras en este sitio.

Algunos de nuestros registros representan pequeñas extensiones de rango para especies particulares. Hormiguerito Ventricremoso (*Herpsilochmus motacilloides*), un hormiguero del dosel, que ha sido reportado de varios sitios en la Cordillera de Vilcabamba, y en Santa Ana, un sitio en la margen izquierda del río Alto Urubamba (T. Schulenberg, com. pers.). Nosotros descubrimos un sólo territorio de *H. motacilloides* en el bosque alto (dosel ~30 m), que es el primer registro en las montañas de la margen oriental del río Urubamba. Quizás el más importante fue nuestro descubrimiento de un congénere, el Hormiguerito Pechiamarillo (*Herpsilochmus axillaris*) a la misma elevación. Ambas especies de *Herpsilochmus* parecían estar segregadas por el hábitat, con el *H. axillaris* más restringido a las laderas con bosque de una altura ligeramente más baja (dosel ~15-20 m). Nuestra observación de *H. axillaris* es el primero para la cuenca del Urubamba, y es el registro más oriental para esta subespecie nominal (M. Isler y T. Schulenberg, el com. pers.). Se conoce que la subespecie del Perú central *puncticeps* ocurre a una distancia no menor de 250 km al noroeste, en el departamento de Junín, sin ningún registro conocido entre esta zona y Megantoni.

Hasta hace poco, la Moscareta Amarilla (*Capsiempis flaveola*) era conocida solamente de cinco sitios en el Perú. Sólo en los últimos diez años, esta especie bastante pequeña, y discreta ha sido encontrada como bastante común en el sudeste del Perú, con registros del río Bajo Urubamba, (Aucca 1998, T. Valqui, com. pers.), las tierras bajas en la boca del valle de Kosñipata (Lane, obs. pers.), y cercano al Parque Nacional Manu (Servat 1996). Nosotros encontramos normalmente a *Capsiempis* en los pacales del campamento Kapiromashi durante el inventario. Sin embargo, una población (representando una subespecie diferente) de *C. flaveola* ha sido encontrado común en los hábitats sin bambú en el norte del departamento de San Martín (Lane, obs. pers.).

La abundancia absoluta—mayor de la que cualquiera de nosotros hubiera podido dar testimonio en el Kosñipata—del recientemente descrito Moscareta Caricanela (*Phylloscartes parkeri*), es notable. Esta especie es conocida de varias localidades en el pie de monte del sur del departamento de Pasco y al este del departamento de Beni, Bolivia (Fitzpatrick y Stotz 1997). Su vocalización característica es la mejor herramienta para detectar su presencia, y en Kapiromashi, éste era un sonido particularmente ubicuo alrededor de los claros en el bosque y a lo largo del río.

Finalmente, encontramos un grupo de cinco individuos del Cacique de Koepcke (*Cacicus koepckeae*, Figura 10E), una especie descrita de Balta, departamento de Ucayali, por Lowery y O'Neill (1965). Luego de esta descripción, el cacique permaneció esencialmente desconocido hasta su redescubrimiento por Gerhart cerca de Timpía (Schulenberg et al. 2000, Gerhart 2004). Desde este redescubrimiento, un espécimen adicional fue colectado en Paratori, cerca del río Camisea (Franke et al. 2003). Otro reciente registro por avistamiento fue hecho cerca de Cocha Cashu en el Parque Nacional Manu (Mazar Barnett et al. 2004). Existe un avistamiento adicional no confirmado en el drenaje del río Alto Cushabatay, dentro del Parque Nacional Cordillera Azul (Lane, obs. pers.). Dado la proximidad de Kapiromashi a los sitios de Timpía y Camisea, nuestra observación no era inesperada; sin embargo, representa los rangos de elevación más altos para la especie.

Migración

Observamos aves migratorias en Kapiromashi. las grandes bandadas de golondrinas movilizándose a lo largo del río, principalmente la raza migratoria austral de la Golondrina Azul y Blanca (*Pygochelidon cyanoleuca patagonica*) viajando de sus zonas de reproducción en el sur templado de Sudamérica. Identificamos a los individuos de esta subespecie por el oscuro menos extenso de sus plumas cobertoras debajo de la cola y su plumaje muy estropeado, y que estaban a menudo presentes en bandadas de más de 300 individuos. Rutinariamente descubrimos varios individuos, presumiblemente residentes, de la raza nomimal *cyanoleuca* entre estos migrantes, distinguidos por sus cobertoras bajo la cola completamente oscuras y su plumaje mucho más "limpio". Igualmente, grandes grupos de la Golondrina Alirrasposa Sureña (*Stelgidopteryx ruficollis*) pasaban a lo largo del río independientes de las parejas locales, haciendo pensar en una entrada de aves migratorias de esta especie, presumiblemente también de las poblaciones del sur.

En una isla más vieja del río, vimos un sólo Mosquero Bermellón (*Pyrocephalus rubinus*), migrante austral. La mayoría de los migrantes boreales ya habían partido para América del Norte, pero a lo largo del río nosotros oímos dos especies todavía retrasadas en el área, el Pibí Oriental (*Contopus sordidulus*) y el Pibí Boreal (*Contopus cooperi*).

Las especies esperadas pero no encontradas

Varias especies normalmente comunes en el bosque húmedo tropical estaban extrañamente ausentes en Kapiromashi, incluyendo crácidos grandes, garzas, relojeros, los tucanes *Ramphastos*, las tucanetas *Selenidera*, varias especies de aracaris *Pteroglossus*, carpinteros *Celeus* y *Piculus*, el Picoguadaña Piquirrojo (*Campyloramphus trochilirostris*), Saltarín de Yungas (*Chiroxiphia boliviana*), y Parula Tropical (*Parula pitiayumi*). Esto podría ser un reflejo de nuestro limitado tiempo en el sitio; sin embargo, algunas especies son normalmente obvias y ubicuas, y nuestra falta de registro puede representar una ausencia real.

No podemos explicar esta ausencia, pero esperamos que trabajos de campo adicionales, a elevaciones más bajas de la Zona Reservada agregarán la mayoría, si no todas, de estas especies a su lista de avifauna.

Katarompanaki (~1.300-2.000 msnm)

El segundo campamento estuvo localizado en el borde inferior de una plataforma inclinada de roca dura que se extendió ~1.650-2.000 msnm. La comunidad vegetal estaba dominada por *Clusia* spp. (Clusiaceae) y la palmera *Dictyocaryum lamarckianum* (Arecaceae), creciendo en una capa esponjosa de material de lenta descomposición. El bosque de baja diversidad en esta plataforma es achaparrado, con doseles arbóreos ~15 m en el borde más bajo de la meseta, y tan bajo como 2 m en el borde superior.

Una trocha descendía desde la meseta superior a una terraza más baja con el bosque más rico y más alto (la altura media del dosel ~25 m), a una altitud entre 1.300-1.600 m. En la parte más baja de la plataforma, la composición de la avifauna es más típica de las zonas subtropicales bajas y tropicales altas. Sin embargo, debido a que se encontraba lejos del campamento, pasamos escaso tiempo explorando este bosque de dosel más alto, e indudablemente no registramos muchas especies. Registramos un total de 103 especies en este campamento (Apéndice 6).

Avifauna de las plataformas superior e inferior

Entre la plataforma superior e inferior, la avifauna fue notablemente diferente. En la plataforma superior, las bandadas eran escasas y compuestas de nueve especies centrales: Colapúa Moteada (*Premnoplex brunnescens*), Moscareta Cachetimoteada (*Phylloscartes ventralis*), Reinita Coronirrojiza (*Basileuterus coronatus*), Reinita Tribandeada (*Basileuterus tristriatus*), Tangara de Monte Común (*Chlorospingus ophthalmicus*), Tangara Gargantiamarilla (*Iridosornis analis*), Tangara de Montaña Aliazul (*Anisognathus somptuosus*), Pinchaflor Azulado (*Diglossa caerulescens*) y Pinchaflor Azul Intenso (*Diglossa glauca*). Casi todas estas especies, con la excepción de las reinitas *Basileuterus*, estuvieron restringidas a la plataforma superior, y no fueron encontradas en las bandadas de la plataforma inferior. Algunas especies del bosque de la plataforma inferior alcanzaron el borde más bajo de la plataforma superior dónde el bosque achaparrado era más alto, estas incluyeron al Barbudo Versicolor (*Eubucco versicolor*), el Hormiguerito Pizarroso (*Myrmotherula schisticolor*), los traupídeos *Tangara*, y la Euphonia Ventrinaranja (*Euphonia xanthogaster*). Entre las especies que no formaban bandadas en el bosque enano, observamos tres colibríes que estaban presentes en densidades altas: el Inca Bronceado (*Coeligena coeligena*), el Colibrí Colaespátula (*Ocreatus underwoodii*) y el Silfo Colilargo (*Aglaiocercus kingi*). Tres hormigueros fueron también bastante comunes aquí: el Hormiguero Negruzco (*Cercomacra nigrescens*), Tororoi Pechiocráceo (*Grallaricula flavirostris*), y Jejenero Pizarroso (*Conopophaga ardesiaca*). El Mosquerito Adornado (*Myiotriccus ornatus*) era ubicuo en ambas plataformas, ocurriendo en densidades superiores a las que nosotros hemos visto alguna vez. Así mismo, el Tirano-Pigmeo Crestiescamado (*Lophotriccus pileatus*) fue bastante común.

En el bosque más alto de la plataforma inferior, las bandadas eran más abundantes y contuvieron mucho más especies. Notamos una densidad superior de insectívoros terrestres, incluyendo al Gallito-hormiguero Pechirrufo (*Formicarius rufipectus*), el Rasconzuelo Colicorta (*Chamaeza campanisona*), el Tororoi Escamoso (*Grallaria guatimalensis*), y la *Conopophaga ardesiaca*. Algunos atrapamoscas seguidores de bandadas del estrato medio del bosque estaban presentes, incluyendo al Mosquero Gorripizarroso (*Leptopogon superciliaris*) y el Moscareta Carijaspeada (*Phylloscartes opthalmicus*). *Herpsilochmus motacilloides* se oyó en el dosel, y parecía más numeroso que en el primer campamento.

Registros notables

La diversidad global de aves en Katarompanaki fue relativamente baja, pero registramos varias especies notables. Casi cada miembro del equipo del inventario rápido (aparte del equipo ornitológico) reportó una perdiz grande y negra, algunas diariamente,

principalmente en el bosque más alto, pero también del más bajo al final de la plataforma superior. Estos avistamientos fueron con seguridad *Tinamus osgoodi* (Figura 10C), y sugiere que la especie es común. Más aún, estos registros indican que el *T. osgoodi* ocurre en Perú a elevaciones superiores a las que se sospechaba previamente. Una lista inédita para el Parque Nacional Manu tiene un rango de elevación entre 900-1.350 m, mientras que los avistamientos en Katarompanaki fueron de 1.400-1.650 m. Nosotros espantamos una perdiz grande nuestro último día de campamento, pero no pudimos confirmar su identidad, y la única perdiz que se dejó oír en este sitio fue el Perdiz Parda (*Crypturellus obsoletus*).

Los *Herpsilochmus motacilloides* ocurrieron en Katarompanaki y Kapiromashi, sugiriendo que este hormiguerito es un insectívoro ampliamente distribuido en el dosel del bosque alto, por lo menos en el extremo occidental de la cordillera que incluye los sitios de Megantoni, de ~800-1.600 m. Esta especie permanece desconocida del área de Manu; sin embargo, la parte occidental del parque nunca ha sido explorada por ornitólogos, y los *H. motacilloides* podrían ocurrir aquí.

Cercomacra nigrescens tiene dos poblaciones distintas en el Perú: la forma de tierras bajas, que está extendida en la Amazonía occidental, pero mayormente restringida a los hábitats ribereños y de crecimiento secundario (subespecie *fuscicauda*), y dos subespecies de la región montañosa (*aequatorialis* y *notata*) que se encuentran en marañas y bordes de río desde Ecuador, a través de los Andes del Perú central. Los dos grupos son fácilmente distinguibles por su canto, y pueden merecer el reconocimiento a nivel de especies (M. Isler, com. pers.). Nuestras observaciones de la raza *notata* indican que el valle del Urubamba es el extremo sur de su rango. Aunque no la registramos dentro de la Zona Reservada, oímos la subespecie *fuscicauda* de tierra baja en la vegetación de borde de río en Timpía, no lejos fuera de las fronteras de Megantoni.

Conopophaga ardesiaca es una especie principalmente conocida de las yungas bolivianas, pero alcanza en el sudeste peruano su límite norte más extremo en el departamento de Cusco. Nuestro registro en Katarompanaki es al parecer el único del drenaje del Urubamba y representa el límite noroeste de la distribución de la especie. No encontramos a un congénere, el Jejenero Coronicastaño (*C. castaneiceps*), una especie que se conoce se extiende desde Colombia hacia el sur hasta el valle del Kosñipata (Walker, Stotz, Fitzpatrick, y Pequeño, unpubl. ms.). Las dos especies co-ocurren en Kosñipata, pero reemplazándose altitudinalmente entre si. Con más estudios de campo, esperamos que se encontrará a *C. castaneiceps* dentro de Megantoni.

Los Tapaculos Andinos *Scytalopus* comprenden una agrupación de varias especies casi indistinguibles por sus formas y mejor identificables por la voz, localidad y elevación. El complejo de especies que contiene a *S. atratus* y *bolivianus* (Tapaculo Coroniblanca y Boliviano, respectivamente) no está particularmente resuelto (Krabbe y Schulenberg 1997). Típicamente, los miembros de este complejo ocurren a elevaciones más bajas que otras especies del género, y son difíciles de distinguir entre ellas. En el Kosñipata, se conoce una forma de corona oscura que ocurre entre los ~1.000-2.200 msnm (Walker, Stotz, Fitzpatrick, y Pequeño, unpubl. ms.). Basados en la voz y plumaje, la población que observamos en Katarompanaki (y en Tinkanari) parece ser igual a la forma del Kosñipata.

Nuestro registro del Tiranopigmeo Frentiavellanada (*Pseudotriccus simplex*) parece representar el límite distribucional noroeste para la especie. Oímos su agudo y trinado canto regularmente, temprano por la mañana, a lo largo de los arroyos entre 1.600-1.700 msnm. Un congenérico, el Tirano-Pigmeo Bronceado (*P. pelzelni*), parece reemplazar a esta especie en el lado de Vilcabamba del río Urubamba (Pequeño et al. 2001), y se extiende al norte del Vilcabamba hasta Colombia.

Nunca visto por nosotros, pero bien descrito por otros miembros del equipo fue un Saltarín *Lepidothrix* que se encontró a ~1.400-1.650msnm. En dos ocasiones los investigadores observaron un saltarín negro con corona blanca y anca azul, muy parecido al Saltarín Lomiazul (*L. isidorei*), una especie no conocida al sur del departamento de Huánuco. En el sudeste del Perú, esperaríamos encontrar una especie similar, el Saltarín Gorricerúleo (*L. coeruleocapillus*) con una corona distintivamente azul. La identidad de estas aves observadas en Katarompanaki permanece incierta. Estudios de campo más extensos en el área contestarán esta interrogante.

En Katarompanaki, observamos a *Anisognathus somptuosus somptuosus* más al sur que cualquier otro registro anterior. En el valle del Kosñipata es reemplazado por la subespecie del sur, (*A. s. flavinucha*), que se extiende hacia el sureste hasta Bolivia (Lane, obs. pers.). Las dos formas tienen voces muy distintas y su distribución dentro del Manu merece una investigación más extensa. Los dos formas ocurren casi por seguro en PN Manu, e incluso pueden sobreponerse allí, sugiriendo que estas dos subespecies podrían merecer un reconocimiento como especies distintas.

Especies esperadas, pero no encontradas

El bosque enano de la meseta superior es muy similar en estructura a los bosques de suelo pobre en el norte del Perú (e.g., Cordillera del Cóndor, al norte del departamento de San Martín, y Cordillera Azul). Típicamente, este tipo de hábitat alberga a un grupo especializado de especies, que incluyen al Ángel del Sol Real (*Heliangelus regalis*), Tirano-Todi Pechicanela (*Hemitriccus cinnamomeipectus*), Tirano-Todi de Lulú (*Poecilotriccus luluae*), y Cucarachero-Montés Alibandeada (*Henicorhina leucoptera*), sin embargo, no encontramos a estos especialistas de bosques enanos en Katarompanaki. Las poblaciones más cercanas de cualquiera de estas especies están a más de 1.000 km al noroeste (*Henicorhina leucoptera*, departamento de La Libertad), sugiriendo que el bosque enano en Megantoni también puede encontrarse geográficamente aislado de las poblaciones de la fuente. Adicionalmente, las manchas de bosque enano en Megantoni pueden ser demasiado pequeñas para albergar a sus propios especialistas endémicos locales.

No registramos las lechucitas *Glaucidium* en Katarompanaki. Muchas de las especies de aves pequeñas en el bosque enano respondían activamente a las imitaciones de la voz de la Lechucita Subtropical (*G. parkeri*), sugiriendo que estos pueden reconocerlo como una rapaz potencial. *G. parkeri* es conocido de una cresta de bosque aislado tan cercano como Vilcabamba y Manu (Robbins y Howell 1995; Walker, Stotz, Fitzpatrick, y Pequeño, unpubl. ms.), y quizás, con trabajo de campo adicional, este búho pigmeo pueda ser encontrado dentro de la Zona Reservada.

El hábitat del bosque achaparrado en la meseta superior parece similar a bosques que se encuentran en el departamento norteño de San Martín que contiene varias especies de tororois grandes (*Grallaria*). No registramos ningún tororoi grande en la meseta superior, incluso la típicamente extendida *Grallaria guatimalensis* sólo se encontró en el bosque alto de la terraza inferior. Es posible que alguna especie de tororoi grande habite la meseta, pero no fue detectada por nosotros debido a que nuestro inventario coincidió con la estación de la post-cría para muchas especies de aves, cuando ya están muy silenciosas.

Nosotros esperabamos encontrar densidades altas de *Pyrrhomyias cinnamomeus* en la meseta superior, ya que es común dentro de esta elevación en los bosques enanos del Parque Nacional Cordillera Azul (Lane, obs. pers.). Sin embargo, solamente observamos un sólo individuo en Katarompanaki, en el bosque más alto cerca del borde de la meseta superior.

Tinkanari (~2.100-2.400 msnm)

El tercer campamento estuvo situado en la cresta ancha de la pendiente gradual que va desde los 2.100-2.400 m de elevación. La mayor parte del área estaba cubierta por un bosque alto (el promedio de altura del dosel ~15-25 m) con un sotobosque dominado por helechos arbóreos, y bambú *Chusquea* (Poaceae) y las plantas afines. En el sudoeste de la cresta, crecía el bosque enano (con altura de dosel ~2-7 m) sobre una durísima superficie de roca, y compartía muchas especies de aves con la meseta superior de Katarompanaki, debido a sus similaridades en la estructura de sus bosques.

Cerca del borde noreste de la cresta, había una depresión que colectaba el agua, creando un bosque pantanoso e incluso un pequeño estanque. Aunque la vegetación en el bosque del pantano era relativamente corta, la mancha era tan pequeña que no descubrimos algún efecto sobre la avifauna local, con la excepción de un Zambullidor Menor (*Tachybaptus dominicus*) observado brevemente en el estanque por otro investigador. Dos trochas ascendían la cuesta hacia el extremo norte de la cresta entre ~2.300-2.350 m. A mayores elevaciones observamos especies de aves más típicas de la zona altitudinal templada, incluyendo el Pitajo Coronado (*Ochthoeca frontalis*), la Urraca Collarblanco (*Cyanolyca viridicyana*), la Candelita de Anteojos (*Myioborus melanocephalus*) y la Tangara de Montaña Encapuchada (*Buthraupis montana*) alcanzando sus densidades poblacionales más altas, y a veces completamente restringidas a estas elevaciones. Un total de 140 especies fueron registradas en este campamento (Apéndice 6).

Avifauna del bosque alto

Tinkanari soporta una comunidad de aves con gran riqueza de especies, dada su elevación, y probablemente es un reflejo del bosque de dosel más alto, la rica diversidad de plantas y altas abundancia de insectos y fruta. Las bandadas eran a menudo grandes, con encima de 20 especies presentes regularmente. Nosotros encontramos densidades altas de tangaras y otras aves frugívoras, y la Cotinga Cresticastaña (*Ampelion rufaxilla*) estaba presente en densidades superiores a lo que nosotros hubiésemos visto alguna vez.

Encontramos varias especies normalmente más características de las elevaciones inferiores, como la Pava Carunculada (*Aburria aburri*), el Cuco Ardilla (*Piaya cayana*), la Lechuza Rojiza (*Megascops ingens*), Carpintero Olividorado (*Piculus rubiginosus*), Limpia-follaje Montano (*Anabacerthia striaticollis*), Limpia-follaje Cejianteada (*Syndactyla rufosuperciliata*), *Myrmotherula schisticolor, Formicarius rufipectus, Pseudotriccus simplex, Myiotriccus ornatus*, el Cucarachero Pechicastaño (*Cyphorhinus thoracicus*), y *Myioborus miniatus*. Las aves de caza eran abundantes y dóciles, incluyendo a la Pava Alihoz (*Chamaepetes goudotii*), *Aburria aburri*, y la Pava Andina (*Penelope montagnii*).

Avifauna del bosque enano

Los pequeños parches de bosque enano, en su mayoría confinados al extremo sudoeste de la cresta, compartían muchas de las especies con la meseta superior en Katarompanaki. Adicionalmente, registramos varias especies más típicas de la zona elevacional templada: el Inca Gargantivioleta (*Coeligena violifer*), el Tapaculo Trinador (*Scytalopus parvirostris*), Tangara Verde-esmeralda (*Chlorornis riefferii*), y Matorralero Boliviano (*Atlapetes melanolaemus*). Muchas de estas especies normalmente se encuentran cerca de la línea superior del bosque, sobre los 2.900 m. Su presencia puede reflejar las similitudes entre la estructura de la vegetación en los hábitats de bosque enano y los hábitats de la línea de bosque.

Registros notables

Nuestro descubrimiento más emocionante fue una población de Pihas Alicimitarras (*Lipaugus uropygialis*, Figura 10D), una especie conocida previamente de sólo un lugar en el Perú, el Abra Marancunca en el departamento de Puno. En Puno, la especie ocurre hacia el este a lo largo de las húmedas yungas bolivianas en el departamento de Cochabamba (Bryce et al., en prensa). Nuestro registro representa una extensión de rango de más de 500 km al noroeste, y sugiere que la especie puede ocurrir a lo largo de otras cordilleras en los departamentos de Cusco y Puno, como dentro del Parque Nacional Manu. Tomamos fotografías de individuos de esta especie (Figura 10D), y grabamos sus llamadas y un despliegue de vuelo. Creemos que nunca antes se ha dado testimonio de este despliegue de vuelo.

Típicamente descubrimos al piha por sus vocalizaciones fuertes, chirriantes que consideramos son su "llamada de contacto". Normalmente, se encontraron en parejas o en grupos de hasta cuatro individuos que vocalizaban simultáneamente, produciendo un fuerte estallido de ruido que se escuchaba a una gran distancia.

Los Pihas respondían efusivamente a la reproducción (*play-back*) de estos fuertes llamados, mientras se acercaban rápidamente para inspeccionar la fuente. Normalmente las aves permanecían en el estrato medio y subdosel (entre 4-8 m) del bosque de estatura mediana (dosel ~15 m), se movían activamente y cambiaban de percha frecuente y ruidosamente. Sus peculiares plumas primarias del ala hacen un fuerte sonido haciendo chasquear en vuelo mientras se desplazan a través del follaje. Nosotros observamos un único intento de alimentación, cuando uno de los individuos fue visto volando hacia arriba aproximadamente 2 m para obtener una fruta o un insecto (el objetivo no fue visto claramente) de un grupo de hojas mientras cambiaba de percha. Cuando no se estaban moviendo activamente, su actitud de perchado era normalmente encorvada. Hacia el mediodía, los grupos estaban más silenciosos y quedandose inmóviles por períodos más largos, como es típico de otras especies de *Lipaugus*. Durante tales períodos de inactividad, los pihas emperchaban más erguidos.

Nosotros sólo observamos el despliegue de vuelo por la tarde (~1630 h hasta casi el crepúsculo), realizado por un solo individuo, probablemente un macho. El despliegue ocurrió a intervalos separados por más de 5 min, y era iniciado por el ave cada vez que esta se posaba sobre alguna de las partes extremas de las ramas de un árbol del dosel (a menudo en las ramitas desnudas y expuestas). Nosotros observamos sólo un individuo haciendo este despliegue, aunque otro día escuchamos un individuo en la distancia. El ave que realizaba esta ostentación utilizó varias ramas para el despliegue, parecía preferir ciertas perchas, particularmente durante las ostentaciones de reproducción. Después de algún tiempo de haber estado sentado inmóvil, el ave se lanzó hacia arriba desde la rama y descendió, batiendo las alas, en un medio-espiral a una percha más baja mientras daba una vocalización alta, penetrante, creciente, un silbido junto con tres sonidos zumbados producidos por sus alas. Estas vocalizaciones eran bastante diferentes en calidad de aquéllas dadas mientras el grupo se alimenta, y solamente hasta que pudimos ver al actor es que pudimos identificar su origen. Entre despliegue y despliegue, el ave permanecía callada, nunca dio llamadas de contacto no solicitadas. El individuo sólo realizó el llamado de contacto típico, aparentemente agitado, en respuesta a la reproducción (*play-back*) de su vocalización de despliegue.

Observamos brevemente un individuo del Inca Acollarado (*Coeligena torquata*). La forma presente en Megantoni no es la forma de collar anteado, *omissa*, conocida del valle del Alto Urubamba, sino una forma de collar blanco, posiblemente la subespecie *eisenmanni*, previamente conocido sólo de la Cordillera de Vilcabamba. Nos ha sorprendido el encontrar estas dos subespecies presentes en el mismo valle. Encontrar en el valle del Urubamba el punto donde sus distribuciones son simpátricas proporcionaría una oportunidad de examinar su estado taxonómico, sobre todo como ya ha sugerido (por ejemplo: Schuchmann et al. 1999) que las formas de collar anteado pueden ser consideradas una especie separada, el Inca de Gould (*Coeligena inca*).

A pesar de oír frecuentemente los tamborileos del pájaro carpintero *Campephilus*, sólo observamos al CarpinteroVentrirrojo (*C. haematogaster*). En los Andes orientales del Perú, esta especie tiene un modo de tambor típico de 3 a 4 golpes secos (Ridgely y Greenfield 2001; pers. obs). La mayor parte de las veces, oímos los golpes secos más largos típicos de *C. haematogaster*, pero también oímos a las aves en por lo menos dos ocasiones dando golpes secos dobles. Normalmente, los carpinteros *Campephilus* tienen modelos de tamborileo específicos para cada especie (Lane, obs. pers.). En las regiones montañosas de Perú, el Carpintero Poderoso (*C. pollens*) da un doble golpe (Ridgely y Greenfield 2001). Se considera que esta especie no es conocida al sur del departamento de Junín (Berlepsch y Stolzmann 1902, Peters y Griswold 1943), aunque existe un informe, basado en la identificación del canto, de la Cordillera al sudeste de Vilcabamba (Pequeño et al. 2001). Los *C. haematogaster* pueden dar golpes secos dobles dónde los *C. pollens* están ausentes, o una población de *C. pollens* puede ocurrir en Tinkanari.

Nosotros preferimos no incluir a los *C. pollens* en nuestra lista de especies, mientras no confirmamos su identificación por avistamiento.

En Tinkanari, nuestra observación de la Tangara Bermellón (*Calochaetes coccineus*) representa el registro más al sur para esta especie. Sin embargo, varios registros de especies representaron el extremo norte de distribución, incluyendo *Pseudotriccus simplex*, una especie abundante cuyo canto era ubicua al amanecer a lo largo de los arroyos, el Mosquerito sin Adornos (*Myiophobus inornatus*), y *Atlapetes melanolaemus*.

Especies esperadas, pero no encontradas
En Tinkanari, hay densos parches del bambú Chusquea y los géneros relacionados, que a menudo sustentan una comunidad de aves especializadas a este bambú. Sin embargo, nosotros sólo observamos al Perico Barreteado (*Bolborhynchus lineola*) y al Cacique Piquiamarillo (*Amblycercus holocericeus*) asociados con Chusquea. Otras especies que esperábamos encontrar en este hábitat, todas conocidas de localidades cercanas como el valle del río Alto Urubamba (Walker 2002), incluían a la Tortolita Pechimarrón (*Claravis mondetoura*), el Cucarachero Inca (*Thryothorus eisenmanni*), el Gorriafelpado (*Catamblyrhynchus diadema*), y al Fringilo Pizarroso (*Haplospiza rustica*).

DISCUSIÓN

Comparaciones entre los sitios

Típicamente, la diversidad de especies de aves disminuye al aumentar la elevación. Kapiromashi, el sitio de elevación más baja, contenía la mayor riqueza de especies (242 spp.), así como el mayor número de especies no compartidas con los otros sitios, o las especies únicas (199 spp.). Sorprendentemente, Tingkarani, el sitio a mayor elevación, era el segundo en riqueza global de especies (140 spp.) y en número de especies únicas (72 spp.), mientras Katarompanaki, el sitio a elevación media, exhibió la riqueza de especies más baja (102 spp.) y el menor número de especies únicas (17 spp.).

Una posible explicación para la baja riqueza anómala de especies de aves en Katarompanaki es que este bosque escasamente diverso puede soportar una baja cantidad de recursos como insectos y vegetación, críticos para muchas especies de aves. Adicionalmente, observamos varias especies a elevaciones atípicamente altas o bajas. En algunos casos, esto puede reflejar factores geológicos o climatológicos locales que permiten a sus hábitats preferidos existir fuera del rango altitudinal "esperado". En otros casos, la falta de exclusión competitiva (*sensu* Terborgh y Weske 1975) puede permitir la "liberación ecológica" de una especie particular y le permite ocupar un rango del elevación normalmente ocupado por un congénere. En general, los límites de elevación sólo nos proporcionan pautas generales sobre las especies de aves que pueden ser esperadas en un lugar.

A una escala más grande, observamos un recambio de especies a lo largo de la gradiente altitudinal. De las 378 especies de aves observadas, sólo 16 fueron compartidas entre los tres sitios. Entre los sitios, Kapiromashi y Katarompanaki se compartieron 22 especies, Kapiromashi y Tingkarani compartieron 5 especies, y Katarompanaki y Tinkanari compartieron 47 especies.

Comparaciones con Áreas Protegidas vecinas

La avifauna de Megantoni comparte especies de aves tanto con la Cordillera de Vilcabamba al oeste como con el valle del Kosñipata al este. Nosotros encontramos tres especies con distribución mundial sumamente restringida: *Tinamus osgoodi* (Figura 10C), *Lipaugus uropygialis* (Figura 10D), y *Cacicus koepckeae* (Figura 10E). De estas, *L. uropygialis* no es conocida en ninguna localidad cercana.

Para varias especies, nuestros registros en Megantoni extienden sus límites de distribución; en algunas especies hacia el sur, mientras que en otros hacia el norte. Encontramos especies fuera de sus rangos de distribución previamente conocidos en los tres sitios del inventario. Unos pocos registros extienden las distribuciones conocidas de las especie hacia el este cruzando el río Urubamba, o al oeste, a través de la cordillera que divide Megantoni del valle de Kosñipata y

del resto del Parque Nacional Manu. Las especies no conocidas previamente al este del río Urubamba incluyen a *Calochaetes coccineus*. Registramos subespecies conocidas del lado occidental del río Urubamba (e.g., *Anisognathus somptuosus somptuosus*) en el Zona Reservada Megantoni que es reemplazado por otra forma en el valle del Kosñipata. Los registros de taxa a nivel de subespecie (e.g., dentro de *Coeligena torquata*) sugieren que ciertas subespecies co-ocurren dentro de Megantoni. Los procesos que mantienen estas formas distintas entre si son un misterio; es necesario un trabajo de campo adicional a lo largo del Urubamba y dentro del Parque Nacional Manu.

AMENAZAS, OPORTUNIDADES, Y RECOMENDACIONES

Los bosques prístinos que se extienden desde las tierras bajas del bosque tropical hasta los hábitats de puna en la región montañosa son cada vez más raros en los Andes. Megantoni proporciona una oportunidad incomparable de conservar niveles extraordinarios de diversidad de hábitat, salvaguardando un corredor elevacional intacto, y protegiendo una diversa comunidad de aves. Recomendamos el nivel más alto de protección para Megantoni, con la visión en conservar su notable diversidad de aves, y animando a realizar nuevos inventarios ornitológicos de bajo impacto en esta área. Recomendamos que los inventarios futuros se enfoquen en los pacales y en las elevaciones superiores, incluyendo la zona altitudinal templada y los hábitats de puna prístinos.

Los números impresionantes y la docilidad de las aves de caza en los tres sitios del inventario indican que dentro de la Zona Reservada Megantoni ha ocurrido muy poca o ninguna actividad de caza. Nosotros sólo observamos señales de visita humana anterior en Kapiromashi, el único sitio dónde no observamos pavas grandes o paujiles. Las perdices están presentes en densidades abundantes en cada sitio, incluso el *Tinamus osgoodi* (Figura 10C), listado como Vulnerable por Birdlife International (2000). La población de esta especie parece notablemente densa, haciendo pensar que en el Zona Reservada se puede proteger uno de los centros principales de población para esta especie. Actualmente, las poblaciones Machiguenga locales son los únicos cazadores regulares que visitan la Zona Reservada, y estos cazadores utilizan el arco y flecha, produciendo un impacto relativamente bajo en las poblaciones de aves de caza. La colonización del área garantizaría que la presión de caza aumente sobre las pavas y las perdices, e introduciría un mayor impacto debido a la caza basada en la escopeta. En casi todos los lugares accesibles a cazadores que usan escopetas, su eficacia causa dramáticos declives en las poblaciones de aves de caza.

Encontramos poblaciones saludables y regulares de guacamayos grandes, otro grupo de especies usualmente es adversamente afectada debido al incremento de la presencia humana. Tanto *Ara militaris* (*meganto* en Machiguenga, Figura 10A), considerado como Vulnerable por Birdlife International (2000), así como el más pequeño *Propyrrhura couloni*, están localmente distribuidas en gran parte de Sudamérica. Estas dos especies fueron los guacamayos más abundantes en Kapiromashi, haciendo de la Zona Reservada Megantoni un sitio importante para mantener estas poblaciones como la fuente de estos raros guacamayos.

Dos especies de paseriformes, *Lipaugus uropygialis* (Figura 10D) y *Cacicus koepckeae* (Figura 10E), son mundialmente conocidos de menos de diez localidades y están listadas como Vulnerables por Birdlife International (2000). Los efectos de la destrucción del hábitat en las poblaciones de estas dos especies son desconocidos, de hecho incluso la información más básica sobre sus requerimientos principales de hábitat y su biología son un misterio. La Zona Reservada Megantoni será la primera área protegida en el Perú donde se protegerán poblaciones de *L. uropygialis*, y la segunda para *C. koepckeae*, y representará un importante primer paso hacia un buen entendimiento de estas dos especies así como para otras 600 especies que se protegerán dentro de sus límites.

MAMÍFEROS

Participante/Autor: Judith Figueroa

Objetos de conservación: Un grupo importante de carnívoros que usa el área como corredor biológico entre el Parque Nacional Manu y la Cordillera Vilcabamba incluyendo al otorongo (*Panthera onca*, Figura 11A), el puma (*Puma concolor*, Figura 11D) y el oso andino (*Tremarctos ornatus*, Figura 11B); el tapir amazónico (*Tapirus terrestris*, Figura 11F) cuya baja tasa reproductiva lo hace vulnerable a la cacería; las poblaciones de nutria de río (*Lontra longicaudis*, Figura 11E) que se encuentran en peligro debido principalmente a la contaminación de los ríos donde habita; los primates que se encuentran sometidos a fuertes presiones de cacería en varias áreas de su distribución geográfica, como el mono aullador (*Alouatta seniculus*), el machín blanco (*Cebus albifrons*), el machín negro (*Cebus apella*), el mono choro común (*Lagothrix lagothricha*, Figura 11C), el pichico común (*Saguinus fuscicollis*) y *Saguinus* sp.; otros grupos de especies vulnerables como la pacarana (*Dinomys branickii*), el ocelote (*Leopardus pardalis*), el oso hormiguero (*Myrmecophaga tridactyla*) y el armadillo gigante (*Priodontes maximus*)

INTRODUCCIÓN

Una de las amenazas más graves para las comunidades de mamíferos grandes es la conversión de los ecosistemas naturales en áreas de actividad agropecuaria y forestal. Esto ha originado el fraccionamiento del hábitat de muchas especies y un aislamiento severo de sus poblaciones, las cuales se quedan confinadas a pequeñas agrupaciones fuera de la influencia humana. Las áreas protegidas deberán estar conectadas por medio de corredores ecológicos que permitirán la continuidad de los procesos evolutivos y los flujos genéticos (Yerena 1994). La Zona Reservada Megantoni (ZRM), que forma parte de la región sur del Área Prioritaria de Conservación de los Andes Tropicales, representa un importante corredor que conectará el Parque Nacional Manu y la Cordillera Vilcabamba (Figura 1).

La información que se tiene sobre los mamíferos en este corredor es casi inexistente, a excepción de una recopilación realizada por el Centro para el Desarrollo del Indigena Amazónico entre los valles del Apurímac, Urubamba y Pongo de Maenique, donde encontraron especies amenazadas como *Myrmecophaga tridactyla*, *Panthera onca* (Figura 11A) y *Tremarctos ornatus* (Figura 11B) (CEDIA 1999).

En contraste, en las áreas adyacentes a la Zona Reservada, la Cordillera Vilcabamba y el Parque Nacional Manu se han realizado varios inventarios de mamíferos. En Vilcabamba siguieron una gradiente altitudinal desde los 850 hasta los 3.350 m, encontrando un total de 94 especies. Tomando como mamíferos grandes y medianos aquellos con un peso mayor a 1 kg, 27 de estas especies corresponderían a grandes y medianos (Emmons et al. 2001; Rodríguez y Amanzo 2001) y 67 a pequeños (Emmons et al. 2001; Solari et al. 2001).

Pacheco et al. (1993) realizó una lista de mamíferos presentes en el Parque Nacional Manu, en una gradiente altitudinal desde los 365 hasta los 3.450 m. Esta lista fue posteriormente complementada por Voss y Emmons (1996) y Leite et al. (2003). El total de especies reportadas para esta área es de 199, de los cuales 59 corresponden a grandes y medianos, y 140 a pequeños.

MÉTODOS

El presente estudio fue realizado durante la época seca, del 25 abril-13 mayo del 2004, en tres sitios ubicados entre los 760-2.350 m de altitud en la Zona Reservada Megantoni. Con la ayuda de un guía local, registré las comunidades de mamíferos medianos y grandes de más de 1 kg de peso, complementando los registros con las observaciones del resto del equipo del inventario biológico y del equipo de avanzada.

Realizamos caminatas individuales o en grupos de a dos, a través de las trochas establecidas en los tres campamentos (Kapiromashi, Katarompanaki y Tinkanari), a una velocidad aproximada de 1,5 km/h. Para el registro de los mamíferos diurnos, diariamente realizamos caminatas entre las 7 y 17 h. En el caso de los nocturnos, las caminatas fueron realizadas dos días por campamento de 20 a 23 h.

Las trochas atravesaron la mayor parte de los tipos de hábitats presentes en cada lugar y fueron recorridas observando cuidadosamente desde el dosel hasta el suelo para detectar la presencia de mamíferos tanto arborícolas como terrestres. El total del territorio recorrido fue de 56,3 kilómetros.

La presencia de mamíferos mayores fue confirmada mediante avistamientos y hallazgos de huellas, madrigueras, excretas, restos de alimentación, rasguños, olores distintivos, entre otros. Los restos alimenticios vegetales fueron colectados para su posterior identificación. En el caso de avistamientos, registramos la especie, número de individuos, hora de observación, actividad, altitud y tipo de bosque. En algunas oportunidades grabamos las vocalizaciones emitidas.

Con el fin de registrar el máximo número de mamíferos presentes en el área de estudio, utilizamos dos metodologías complementarias al recorrido de las trochas. La primera fue el establecimiento de trampas de huellas. Limpiamos un área de 1,5 m² de suelo y en la parte central ubicábamos un isopo conteniendo una esencia de secreción de animal. Utilizamos tres esencias para atraer felinos, cánidos y prociónidos, Bobcat Gland, Pro's Choice No. 3 y Raccoon No. 1 (Carman's Lure). Usamos Bear Sweet (Minnesota Trapline) para atraer úrsidos (oso andino) y Triple Heat (Harmon Deer Scents) para atraer cérvidos. Debido a la difícil manipulación del sustrato del campamento Katarompanaki, este método sólo pudo ser aplicado en los campamentos Kapiromashi y Tinkanari. En Kapiromashi se establecieron cinco trampas de huellas en un bosque dominado por paca (*Guadua* sp., Poaceae) y en Tinkanari las trampas de huellas fueron establecidas dentro del bosque enano/arbustal. La distancia mínima entre las trampas de huellas fue de 50 m.

El segundo método fue el registro fotográfico de mamíferos mediante una cámara automática con sensor infrarrojo modelo Deer Cam DC-200, con el fin de obtener imágenes de especies de difícil observación. Se colocó la cámara a una altura de 60 cm del suelo con una programación de 1 min entre cada toma fotográfica. En el campamento Kapiromashi, ubicamos la cámara en una trocha de *Tapirus terrestris* y *Mazama americana* dentro de un pacal (bosque de bambú de *Guadua* sp., Figura 3E). En Katarompanaki y Tinkanari colocamos la cámara frente a una trocha de *Tremarctos ornatus* en el bosque enano/arbustal.

Adicionalmente entrevistamos a Gilberto Martínez, Javier Mendoza, René Bello, Felipe Senperi,

Antonio Nochomi, Luis Camparo, Ronald Rivas y Gilmar Manugari, pobladores Machiguengas de las comunidades nativas de Timpía, Matoriato y Shivankoreni, que nos apoyaron en el trabajo de campo. Usamos las entrevistas para complementar el inventario con mamíferos presentes en las zonas bajas adyacentes y dentro de la Zona Reservada (entre 450 a 600 m). Se realizó la identificación de estas especies usando las láminas de la guía de campo de mamíferos de Emmons y Feer (1999).

RESULTADOS

Especies registradas

Previo al trabajo de campo, preparamos una lista de las especies esperadas para la zona de estudio, basada en los inventarios a elevaciones similares en el Parque Nacional Manu (Pacheco et al. 1993) y la Cordillera Vilcabamba (Emmons et al. 2001; Rodríguez y Amanzo 2001). De las 46 especies esperadas registramos 32 que incluyen 7 órdenes, 17 familias y 28 géneros (ver Apéndice 7). Encontramos un alto número de las especies esperadas, con 1 de 3 marsupiales, 4 de 8 xenartros, 6 de 8 primates, 10 de 13 carnívoros, 1 de 1 perisodáctilo, 4 de 5 artiodáctilos y 6 de 8 roedores. En las entrevistas, los guías reportaron 12 especies que son comúnmente observadas en las zonas más bajas, y 6 de ellas corresponden a especies esperadas en el trabajo de campo. Sumando los registros de campo y las entrevistas, podemos confirmar 44 especies para las áreas muestreadas en la Zona Reservada, y las zonas bajas.

Como la ZRM comprende un gradiente altitudinal que va desde los bosques de la selva baja (~ 450 mnsm) hasta la puna (4.000+ mnsm), estimamos 161 especies de mamíferos grandes y pequeños para la zona entera, lo que representaría el 35% de los 460 mamíferos estimados para el Perú (Pacheco et al. 1995).

Campamento Kapiromashi (25 al 29 abril del 2004)
En cinco días recorrimos 18,5 kilómetros, entre 760-1.200 m de altitud. Registramos un total de 19 especies que incluyen 3 xenartros, 2 primates, 6 carnívoros, 1 perisodáctilo, 3 artiodáctilos y 4 roedores.

Este campamento estuvo ubicado en un área donde algunos pobladores de la comunidad de Sababantiari realizan cacería para subsistencia.

A pesar de la cacería en la zona, encontramos abundante evidencia de *Tapirus terrestris* (Figura 11F). En las orillas del río Ticumpinía, observamos una gran cantidad de huellas de esta especie reconociendo en base a las medidas de éstas, un mínimo de 4 individuos. Varios tapires compartieron trochas con *Mazama americana*. Un integrante del equipo de avanzada observó un individuo en la playa y obtuvimos un registro fotográfico de un individuo adulto caminando por una trocha entre los pacales (*Guadua* sp.) a las 2030 h. Dentro de una quebrada en el bosque encontramos dos excretas de tapir conteniendo restos de *Gynerium sagittatum* (Poaceae).

En dos oportunidades el equipo de Ictiología observó una pareja y un individuo solitario de *Lontra longicaudis* (Figura 11E) nadando en el río Ticumpinía. En las caminatas realizadas paralelas al río, encontramos cuatro excretas y una madriguera, y abundantes huellas.

Cercanas a las huellas de *Lontra longicaudis* encontramos abundantes rastros de *Panthera onca,* de las cuales dos huellas correspondían a una hembra con su cría. En el área boscosa, a 818 m de altitud, volvimos a observar las huellas de esta pareja, así como excretas muy frescas y durante las tres últimas noches escuchamos sus vocalizaciones.

Otra especie con un alto número de rastros es el *Dasypus novemcinctus*; encontramos nueve madrigueras y abundantes huellas de esta especie en todas las estaciones de olores que fueron colocadas entre 725-930 m de altitud. Unos metros más abajo (778 m de altitud), en el dosel del mismo bosque observamos un grupo de 7 individuos de *Nasua nasua*, de los cuales pudimos observar 4 adultos y 3 crías.

Entre los primates grandes presentes en las zonas bajas, esperábamos encontrar poblaciones grandes de *Alouatta seniculus* y *Lagothrix lagothricha* (Figura 11C), sin embargo sólo logramos escuchar en una oportunidad las vocalizaciones del primero mientras que la segunda especie estuvo ausente. Debido a que estas especies habitan principalmente los bosques primarios no disturbados, es posible que su baja representatividad sea el resultado de una alta presión de cacería en la zona de estudio.

En los pacales (bosque de *Guadua* sp.) observamos dos tropas de cuatro (854 m) y ocho individuos (745 m) de *Cebus apella*. En la tropa más grande se observó una hembra con cría. *C. apella* fue el único primate que observamos en este bosque perturbado, y es una de las especies de primate que presentan mejor capacidad de adaptación en estos tipos de hábitats debido a su alto potencial reproductivo (Rylands et al. 1997).

Se registró la presencia de *Dinomys branickii*, una especie poco conocida (White y Alberico 1992). Encontramos una madriguera prácticamente mimetizada en el bosque de *Guadua*, ubicada a 777 m de altitud y cercana a esta zona, y un integrante del grupo biológico observó un individuo cruzando una quebrada cercana al río Ticumpinía.

Especies que fueron esperadas, pero cuyos rastros fueron mínimos, eran el *Tayassu pecari* y *Pecari tajacu*. Es posible que su ausencia se deba a las migraciones estacionales a gran escala o al efecto de la cacería en la zona.

Campamento Shakariveni (13 al 19 abril del 2004)
El equipo de avanzada empezó a construir trochas cerca al río Shakariveni (~950 msnm) con el fin de llegar a las plataformas de Katarompanaki (~1.700 msnm), pero por las fuertes pendientes en el área no fue posible salir del valle (ver Panorama general de los sitios muestreados). El equipo biológico no visitó este sitio. No obstante, en observaciones oportunistas durante los siete días de trabajo, el grupo de avanzada registró un total de 18 especies, que incluyen 3 xenartros, 2 primates, 6 carnívoros, 1 perisodáctilo, 4 artiodáctilos y 2 roedores. Entre los más resaltantes vieron dos individuos de *Lontra longicaudis* entre los ríos Yariveni y Ticumpinía. En la misma zona de playa del río, observaron un individuo de *Tapirus terrestris* y otro de *Puma concolor* (Figura 11D) cerca al campamento,

así como huellas de *Leopardus pardalis*.

En los pacales (*Guadua* sp.), encontraron huellas y una madriguera de *Priodontes maximus*, y rastros de alimentación de *Myrmecophaga tridactyla*. También registraron dos palmeras del género *Geonoma* (Arecaceae) consumido por *Tremarctos ornatus*, así como rasguños de marcaje de territorio en la corteza de un árbol.

Campamento Katarompanaki (2 al 7 mayo del 2004)
En 5 días recorrimos 11 kilómetros entre 1.360-2.000 m de altitud. En este campamento registramos un total de 10 especies, que incluyen 5 primates, 2 carnívoros y 3 roedores.

Entre 1.374-1.665 m de altitud, observamos en siete oportunidades un grupo de 28 individuos de *Lagothrix lagothricha* (6 fueron hembras con crías), alimentándose de los frutos y hojas de los géneros *Ficus* (Moraceae), *Tillandsia* (Bromeliaceae), *Anomospermum* (Menispermaceae), *Wettinia* (Arecaceae), *Matisia* (Bombacaceae) y *Guzmania* (Bromeliaceae, epífita). Observamos un grupo de cuatro individuos de *Cebus apella* a 1.760 m de altitud. Este registro se encuentra a 260 metros más elevado que el límite superior de elevación sugerido por Emmons y Feer (1999).

Dentro de los primates del Nuevo Mundo, el género *Saguinus* constituye uno de los grupos más numerosos y diversos, cuyos patrones de coloración del cuerpo y rostro son extraordinariamente variables (Hershkovitz 1977). Entre 1.545-1.620 m de altitud, observamos a una de las especies con mayor número de subespecies de este género, *Saguinus fuscicollis*, en un grupo de 8 individuos. Uno de los hallazgos más interesantes fue el avistamiento de un grupo de 10 individuos, de una especie de *Saguinus* aún sin determinar. Lo observamos a las 1000 h y presentaba un patrón de coloración semejante al *S. fuscicollis*, pero con una línea supraorbital más ancha, y una coloración uniforme del cuerpo, negra hacia la zona media superior, y rojiza hacia la parte inferior. Ambas especies de *Saguinus* han sido reportadas por nuestros guías Machiguengas, quienes nos hicieron hincapié de la diferencia de coloración entre ambos.

Entre 1.890-1.904 m de altitud, en el bosque enano/arbustal, encontramos once rastros de *Tremarctos ornatus* (Figura 11B) que incluyeron camas, pelos y restos de alimentación de la palma *Ceroxylon* sp. comida por esta especie. En este bosque encontramos especies de plantas que también son parte de la alimentación del oso en zonas aledañas, según nos comentaron los guías, incluyendo una Lauraceae, conocida por los guías Machiguengas como Inchobiki, *Dictyocaryum lamarckianum* (Arecaceae), *Euterpe precatoria*, (Arecaceae), *Rubus* sp. (Rosaceae) y *Guzmania* sp. (Bromeliaceae, terrestre). Un integrante del equipo de avanzada durante el trabajo de preparación de las trochas observó varios senderos de oso a ~1.530 m de altitud.

Entre 1.620-1.890 m encontramos 4 madrigueras de *Agouti paca* con restos de frutos de *Dictyocaryum lamarckianum* comidos por esta especie, y un integrante del grupo de herpetología observó una hembra con su cría.

Campamento Tinkanari (9 al 13 mayo del 2004)
En 5 días de campo recorrimos 20,6 kilómetros, entre los 2.100 y 2.350 m de altitud. Registramos un total de 11 especies, que incluyen 1 marsupial, 2 xenartros, 2 primates, 4 carnívoros y 2 roedores.

La especie con mayor número de registros fue *Lagothrix lagothricha* (Figura 11C), que fue observada por todo el equipo biológico en varias oportunidades en grupos de 10 a 20 individuos alimentándose de los frutos maduros de *Hyeronima* sp. (Euphorbiaceae) en el bosque montano alto, a 2.150 m de altitud. Encontramos restos de otras especies consumidas por *L. lagothricha*, como *Guzmania* sp. (Bromeliaceae), *Inga* sp. (Fabaceae) y *Calatola costaricensis* (Icacinaceae). En esta misma área observamos un grupo de cuatro y quince individuos, así como dos individuos solitarios de *Cebus albifrons*.

Otra de las especies con gran cantidad de rastros fue el *Tremarctos ornatus* (Figura 11B). Sólo en el bosque enano/arbustal, a 2.100 m de altitud, registramos 28 indicios de su presencia. La mayoría fueron restos alimenticios de *Ceroxylum* sp. (Arecaceae),

pero también encontramos restos de dos especies terrestres de *Guzmania* sp. (Bromeliaceae) y *Sphaeradenia* sp. (Cyclanthaceae), cinco excretas conteniendo abundante semillas de una especie aún sin identificar y tres camas ubicadas debajo de las raíces de *Alzatea verticillata* (Alzateaceae). Por el contrario, en el bosque montano alto, a 2.230 m de altitud, obtuvimos pocos registros de esta especie, entre ellos tres comederos de *Chusquea* sp. (Poaceae) y uno de helecho arbóreo *Cyathea* sp. (Figuras 5A, 5B, 5H).

Uno de los registros más interesantes de este campamento fue realizado por Tatiana Pequeño, quien observó un individuo de *Herpailurus yagouaroundi* de color crema-amarillento cruzando el bosque montano alto, aproximadamente a 2.200 m de altitud. Esta coloración es muy poco común, usualmente esta especie se presenta en variaciones desde negruzco a marrón grisáceo, y rojizo a castaño (Tewes y Schmidly 1987).

Entrevistas
Especies observadas
Los guías entrevistados reportaron todas las especies registradas en el trabajo de campo y reconocieron 12 especies adicionales (6 esperadas) que ellos observan habitualmente cerca de sus comunidades, en los bosques que se encuentran a menor altitud de las áreas muestreadas (Apéndice 7). Felipe Senperi, jefe de la comunidad de Timpía, nos comentó que en una oportunidad observó a un mamífero muy parecido a un perro alimentándose de un *Agouti paca*; al mostrarle las ilustraciones de la guía de mamíferos (Emmons y Feer 1999) nos señaló como especie posible al *Speothos venaticus*. Hasta hace dos décadas atrás observaban pequeños grupos de *Pteronura brasiliensis* en el río Shihuaniro, pero actualmente no hay rastros de ellos. Según nos comentaron, esta especie fue intensamente cazada en la zona para el comercio de sus pieles.

Especies de consumo y mascotas
Los pobladores locales entrevistados coincidieron en que consumen principalmente la carne del *Lagothrix lagothricha* (Figura 11C) en los meses de mayo y junio, cuando éstos encuentran abundante alimento en el

bosque. También consumen *Mazama americana*, *Tapirus terrestris*, *Tayassu pecari*, *Pecari tajacu*, *Agouti paca*, *Dasyprocta* spp., *Cebus apella*, *Alouatta seniculus* e *Hydrochaeris hydrochaeris* que son relativamente abundantes en los bosques cercanos a sus comunidades. Señalaron que consumen ocasionalmente *Cebus albifrons*, *Dasypus novemcinctus*, *Priodontes maximus*, *Dinomys branickii*, *Lontra longicaudis* (Figura 11E) y *Nasua nasua*.

La mayoría de las especies mantenidas como mascotas corresponden a los primates: *Saguinus fuscicollis*, *Saimiri* sp., *Aotus* sp. y *Callicebus* sp. En la comunidad de Timpía mantienen un individuo adulto de *Tapirus terrestris*.

Especies objeto de conservación

Según la Convención sobre el Comercio Internacional de Especies Amenazadas de Fauna y Flora Silvestres (CITES), de las 32 especies registradas en la Zona Reservada, 5 se encuentran en Vías de Extinción (CITES 2004-Apéndice I) y 12 Vulnerables o Potencialmente Amenazadas (CITES 2004-Apéndice II), de éstas últimas 5 especies corresponden a primates. Según la última recategorización de fauna silvestre para el Perú realizada por el Instituto Nacional de Recursos Naturales (INRENA 2003), tenemos 2 especies En Peligro, 5 Vulnerables y 3 Casi Amenazadas.

El *Tremarctos ornatus* (Figura 11B) se encuentra categorizado en Vías de Extinción por el CITES y como En Peligro por el INRENA. Esta categorización se debe principalmente a dos motivos, el aislamiento severo en que se encuentran sus poblaciones silvestres y la cacería. Como consecuencia del fraccionamiento del hábitat, las poblaciones de esta especie se encuentran confinadas a pequeños parches fuera de la influencia del hombre (Orejuela y Jorgenson 1996). La cacería ocurre por varias razones incluyendo su uso en medicina tradicional, alimentación y venta de los oseznos como mascotas (Figueroa 2003a).

Estudios anteriores señalan que el *Tremarctos ornatus* es un dispersor de semillas de algunas especies como *Styrax ovatus* (Styracaceae, Young 1990), *Guatteria vaccinioides* (Annonaceae), *Nectandra cuneatocordata* (Lauraceae), *Symplocos cernua* (Symplocaceae,

Rivadeneira 2001) e *Inga* sp. (Fabaceae, Figueroa y Stucchi 2003). En base a su capacidad para dispersar semillas y sus altos requerimientos de área mínima vital (entre 250 ha, Peyton 1983; 709.2 ha, Paisley com. pers.) es posible que participe activamente en la recuperación y regeneración de los bosques (Peyton 1987), y que su conservación beneficiaría a centenares de otras especies (Peyton 1999). La ZRM presentó una de las mayores abundancias relativas de esta especie, en relación con el tiempo de esfuerzo, reportadas en un inventario en el Perú, lo que nos indica que esta área alberga poblaciones saludables de oso.

Lontra longicaudis (Figura 11E) se encuentra incluída en el Apéndice I del CITES debido a que actualmente existen grupos aislados en su distribución como consecuencia de la intensa caza en la que estuvo sometida en el pasado para el comercio de su piel y a la contaminación de los ríos donde habita.

Tapirus terrestris (Figura 11F) es una especie considerada Vulnerable tanto en la legislación peruana como en el CITES, esto es principalmente a consecuencia de su sobrecacería, ya que presentan una baja tasa de reproducción (Bodmer et al. 1997). Sin embargo, es posible que su caza sea poco frecuente en la zona, ya que encontramos abundantes huellas en las orillas del río Ticumpinía e incluso obtuvimos un registro fotográfico.

Los primates grandes como *Lagothrix lagothricha* (Figura 11C) y *Alouatta seniculus* son especies intensamente cazadas en muchas áreas de la Amazonía, con fines de susbsistencia y comerciales. Debido a la disminución y desaparición de estas especies en algunas áreas de su distribución en el Perú, el INRENA (2003) ubica a *L. lagothricha* como Vulnerable y *A. seniculus* como Casi Amenazada (INRENA 2003). Ambas se encuentran en el Apéndice II del CITES.

Dinomys branickii y *Myrmecophaga tridactyla* están incluídos como especies En Peligro y Vulnerable, respectivamente, en la categorización del INRENA (2003), debido a la degradación de sus hábitats por las actividades agrícolas, deforestación y a su cacería. Sin embargo, en la ZR Megantoni éstas especies no están directamente amenazadas debido a que la carne del *D. branickii* es consumida sólo ocasionalmente, y la de *M. tridactyla* no es consumida debido a su mal olor y sabor desagradable.

En la ZRM, dos de las especies más amenazadas a nivel mundial, *Panthera onca* (Figura 11A) y *Priodontes maximus* (CITES 2004-Apéndice I) no son cazadas por los Machiguengas que viven cercanos a la Zona Reservada. De igual forma, *Mazama americana* tiene ciertas restricciones en su cacería. Esto se debe a que estas especies forman una parte importante en sus creencias sobre el origen de la vida y los valores espirituales. Este hecho también ha sido reportado por Shepard y Chicchón (2001) en los Machiguengas que habitan en el lado este de la Cordillera Vilcabamba.

DISCUSIÓN

Comparaciones entre sitios muestreados

Con respecto a la diversidad de especies, el campamento ubicado a menor altitud (Kapiromashi) presentó el mayor número de registros de mamíferos, con 19 especies, de las cuales 14 fueron únicas para este lugar. Este fue el único sitio donde encontramos huellas de *Dinomys branickii* y *Myrmecophaga tridactyla*. Sin embargo, la mayoría de estas especies, a excepción de *Tapirus terrestris*, *Panthera onca* y *Dasypus novemcinctus*, presentaron abundancias relativas muy bajas (ver Apéndice 7). Incluso, una de las especies más esperadas, *Lagothrix lagothricha*, estuvo ausente. Estos resultados evidencian que la cacería realizada por la comunidad de Sababantiari podría estar impactando las poblaciones de mamíferos.

El campamento Katarompanaki, ubicado a una altitud media, tuvo la más baja diversidad (10 spp.) y cantidad de especies únicas (4 spp.); pero en contraste, este campamento presentó el mayor registro de primates con 5 especies. El campamento Tinkanari, ubicado a mayor elevación tuvo el segundo mayor registro de diversidad de especies (11 spp.) de las cuales 5 spp. fueron únicas para esta área, como *Puma concolor*, *Agouti taczanowskii* y *Herpailurus yagouaroundi*. A diferencia del primer campamento, en Katarompanaki y

Tinkanari registramos altas abundancias relativas de *Lagothrix lagothricha*, incluso éstas fueron las más altas de todas las especies registradas en el estudio biológico. De forma similar, *Tremarctos ornatus* presenta abundantes rastros en ambos campamentos, siendo la segunda especie con mayor abundancia relativa. De los tres sitios evaluados, Katarompanaki y Tinkanari, presentaron bosques enano/arbustal y montano alto en un excelente estado de conservación, sin indicios de intervención antrópica.

Los campamentos Kapiromashi y Katarompanaki compartieron 3 especies (*Cebus apella*, *Agouti paca* y *Dasyprocta fuliginosa*), al igual que Kapiromashi y Tinkanari (*Dasyprocta fuliginosa*, *Nasua nasua*, y *Priodontes maximus*). Tingkarani y Katarompanaki compartieron 4 especies (*Cebus albifrons*, *Dasyprocta fuliginosa*, *Lagothrix lagothricha* y *Tremarctos ornatus*).

Comparaciones de la Zona Reservada Megantoni con la Cordillera Vilcabamba y el Parque Nacional Manu

Debido a que la ZRM es un corredor biológico que conecta la Cordillera Vilcabamba con el Parque Nacional (PN) Manu, decidimos comparar el número de especies encontradas en el presente inventario con las reportadas en las otras dos áreas a elevaciones similares, a fin de obtener un panorama más amplio sobre las similitudes y diferencias.

Los datos de comparación con la Cordillera Vilcabamba se basaron en el inventario de mamíferos realizado por Emmons et al. (2001) y Rodríguez y Amanzo (2001). Para el caso de el PN Manu, no pudimos realizar una comparación tan exacta, ya que la mayoría de los reportes publicados sobre mamíferos grandes y medianos, corresponden a áreas ubicadas entre los 200 y 380 m de altitud que son elevaciones más bajas de las muestreadas en Megantoni (desde 760 m) (Voss y Emmons 1996; Leite et al. 2003). Por otro lado, las listas recopilatorias no presentan rangos altitudinales (Mitchell 1998) o se centran en las zonas bajas, dando sólo algunos reportes a mayores elevaciones (Pacheco et al. 1993). Las comparaciones con la PN Manu se realizarán en base a los datos de Pacheco et al. (1993).

En los tres campamentos de Megantoni establecidos entre los 760 y 2.350 m, registramos 32 spp., mientras que en los cinco campamentos de la Cordillera Vilcabamba, entre los 850 y 2.445 m de altitud, se reportaron 26 spp. De éstas, 18 fueron comunes para ambas áreas y correspondieron mayoritariamente a carnívoros (7 spp). La diferencia entre la diversidad de la ZRM y la Cordillera Vilcabamba está dada en el área por debajo de los 1.200 m de altitud. La Cordillera Vilcabamba presenta 11 especies entre los 850 y 1.200 m, mientras que en el campamento Kapiromashi (760 y 1.200 m) registramos 19 especies, que representan el 73% del total encontrado en la Cordillera Vilcabamba.

A mayores elevaciones el número de especies compartidas desciende, así como el número de especies registradas. Entre los 2.100 y 2.350 m de altitud en Megantoni hay 11 spp., mientras en la Cordillera Vilcabamba entre los 2.050 y 2.445 se encontraron 16, de éstas 7 son compartidas. La diferencia entre las dos áreas podría reflejar el mayor tiempo invertido en el inventario a esta elevación en la Cordillera Vilcabamba.

Las especies registradas únicamente en la ZRM fueron: *Cabassous unicinctus*, *Procyon cancrivorus*, *Mazama gouazoubira*, *Myrmecophaga tridactyla*, *Saguinus fuscicollis* y *Saguinus* sp. Mientras que para la Cordillera Vilcabamba fueron el *Ateles belzebuth*, *Leopardus tigrinus* y *Mazama chunyi*.

En las tres áreas comparadas *Cebus apella* presenta los límites de elevación más altos de los estimados por Emmons y Feer (1999). En la ZRM, *C. apella* fue observado a 1.760 m y en la Cordillera Vilcabamba hasta 2.050 m. Su presencia a mayores altitudes podría deberse a la abundante presencia de frutos maduros en los bosques donde fueron observados, o estas áreas más altas representan un refugio para ellos debido a la presión por la sobrecacería en las zonas bajas.

Tanto en la ZR Megantoni como en el PN Manu la *Panthera onca* (Figura 11A) se presenta a altitudes menores de 1.000 m, sin embargo, resulta extraño que ésta no haya sido reportada a esta elevación en la Cordillera Vilcabamba, incluso no se reporta en las entrevistas realizadas a los guías.

Entre las especies mejor representadas en el corredor tenemos *Tremarctos ornatus* (Figura 11B), con uno de los más amplios rangos altitudinales en lado oriental de la Cordillera de los Andes. En el presente inventario encontramos rastros de esta especie entre los 960 y 2.230 m de altitud con los mayores registros en el bosque enano/arbustal a 2.100 m. Es muy probable que esta especie exista en zonas más altas, sin embargo sólo muestreamos hasta 2.350 m. En la Cordillera Vilcabamba lo reportan entre 1.710 a 3.350 m, con mayores registros a 2.245 m, entre la transición del bosque enano con el valle interandino, a pesar de muestrear desde los 850 m, esta especie no fue reportada en las zonas bajas. En constraste, el PN Manu lo reporta desde aproximadamente 550 m de altitud (Fernández y Kirkby 2002) hasta 3.450 m (Pacheco et al. 1993), encontrándose abundantes registros entre 2.360 a 2.830 m, en el bosque montano alto (Figueroa 2003b). Peyton (1980) encontró que los amplios rangos de distribución de *Tremarctos ornatus* coinciden con los ciclos de fructificación de diferentes especies importantes en la dieta del oso.

AMENAZAS, OPORTUNIDADES, Y RECOMENDACIONES

Principales amenazas

La continua destrucción de los bosques y la sobreexplotación de especies de caza tienen un efecto negativo en la estructura de las comunidades de animales silvestres. Cercana a la Zona Reservada Megantoni, la deforestación se debe a dos factores: actividades agrícolas (principalmente a lo largo del Bajo Urubamba) y a la colonización, ocupando grandes extensiones cercanas al Pongo de Maenique y a lo largo del río Yoyato.

La cacería con fines de subsistencia es realizada por todas las comunidades nativas que viven adyacentes a la Zona Reservada. El campamento Kapiromashi, ubicado en las cercanías del río Ticumpinía, coincidió con un área usada por la comunidad de Sababantiari para la caza. Aquí, de las especies de primates esperadas, *Lagothrix lagorthricha* (Figura 11C) no se reportó y *Alouatta seniculus* sólo se reportó en una ocasión. Este resultado sugiere que podría estar realizándose una sobrecacería de primates en esta área, sin embargo, es necesario llevar a cabo mayores estudios para confirmar este planteamiento.

Recomendaciones

Protección y manejo

La cacería es una actividad sumamente importante para las comunidades nativas. En al menos 62 países, la caza contribuye aproximadamente con un 20% de la proteína animal de la dieta de las personas (Stearman y Redford 1995) y en ciertas partes de la Amazonía, los indígenas satisfacen el 100% de su demanda proteínica a través de ésta (Redford y Robinson 1991) e incluso puede contribuir a mejorar la calidad de la dieta de muchos colonos (Vickers 1991). Entonces es importante evaluar la sustentabilidad de esta actividad, no sólo en las zonas de caza de la comunidad de Sababantiari, sino también en las áreas usadas por las comunidades que viven adyacentes a la Zona Reservada como Timpía, Saringabeni, Matoriato y Estrella, con el fin de preservar las poblaciones silvestres sin afectar la calidad de vida de los pobladores que dependen de esta actividad para su subsistencia. En este mismo sentido, se podría buscar métodos alternativos de pesca que no involucren el envenenamiento de las aguas, de las cuales depende el equilibrio de las comunidades tanto terrestres como acuáticas.

La comunidad de Timpía por medio del Centro Machiguenga, desarrolla actividades de ecoturismo en áreas cercanas al Pongo de Maenique (Figuras 1, 2, 13) donde muestran a los turistas parte de las bellezas escénica de la zona conformadas por las cataratas que atraviesan el río Urubamba y las colpas de aves y mamíferos. Esta es una actividad que debe ser apoyada y motivada para realizarse en otras comunidades de una forma coordinada que promuevan la conservación de las zonas adyacentes a la Zona Reservada.

Inventarios adicionales

La Zona Reservada Megantoni atraviesa diferentes pisos altitudinales que van desde la selva baja hasta la puna, apreciándose una geografía muy variada y singular. Estas características del área pueden influir en la presencia de especies endémicas, principalmente en los mamíferos pequeños no voladores cuyos desplazamientos son más limitados. Para tener un listado exacto de las especies en la ZR Megantoni es necesario realizar estudios complementarios, uno localizado a una elevación menor de 760 m y otra mayor a 2.350 metros, que no fueron realizados en esta oportunidad.

Historia de la región
y su gente

BREVE HISTORIA DE LA REGIÓN

Autor: Lelis Rivera Chávez

INTRODUCCIÓN

Para los pobladores tradicionales del valle del Urubamba, un gran misterio ha rodeado las áreas comprendidas dentro de la Zona Reservada Megantoni (ZRM). Su inaccesibilidad, la abundancia de animales—todos protegidos por el *Tasorinshi Maeni* (oso de anteojos, *Tremarctos ornatus*, Figura 11B)—hicieron del lugar un territorio poco explotado y lleno de una carga cultural con mucha fuerza telúrica para los pueblos indígenas Machiguenga y Yine Yami/Piro. En esta sección, resumimos en breve las influencias iniciales en la región, y destacamos algunas características del paisaje que han contribuido a la inaccesibilidad de la zona y, a su vez, a la conservación de la alta biodiversidad dentro de Megantoni.

INFLUENCIAS INICIALES EN LA REGIÓN

El paso del sistema colonial español al sistema republicano, de varias maneras, no ocasionó cambios importantes en la amazonía; por el contrario, se le siguió considerando una zona de extracción de los recursos naturales y de esclavitud para la población indígena.

Durante el siglo dieciocho, los indígenas Piro remontaban el Alto Urubamba robando mujeres, niños y productos de los Machiguenga, para llevarlos a la feria que se efectuaba en la hacienda española de Santa Teresa en Rosalino, en donde los intercambiaban por bienes. Por ese tiempo, la demanda francesa de la cascarilla para elaborar la quinina afectó tanto a los Piro como a los Machiguenga. Posiblemente de estos años data la introducción de instrumentos de hierro en el valle.

Durante este siglo se da inicio a las actividades misioneras, pero sin mayor éxito. En el siglo diecinueve, la región del Urubamba vivió un cierto período de aislamiento, aunque comenzaron a formarse las primeras haciendas de criollos. A finales de ese siglo, el *boom* del caucho estableció contactos permanentes entre los Machiguenga y los criollos. El auge de la explotación del caucho, desarrollado entre 1880 y 1920, fue una época de explotación severa de los nativos en los aspectos social, económico y cultural. En muchos lugares del Medio y Bajo Urubamba la población fue reducida en una manera dramática.

Una de las características de la época del caucho, fue la utilización de campamentos "multiétnicos" para la explotación de los recursos. La gente que se requería para el trabajo era "recolectada" mediante el sistema de las *correrías*. Este hecho consistía en incursiones violentas a los poblados indígenas, promovidas y realizadas por los caucheros o hacendados en alianza con el curaca de una etnia o un clan enemigo, con el fin de robar niños, jóvenes y mujeres, quienes posteriormente eran vendidos o explotados en el trabajo.

Este sistema imperó hasta las primeras décadas del siglo veinte, cuando la producción de caucho en Asia resultó en la caída de esta actividad en la Amazonía peruana. Posteriormente se dieron otros pequeños booms, como el del barbasco, pero con una influencia muy limitada en la economía regional. Durante la Segunda Guerra Mundial, la economía se recuperó debido al incremento de la demanda del caucho. Finalizada la guerra, la demanda del caucho volvió a caer, lo que generó en la población criolla una crisis económica.

Poblaciones prósperas, como la que existía en la boca del río Sepahua, habían desaparecido. Algunos caucheros, para salir de la crisis, se dedicaron a la explotación de la madera y al comercio. La mano de obra del nativo continuó siendo obtenida por medio de las correrías.

En 1949 se instalan en la zona las Misiones Dominicas y casi paralelamente, el Instituto Lingüístico de Verano (ILV). Ambas instituciones, a través de la firma de un convenio con el Ministerio de Educación, buscaron desde la perspectiva de la iglesia católica y evangélica integrar a las poblaciones indígenas a la sociedad nacional, transmitiéndoles el mensaje de la evangelización y la ideología indígena, generando profundos cambios sociales en las comunidades nativas. El tráfico de niños y mujeres que se dio dentro de las comunidades continuó hasta la década de los 70, en complicidad con algunas autoridades comunales. La creación de internados para niños nativos, que

implementó la Misión Dominica junto a las escuelas resultó siendo muy importante para brindarles protección y evitar el accionar de los traficantes.

Los grupos indígenas siguieron un patrón particular para formar las actuales comunidades. Comienza con la presencia de un misionero católico o de un profesor nativo ligado al ILV, quienes realizan una actividad de visita y convencimiento a las familias dispersas que vivían en el área, las cuales se encontraban fuertemente impactadas por las actividades de los caucheros y hacendados. Las familias comenzaron a ser nucleadas alrededor de la escuela, que funcionaba como un centro de integración, para luego brindarles, en forma complementaria, asistencia médica, dotarlas de servicios mínimos e implementar pequeños proyectos productivos. Ni el Estado, ni la administración regional o departamental tuvo un rol protagónico en la fundación de las escuelas de la zona, como sí la tuvieron la Misión Dominica desde Puerto Maldonado y el ILV desde Pucallpa. El interés del Estado por las comunidades de la zona parece manifestarse recién cuando la compañía Shell descubre los yacimientos de gas en Camisea. Actualmente, en el Alto río Urubamba, desde la comunidad nativa de Koribeni hasta el Pongo de Maenique, los Machiguenga se ven afectados por la creciente presencia de colonos.

INACCESIBILIDAD DE LA ZONA

Se puede acceder a la Zona Reservada Megantoni desde el Alto Urubamba por dos rutas: vía terrestre Calca o Quillabamba hasta el distrito de Quellouno (Figura 1), desde donde se continúa por una trocha carrozable hasta el centro poblado Estrella, continuando por un camino de herradura hasta llegar a la ZRM. La otra ruta es fluvial: por Quillabamba, vía terrestre hasta el puerto de Ivochote, desde donde se continua viaje con bote con motor fuera de borda por el río Urubamba, cruzando el Pongo de Maenique, hasta la desembocadura del río Ticumpinía, surcando éste hasta llegar a la Comunidad Nativa Sababantiari (Figura 1, A20), colindante con la Zona Reservada Megantoni en su limite noroeste. Desde el Bajo Urubamba el área de estudio es asequible desde la ciudad de Sepahua, para surcar el río Urubamba hasta la desembocadura del río Ticumpinía, hasta llegar a la Comunidad Nativa Sababantiari.

No se ha precisado en detalle cuando iniciaron los movimientos migratorios entre el Bajo y el Alto Urubamba. Pero existió un intenso movimiento de intercambio entre los actuales pobladores del Bajo Urubamba (Machiguenga y Yine Yami/Piro) con los pobladores andinos. Caminos peatonales y trochas permanentes fueron construidos por los indígenas para remontar la cadena de la cordillera en donde se encuentra el Pongo de Maenique (Figuras 2, 13), en la medida que los viajes por río eran interrumpidos al llegar al Pongo, tanto de subida como de bajada. La ruta de Saringabeni–Poyentimari, pasando por el abra de Chingoriato (margen izquierda del Urubamba), y posteriormente la ruta de Lambarri, fueron la única forma de mantener vinculadas las partes altas y bajas.

La penetración de misioneros y viajeros desde los Andes al interior de la selva del Urubamba empezó en el siglo diecinueve, con embarcaciones frágiles aguas abajo y con trágicos resultados que acrecentaron el misterio que rodeaba el temido Pongo de Maenique. Viajeros famosos como el Coronel Pedro Portillo y Marcel Monnier, que lograron develar el misterio, atravesaron el cañón de Maenique o Megantoni y dejaron testimonio por primera vez de la espectacular belleza del paisaje que se entremezclan con la peligrosidad del caño como ruta fluvial.

La vía fluvial es la de mayor importancia para el transporte de pasajeros y carga. Las condiciones de navegación de la red hidrográfica se facilitan en forma permanente en el río Urubamba, mientras que en los afluentes más importantes es temporal, limitado a la época lluviosa. El principal eje ínter-fluvial es Ivochote-Pongo de Maenique (Figuras 1, 13). La accesibilidad a la zona es riesgosa y costosa por la presencia del Pongo, determinando una desarticulación en el departamento de Cusco. Eso permite una mayor vinculación de los centros poblados ubicados aguas abajo con Sepahua y Atalaya, en el departamento de Ucayali.

Hasta fines de la década de los 70 del siglo veinte, el cañón del Megantoni o Maenique se mantuvo sin usarse como ruta fluvial, a pesar de que en tal período la colonización del valle estuvo en su máximo apogeo. Pero para los años 80 se dio el desafío, teniendo como detonantes tres acontecimientos importantes: (1) la filmación de la película Fitzcarraldo que usó como escenario el Megantoni, requiriendo de una intensa movilización en el área que la dejó virtualmente abierta a los boteros comerciales del Alto Urubamba; (2) aparición de nueva tecnología en los motores fuera de borda para la navegación fluvial (desaparecieron motores con pasador en la hélices); y (3) el proyecto Gas de Camisea.

Ahora, desde el Pongo de Maenique para abajo operan aproximadamente 93 embarcaciones de diversa capacidad y potencia, mayormente peque-peques, canoas y botes con motor fuera de borda. En el eje Ivochote-Pongo de Maenique operan alrededor de 80 embarcaciones, 30 de las cuales pasan el Pongo y prosiguen el viaje por el Bajo Urubamba. Abierta la ruta fluvial, las amenazas para la zona del Bajo Urubamba aumentaron rápidamente, creciendo también las amenazas para la frágil, bella y rica biodiversidad del Megantoni (Figura 1).

CARACTERÍSTICAS SOCIOECONÓMICAS Y CULTURALES

Autor : Lelis Rivera Chávez

INTRODUCCIÓN

En el área circundante a la Zona Reservada Megantoni (ZRM) encontramos dos grupos culturales claramente diferenciados: la población nativa organizada en comunidades y la población colonizadora organizada en asentamientos rurales (Figura 1). Un rasgo que caracteriza a la zona, es el bajo nivel de desarrollo social, así como el limitado acceso a servicios básicos.

La motivación eminentemente agrícola comercial de los colonizadores los ha llevado a ocupar prioritariamente las zonas próximas a las rutas de acceso presentes y futuras. Hemos identificado entre otras, dos razones de peso que han activado las oleadas de colonización: (1) la mejora sustancial del precio del café y el cacao que se produce cíclicamente, y (2) la aparición de nuevos proyectos de carreteras hacia el interior del valle.

El desconocimiento del ecosistema tropical y la escasa vocación agrícola de la zona son las principales razones por las que los colonizadores han causado una gran depredación del recurso bosque y suelo en sus parcelas. En la zona, los suelos se deslizan rápidamente, ocasionando, por ejemplo, derrumbes como el de Ocobamba en el río Yanatile y varios otros. A su vez, el empobrecimiento de los suelos motiva siguientes desplazamientos hacia nuevas áreas, alentado por traficantes de tierras.

La instalación de cultivos en pendientes abruptas y en tierras de protección, no ha sido una limitación para que funcionarios del Estado otorgaran derechos de propiedad de la tierra a colonos, aún cuando este paso, sólo garantiza mayor pobreza y mayor deterioro del ambiente.

Las poblaciones nativas, organizadas en comunidades y grupos trashumantes en cambio, poseen otras estrategias de sobrevivencia, en las que el bosque juega un papel importante. Su economía es de subsistencia y aunque tienen vinculación con el mercado en base a los cultivos de café, cacao y achiote, éstos no son mayores en superficie a los cultivos dedicados al autoconsumo.

En la presente sección, damos una reseña de la demografía humana de la zona, y describimos la colindancia sociocultural de la ZRM en los sectores del norte, sur, oriental, y occidental, incluyendo información de ambas las comunidades nativas y los asentamientos de los colonos. También damos un resumen breve de las cinco etnias que viven en las comunidades nativas aledañas a Megantoni.

RESEÑA DE LA DEMOGRAFÍA EN LA ZONA

Megantoni, y el gran Pongo de Maenique, dividen el valle del Urubamba en Alto y Bajo Urubamba. Los pueblos originarios constituyen la población más numerosa del Bajo Urubamba, con cerca de 12.000 habitantes, contra cerca de 800 habitantes colonizadores. En el Alto Urubamba, en cambio, los colonizadores sobrepasan los 150.000 habitantes, contra cerca de 4.000 habitantes indígenas (Figura 1).

En los tiempos modernos, ambos, los pueblos originarios y los colonizadores se establecieron en las riberas del río Urubamba y de sus principales tributarios, debido a que los ríos constituyen el principal medio de articulación interna y externa. La población nativa es culturalmente más diversa en el Bajo Urubamba y tienen un patrón de asentamiento nucleado y lineal, por influencia de la acción de las escuelas, misiones religiosas y patrones locales. Las escuelas han contribuido en gran medida a la nuclearización y sedentarización de la población nativa.

Por otra parte, en estudios realizados por el CEDIA a mediados de los años 90, en la actual Zona Reservada Megantoni, se identificaron pequeñas áreas de "purmas," (bosque secundario), chacras y casas de clanes que corresponden a poblaciones nativas Nanti (tambien conocidos como Kugapakori; ver abajo) (CEDIA 2004; Figura 12E). Los últimos reconocimientos aéreos en la zona permitieron corroborar la presencia de por lo menos cuatro chacras y malocas de familias extensas o clanes Nanti/Kugapakori, que no fueron detectadas en los trabajos de campo en la decada de los noventa en el Alto Río Timpía.

Este hecho, además de testimonios recolectados de pobladores locales, demuestra que los grupos en aislamiento observados en el Alto río Timpía, son Nanti/Kugapakori, considerando que estos grupos usan a manera de corredor el río Timpía para acceder desde el territorio de la Reserva del Estado A Favor de los Indígenas Kugapakori-Nahua, al Parque Nacional del Manu.

COLINDANCIA SOCIOCULTURAL DE LA ZONA RESERVADA MEGANTONI

Los sectores occidente, norte y oriente

Por el lado occidental de la Zona Reservada se encuentra la Reserva Comunal Machiguenga (Figura 1) que comprende un área de 218.905 ha y que forma parte del complejo de Áreas Naturales Protegidas de Vilcabamba.

Por el norte del Pongo de Maenique, tanto en la margen derecha del río Urubamba en las desembocaduras del Saringabeni y el Toteroato, como en su margen izquierda en la desembocadura del Ticumpinía y el Oseroato, encontramos cinco asentamientos rurales de colonos Saringabeni y Ticumpinía, que agrupan a un total de 71 parceleros, de los cuales 12 colindan con la Zona Reservada (CEDIA 2002a; Figura 1). De estos cinco asentamientos, el Kitaparay es el más importante y congrega a colonos provenientes de Apurímac, Cusco y Cajamarca, contando con una población aproximada de 34 familias (CEDIA 2001).

Por el oeste se encuentra la Comunidad Nativa Sababantiari (Figura 1, A20)—una de las dos comunidades nativas con las que limita la Zona Reservada Megantoni—la cual cuenta con aproximadamente 45 habitantes, agrupados en 13 familias Machiguenga y Nanti (CEDIA, 2004). Sababantiari se constituye por algunas familias originarias de la Comunidad Nativa Ticumpinía, asentada inicialmente en la boca del río Ticumpinía (hoy ubicada en el sector Chocoriari) y que desistieron de trasladarse conjuntamente con toda la comunidad a raíz de una enorme creciente que inundó todo el centro poblado y los cultivos. La inminente invasión de las tierras dejadas por la comunidad de Ticumpinía, por la Cooperativa Alto Urubamba y otros colonos, hizó que este grupo de familias se traslade de la boca del río Ticumpinía río arriba, hasta su actual ubicación entre el río Sababantiari y el Oseroato. Desde mediados de la década de los 80, se vinieron incorporando a este grupo inicial nuevas familias de origen Nanti/Kugapakori que hacían sus migraciones entre el Alto Yoyato, la cordillera del Pongo de Maenique, y las alturas del río

Ticumpinía. Dado el carácter paulatinamente sedentario que fue adquiriendo este nuevo grupo a finales de la década de los 80, animaron a CEDIA y el Ministerio de Agricultura a iniciar los trámites para su reconocimiento y titulación (Rivera Chávez 1988).

En su extremo nor-oriental y en todo su límite oriental, la Zona Reservada Megantoni colinda con el Parque Nacional Manu (Figura 1), que alberga en su interior a Comunidades Nativas Machiguenga, Piro, Harakmbut (Amaracaeri, Huachipaeri, Toyeri), además de poblaciones en contacto inicial y en aislamiento voluntario (Mashco-Piro y Nanti/Kugapakori) y población colonizadora.

En su parte norte, la Zona Reservada Megantoni colinda con la Reserva del Estado A Favor de los Grupos Étnicos Aislados Kugapakori-Nahua (Figura 1). Con 456.672,73 ha la Reserva se ubica en los distritos de Echarate y Sepahua, provincias de la Convención y Atalaya, y departamentos de Cusco y Ucayali respectivamente.

La Reserva del Estado A Favor de los Grupos Étnicos Aislados Kugapakori-Nahua

"Kugapakori" es una palabra que el Machiguenga del Bajo Urubamba utiliza para referirse a los pobladores de las cabeceras de los ríos afluentes del río Urubamba entre el río Yoyato, la cordillera del Pongo de Maenique, los ríos Ticumpinía, Sihuaniro, Timpía, Cashiriari, Camisea y otros ríos y quebradas que dan al río Manu o Alto Madre de Dios (Rivera Chávez 1988). Este grupo está constituido por un conjunto de familias extensas con asentamientos unifamiliares e incluso trifamiliares, estableciéndose en ámbitos extensos con malocas y chacras que cambian de ubicación de acuerdo al ritmo natural de sus migraciones. Sus movimientos migracionales pueden ser marcados por las estaciones de lluvia y sequía, los ciclos de reproducción de la flora y la fauna, la mayor o menor afluencia de animales de caza, pesca y recolección, así como de la evolución de sus cultivos de yuca y plátano de sus pequeñas chacras. Van dejando sus chacras junto a las trochas de caza y recolecta en sus movimientos migratorios en busca de alimentos (estaciónales) y cíclicos (visitas por otros motivos).

Al igual que el término "Kugapakori," la palabra Nahua no corresponde a una autodenominación y es utilizado para referirse a la "gente extraña." La autodenominación de este grupo étnico es "Yora" que significa "nosotros la gente buena." Éste grupo pertenece a la familia lingüística Pano (Reynoso Vizcaino y Helberg Chávez 1986). El territorio Yora/Nahua se extiende hoy a ambos lados del río Mishagua desde el límite del Parque Nacional Manu hasta la quebrada Tres Cabezas, y a ambos lados del río Serjali hasta donde éste colinda con territorio Nanti/Kugapakori. Actualmente los Yora/Nahua suelen usar sólo esporádicamente los recursos hasta los límites de este territorio debido a limitaciones de tiempo y costo, pero lo consideran suyo. Los límites del territorio están relacionados con la presencia de otros grupos indígenas y mestizos. Los Yora/Nahua definen su territorio como la zona en la cual no deben entrar los forasteros y no se pueden sacar recursos sin el permiso de sus pobladores (Shinai Serjali 2001).

La etnia Nanti/Kugapakori, lo mismo que los Yora/Nahua tradicionalmente migrantes, basan su existencia en lo que la propia floresta les proporciona para subsistir. La caza, la pesca y la recolecta son la base de su economía y la razón de su forma de vida nómada. La falta de aplicación de la Ley Forestal y de protección de la reserva ha incrementado la presencia de madereros ilegales en la Reserva, así como la explotación de hidrocarburos. El Lote 88 (un sitio de extracción de gas) comprende 106.000 ha de la Reserva y concretamente de territorio Nanti/Kugapakori; ésta ha sido la razón para que los Nanti/Kugapakori dejen las tierras bajas de la cuenca del Camisea y se refugien indefinidamente en sus nacientes, donde los recursos son escasos y sus asentamientos han sido peligrosamente forzados a ser sedentarios.

Este patrón de asentamiento que contradice la racionalidad de la relación de los Nanti con el bosque, viene configurando una situación de alto riesgo para la sobrevivencia del grupo. Especialmente si se considera el agotamiento radial de los recursos de caza, pesca y recolecta debido a la sobrecarga de un grupo numeroso (suman más de 300 personas entre Montetoni y Marankiato) sobre un bosque de colinas empobrecido. En la medida en que no puedan retomar sus áreas de caza, pesca y recolecta en las partes de aguas abajo del río Camisea (Lote 88) por temor de encontrarse con extraños y adquirir enfermedades mortales, la situación de desnutrición seguirá agravándose. Ademas existe la inminencia de diseminar enfermedades en sus poblados debido a su inusual concentración. Estos son asuntos a resolver de inmediato.

Reducir la parte del Lote 88 que se sobrepone a la Reserva, a una superficie mínima e indispensable para desarrollar el proyecto Camisea, es una propuesta que permite a que los indígenas Nanti retomen sus tradicionales territorios de manejo mientras que continué un proyecto de interés nacional.

El sector sur

En el lado sur, tanto en la margen izquierda como en la derecha del río Urubamba a la entrada del Pongo de Maenique, se ubican seis asentamientos rurales de colonos (Figura 1). Pomoreni y Yoyato, asentamientos limítrofes a la Zona Reservada Megantoni, tienen 19 parceleros colindantes.

En su extremo occidental del lado sur, se encuentra la Comunidad Nativa Poyentimari, asentada en el río del mismo nombre. De origen Machiguenga, ésta es la segunda comunidad nativa colindante con la Zona Reservada Megantoni (lo otra es Sabantiari) y cuenta con una población aproximada de 280 habitantes.

A mediados del año 2002, CEDIA y el Proyecto Especial de Titulación de Tierras (PETT)-Cusco verificaron los linderos en la zona sur central de la actual Zona Reservada Megantoni. Encontraron asentamientos de colonos al interior del área (CEDIA 2002; Figura 1). Los asentamientos corresponden a los sectores de Kirajateni-Koshireni y La Libertad, cuya antigüedad es variable. Además, en los sectores de Anapatia–Manguriari y de Sacramento (zona de puna ubicado en el extremo sur colindante con el Parque Nacional Manu), hemos encontrado chozas en estado de abandono. En dichos sectores, los colonos se encontraban en plena etapa de colonización (roces iniciales con asentamiento inicial o temporal), con un período de organización aproximadamente de dos años, a excepción del sector La Libertad.

El sector La Libertad (provincia de La Convención, distrito de Quellouno) se encuentra dentro de los linderos de la Zona Reservada Megantoni y es el único sector que se encuentra titulado e inscrito en los Registros Públicos de Quillabamba desde el año 1998. Sin embargo, la irregularidad con que se efectuaron los trabajos de campo de demarcación de parcelas, sale a relucir en la disconformidad de los pobladores con el trabajo realizado por el PETT, debido a que los planos perimétricos no concuerdan en la forma, colindancias y superficie adjudicada de cada parcela. Han solicitado que se rectifiquen todos los errores cometidos por el PETT. La mayoría de propietarios de este sector cuentan con otras parcelas en sectores como en Huillcapampa, Yavero, Santa Teresa y otros lugares del valle de La Convención. Así mismo, los terrenos titulados en su mayoría se encuentran con roces relativamente recientes (dos a tres años aproximadamente) y en una minoría con pastizales para la crianza de vacunos. Existen aproximadamente 20-30 propietarios.

En el sector de Kirajateni-Koshireni (Provincia de La Convención, distrito de Echarate, Figura 1, C2), ubicado dentro de los límites de la Zona Reservada Megantoni, encontramos a diez posesionarios precarios, con una situación que mantienen por cerca de dos años aproximadamente por no haber regularizado sus trámites con fines de titulación.

En ésta parte de la Zona Reservada Megantoni, los colonos se encuentran asentados en las nacientes de las cuencas de los ríos Yoyato, Kirajateni y Koshireni (Figura 1) cuyas aguas van a desembocar al río Urubamba, en terrenos accidentados con cambios bruscos en su relieve y que van desde los 1.000 a cerca de los 3.000 m. Son tierras altamente ácidas, poco profundas, limitadas por un estrato gravoso o roca consolidada, clasificadas según su Capacidad de Uso Mayor y como Tierras de Protección. Además, presentan enormes limitaciones para el desarrollo de las actividades agropecuarias.

COMUNIDADES NATIVAS

Las comunidades nativas existentes pertenecen a dos familias lingüísticas. La principal por el número de comunidades y la cantidad de personas es la Arahuaca, integrada por los grupos etnolingüísticos Machiguenga, Campa (Ashaninka y Kakinte), Nanti/Kugapakori y Yine Yami/Piro. La familia Pano, representada por el grupo Yora/Nahua, es minoritaria y marginal. La composición etnolingüística de la zona es bastante homogénea, por el predominio de grupos de la familia Arahuaca (85,8%), que tienen una lengua similar que facilita su comunicación, no existiendo diferencias radicales en sus costumbres.

La etnia Machiguenga

Los Machiguengas (Figura 12A, 12C) son el grupo más representativo de la zona y su territorio se ubica en tres áreas geográficas contiguas a las estribaciones de la cordillera de los Andes, entre los ríos Alto y Bajo Urubamba, Manu y Alto Madre de Dios. Su área ha sido siempre de difícil acceso y tiene una extensión cercana al millón de hectáreas.

Las comunidades están conformadas por familias extensas, las que tienen entre sí relaciones de parentesco. Se organizan para el uso del territorio en un área determinada. Su antiguo patrón de asentamiento disperso y migrante, ha cambiado hacia uno más sedentario, nucleado y lineal. Tienen un sistema propio de valores y creencias que configuran su identidad cultural y practican sistemas de ayuda mutua y reciprocidad.

El pueblo Machiguenga ha sido descrito como una sociedad igualitaria; sus destrezas y sus valores culturales son ampliamente reconocidos por los estudiosos de la Amazonía. Mantienen una economía de subsistencia (caza, pesca, recolección, agricultura), orientada tradicionalmente a satisfacer sus necesidades familiares. Sus pequeños excedentes cumplen un rol eminentemente social que lo utilizan en el reparto o intercambio, lo cual refuerza sus vínculos familiares y su solidaridad grupal. También producen en pequeña escala productos agrícolas como café, cacao, achiote, arroz, maní, pieles y pescado seco, los que son intercambiados por especies o dinero.

Las comunidades ubicadas en los tributarios del río Urubamba son las más tradicionales y en ellas predomina la economía de subsistencia. La articulación al mercado de las comunidades ubicadas en el río principal es más preponderante y mayor su necesidad de dinero. Son centros poblados más nucleados, relativamente más grandes y cuentan con mayor dotación de servicios. Existen diferencias en los grados de vinculación y articulación con el mercado, con una tendencia que va en aumento.

La etnia Ashaninka (Campa)

En la zona existen dos grupos Ashaninka (Campa, Figura 12D) inmigrantes. Uno de ellos lo conforman los Campa Kakinte que vienen de la zona de Tsoroja, ubicada en la cuenca del río Tambo. Migraron hace dos generaciones en busca de mejores tierras, presionados por la migración andina proveniente de los departamentos del centro del Perú que empezaron a invadir sus territorios tradicionales en la cuenca del río Tambo, constituyendo la comunidad de Kitepampani y Taini. El otro grupo, conformado por los Campa Ashaninka propiamente, tiene su origen entre los ríos Tambo y Ene.

Entre los factores de migración se pueden diferenciar dos tipos. El primero por la fuerte presión de colonización realizada en la selva central en la década de los 70 que los forzó a migrar hacia otras áreas, ingresando por Atalaya y pasando por la comunidad de Bufeo Pozo para finalmente asentarse en las inmediaciones de la comunidad nativa Miaría, en el lugar denominado Puerto Rico. Por un largo tiempo fue considerado un anexo de la comunidad de Miaría, pero actualmente ha sido reconocida y titulada como una comunidad nativa independiente. El segundo por causa de la violencia terrorista en el río Ene, la iglesia católica los trasladó en avionetas desde la cuenca del Ene y Cutivireni, hacia el Bajo Urubamba y hoy se encuentran viviendo en Koshiri, Tangoshiari y Taini.

La etnia Yine Yami/Piro

La etnia Yine Yami es más conocida como Piro y tradicionalmente ha sido el grupo hegemónico de la zona.

Esta hegemonía se manifestó en el comercio inter-regional, y su control de la desembocadura del río Tambo y el acceso al famoso Cerro de la Sal. También controlaban la zona de contacto con los Andes cerca del Cusco, constituyéndose en una especie de enlace entre el comercio amazónico y el acceso a los productos y manufacturas andinas. Se encuentran asentados en las comunidades Sensa y Miaría, colindando con el departamento de Ucayali. Los Yine Yami/Piro son los principales abastecedores de pescado del centro poblado de Sepahua y siguen teniendo la fama de ser muy buenos comerciantes y navegantes.

La etnia Nanti/Kugapakori

Los Nanti (Figura 12B) son conocidos por muchos como Kugapakori, denominación Machiguenga que significa "gente brava o salvaje," por la actitud belicosa que han tenido para defender sus territorios y el aislamiento en que se encontraban y aún se encuentran. Ellos autodenominan Nanti, que significa "gente buena."

Según parece, los Nanti/Kugapakori son un grupo que se separó de los Machiguenga al tomar la opción de mantenerse al margen del contacto con misioneros y otro tipo de representantes de la sociedad nacional. Se ha tenido noticias de su existencia desde 1750 y pequeños grupos fueron contactados en 1972. Un grupo de Nanti formaron los asentamientos de Marankiato y Montetoni, en áreas de la reconocida Reserva del Estado A Favor de los Grupos Étnicos Nahua-Kugapakori. Se tiene información de otros grupos Nanti, ubicados dentro del territorio del actual Parque Nacional Manu y dentro de la Zona Reservada Megantoni (Figura 12E).

La etnia Nahua/Yora

Los Nahua/Yora pertenecen al grupo Yaminahua y se encuentran asentados entre el río Misahua (Serjali) y Sepahua; pertenecen a la familia lingüística Pano. Los Nahua/Yora se han agrupado sólo en los últimos 12 años. Antes del año 1982, éste pueblo migraba entre los ríos Yurua, el Purús, el Mishagua y el Parque Nacional Manu en actividades de recolecta, caza y pesca. Actualmente habitan la cuenca del río Mishagua, afluente del Bajo Urubamba por la margen derecha. Más del 90% de su población ha conformado la Comunidad Nativa Santa Rosa de Serjali, en áreas de la Reserva del Estado A Favor de los Grupos Étnicos Nahua-Kugapakori.

LOS COLONOS

Los colonos se encuentran distribuidos espacialmente en cuatro sectores bien diferenciados en el Bajo Urubamba, incluyendo (1) Saringabeni-Quitaparay, a ambas márgenes del río Urubamba, pasando aguas abajo el Pongo de Maenique, (2) Kuway-Las Malvinas, entre los ríos Timpía y Camisea, (3) Nueva Esperanza-Tempero llamado también Shintorini, aguas abajo de la boca del río Camisea y (4) Mishahua, en la zona fronteriza de Cusco y Ucayali (Figura 1).

En la cuenca del Urubamba, el proceso de colonización ha sido diferente al que se produjo en la selva central. En el Alto Urubamba se dieron procesos de penetración pendular de parte de campesinos andinos, que llegaron a trabajar "enganchados" a las haciendas de estas zonas y generaron, como en el caso de La Convención, movimientos sociales por la redistribución de la propiedad de la tierra y contra los sistemas de propiedad existentes.

En 1969 se brindó prioridad al desarrollo del sistema cooperativo, el que prevaleció en el Alto Urubamba. Posteriormente, una parte de estas cooperativas decidieron ingresar al Medio Urubamba. Muchos intentos de ingresar al Bajo Urubamba quedaron truncos, porque los colinizadores encontraron la barrera natural del Pongo de Maenique.

En 1986 se produjo un nuevo intento de colonización promovido por el Estado a raíz del hallazgo de los yacimientos de Camisea, proceso que finalmente no tuvo éxito debido a los equivocados criterios políticos empleados (Rivera Chávez 1992). Posteriormente hubo una migración más espontánea de colonos provenientes de diferentes lugares del país, principalmente de Cusco, Apurímac y Junín.

El 80% de colonos son de escasos recursos económicos y se dedican a la agricultura; un 5% se dedica al comercio, que desarrollan entre Quillabamba y Sepahua. Tienen una o dos lanchas que les sirven para transportar su mercadería de comunidad en comunidad. Otro grupo tiene su centro de comercio (carpas itinerantes) en distintas comunidades. A pesar de ser un número reducido en el Bajo Urubamba, constituyen un grupo de poder económico y social, pero con una influencia baja en la toma de decisiones.

Maani Otsirinkakara

MAANI OTSIRINKAKARA

Kütagiteri antünkanira	25 abril–13 mayo 2004

Onakera

Ogari inchatoshi aityo 216.005,00 ha tera ontsagatenkani kara otishipageku, onti kara Kosokoku Compenshionku Echarateku onakera kara niganki kara agataagetira niatenipage kara eniku. Imperitapageku otimagetapaakera magatiro kipatsi kara ikamagutakotakerora Megantoniku avisagetirora enokupage impogini otsonpogitapaakara otsoasetapaakara otsovakiitira omonkaratarora keshipage. Ogari ichatoshipage oshivokapaakera otentagakarora magatiro imperitapage. Impogini otonkoapaakara omapukisetapaakara opampatakera otonkoagisetakara. Piteti otishitapaakera avishirora oga Ikamagutirora, agutapaakera anta kamatikya. Ogari eni oponiapaka avisakero omperitatapaakera kamatikia ovetsikakotapaakara okantaganirira Ponkoku Maeniku mavati opokaatakera niapage agatirora eni onti Timpia impogini Tigonpinia impogini katonko agatiro nia yogeato apitene omonkaratapaakero okamagutaganirira enokupageku otishigetakera´.

Okamagutunkanira

Okamaguytunkani mavati oga 650 impogini 2.400 m ogaenokapaakara ashi istirinkakotakerora shinsti. Otimagetapaakera kara kamatikya tovaiti timagetatsirira kara tovaini yapatotara timapaatsirira terira inenkani. Ashi ikogakotantakarira pitatsirira kara ishineventakarira kametiripage ikogakerora terira oatenkani ontiri nankitsiria samani.

Vashirontsi kapiromashiku: Oka onti patiro onakera opitakera okamagutunkanirira magatiro oaatakera omarane nia. Ogari vashirontsi onti onake anta nigankishi inkenishiku, oshivokatanaira oga inchatoshipage pairani otarankira niateni 200 m osamanitakera katongo iyashiatapakera tigompinia. Ogari nia tigompinia onti nia omaraane nankitsirira onakera agaakanirira magatiro timagetankitsira inkenishiku onake osarantaatira nia 150 m okimoatira. Okari oka vashirontsi otimapakera kapiroshi okamagutunkanira onti onake enoku 650-1.200 m.

Vashirontsi katarompanaki: Otinkamitakera oga agaaganira kipatsi, aityo onake omarapageni imperita gataagetakera niatenipage anta tigompiniaku. Oga imperitagise ontiniro okoneatakera oneventunkanira enoku impo tera onkañotero anta pashini onakera agaaganirira magatiro timagatankitsira inkenishiku paitacharia mano ario okaataka otishike kara paitacharira viricabamba. Ogari apiteni vashirontsi onti anta onake ogaenokavatsatakara kametiri nonegiteaigakerora magatiro 400 m anta savi oketyorira vashirontsi. Okari vashirontsi onake ogaenokakara onti 1.300 impogini 2.000 m.

Okamagutunkanira	**Vashirontsi tinkanari:** Ogari omavatakaria vashirontsi onti onake anta okaravatsanakera agaaganirira magatiro timagetankitsirira inkenishiku okatingatira ikontetira poreatsiri onampinatakarora nankitsira mano. Magatiro agakero otishipage impo aikiro oga agaaganira kipatsi, oka ogenokakara aityo patiropage otonkoagitetakara impogini ontiri otishipage ochovakiroroatapaakera. Ogari nonaigakera onti opampagitetake, otimaatakera nia apatoagetanakara magatiro onti onake maani akavogutyaati (15-20 m oguerontea). Onti inkaare onake potsitajaama. Ogari oyashiapage timpia ontiri mano oponiaataka antakona katongo nonaigakera impo oaga avotsi omontagetanaka tovaiti neiatenipage otyomiagini otentagakaro imperitase impogino ontiri tagamuse. Aikiro aityo ampovatsase oponiantakarora atyaenka nonegiteaigakera magatiro okomugiteapaakara nopitaigakera. Okari vashirontsi nagaveaigake noneaigakerora okamagutunkanirira ogaenokavatsatakara kametiri nonegiteaigakerora magatiro onti 2.100-2.350 m.
Itsirinkakotakara timapaatsirira	Inchatoshipage, shitati, shimapage, marankepage, impogini maseropage, aragetatsirira impogini imarapageni kamaritatsirira savi.
Koneatankitsirira ikogunkanirira	Yogari maganiro timagetankitsirira magatiro inkenishiku yagakotaaganira anta paitankicharira megántoni, onti maaniro ikonogisetaka timagetatsirira magatiro inkenishipageku. Nokoaveigaka noneaigakerira maganiro iposantetakara timankitsirira inkenishiku yonta nankitsiria otishike virikabamba ontiri mano. Kaoñorira noneageigake timankitsirira inkenishiku yoga aragetatsirira, yogari pashi timagetankitsirira onti ikañovetaari timapaatsirira manoku iposanteitaka, aiño pashini tovaini timankitsirira megantoniku tesano inenkani parikotipage. Ogari omavatakara tominko nantavageigakera noneaigake posantepage tovaini timapaatsirira 50, ityarira ineinkani isankevantakotaenkanira (20 otega paitacharira porenkiniro). Oposantetaka magatiro itimagetira timantarorira kara inkenishiku agaaganirira.

Inchatoshipage: Yogari tavageigankitsirira itsirikakoigake 1.400 tovaini inchatoshipage anta inkenishiku, impogini nogotakoigake 3.000-4.000 posante timagetankitsirira agaaganirira paitankichariara megantoni, agakotakerora inkenishipage ontiri okeshitapaakera. Intaganti mavati tominko posante oneinkani inchatoshipage otyaria ashi osankevantakotaempara 25 a 35 posantepage inchatoshi. Ogari otishipage aityo posante timantakarorira, posantepage inchatoshipage oshivokantakarora kipatsi ontiri imperita, kametiri isankevantakoigaerora otimukanira. Porenkishipage impogini tsirompishi onti oshasnika oposanteitaka onake agaaganira kipatsi, ivatankitsiria avisakerora timagetankitsirira kara inkenishiku. Oga tsokavakoaka porenkishi oneinkanirira anta timankitsirira otega aityo (20 onake otyaenkarira) magatiro 116 oneinkanirira ashi osankevatakotaenkanira.

Shitati: Yogari tavageigankitsirira itsirinkakoigake 71 maganiro 120 ineaganirira anta agaaganira. Maganiro iposanteitakara (anta yapatoigakara inkenishiku). Anta onakera agaaganira kipatsi itovaigavageti posante inake shitati. Kañovetaka timankitsirira kosñipatakunirira, ontiri paitacharira mano. Ogari apitetakara ogaenokagitetakara ineinkanirira posantepage shitatipage imarapageni, atake panikya impeganakepa ganiri ineagani impogini. Ogari inchatoshipage otyomiashiegini onti otentagakaro kapiromashi, ario tesani intimasanite posante shitati. Yogari timankitsirira kara iposantetaka inakera magatiropage ogaenokavatsatakara. Mani itimageigake kañomataka kantakari itimira. Posante inake itsirinkakotaka ityaenka iposanteitaka inake isankevantakotaenkanira. Antari onenkanira ashi itimageigira shitati imarapageni kameti inaigake, tera patiro one irogaigavakemparira tatapagerika tsomiripage, aikiro ashi yamagitirora okitsokipage impote oshivokanaera inchatoshi.

Shimapage: Antari niaku tigompinia ontiri natenipage oneinkanirira yogaro sankevantkoigankitsirira aiño 22 ityaenkarira shimapage. Nogotakoigakerira maganiro timankitsirira kara niapageku aiño tovaini kara 70, inkonogakarira timagetatsirira kamatitya osavigitetanakera (< 700 m) terira okamosotenkani. Yogari timagetankitsirira anta katongo ogaenokagitenakara kañomataka itimira kara tera inenkani parikoti, irorotari itimaatakerora yameatakarora niatenipage oshintsiatakera aikiro okatsinkatakera impo ontiri osanaatakera, otimakera tovaiti yanienkatantakarira kara. Ogari itimantakarira shimapage oneinkanirira ario onake kameti tera ovegagaatempa, mameri intimakera pashini shimapage irogakenkanira kañorira torocha, kañorira yoga yameatakarora oga niapague itimira okatsinkaatapaakera kara peroku ovashi yoneagaigapakari iketyorira timatirorira pairani.

Marankepage ontiri maseropage: Yogari tavageigankitsirira itsirikakoigake 32 posante maseropage impo 19 yoga marankepage (9 sagoro impo 10 maranke) ogari mavati nopitaigakera oneinkanirira anta onakera enoku 700-2.200 m. Oneinkanira oketyorira ogaenokagitetakara anta paitacharira kosñiptaku (impo manoku). Nogotakoigakeri aiño 50-60 posante maseropage ario okañotakarora ogaenokagitetakara oga agaaganirira mentiniku. Noneaigake tovaini otonkoagisetanakara impogini osavigitetakera, posante maseropage.

Aragetatsirira: Yogari tavageigankitsirira itsirikakoigake 378 posante aragetatsira mavapagetiro oneinkanirira. Ogari inantaigeigarira terira okamosotenkani añororokari pashini timantakarorira ityarira terira inenkani. Yogari posati timagetatsirira inkenishike terira irinaige okatsinkagitetira aiñorokari pashini terira inenkani kara anta inkenishiku agaaganirira megantoniku. Oga onakera megantoni itimantakaro posante aragetatsirira magatiro inkenishipage ikonoitakarira timagetatsiria parikotipage peruku, pairani timatsirira virikabambaku intiri timatsirira inkenishiku paitacharira boriviaku, pairani ineaganirira ponoku impoguni okaravatsanakera oga mano. Oka oneakenkanira agaveaigake intikakotaenkanira tovaini kanaripage intiri kimaropage ineinkanirira otyara isankevantakotunkanira. Okari ikentaganira yoga posante aragetatsirira imarapageni, kañorira kanari, kentsori, itsonkatagarantanaka tesano intimae inkenishiku. Kañorira noneaigakerira otyara novashiigakara noneaigake tovaini yagaveakara itonkunkanira ivatsapage, kañorira kanari inti inake tera ineasnotenkani parikoti10, maika agaaganira megantoni arioorookari intimae kara.

Kamaritatsiria: ogari timapatsirira aynio 46 anta agabatsatacara megantoniku yoga tavagetakitsirira ineake 32 timagetankitsirira kamaritatsirira imarane impogeni ityomiani 7 impogeni 17 ishaninka ineykani mavani. Tsonkavakoaka yoga timapatsirira impeganakempara aiño 12 itsirinkoikakirara yoga Internacional yamirira timagetarira. Antari nopitaigakera mavatiku noneaku ikityatakara maeni potsitaokiri yapatotakara kametitake itimakera, kametini inkamagutakerira anta agavatsaara kametitake impokakera irapatoitanakempara aykiro matsonsori potsitari (*Tremarctos ornatus*), inkamagutakoikirira timapatsirira osagitetakera. Oga yagakerora ocametivageti iriataera pashinipage timapatsirira kañorira potsirari matsotsori intiri (*Panthera onca* y *Puma concolor*). Antari timapatsirira itsirinkakotakeri ikantiri pashini CITES Apendice I.

Matsigenga	Itimaigi 38 Matsigenga yapatoitara pitepageni ikantatigaka ashi kara katongo ontiri kamatikya eni apitetakarora megantoniku. Yoga maysigenga, ashaninka, shimirintsi intiri nanti itimaygi aka intsatoshiku otovage shiriagarini ikentira, ishimatira, ontiri itsamaytira itshamaire otyomiani. Irashiegi iriroegi isavikaygira isankaritaygira itimi megantoniku, oshintsiatapaakera kara ponkoku maeniku oga intimaera inkamakera iriataera isure pashini kipatsiku ovetsikaempara. Okaratake 12 shiriagarini, iriroige yapatotaka itentakari CEDIA ashi inkamagutakerora timapatsirira kara ontiri inkam-agutakerora kipatsi, ontiri timagetatsirira inkenishiku ontiri okiarira sankarite.
Osarinkanira	Antari kamatikya orobambaku ontiri otentagakaro intati ashe agaganirira kipatsi, okoneatake itogajaiganakerora, omarapageni tsamairintsi (itovatsakero iporoakero ontiri itagekero)okoneatake majani agakiri kamagutirorira enoku,aikiro isariakaro yoga poñarona isariakaro irovetsikera itsimaire kara agavashakara, isariakaro intogatakerora anta otishitapaakera, otikakeri oga otishi otsiovakitakera ganiri yavishiro intogatakerora. Pashini yovegatagatanakero itimira poshiniri tera inkamagutero agaganirira isarianakari timapatsirira kara noneagakero iaganake intonkerira timatsirira kara novankotaigakara kapiromashi.

Ovetsikakempara

CEDIA, COMARU yovetsikaigekero sankevanti anta kamagutirorira kipatsi shiriagariniku 1998, kametini inkantakera ovetsikakenpara ashi megantoniku magatiro oshonguatakenparora magatiro (omonkaratakempa 210.000 ha) intsarogakekanparora. Oga 1992, ovetsikaka patiro sankivanti nonevitakerira ontimakera "Santuario Nacional Machiguenga". Anta 1988, yoga INRENA yovetsikiro anta Dirección Regional Agraria del Cusco ashi terira ontsirinkempa anta CITES impogini timakerorirakara.

Antari 1997 ontiri 1998, pairanitirira Región Inka, mayka kovenkari Regional Cusco, ikaemaigakeri maganiro timaigatsirira kovenkaripage ashi irovetsikakerora timankitsinerira ganiri otsonkata anta kamatikya orobambaku. Antari otsirinkakotakara otsonkatapaakara ikantakeri pashini otsonkatakempara katinkari sankevanti ashi agavashajaara.

Ogari ovetsikakara a agavashajaara megantoniku okontetake okanti No 0243-2004-AG kamagutakotirorira magatiro timagetastirira kara,antari kashiri marsoku 2,004 oatake tovaiti ovetsikanakara okametitanakera magatiro kipatsi ashi orobampaku yogari CEDIA ipitake okaratake 22 shiriagarini.

Mayka Opitakera-Ogari

Sankevanti mutakotakerorira oga Santuario Nacional Megantoni okametitapakera sankevanti omonkaratakara ashi agavatsatajaara yagaveakotakero onti 11 ashi kashiri agostoku ogari otsirinkakotakara kovenkarikurrikuankariku onti No 030-2004-AG. Okametitakotakera magatiro Santoarioku Megantoniku apatotakaro magatiro kara Peroku omataka Virikabampaku impogini Manoku ontiri Bahuaja Sonene, ontiri kara Boriviaku.

Onakera Agaganira Inkenishipage Nankitsirira Megantoniku

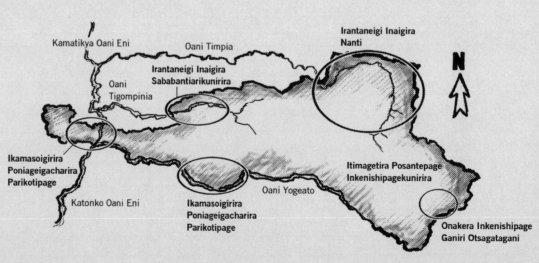

Ikantakerira ashi inkamagutakerora

01 Irovetsikakotakerora magatiro kara yagavatsatairora megantoniku ashe inshoteataimparora ashi jaruigi ontiri timatsirira inkenisku, aikiro intentakenpari tematsirira otishiku megantoniku, ontiri ganiri itsagatiro kametitankitsirira otentagakaro manoku ontiry otishi Virikabampaku.

A. Antari okyariraku yovetsikakotairira, ikantiri irovetsikakotakerira:

i. Inkamagutairira kara itimira matsigenka timatsirira parikoti, ashi isekatempara.

ii. Aikiro irogaynerira yoga matsigenka Savavantiarikinirira, kametiniri iriataera inkinishiku inkamagutakerira poshirini, ikogakerica inkamagutakotakerira yapatotara maganiro matsigenka.

iii. Aikiro inkamagukerira tovaiti otishikunirira samani, oga omarane otishiku anta megantoniku ontiri manoku agaviaki irapatotakerira timatsirira kara terira inenkani.

iv. Irovetsikakotakempara ashi intsirinkakoterira timatsirira kara keshiku terira untsagatenkani okaratakera agavatsanijaanira, iragaveake intsiringakotaerira ontiri iragaveakotairira ontiri irovetsikaerora vegatankitsirira tsoeni.

v. Ankantakerira ontsonkatakempara oga magatiro otimakera kipatsi otentakarora agavatsajara megantoniku.

02 Ankantavitakerira irovetsikakera pankotse kara otimakera agavatsaenkanira.

03 Ankantavitakerira irapatotashitakemparora timaigatsirira kara okaravatsakera okiarira kipatsi kamagutankitsirira.

Ovetsikakotakimpara tovaiti

Onake mani oga kipatsi oga otishi yagavatsatakerora megantoniku otentagakaro keshi ontiri intsatoshi kamatikya. Okari pairo notimapay tovaiti kametsari terira onenkani timatsirira kara ogaenokagitetapakara, aykiro itimapake poshiniri ontiri okantatiganakara magatiro itogajaiganakerora.

Ogari agavatsaganirira magantoniku okametitapage ashi irogimotakerora omarane pitate okametivageti kara timatsirira ashiegi maganiro:oga timatsirira ashi manoku impogini ashi otishipageke virikabampaku. Ovetsikakotaka 200.000 ha anta agavatsatakara,otovaigakera itevatsatakarora omarane, 2.6 millones ashi ha.

Oga okametitakera santoario megantoni mayka kametitakotake itovaigavageti timirorira kara aytio millones omatapaka oga itogajaiganakero onti yovegagatanakero gasakona itimay poshiniripage

Ogari intsatoshi megantonikutirira aikiro aytio opaigiri timaigatsirira matsigenka intiri nanti (kogapakori). Yokare yapatoitara matsigenkagi itimaigi pairani itentagaro itsatoshi megantoniku tovaiti ishiriagakovageita, yogari mayca timaiganatsirira ipankigi patianti sekatsi ontiri ikentira timatsirira ikenishiku ikañotari pairaninirira. Yovetsikanake oga ikamagutakerora kametini intimakoegaini kametitatsinerira yokaigi yapatotara matsigenkas.

ENGLISH CONTENTS

(for Color Plates, see pages 21-40)

PARTICIPANTS

FIELD TEAM

Hamilton Beltrán *(plants)*
Museo de Historia Natural
Universidad Nacional Mayor de San Marcos
Lima, Peru

Alessandro Catenazzi *(amphibians and reptiles)*
Florida International University
Miami, FL, USA

Judith Figueroa *(mammals)*
Asociación UCUMARI
Lima, Peru

Robin B. Foster *(plants)*
Environmental and Conservation Programs
The Field Museum, Chicago, IL, USA

Max H. Hidalgo *(fishes)*
Museo de Historia Natural
Universidad Nacional Mayor de San Marcos
Lima, Peru

Dario Hurtado *(transport logistics)*
Peruvian National Police
Lima, Peru

Guillermo Knell *(field logistics)*
Environmental and Conservation Programs
The Field Museum, Chicago, IL, USA

Daniel F. Lane *(birds)*
LSU Museum of Natural Science
Louisiana State University, Baton Rouge, LA, USA

Trond Larsen *(dung beetles)*
Ecology and Evolutionary Biology
Princeton University, Princeton, NJ, USA

Debra K. Moskovits *(coordinator)*
Environmental and Conservation Programs
The Field Museum, Chicago, IL, USA

Tatiana Pequeño *(birds)*
CIMA-Cordillera Azul
Lima, Peru

Heinz Plenge *(photography)*
Photo Natur, Lima, Peru

Roberto Quispe *(fishes)*
Museo de Historia Natural
Universidad Nacional Mayor de San Marcos
Lima, Peru

Norma Salinas Revilla *(plants)*
Herbario Vargas
Universidad Nacional San Antonio Abad de Cusco
Cusco, Peru

Dani Enrique Rivera (*field logistics*)
Museo de Historia Natural
Universidad Nacional Mayor de San Marcos
Lima, Peru

Lelis Rivera Chavéz (*general logistics, social characterization*)
CEDIA, Lima, Peru

Lily O. Rodríguez (*amphibians and reptiles*)
CIMA-Cordillera Azul
Lima, Peru

José-Ignacio (*Pepe*) **Rojas Moscoso** (*field logistics*)
Blinn College
College Station, TX, USA

Aldo Villanueva (*field logistics*)
Universidad Ricardo Palma
Lima, Peru

Corine Vriesendorp (*plants*)
Environmental and Conservation Programs
The Field Museum, Chicago, IL, USA

Patricio Zanabria (*social characterization*)
CEDIA, Lima, Peru

COLLABORATORS

Instituto Nacional de Recursos Naturales (INRENA)
Lima, Peru

**Proyecto Especial de Titulación de
Tierras y Catastro Rural (PETT) de Quillabamba**

Machiguenga Communities
Matoriato
Timpía
Shivankoreni

Consejo Machiguenga del Río Urubamba (COMARU)

The Field Museum

The Field Museum is a collections-based research and educational institution devoted to natural and cultural diversity. Combining the fields of Anthropology, Botany, Geology, Zoology, and Conservation Biology, museum scientists research issues in evolution, environmental biology, and cultural anthropology. Environmental and Conservation Programs (ECP) is the branch of the museum dedicated to translating science into action that creates and supports lasting conservation. Another branch, the Center for Cultural Understanding and Change, works closely with ECP to ensure that local communities are involved in conservation in positive ways that build on their existing strengths. With losses of natural diversity accelerating worldwide, ECP's mission is to direct the museum's resources—scientific expertise, worldwide collections, innovative education programs—to the immediate needs of conservation at local, national, and international levels.

The Field Museum
1400 South Lake Shore Drive
Chicago, Illinois 60605-2496 USA
312.922.9410 tel
www.fieldmuseum.org

Centro para el Desarrollo del Indígena Amazónico (CEDIA)

CEDIA is a non-governmental organization that has supported Amazonian indigenous peoples for more than 20 years, principally through land titling, seeking legal rights for indigenous groups, and community-based resource management. They have titled more than 350 indigenous communities, legally protecting almost four million ha for 11,500 indigenous families. With an integral vision of long-term territorial and resource management, CEDIA supports organizational strengthening of indigenous groups seeking to defend their territories and effectively manage their natural resources and biodiversity. They work with several indigenous groups including Machiguenga, Yine Yami, Ashaninka, Kakinte, Nanti, Nahua, Harakmbut, Urarina, Iquito, and Matsés in the Alto and Bajo Urubamba, Apurímac, Alto Madre de Dios, Chambira, Nanay, Gálvez and Yaquerana watersheds.

Centro para el Desarrollo del Indígena Amazónico-CEDIA
Pasaje Bonifacio 166, Urb. Los Rosales de Santa Rosa
La Perla – Callao, Lima, Peru
51.1.420.4340 tel
51.1.457.5761 tel/fax
cedia+@amauta.rcp.net.pe

Herbario Vargas (CUZ) de la Facultad de Ciencias Biológicas de la Universidad Nacional de San Antonio Abad del Cusco

Founded in 1936, Herbario Vargas protects and maintains plant collections from throughout the region, serving as the botanical reference for national and international researchers working in and around Cusco. The more than 150,000 collections, along with an extensive and specialized library, play an invaluable role in floristic, taxonomic, and ecological studies of Peru's diverse vegetation types. Herbario Vargas forms part of the Biological Sciences Division in the Universidad Nacional de San Antonio Abad del Cusco, a 312-year-old university, one of the oldest in Latin America.

Herbario Vargas (CUZ) de la Facultad de
    Ciencias Biológicas de la Universidad Nacional
    de San Antonio Abad del Cusco
Avenida De La Cultura 733
Cusco, Peru
51.84.23.2194 tel
http://www.unsaac.edu.pe/biologia.html

Museum of Natural History of the Universidad Nacional Mayor de San Marcos

Founded in 1918, the Museum of Natural History is the principal source of information on the Peruvian flora and fauna. Its permanent exhibits are visited each year by 50,000 students, while its scientific collections—housing a million and a half plant, bird, mammal, fish, amphibian, reptile, fossil, and mineral specimens—are an invaluable resource for hundreds of Peruvian and foreign researchers. The museum's mission is to be a center of conservation, education and research on Peru's biodiversity, highlighting the fact that Peru is one of the most biologically diverse countries on the planet, and that its economic progress depends on the conservation and sustainable use of its natural riches. The museum is part of the Universidad Nacional Mayor de San Marcos, founded in 1551.

Museo de Historia Natural
    de la Universidad Nacional Mayor de
    San Marcos
Avenida Arenales 1256
Lince, Lima 11, Peru
51.1.471.0117 tel
www.unmsm.edu.pe/hnatural.htm

Centro de Conservación, Investigación y Manejo de Áreas Naturales (CIMA-Cordillera Azul)

CIMA-Cordillera Azul is a private, non-profit Peruvian organization that works on behalf of the conservation of biological diversity. Our work includes directing and monitoring the management of protected areas, promoting economic alternatives that are compatible with biodiversity protection, carrying out and communicating the results of scientific and social research, building the strategic alliances and capacity necessary for private and local participation in the management of protected areas, and assuring the long-term funding of areas under direct management.

CIMA-Cordillera Azul
San Fernando 537
Miraflores, Lima, Peru
51.1.444.3441, 242.7458 tel
51.1.445.4616 fax
www.cima-cordilleraazul.org

ACKNOWLEDGMENTS

Although too numerous to thank individually, we are deeply grateful to each and every person who made our work in Megantoni possible, and to all who then translated our results into the creation of a new National Sanctuary in Peru, the Santuario Nacional Megantoni.

The indigenous communities that neighbor the now Santuario Nacional Megantoni, worked for 22 years with CEDIA to protect these spectacular mountains and their extraordinary cultural and biological riches. We congratulate these communities for their perseverance and we thank them for inviting us to inventory the scientifically unexplored mountains. We especially thank the communities of Timpía, Matoriato, and Shivankoreni, who participated in the preparations, logistics, and execution of the inventory.

The success of a rapid inventory in such remote and inaccessible sites depends largely on the unwavering resolve of the logistics team. We were blessed with an energetic group who saw no challenge as insurmountable. Leading the advance team— which set up ground logistics, heliports, campsites, trails— was Guillermo Knell, with José-Ignacio (Pepe) Rojas and Aldo Villanueva. Heading the intricate transportation logistics was expert problem solver and superb helicopter pilot, Dario Hurtado. The staff of CEDIA stepped in with coordination and other help at every step, from support with radio communications to provision of last-minute supplies. We thank the Hostal Alto Urubamba and the Police Headquarters (Comisaría) in Quillabamba, especially Major Walter Junes, for generously going out of their way a number of times to support the team. Fritz Lutich and pilots Roberto Arias and Ricardo Gutierrez (Helisur) facilitated the entry of the advance team. The Peruvian National Police helped with storage and logistics in-between flights. Pilot Daniel de la Puente and engineer Juan Pablo San Cristobal (Copters Peru) tried hard not to leave us stranded too often. And we owe special thanks to Ing. Funes, of Techin, SA, for rescuing us when we did get stranded, sending one of his busy helicopters to move us from Kapiromashi (Camp 1) to Katarompanaki (Camp 2).

The first campsite, Kapiromashi, and trails were masterfully set up under the coordination of Pepe Rojas and the work of Timpía residents Filemon Olarte, Gilberto Martinez, Javier Mendoza, Jaime Dominguez, Martin Semperi, Francisco Garcia, and Beatriz Nochomi (cook). Guillermo Knell, with the help of Dani Rivera, coordinated the stunning campsite on the mossy plateau of the second camp, Katarompanaki, with the skilled work of Jose Semperi, Valerio Tunqui, Felipe Semperi, Cesar Mendoza, Antonio Nochomi, Wilber Yobeni, Pedro Korinti, Rina Intaqui (cook), and Adolfo Nochomi, also residents of Timpía. We thank the chief of Timpía, Camilo Ninasho, for his support. The third and highest campsite, Tinkanari, was the masterwork of Aldo Villanueva and his team from Matoriato— Roger Yoyeari, Gilmar Manugari, Bocquini Sapapuari, Luis Camparo, Samuel Chinchiquiti, Yony Sapapuari (cook), Patricio Rivas, and Ronald Rivas—and from Shivankoreni, Miguel Chacami and Esteban Italiano. We thank Delia Tenteyo and René Bello for keeping all of us well fed in the field.

For help in species identification, the botany team thanks Eric Christenson, Jason Grant, Charlotte Taylor, Lucia Lohmann, James Luteyn, Andrew Henderson, Stefan Dressler, Lucia Kawasaki, Bil Alverson, Jun Wen, Nancy Hensold, Paul Fine, John Kress, and David Johnson. For help in drying specimens, we thank Marlene Mamani, Karina Garcia, Natividad Raurau, Angela Rozas, Vicky Huaman, William Farfan, Javier Silva, Walter Huaraca, Darcy Galiano, and Guido Valencia. In Chicago, Sarah Kaplan processed many of the images, and Tyana Wachter lent her help and magic every step along the way.

Francois Genier helped identify dung beetles. Richard Vari, Scott Schaefer, Mario de Pinna, and Norma Salcedo helped with fish identifications, and Hernán Ortega reviewed the fish manuscript. We thank Charles Myers, William Duellman, David Kizirian, Roy McDiarmid, Michael Harvey, Diego Cisneros, and especially Javier Icochea, for help in identification of reptiles and amphibians. Dani Rivera actively participated in the herpetological fieldwork, especially in Camp Katarompanaki. Guillermo Knell, as always, participated in fieldwork and in the photographing of the herpetofauna.

Constantino Aucca, Nathaniel Gerhart, Ross McLeod, John O'Neill, J. V. Remsen, Thomas Schulenberg, Douglas Stotz, Thomas Valqui, Barry Walker, and Bret Whitney all contributed valuable comments to the bird manuscript. We thank Paul Velazco and Marcelo Stucchi for their revisions of the mammal chapter.

The editors thank all authors for their efforts in writing their chapters quickly and, especially, for their fast production of summary charts as soon as we arrived in Cusco. These summaries

ACKNOWLEDGMENTS

became the core of the presentation for requesting Santuario
Nacional status for the biologically rich mountains of Megantoni.
CEDIA's team (especially Jorge Rivera) and Sergio Rabiela,
Dan Brinkmeier, and Kevin Havener were extremely helpful in
producing the maps for the report.

We thank Heinz Plenge (who joined us in the first
camp) for the use of his gorgeous photographs and Guillermo
Knell for his excellent videos in the field.

For invaluable help in final edits we thank Douglas
Stotz, and throughout the inventory, we thank Jorge Aliaga and
Malaquita Vargas in CIMA (Lima), and Tyana Wachter, Brandy
Pawlak, and Rob McMillan at The Field Museum (Chicago).
Tyana was also wonderful help with the translations. As always,
Jim Costello gave completely of himself to capture the essence of
this inventory in his design of the report. John W. McCarter, Jr.
continues to be a strong believer in, and supporter of, our
conservation programs. We thank the Gordon and Betty Moore
Foundation for their grant supporting this inventory.

The goal of rapid biological and social inventories is to catalyze effective action for conservation in threatened regions of high biological diversity and uniqueness.

Approach

During rapid biological inventories, scientific teams focus primarily on groups of organisms that indicate habitat type and condition and that can be surveyed quickly and accurately. These inventories do not attempt to produce an exhaustive list of species or higher taxa. Rather, the rapid surveys 1) identify the important biological communities in the site or region of interest, and 2) determine whether these communities are of outstanding quality and significance in a regional or global context.

During social asset inventories, scientists and local communities collaborate to identify patterns of social organization and opportunities for capacity building. The teams use participant observation and semi-structured interviews to evaluate quickly the assets of these communities that can serve as points of engagement for long-term participation in conservation. In-country scientists are central to the field teams. The experience of local experts is crucial for understanding areas with little or no history of scientific exploration. After the inventories, protection of natural communities and engagement of social networks rely on initiatives from host-country scientists and conservationists.

Once these rapid inventories have been completed (typically within a month), the teams relay the survey information to local and international decisionmakers who set priorities and guide conservation action in the host country.

REPORT AT A GLANCE

Dates of fieldwork	April 25-May 13, 2004
Region	The 216,005 hectares of intact forest in the Zona Reservada Megantoni (ZRM) are situated along the eastern slopes of the Andes, in the department of Cusco (province of Convención, district of Echarate) in the central part of the Urubamba valley. The terrain is steep and spectacular, crossing different altitudinal gradients ranging from deep, humid canyons to the highland grasses of the puna, with forests growing on a heterogeneous mix of uplifted rocks, steep slopes, jagged mountain ridges, and middle-elevation tablelands. Two steep mountain ranges traverse stretches of the Zona Reservada, descending from east to west. In the southwestern corner, the Río Urubamba bisects one of these ranges, creating the mythical canyon, Pongo de Maenique. Three of the Urubamba's tributaries—the Río Timpía and the Río Ticumpinía from the north and the Río Yoyato on the southern limit—run haphazardly through the deep valleys in the Zona Reservada, carving a path among the towering ridges above them.
Sites surveyed	We surveyed three sites between 650-2,350 m. Although lowland forests harbor many more species, higher elevations tend to support more endemic species and species with restricted ranges. We chose the most inaccessible and isolated sites possible. **Kapiromashi Camp** (bamboo in Machiguenga): This was the only inventory site in a large river valley. Our camp was situated in a regenerating landslide, along a small creek about 200 m from the Río Ticumpinía. The Río Ticumpinía, one of the largest rivers in the ZRM, reaches widths of 150 m or more during the rainy season. Similar to other areas in Megantoni, bamboo is pervasive at this site. We surveyed forests growing at elevations between 650-1,200 m. **Katarompanaki Camp** (*Clusia* in Machiguenga): At the heart of Zona Reservada Megantoni, several massive tablelands rise between two tributaries of the Río Ticumpinía. These tablelands are obvious on satellite images and do not appear in either Parque Nacional Manu or the Vilcabamba conservation complex. Our second campsite was on the highest of these tablelands, and we explored both this higher tier and another platform 400 m below it. This campsite was christened Katarompanaki for the *Clusia* tree species that dominates the canopy on the top tier of the tablelands. At this camp we surveyed elevations between 1,300-2,000 m.

REPORT AT A GLANCE

Sights Surveyed (continued)	**Tinkanari Camp** (tree fern in Machiguenga): Our third inventory site was in the eastern corner of the Zona Reservada, close to its border with Parque Nacional Manu. Throughout the Andes and in parts of the Zona Reservada, this elevation contains some of the steepest slopes. This site was atypically flat, however, with water pooling in several places in the forest, and even forming a small (20-m diameter) blackwater pond that was not visible on the satellite image. The headwaters of the Río Timpía and the Río Manu originate several hundred meters above this site, and our trails crossed dozens of small creeks with moss-covered rocks. At this camp, we surveyed between the elevations of 2,100 and 2,400 m.
Organisms studied	Vascular plants, dung beetles, fishes, reptiles and amphibians, birds, and large mammals.
Results highlights	The biological communities in Zona Reservada Megantoni are an interesting mix of species from north and south, east and west. Prior to our fieldwork, we expected to find a mix of components from the adjacent protected areas, Parque Nacional Manu and Cordillera Vilcabamba. The avifauna fit our expectations, and was a mix of these areas, but the other organisms were more closely related to communities in Manu, and some species occur exclusively in Megantoni. During our three-week field survey, we found more than 60 species new to science (more than 20 were orchids)—which is extraordinary. Habitat diversity in the Zona Reserva is extremely high.

The biological communities in Zona Reservada Megantoni are an interesting mix of species from north and south, east and west. Prior to our fieldwork, we expected to find a mix of components from the adjacent protected areas, Parque Nacional Manu and Cordillera Vilcabamba. The avifauna fit our expectations, and was a mix of these areas, but the other organisms were more closely related to communities in Manu, and some species occur exclusively in Megantoni. During our three-week field survey, we found more than 60 species new to science (more than 20 were orchids)—which is extraordinary. Habitat diversity in the Zona Reserva is extremely high.

Plants: The team registered more than 1,400 species, and we estimate that 3,000-4,500 plant species occur in the entire Zona Reservada, including lowland forest and puna species. In just 15 days, we found a surprising number of species new to science: 25 to 35. Great habitat diversity exists in the region and several plant species have very restricted ranges, confined to a certain type of soil or bedrock; these conditions may in part drive speciation. Orchids and ferns are especially diverse in the Zona Reservada and represent one quarter of all the plant species observed. Approximately one fifth of the flowering orchids we found were new to science (20 of 116 species).

Dung beetles: The team registered 71 of the 120 estimated dung beetles for the Zona Reservada. We found very few species in more than one site (and when we did, the species abundance was much greater in one site than the other). Species richness is exceptionally high in the region, even more so than in similar elevations in the Valle Kosñipata (Parque Nacional Manu). The two highest elevations we surveyed had great abundance of large dung beetles, which are more vulnerable to extinction. Secondary forests and bamboo forests had fewer species. Many of the species found have restricted elevational (and probably geographic) ranges and are most likely endemic to the region. Some of the *Pharaeires* species found were just recently described for science, some are rare, and some are new to science. In ecological terms the larger species are especially important because they recycle waste, control parasites, and disperse seeds.

Fish: In the Río Ticumpinía and numerous smaller creeks, the team registered 22 fish species. We estimate that the ichthyofauna in Zona Reservada Megantoni exceeds 70 species, the majority living in the waters of lowland forests (< 700 m) not visited during this inventory. Some of the highland species (*Astroblepus* and *Trichomycterus*) appear endemic to the area, with unique morphological adaptations to the turbulent waters of the region. All sampled aquatic habitats are in an excellent state of conservation, free of the introduced rainbow trout (*Oncorhynchus mykiss*) that has displaced (and in some cases, driven to extinction) native fauna in other sites in the Peruvian Andes.

Reptiles and amphibians: The herpetologist team registered 32 amphibian species (anurans) and 19 reptiles (9 lizards and 10 snakes) in three inventory sites between 700 and 2200 m. Based on previous inventories along the same altitudinal transect in the Valle Kosñipata (Parque Nacional Manu), we estimate 50-60 amphibians occur within Zona Reservada Megantoni. We found some species in unexpected elevations (*Phrynopus* lower than expected and *Epipedobates macero* higher) and some outside of their expected geographic ranges (e.g., *Syncope* further south, *Liophis problematicus* further north). Zona Reservada Megantoni shares some of the herpetofauna with neighboring Parque Nacional Manu, but more than a fifth of the species we recorded are unique to Megantoni. We found 12 species new to science (7 amphibians, 4 lizards, and 1 snake).

Birds: The ornithologist team registered 378 species in the three inventory sites. Including species from unvisited habitats (lowland tropical forest, high montane forest, and puna) and migratory species, we estimate 600 bird species occur within Zona Reservada Megantoni. The avifauna was a mix of species from the central Peruvian Andes, some only recorded west of Cordillera Vilcabamba, and species from the Bolivian Yungas, some only recorded from Puno or on the eastern side of Parque Nacional Manu. Protecting this area would preserve the remarkably high densities of guans and macaws we observed during this inventory. In other parts of Peru, hunting of large birds, like guans and tinamous, has seriously reduced their abundance. Even in our first camp (Kapiromashi), we found signs of hunting and guans were notably scarcer. Extremely rare and local species such as Black Tinamou (*Tinamus osgoodi*), Scimitar-winged Piha (*Lipaugus uropygialis*) and the Selva Cacique (*Cacicus koepckeae*), which are vulnerable to extinction

Results Highlights (continued)	(Birdlife International) and inhabit few sites worldwide, would be protected in Megantoni. **Mammals:** Of the 46 expected species, the team registered 32 large and medium mammal species (belonging to 7 orders and 17 families) during the inventory. Five of these species are considered endangered and 12 are considered potentially threatened according to the Convention on International Trade in Endangered Species (CITES). In the three sites we found a large number of tracks and other signs of the spectacled bear (*Tremarctos ornatus*), indicating the presence of healthy populations and further stressing the importance of protecting the Megantoni corridor. The Zona Reservada Megantoni is likely an extremely important corridor for other migrating species, such as *Panthera onca* and *Puma concolor*. Conservation targets include mammals listed on CITES, Appendix I: *Tremarctos ornatus, Panthera onca, Leopardus pardalis, Lontra longicaudis* and *Priodontes maximus*; and on CITES Appendix II: *Myrmecophaga tridactyla, Dinomys branickii, Herpailurus yagouaroundi, Puma concolor, Tapirus terrestris, Alouatta seniculus, Cebus albifrons, Cebus apella, Lagothrix lagothricha, Tayassu pecari* and *Pecari tajacu*.
Human communities	There are 38 native communities representing four distinct ethnicities in the upper and lower Urubamba river basins, north and south of Megantoni. The Machiguenga, Ashaninka, Yine Yami, and Nanti have lived in these forests for thousands of years hunting, fishing, and cultivating their small farms. For many of them, their spiritual roots are centered in Megantoni, especially in the turbulent waters of Pongo de Maenique—the sacred place where spirits travel between this world and the next, and where the world was created. Twenty-two years ago, the indigenous people of the region formed an alliance with CEDIA to promote effective natural resource management and protect their land, its biodiversity, and the center of their spiritual world. South of Megantoni, more than 150,000 colonist settlers live in the Alto Urubamba drainage.
Main threats	Along both sides of the lower Urubamba there is substantial deforestation, with larger slash and burn plots obvious on the satellite image, and evidence of colonization disappearing only at the boundary of the proposed reserve. Upriver of the Pongo de Maenique, and along the Río Yoyato on the southern side of the proposed Zona Reservada, the colonization threat from higher in the Andes is even greater, with the canyon appearing to provide at least a partial barrier to deforestation. In addition to habitat destruction, uncontrolled hunting within ZRM could threaten much of its fauna. We observed evidence of hunting impacts in our first camp, Kapiromashi.

Antecedents to Zona Reservada Megantoni	In 1988, CEDIA (Centro del Desarrollo del Indígena Amazónico) and COMARU (Consejo Machiguenga del Río Urubamba) appealed to the Ministry of Agriculture to declare Megantoni a protected area (210,000 ha). In 1992, they prepared a technical document calling for the creation of a strictly protected area in Megantoni, "Santuario Nacional Machiguenga Megantoni." In 1998, INRENA passed responsibility to the Dirección Regional Agraria de Cusco (Regional Agricultural Office in Cusco) to produce information about species listed by CITES, and describe the lands neighboring the proposed protected area.
	Between 1997 and 1998, the Inca Region, now known as the Cusco Regional Government, assembled local institutions to form a sustainable development plan for the entire Lower Urubamba drainage. This assembled groups strongly urged completing all pending studies before officially declaring Zona Reservada Megantoni a protected area.
	In March 2004, 16 years after CEDIA began its work to protect the area, the government passed Ministerial Resolution Number 0243-2004-AG creating Zona Reservada Megantoni and incorporating it into the National System of Natural Protected Areas (SINANPE).
Current Status	The results of this inventory provided biological support for maximum protection of the Zona Reservada (a temporary designation with limited protection). On August 11, 2004, Supreme Decree Number 030-2004-AG created the new Santuario Nacional Megantoni based on the technical documents prepared by CEDIA, incorporating our findings. The Santuario is now an essential component of Peru's extensive, protected biological corridor that starts in Vilcabamba, crosses Manu and Bahuaja-Sonene and then continues into Bolivia.
Megantoni	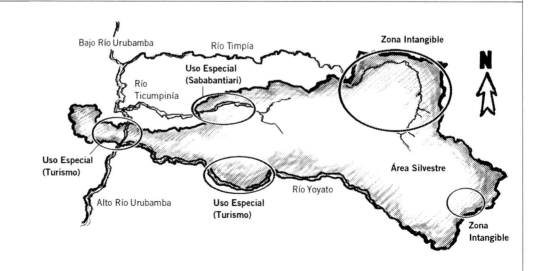

Principal recommendations for protection and management

01 **Zona Reservada Megantoni should be granted the strongest protection status possible** to conserve its valuable cultural and biological resources, including species potentially endemic to Megantoni's mountains, and to maintain the extremely important corridor between Parque Nacional Manu and Cordillera Vilcambamba. [*Note: This recommendation has already been implemented, with the creation of the Santurio Nacional Megantoni as this report was being finalized.*]

A. Within the new conservation area, we propose the following zoning recommendations:

i. Protect the area where indigenous people in voluntary isolation live, for their exclusive use (Uso Exclusivo)

ii. Create a special use (Uso Especial) area for the indigenous people living in Sababantiari that allows them to continue their traditional use of the forest. In this area, we recommend implementing a participatory community program, to monitor the impact of hunting, and if necessary, to manage hunting practices accordingly.

iii. The isolated puna habitat in the southeastern corner of Megantoni (see map above) should be strictly protected. Because it is isolated from the more extensive and interconnected puna habitat in other parts of Megantoni and PN Manu, it could harbor endemic and rare species.

iv. Promote and ensure possibilities to research intact puna habitats along the Zona Reservada's southern border; these studies could eventually help restore and manage degraded puna in nearby areas.

v. Promote a low-impact tourism zone around Pongo de Maenique and other possible entrance points (e.g., north of the Estrella highway) to benefit neighboring communities (see map).

02 **Promote the completion of the physical and legal land titling in the areas next to the Zona Reservada Megantoni.**

03 **Prevent public works or infrastructure construction within the fragile Zona Reservada.**

04 **Develop engaging and effective ways for neighboring populations to participate in the protection and management of the new protected area.**

**Long-term
conservation benefits**

There are very few pristine areas like Zona Reservada Megantoni connecting puna to lowland tropical forest. These types of continuous corridors not only contain an impressive richness of both endemic species and species of restricted altitudinal range, but they are extremely important for fauna, especially when considering global issues of climate change and deforestation.

Zona Reservada Megantoni represents a unique opportunity to expand some of the most globally important biological and cultural reserves: the Parque Nacional Manu and the protected areas of the Cordillera Vilcabamba. Immediate protection of these approximately 200,000 ha would provide an intact, forested link between two tremendously important national parks, making the total effective area of protection double the size of each individual park (a total area of more than 2.6 million ha).

Elevating the status of the Zona Reservada to Santuario Nacional Megantoni would ensure protection of thousands of species, prevent advancing deforestation, and create the only secure and intact corridor for animals migrating between Manu and Vilcabamba. The forests of Santuario Nacional Megantoni will also support and provide shelter to the Machiguenga, Ashaninka, Yine Yami and Nanti (Kugapakori) people. These indigenous people have lived in Megantoni's forests and valleys for thousands of years and today they survive cultivating root crops, and hunting in the traditional manner of their ancestors. A strictly protected area would also preserve their cultural heritage.

Why Megantoni?

Megantoni is a critical piece of the conservation puzzle in southeastern Peru. Seated on the eastern slopes of the Peruvian Andes, it fits snugly between two of the largest protected areas in Peru: Parque Nacional Manu (1.7 million hectares) and the conservation complex in Cordillera Vilcabamba (Reserva Comunal Machiguenga, Parque Nacional Otishi, Reserva Comunal Ashaninka: total area 709,347 hectares).

With 216,005 hectares Megantoni may appear small compared to its neighbors, but in rugged terrain spanning 500-4,000 meters in elevation, along steep slopes marked by massive landslides, in waters flowing through deep river gorges, on jagged mountain ridges and in nearly impenetrable patches of native bamboo, the wilds of Megantoni harbor an astonishing diversity of life. Conservative estimates place Megantoni's plant diversity between 3,000-4,500 species, indicating that its forests may contain almost a quarter of the plant species in Peru. Many birds and mammals threatened elsewhere in Peru and South America find refuge here, and endemic species abound, around 20% of the frogs and fishes living in Megantoni do not occur anywhere else in the world.

According to the mythology of the traditional inhabitants of the region — the Machiguenga, Ashaninka, Nanti, and Yine Yami (Figure 12) — the abundant flora and fauna are protected by *Tasorinshi Maeni*, the spectacled bear (*Tremarctos ornatus*, Figure 11B). Indigenous peoples have lived in these forest valleys for millennia by cultivating root crops and hunting with bows and arrows, and their lives and fates are intimately linked to Megantoni's wildlife and forests.

Megantoni offers the unique opportunity to link two biodiversity giants, securing protection not only to the diverse biological and cultural communities of Megantoni, but to a continuous expanse of more than 2.6 million hectares. Ill-planned colonization from the south, and gas exploration and deforestation in the north threaten the Megantoni corridor. This one-time chance to preserve intact one of the richest portions of the world depends on the fast action and long-term vision of Megantoni's local inhabitants, its supporting organizations, and the Peruvian government.

Overview of Results

Before setting foot in the forests of Zona Reservada Megantoni (ZRM) on the eastern slopes of the Andes, we knew that our rapid inventory would focus on some of the most diverse biological communities on the planet. The Andes shelter nearly 15% of the world's plant diversity and almost 20% of the world's terrestrial vertebrates (~3,200 species). These mountain ranges are known not only for their species richness but also for their unique and undescribed taxa: close to half of the Andean flora and fauna is considered endemic, i.e., occurring nowhere else on Earth.

Megantoni fits the Andean mold. During our rapid inventory of its forests in April-May 2004, we catalogued nearly 2,000 species: many endemic to the region, several threatened or vulnerable in other parts of their range, and 60-80 new to science. Herpetologists found 7 new species of frogs; ichthyologists discovered endemic fishes clinging to rocks in turbulent streams; entomologists uncovered at least 30 new species of dung beetles; and botanists catalogued 1,400 plant species, including more than 400 species of orchids and ferns, with some 25 species new to science. Animals threatened in other parts of South America— including spectacled bears, tapirs, and jaguars—commonly roam the Megantoni landscape. Game birds, such as guans and tinamous, are remarkably abundant.

In the following sections we summarize the principal results of our rapid inventory within ZRM. We highlight the new species discovered in Megantoni and, for known species, the range extensions we documented during the inventory. Starting from the lowest site and moving uphill, we describe our findings at the three inventory sites, integrating information from all organisms sampled. Finally, we outline the region's assets, and the threats to its biological and cultural riches.

NEW SPECIES AND RANGE EXTENSIONS

NEW SPECIES

Before our inventory, Megantoni was almost entirely unknown to scientists, and during our rapid inventory, we encountered many of the species we suspected would live here. However, some of our finds were entirely unexpected (Table 1). For every 100 plant species we recorded, 2 are probably species new to science; for every 10 dung beetles, 1 to 4 are probably new; for every 10 fishes, 1 or 2 are probably new; for every 10 amphibians or 10 reptiles, 2 are probably new. For a 15-day inventory, these are impressive numbers and hint at the species richness that remains to be documented in the wilds of Megantoni.

Table 1. Species richness (observed and estimated) and the number of species potentially new to science for each group sampled during the 25 April-13 May 2004 rapid inventory in Zona Reservada Megantoni, Peru. Missing records are represented with a dash (–).

Organism	Number of Species		
	Observed	Estimated	Potentially New
Plants	1,400	3,000-4,000	25-35
Dung Beetles	71	120	10-30
Fishes	22	70	3-5
Amphibians	32	55	7
Reptiles	19	–	5
Birds	378	600	–
Mammals	32	45	–

We discovered almost all of the potentially new species at our two higher-elevation campsites, with the exception of 1 *Osteocephalus* frog and ~8 new dung beetles that were found in the lowlands. For plants, the bulk of potentially new species are orchids; preliminary impressions suggest that perhaps 20 of the 116 fertile orchids collected are new to science (see Flora and Vegetation, Figure 6). Based on digital photographs we took in the field, specialists have tentatively identified 9 additional plant species, from 9 different families, as new to science.

Many of the 22 fish species we registered during the inventory are endemic to Megantoni. In particular, some species in the families Astroblepidae and Trichomycteridae have almost certainly undergone speciation within the isolated watersheds of Megantoni. At least 3 species we collected are new to science, including *Cetopsis* sp. (Figure 8G), *Chaetostoma* sp. B (Figure 8A), and *Astroblepus* sp. C (Figure 8D). Several species within the Trichomycteridae are potentially new as well.

We encountered 51 species of amphibians and reptiles. Slightly more than 20% are new to science: 7 anurans, 4 lizards, and 1 snake. The new amphibian

species include an *Osteocephalus* (Figure 9E), a *Phrynopus*, at least 1 new species of *Eleutherodactylus*, a *Centrolene* (Figure 9H), a *Colostethus*, a *Gastrotheca* (Figure 9F), and a *Syncope*. We also discovered a new species of snake (*Taeniophallus*, Figure 9D) on the mid-elevation slopes and 4 new species of lizards (*Alopoglossus* [Figure 9C], *Euspondylus*, *Neusticurus*, and *Proctoporus*) living on the isolated tablelands in the heart of Megantoni.

RANGE EXTENSIONS

Our inventory in Megantoni registered some species that were previously known only from areas more than 500 km away, as well as some species at much higher or lower elevations than previously recorded. Other groups are so poorly known for the rest of the region (e.g., dung beetles, fishes) that more data need to be collected before we can draw conclusions about endemism or range extensions.

For plants, amphibians, reptiles, birds, and mammals, we can compare some of our Megantoni findings to records from other sites in Peru and elsewhere in South America. As we continue to examine our collections and to research published reports from other sites, we expect to uncover even more geographic and elevational range extensions within the biological communities of Megantoni.

Plants

For plants, several collections in Megantoni extend the known ranges of species hundreds of kilometers farther south. At our low-elevation campsite, Kapiromashi, we registered *Wercklea ferox* (Malvaceae) for the first time in southern Peru. At the two higher campsites, we found *Ceroxylon parvifrons* (Arecaceae), *Tapeinostemon zamoranum* (Gentianaceae, Figure 4B), *Sarcopera anomala* (Marcgraviaceae), *Macleania floribunda* (Ericaceae), *Miconia condylata* (Melastomataceae), and *Peltastes peruvianus* (Apocynaceae, Figure 4D), all previously known only from northern Peru.

Our collection of *Heliconia robusta* (Heliconiaceae) fills a large gap in the knowledge of its distribution. Known mostly from Bolivia, it has been collected only a handful of times in Peru, always in sites north of Megantoni. This *Heliconia*, with triangular green and red bracts and yellow flowers, dominated parts of the naturally disturbed forest around Kapiromashi.

Amphibian and reptiles

Our inventory increased the known geographic and elevational distributions of several species and even a few genera. At Megantoni we noted the southernmost distributional record in Peru for *Syncope*, and the lowest elevation recorded for *Phrynopus* and *Telmatobius*. We also registered an apparently undescribed species of *Neusticurus*, recorded previously from Santa Rosa (~800 m asl), in the Inambari basin, Puno Department, some 230 km southeast of Megantoni.

At Kapiromashi we found *Epipedobates macero* (Figure 9G), a rare poison dart frog restricted to the Río Purús in Brazil, Parque Nacional Manu, and the rivers in the Urubamba valley. This record extends its elevational range to 800 m from the previous record of 350 m where the species was described in Manu. While sampling in the leaf litter, we discovered a small *Phrynopus* cf. *bagrecito*, known from higher elevations in Manu but never before reported from such low elevations (~2,200 m asl).

Birds

We encountered bird species outside their published elevational ranges at every inventory site. Our records in Megantoni extend distributional limits for some species farther south, for others farther north. Three birds deserve special mention: Scimitar-winged Piha (*Lipaugus uropygialis*, Figure 10D), Selva Cacique (*Cacicus koepckeae*, Figure 10E), and Black Tinamou (*Tinamus osgoodi*, Figure 10C). All three species are remarkably abundant in parts of Megantoni, although exceedingly uncommon worldwide. Our records substantially increase our understanding of the distribution of these rare birds.

Our record of Scimitar-winged Piha is the second for Peru; it was previously known only from Abra Marancunca in Puno Department. From Puno, the species occurs eastward along the humid Bolivian *yungas* to Cochabamba Department (Bryce et al., in press). Our record is a range extension of more than 500 km to the northwest and suggests the species may occur along other mountain ranges in Cusco and Puno Departments, such as within Parque Nacional Manu.

At Kapiromashi we registered Selva Cacique, a species described from Balta, Ucayali Department, by Lowery and O'Neill in 1965, and essentially unknown until rediscovered by Gerhart near Timpía (Schulenberg et al. 2000; Gerhart, 2004; Figure 1, A13). Ours is one of a handful of sightings, and the highest elevational record for the species.

Black Tinamou has a highly spotty distribution in the Andes, with scattered records from Colombia, Ecuador, Peru, and Bolivia. This species was common at our two high elevation sites, and our records fill one of the many large gaps in our knowledge of its distribution.

Mammals

We observed a group of four brown capuchin (*Cebus apella*) individuals at an elevation of 1,760 m. This record is 260 m higher than the elevational range reported by Emmons and Feer (1999).

FINDINGS AT EACH INVENTORY SITE

During our 15-day inventory, we explored three sites ranging from 650 to 2,400 m in elevation, all different from one another in topography, geology, and species composition. As expected, we encountered the greatest species richness in our low-elevation site, Kapiromashi, (Table 2), and, as we climbed higher, we recorded more endemics and more new species. Collectively our findings sketch a preliminary picture of a highly diverse and heterogeneous region, where habitat types vary on scales small enough that one can walk through stunted, epiphyte-laden forests on rock outcrops, to tall forests on fertile soils, in less than an hour.

In the following sections we present a summary of our major findings, focusing on each inventory site, rather than on individual taxonomic groups as in the Technical Report (page 171). Although our inventory covered only a subset of the topographic and geological diversity in Megantoni, we believe that our inventory sites are representative of other areas within ZRM, and that the differences among them are representative of larger-scale patterns within the region.

Table 2. Species richness at each campsite, for all organisms sampled in the Zona Reservada Megantoni, Peru

Organism	Kapiromashi	Katarompanaki	Tinkanari
Plants	~650-800	~300-450	~300-450
Dung Beetles	41	32	14
Fishes	17	3	5
Herpetofauna	20	19	16
Birds	243	102	140
Mammals	19	10	11

Lower mountain slopes
(Kapiromashi, 650-1,200 m)

At this site in the Río Ticumpinía valley, we camped 200 m from the main river channel and explored the forested slopes on either side of the river, the large river island, the river itself, and several of its tributaries. Recent landslides, and forests regenerating on old landslides, are obvious features of the landscape. They reminded us that the area is geologically active and that natural disturbance to biological communities is frequent throughout the region. Lower-elevation sites exist in the ZRM (~500 m). Kapiromashi (650-1,200 m), however, was the lowest elevation we sampled.

We found the highest species richness for all organisms here (Table 2). Lowland and upland species overlapped at this site: species more typical of lower elevations reached their upper elevational limits, and upland species occurred at atypically low elevations, presumably because of the humidity trapped within the narrow river valley. In comparison to other sampled groups, we recorded few lowland species of fishes. Enormous waterfalls separate this part of the Río Ticumpinía from the Bajo Urubamba and presumably prevent most lowland fishes from reaching this site.

Numerous patches of large-stemmed bamboo (Guadua sp., Poaceae; known locally as paca) irregularly occur throughout Megantoni, and are especially dense in Kapiromashi. In bamboo patches, the species richness of plants, dung beetles, birds, and mammals is markedly depressed compared to that of patches free of bamboo. Clumps of bamboo, however, can harbor species that have evolved to specialize on this habitat. Such species include at least 1 amphibian (Dendrobates biolat, expected but not encountered during the inventory) and nearly 20 birds (17 recorded during the inventory).

We encountered a small patch of 8-9 plantains and old hunting trails on the southern slope of the valley, indicating that the inhabitants of Sababantiari, a community one day of travel downriver, likely hunt in this area. The near absence of several mammal species, including both species of peccaries (Tayassu pecari, Pecari tajacu) and several large primates (Alouatta seniculus, Lagothrix lagothricha), may reflect either large-scale seasonal migrations or overhunting in the area. Gamebirds, principally guans (Cracidae), were less common at this site than at the other two and, when sighted, appeared more apprehensive about our presence than the almost tame individuals spotted at our higher-elevation sites. Despite local hunting, we recorded healthy populations of large carnivores (jaguar, Panthera onca) and large ungulates (tapirs, Tapirus terrestris).

Mid-elevation tablelands
(Katarompanaki, 1,350-2,000 m)

Only 12 km east of Kapiromashi, broad tablelands rise between two tributaries of the Río Ticumpinía. Our second campsite was on the highest of these tablelands, and we explored both this higher tier and another platform 400 m below it. Radically different vegetation grows on each tier: on the higher platform short-statured, low-diversity vegetation grows on hard acidic rock; the lower tier supports taller, higher-diversity forest on much richer soils. We observed differences in composition and richness between the two platforms in all organisms. Richness was greater on the lower platform; in many groups, a more specialized community lives on the upper platform.

Specialization was most obvious in fishes. Fast-flowing streams feed the dramatic waterfalls that pour over the sheer edge of the tablelands into the river gorges below. Few fish species live in these streams, but the three endemics we registered during the inventory are abundant and uniquely adapted to the turbulent waters, using their adhesive mouths to cling to rocks, and their ventral muscles to pull their bodies upstream against the current.

As did the specialists in fishes and dung beetles, herpetologists found few species but many endemics. Nutrient-poor forests are generally unfavorable habitats for amphibians and reptiles, and on the upper platform the team found only 16 species: 8 anurans, 3 lizards, and 3 snakes. Nearly half, however, are species potentially new to science—3 lizards (*Euspondylus, Neusticurus, Proctoporus*) and 3 frogs (*Centrolene, Eleutherodactylus, Syncope*)—suggesting that these isolated tablelands could drive evolution in fishes, frogs, lizards, and dung beetles in similar ways.

Plant diversity—concentrated in trees and shrubs in Kapiromashi and on the lower platform of Katarompanaki—shifted to smaller lifeforms on the upper platform at Katarompanaki. Here, the highest richness was concentrated in epiphytes and trunk climbers, particularly orchids and ferns. Of the 275 fertile specimens on the tablelands, a quarter were orchids, including about 15 species new to science.

In other areas of Peru (e.g., Cordillera del Cóndor, Cordillera Azul), stunted forests support a suite of specialized bird species, but we did not encounter these elfin-forest specialists at Katarompanaki. Ornithologists documented only moderate numbers of bird species at this site, although the densities of game birds, particularly the typically rare Black Tinamou, were extraordinarily high.

We found numerous signs of spectacled bear (*Tremarctos ornatus*) in the stunted forest, including trails, dens, and discarded and half-eaten palm stems. Our Machiguenga guides estimated that bears were in the area three months prior to our visit, confirming other research that suggests these animals travel widely

through large territories, tracking seasonal fluctuations in food abundance.

On the lower platform, species richness in all groups was much higher, although researchers spent less time investigating this area. Most notable were the abundance of fruiting trees and the extraordinary densities of woolly monkeys (*Lagothrix lagothricha*) feeding on them, including an enormous group of 28 individuals.

We believe humans have never visited this site before. Reaching the tablelands without a helicopter appears nearly impossible.

Mid-elevation slopes (Tinkanari, 2,100-2,400 m)

Our third inventory site was in the western corner of the Zona Reservada, close to its junction with Parque Nacional Manu (Figure 3B). The headwaters of the Río Timpía and the Río Manu originate several hundred meters above this site, and our trails crossed dozens of small creeks with moss-covered rocks (Figure 3K). This site was atypically flat, however, with water pooling in several places in the forest and forming boggy areas.

As at Katarompanaki camp, we distinguished two forest types at this site. A tall forest on richer soils dominates 90% of the area and surrounds a neatly delimited area (~0.5 km²) of stunted shrub forest growing on a much harder acidic rock. The stunted shrub forest was obvious from the air and was similar to other outcrops on acidic rock seen during the overflights of the Zona Reservada.

Signs of spectacled bear were common and widespread in the stunted forest and ranged from trails and dens to recent food remains and fresh scat. Spectacled bears were one of the most abundant mammals we recorded in Megantoni, second only to woolly monkeys. Moreover, our Megantoni surveys recorded the highest relative density of spectacled bear reported in any Peruvian inventory.

Again, game birds were abundant and tame, including Sickle-winged Guan (*Chamaepetes goudotii*), Wattled Guan (*Aburria aburri*), and Andean Guan (*Penelope montagnii*). At this site, ornithologists photographed Scimitar-winged Piha (see Range

Extensions, above) and tape-recorded calls and a flight display. We believe this flight display has never been witnessed before.

We found several new species and range extensions for plants at this site. Ferns dominated these forests (Figure 5) with high richness (~30 species/100 m²) and high densities, especially of tree ferns (~2,000 individuals/ha). As in the Katarompanaki tablelands, species richness was concentrated in epiphytes rather than trees and shrubs.

Amphibians and reptiles showed patterns of diversity parallel to those of fishes, as they did at Katarompanaki. Species richness was limited overall, but several novelties and endemics dominated the community. Ichthyologists found high fish densities in all streams sampled, registering 5 species of fishes, including 2 *Astroblepus* not found at Katarompanaki. Herpetologists recorded 10 species of anurans, 2 lizards, and 4 snakes. One of the most notable records, *Atelopus erythropus*, previously was known only from the holotype and populations in the Kosñipata valley. The largest of all frogs found at this site was an arboreal marsupial frog, *Gastrotheca* sp. (Figure 9F), similar to *G. testudinea* (W. Duellman, pers. comm.). *Gastrotheca* sp. was nearly ubiquitous—males sang from the canopies in almost every habitat—and this species is almost certainly new to science.

HUMAN COMMUNITIES

In contrast to the biological communities, the social landscape was well known before our inventory. For more than two decades, CEDIA and other organizations have engaged in participatory work with many communities in the region, and their efforts, in conjunction with the long-term vision of many of the native inhabitants, inspired the proposal for a protected area in Megantoni.

To date, CEDIA's efforts have focused largely on the traditional inhabitants of the region— the Machiguenga, Ashaninka, Yine Yami, and Nanti.

However, two distinct cultural groups live in the area surrounding Zona Reservada Megantoni: native populations living in communities and colonists living in rural settlements (see Figure 1). These groups are coarsely separated within the landscape. The bulk of the native peoples live north rather than south of Megantoni (12,000 vs. 4,000 people) and inversely, most colonists live south rather than north of ZRM (150,000 vs. 800 people). Native peoples practice subsistence agriculture and have lived in these forests for millennia, while colonists are more recent arrivals, and typically practice larger-scale commercial agriculture. A large part of the long-term success of a protected area in Megantoni will rely on stabilizing the agricultural frontier, particularly in the south, and engaging both native inhabitants and colonists in the protection and management of the region.

CONSERVATION RISKS AND OPPORTUNITIES

The conservation landscape we propose for Megantoni will provide long-term, strong protection for a biologically and culturally rich region, and is an unparalleled opportunity to

01 **Protect unique flora and fauna,** including the 60-80 species new to science found in Megantoni,

02 **Link two large protected areas,** ascending from the Amazonian plain in Parque Nacional Manu to the Andean slopes in the Cordillera Vilcabamba,

03 **Preserve a landscape sheltering uncontacted indigenous communities,** living in the extreme northeastern corner of Megantoni, and

04 **Work with neighboring communities in designing ecologically compatible activites** (including well-managed ecotourism) that will reinforce the protection of Megantoni.

ASSETS

The isolation and ruggedness of Megantoni, the collective knowledge of its inhabitants, and the biological and cultural riches within its borders are enormous assets for conservation in the region. Here we detail several of the most striking and general conservation assets within ZRM, although undoubtedly many more exist.

Intact habitats

Several particularly well-preserved and unique habitats exist within ZRM. Elsewhere in the Peruvian Andes, high-altitude grasslands (puna) experience intensive land use, overgrazing, and overburning, and upland streams are populated with invasive, exotic rainbow trout that have decimated native fishes. Megantoni provides an opportunity to preserve the full richness of this intact mountain flora and fauna and could provide a living reference for restoration efforts in degraded grasslands and aquatic habitats in nearby areas.

Traditional knowledge/cultural richness

These forests are intimately familiar to the Machiguenga, Nanti, Ashaninka, and Yine Yami. Collectively, these groups safeguard a wealth of traditional knowledge—an understanding of animal movements and behaviors, seasonal fluctuations in weather and resources, favorable planting times and ecologically sensitive cultivation methods—providing the closest approximation to a communal almanac for the region.

Pongo de Maenique

The rough waters and life-threatening whirlpools and rapids of the Pongo de Maenique are a spiritual center for the traditional inhabitants of the region, and separate the Alto Urubamba from the Bajo Urubamba. Although now navigable, for centuries the Pongo shielded the Bajo Urubamba from development or colonization. Today the Pongo remains an asset, continuing to play a deep spiritual role in the lives of traditional inhabitants of the region, and providing spectacular ecotourism opportunities for native communities.

Remoteness

The forested ridges and valleys of Zona Reservada Megantoni are difficult to reach—they require three full days of travel from Cusco, via planes, boats, and trails—and their isolation has spared Megantoni the deforestation common in many parts of the Andes.

THREATS

Among the major threats to Zona Reservada Megantoni are the following:

Rampant, ill-planned colonization

Colonists have settled on steep, landslide-prone slopes. Conservation-compatible cultivation is impossible in these areas. Typically, colonists move from one unsuitable area to the next, barely eking out an existence, and deforesting vast areas in the process.

Natural gas pipeline development

The extraction of hydrocarbons is perhaps the largest threat to ZRM, as the Camisea gas operation lies just ~40 km north of the Zona Reservada. Natural gas extraction in the area has already forced native communities to leave their traditional lands, and the next few years may see increased exploration for gas deposits along the Bajo Urubamba.

Illegal logging

Enforcing forestry laws is nearly impossible in such a remote area, and illegal loggers have extracted timber from areas to the north of ZRM (e.g., Reserva del Estado a Favor de los Grupos Étnicos Kugapakori-Nahua).

CONSERVATION TARGETS

The following species, forest types, communities, and ecosystems are of particular conservation concern in Megantoni because they are (i) especially diverse or unique to this area; (ii) rare, threatened, vulnerable, or declining here and/or elsewhere in Peru or the Andes; (iii) key to ecosystem function; or (iv) important to the local economy. Some of these conservation targets meet more than one of the criteria above.

ORGANISM GROUP	CONSERVATION TARGETS
Biological Communities	Headwater streams of the Río Ticumpinía and Río Timpía (Figure 3K), which harbor a unique icthyofauna
	Pristine aquatic habitats in the Peruvian Andes that support healthy populations of native species
	Stunted shrub forests on acidic rock outcrops
	Pristine expanses of high-altitude grasslands
	Large tracts of bamboo-dominated forest (Figure 3E)
	Continuous forest from lowland flood plains to highland grasslands
Vascular Plants	Hyperdiverse Andean plant families, especially orchids (Figure 6) and ferns (Figure 5)
	Populations of timber trees at lower elevations, including *Cedrela fissilis* (*cedro*), *Cedrelinga cateniformis* (*tornillo*)
	More than 25 plant species that only occur in Megantoni
Dung Beetles	Large dung beetle species (especially *Deltochilum*, *Dichotomius*, *Coprophanaeus*, *Phanaeus*, and *Oxysternon*), susceptible to local extinctions and functionally important for dispersing seeds, controlling mammalian parasites, and recycling nutrients
	Rare and restricted-range species (including at least ten species new to science)
Fish	Fish communities in streams and other aquatic habitats that drain the intact forests between 700 and 2,200 m asl
	Endemic Andean species such as *Astroblepus* (Figures 8B, 8D), *Trichomycterus* (Figures 8E, 8F), *Chaetostoma* (Figure 8A)
	Species highly specialized on fast-flowing waters and restricted to elevations above 1,000 m

Reptiles and Amphibians	Communities of anurans, lizards, and snakes typical of middle-elevation slopes in southeastern Peru (1,000-2,400 m asl)
	Amphibian communities in streams
	Populations of rare species and species with restricted distributions, including *Atelopus erythropus* and *Oxyrhopus marcapatae* (Figure 9B)
	New amphibian species including an *Osteocephalus* (650-1,300 m asl, Figure 9E), a *Phrynopus* (1,800-2,600 m asl), an *Eleutherodactylus* (1,350-2,300 m asl), a *Centrolene* (1,700 m asl, Figure 9H), a *Colostethus* (2,200 m asl), and a *Gastrotheca* (2,200 m asl, Figure 9F)
	New reptile species including a snake (*Taeniophallus*, 2,300 m; Figure 9D); and four lizards: an *Euspondylus* (1,900 m asl, Figure 9A), an *Alopoglossus* (Figure 9C), a *Neusticurus,* and a *Proctoporus*, living on the isolated tablelands in Megantoni
	Lower elevation (< 700 m) populations of yellow-footed tortoises (*Geochelone denticulata*) hunted for food.
Birds	Healthy populations of game birds (Tinamidae and Cracidae), often overhunted in more populated sites
	Black Tinamou (*Tinamus osgoodi*, Figure 10C), Scimitar-winged Piha (*Lipaugus uropygialis*, Figure 10D), and Selva Cacique (*Cacicus koepckeae*), Vulnerable species (IUCN), each known from few sites worldwide
	Healthy populations of Military Macaw (*Ara militaris*, Figure 10A), a Vulnerable species (IUCN), and Blue-headed Macaw (*Propyrrhura couloni*), a rare and local macaw in Peru
	Healthy avifaunas of upper tropical forest, montane forest, and puna

Mammals

Carnivores with large home ranges, e.g., jaguar (*Panthera onca*, Figure 11A), puma (*Puma concolor*, Figure 11D), and spectacled bear (*Tremarctos ornatus*, Figure 11B)

South American tapir (*Tapirus terrestris*, Figure 11F), whose low reproductive rate makes it particularly vulnerable to overhunting

Populations of the South American river otter (*Lontra longicaudis*, Figure 11E) that are threatened elsewhere by contaminated rivers

Primates that are subjected to serious hunting pressure in certain portions of their geographic distribution: e.g., red howler monkey (*Alouatta seniculus*), white-fronted capuchin (*Cebus albifrons*), brown capuchin (*Cebus apella*), common woolly monkey (*Lagothrix lagothricha*, Figure 11C), saddlebacked tamarin (*Saguinus fuscicollis*)

Vulnerable species such as pacarana (*Dinomys branickii*), ocelot (*Leopardus pardalis*), giant anteater (*Myrmecophaga tridactyla*), and giant armadillo (*Priodontes maximus*)

Healthy populations of medium-sized and large mammals, especially monkeys, that provide essential dung resources for beetles and other invertebrates

RECOMMENDATIONS

Our long-term vision for the Megantoni landscape integrates two complementary goals: to conserve the area's incredible biological diversity, and to preserve the cultural patrimony of the traditional inhabitants of the region—including the voluntarily isolated Nanti people living within Megantoni. In this section, we offer some preliminary recommendations to achieve this vision for Zona Reservada Megantoni, including specific notes on protection and management, further inventory, research, monitoring, and surveillance.

Protection and management

01 **Establish the Santuario Nacional Megantoni inside the boundaries outlined in Figures 1, 2.** Rapid protection of Megantoni is critical, as ill-planned colonization continues to deforest wilderness areas north and south of the reserve boundaries. Zona Reservada Megantoni should be granted the strongest protection status possible to conserve its valuable cultural and biological resources—including species potentially endemic to Megantoni's mountains—and to maintain the extremely important corridor between Parque Nacional Manu and Cordillera Vilcabamba. **Update:** On 11 August 2004, Supreme Decree 030-2004-AG established the Santuario Nacional Megantoni (216,005 hectares). Together with Parque Nacional (a category typically given to larger areas), Santuario Nacional represents the strongest protection possible within the Peruvian parks system (SINANPE).

02 **Relocate settlements currently established inside the Zona Reservada.** Two adjacent communities of colonists, Kirajateni and La Libertad (Figure 1), are established within the southern limit of the Zona Reservada. These communities include 10-30 landowners, are less than two years old, and are situated on steep slopes with unproductive soils, unsuitable for agriculture. These settlements should be relocated to more favorable lands.

03 **Promote the completion of legal land titling in the areas next to the Zona Reservada Megantoni and stabilize the agricultural frontier.** In the past, there has been promotion of areas unsuitable for agriculture (steep, landslide-prone slopes) as settlement opportunities for colonists. These settlements invariably lead to perpetuation of poverty, severe degradation of the biological communities, and frustration of farmers. A sound planning effort, based on accurate assessments of viable land-use options, should manage the dual aims of providing land for people in the region and protecting its biological communities.

Protection and
management
(continued)

04 **Map, mark, and publicize the boundaries of the Megantoni protected area.**
As part of their initiative formally to protect the area, CEDIA has led efforts to
mark several segments of the Megantoni boundaries. Building on these earlier
efforts, a more comprehensive campaign should start with areas most vulnerable
to illegal incursions, especially along the southern border in the Alto Urubamba.
Signs should include information on the legal status of Megantoni, and the
regulations governing activities within its borders.

05 **Minimize illegal incursions into the area** by establishing guard posts at critical
access points along Megantoni's boundaries.

06 **Involve local communities and local authorities in protection and management
of the Megantoni protected area,** promoting local participation in protection
efforts including:

A. **Involving members of local communities as park guards, managers,
and educators.**

B. **Encouraging local ecotourism efforts and promoting regulated development
of other tourism opportunities.** The native community of Timpía (Figure 1, A13)
has established an ecotourism operation along the Urubamba (Machiguenga
Center for Tropical Studies), and leads tours of the clay licks and wildlife within
the spectacular Pongo de Maenique. Responsible development of low-impact
tourism should be encouraged as an activity to involve local communities
directly in activities compatible with the long-term protection of the area.

C. **Managing harvest of game birds, mammals, and fishes by members of
native communities.** We found evidence of previous hunting activity (old trails,
small plantain patch) at our Kapiromashi campsite along the Río Ticumpinía.
We recommend research (see below) on the use of the landscape by native
communities and their traditional management of game harvests and
subsequent management as necessary.

07 **Minimize impacts to headwaters within the region.** Four major rivers originate
within the area: Timpía, Ticumpinía, Yoyato (Urubamba drainage), and Manu
(Madre de Dios drainage). The Río Timpía and the Río Manu originate on the slopes
of the mountains in the northeastern corner of Megantoni (near Tinkanari campsite);
the Rio Ticumpinía originates in the heart of the reserve; and the Yoyato headwaters
lie within the "bulge" along the southern border of Megantoni (Figures 2, 3).
Extreme care should be taken to protect these headwater areas, as they provide
water for two of the most important drainages in southeastern Peru.

Protection and management (continued)	**08 Protect all natural communities from illegal harvesting, in particular orchids.** Orchids are protected under CITES regulations in Peru, and formal protection of Megantoni is an important step towards impeding unauthorized orchid collecting. However, park guards should be on the alert for illegal orchid collectors, as the beauty of these plants inspire collectors to go to great lengths to obtain samples.
Zoning (see map p. 50)	**01 Protect the area where indigenous people live in voluntary isolation, for their exclusive use (Uso Exclusivo).** Uncontacted Nanti peoples live along the Timpía river in the northeastern corner of Megantoni.

02 Create a special use (Uso Especial) area for the indigenous people living in the Comunidad Nativa Sababantiari that allows them to continue their traditional use of the forest. In this area, we also recommend implementing a participatory community program to monitor the impact of hunting.

03 Protect pristine puna grasslands in Megantoni.

A. **Strictly protect the isolated puna habitat in the southeastern corner of Megantoni.** Because it is isolated from the more extensive and interconnected puna habitat in other parts of Megantoni and PN Manu, this puna patch could harbor endemic and rare species.

B. **Zone the intact puna habitats along the Zona Reservada's southern border as Area Silvestre** to promote research studies that could eventually help to restore and manage degraded puna in nearby areas. |
| **Further inventory** | **01 Continue basic plant and animal inventories, focusing on other sites and other seasons, especially October-February.**

A. **Unsampled aquatic habitats** include (1) the lower part of ZRM, from 500 to 700 m asl; (2) the Río Yoyato drainage; (3) the upper Río Timpía; (4) the aquatic habitats of the mountains between the Río Ticumpinía and the Pongo de Maenique; (5) habitats between 900 and 1,500 m asl; (6) the Río Urubamba where it passes through the Pongo de Maenique; (7) the blackwater lagoons of the upper Río Timpía; (8) the ponds of the high-altitude grasslands (puna); and (9) the aquatic ecosystems inside ZRM west of the Pongo, including part of the Río Saringabeni. |

RECOMMENDATIONS

Further inventory
(continued)

B. **Unsampled terrestrial habitats** include (1) areas west of the Pongo de Maenique; (2) the cliff faces around the Pongo; (3) forests growing at elevations from 500 to 700 m asl and 2,300 to 4,000+ m asl; (4) the high-altitude grasslands; (5) the stretch of triangular slabs (Vivians) along the northern edge of the reserve; (6) outcrops of acidic rocks scattered throughout the reserve; and (7) uncharacteristically high-elevation patches of lowland *Guadua* bamboo (1,200-1,500 m asl).

02 **Map the geological formations within Megantoni, and conduct finer-scale geological inventories throughout the region, beginning with the most prominent landscape features (e.g., tablelands, Vivians, Pongo de Maenique).** In parallel, the Geographic Information System (GIS) developed by CEDIA for the region should be elaborated to include more detailed geological information and to integrate existing data on biological communities.

03 **Search for two undescribed species of birds, both recently discovered to the east of Megantoni (D. Lane, unpub. data).** Both undescribed species are probably *Guadua* specialists, a tyrant flycatcher (*Cnipodectes*, Tyrannidae) known along the Río Manu, and along the lower Río Urubamba at elevations below 400 m (Lane et al., unpubl. ms.); and a tanager (Thraupidae), observed along the Kosñipata road at San Pedro, at ~1,300 m elevation (Lane, pers. obs.). Both species are likely to occur within the Zona Reservada.

Research

01 **Examine the use of the Megantoni corridor by wide-ranging species (large carnivores and ungulates, raptors, migrating birds, and mammals).** Very few pristine areas like Zona Reservada Megantoni connect puna to lowland tropical forest. Continuous corridors can be extremely important for fauna, especially for species with large seasonal migrations, or large home ranges. Understanding movement patterns and resource use in these wide-ranging species will be critical in designing long-term management strategies for their populations.

02 **Evaluate the impact of the protected area on deforestation rates in the region,** particularly on deforestation near (and within) park boundaries.

03 **Evaluate the ecological impact of subsistence hunting by human communities on local fauna.** We recommend focusing this research in the zones used by the Comunidad Nativa Sababantiari and other communities living next to the Zona Reservada—for example, Timpía, Saringabeni, Matoriato, and Estrella. This research should be directed toward preserving wild mammal populations while preserving the quality of life of subsistence hunters and their families.

Research
(continued)

04 **Measure the efficacy of signs marking reserve boundaries in reducing illegal incursions into the area.**

05 **Investigate the natural dynamics of pristine aquatic environments in ZRM.** In the Alto Urubamba watershed, rainbow trout (*Oncorhynchus mykiss*) are widespread in natural environments and are cultivated throughout the watershed. This invasive species is not yet present in ZRM. Megantoni offers the unparalleled opportunity to conserve and study aquatic habitats that are still free of non-native invasive species.

06 **Evaluate the effects of fishing toxins (traditional fishing method, known locally as *barbasco* or *huaca*) on aquatic communities.** Casual observations suggest these natural toxins harm fish communities and other aquatic biota, including river otters (*Lontra longicaudis*), but few scientific studies in Peru quantify this damage, especially at a population level evaluating cumulative effects. We recommend investigating the effects of fishing toxins on aquatic communities, and, if necessary, complementing these studies with workshops or environmental education programs or both, to reduce toxin use in local communities.

07 **Investigate the role of climate change in species distributions.** Species with narrow elevational ranges, including many of the plants, dung beetles, amphibians, reptiles, and fishes found in Megantoni, may be the most sensitive to global warming and to local changes in climate associated with deforestation. The Andean Biodiversity Consortium (www.andesbiodiversity.org) is currently researching long-term climatic trends and vegetation patterns in mountain ranges near Megantoni, and studies on non-plant taxa could piggyback on their efforts.

08 **Determine the carrying capacity of local tourism efforts,** via research directed at estimating tourist visits and impacts on biological communities.

Monitoring

01 **Create a comprehensive ecological monitoring program that measures progress toward conservation goals established in a site-specific management plan** (see Protection and Management recommendation 03, above). Use results of research to establish the links between monitoring indicators and potential sources of change. Use results of inventory to establish a baseline for monitoring projects.

02 **Track illegal incursions into the area.** Use the results of Research recommendation 04, above, to establish goals for reducing incursions. Modify strategies to target the most-vulnerable entry points.

| Monitoring (continued) | 03 | **Monitor the rate and distribution of deforestation in the region, in relation to protected-area boundaries.** Use the results of Research recommendation 02, above, to establish goals for reducing deforestation. Modify management strategies, including zoning or protected-area boundaries, to respond to monitoring results. |

Surveillance	01	**Establish meteorological stations in the area.** None currently exists near Megantoni, and meteorological data will complement much of the proposed research in the area (e.g., species responses to climate change, seasonal migrations along the corridor).
	02	**Track movements of native settlements.** Native communities often move seasonally in response to natural variation in resource availability, and their movements may influence flora and fauna abundances differentially across the landscape.
	03	**Sample regularly for chytrid fungus in upland aquatic habitats.** At middle and high elevations, the rapid diffusion of a chytrid fungus from Central America toward the Andes has in recent years precipitated dramatic declines and extinctions of amphibian populations in Ecuador, Venezuela, and northern Peru. We found no evidence of chytrid fungus in Megantoni, but regular sampling of species living in highland brooks and streams, such as *Atelopus* toads and glass frogs (Centrolenidae, Figure 9H), will be important for early detection of the fungus.
		If chytrid fungus is found in Megantoni, it should be reported immediately to the Declining Amphibian Populations Task Force (http://www.open.ac.uk/daptf/index.htm), an organization that serves as a clearing house for information about amphibian declines and the means by which declines can be slowed, halted, or reversed.
	04	**Survey fish populations.** The next few years may see increased exploration for natural gas deposits along the Bajo Urubamba. Additional gas exploration risks polluting the Bajo Urubamba, and potentially altering migration patterns of fishes reproducing closer to the headwaters (up to ~500 m asl). These changes would alter local fish distribution and possibly reduce game fish species. Tracking the composition of fish communities, in addition to recording resource use by local fishermen, will be critical to protecting the Bajo Urubamba drainage, and to altering management to preserve fish communities within its waters.

Technical Report

OVERVIEW OF INVENTORY SITES

Zona Reservada Megantoni is an intact wilderness corridor of 216,005 ha on the eastern slopes of the Peruvian Andes, widest at the eastern end along its broad border with Parque Nacional Manu, and tapering to a narrow wedge at its western limit where it joins with the Vilcabamba conservation complex (Reservas Comunales Machiguenga and Ashaninka, and Parque Nacional Otishi, see Figure 1). Elevation decreases along a similar westward trajectory. From higher-altitude grasslands (up to 4,000 m) restricted to the southeastern end of the area, the landscape descends in a spectacular series of sharp ridges and rugged slopes until it reaches the river valley bottoms (500+ m) of the lowlands in the west.

In the southwestern corner, the Río Urubamba bisects a large ridge, creating the mythical Pongo de Maenique canyon and exposing clay licks used by Military Macaws (*Ara militaris*) and spider monkeys (*Ateles* sp.). Three of the Urubamba's tributaries—the Río Timpía and the Río Ticumpinía in the north, and the Río Yoyato along the southern boundary—originate within the Zona Reservada, as do the headwaters of the Río Manu (see Figures 1, 2).

Much of Zona Reservada Megantoni is covered in patches of live and dead bamboo: *Guadua* species (Figure 3E) at lower elevations and *Chusquea* species and their allies at higher elevations. In some places the bamboo creates a nearly impenetrable, monodominant stand, whereas in others the bamboo species is draped on and around several tree species, usually only a small subset of the diversity in the surrounding forest.

Pronounced patchiness characterizes the entire Zona Reservada Megantoni. Over short distances—as small as several hundred meters—habitats can change from stunted shrub forests growing on exposed acidic rocks, to forests growing on richer soils with a canopy taller by nearly tenfold, with little or no overlap in species composition between the two areas.

Since the Zona Reservada contains extraordinarily high habitat heterogeneity, both horizontally, at small spatial scales, and vertically, along an altitudinal gradient, our goal in selecting biological inventory sites was to sample the habitat diversity to the greatest extent possible.

SITES VISITED BY THE BIOLOGICAL TEAM

We combined our observations from the November 2003 overflight and our interpretations of Landsat TM+ images (bands 4, 5, 3, and 8 panchromatic) to select inventory sites at different elevations, trying to include access to a range of altitudes and habitats at a single site (see Figures 2, 3). Because of the rugged terrain, access to highland sites in Megantoni is challenging, and in many cases impossible. For our two higher-elevation inventory sites, the advance team—who cut trails and prepared camp before the inventory—gained access to the sites by descending a cable from a hovering helicopter.

During the rapid biological inventory of Zona Reservada Megantoni from 25 April to 13 May 2004, the inventory team surveyed three sites spanning a 1,700-m altitudinal gradient, starting from 650 m above sea level (asl) and reaching 2,350 m. Below we describe these three sites in more detail and include information on a fourth site that was visited only by the advance trail-cutting team. Each site name, in Machiguenga and chosen by the Machiguenga guides accompanying us on the inventory, represents an obvious and dominant feature of the vegetation.

Kapiromashi (12°09'43.8"S 72°34'27.8"W, ~760-1,200 m asl, 25-29 April 2004)

This was the first site we visited, and the only one in a large river valley (Figures 3A, 3C). Our camp was situated in a regenerating landslide, along a small (5-m-wide) transient stream about 200 m from its junction with the Río Ticumpinía. Although the Río Ticumpinía measured ~40 m across during our stay, it is one of the largest rivers in Zona Reservada Megantoni and can span 150 m or more when it is fully charged with water.

Our Machiguenga guides from Timpía, a community 28 km to the northwest at the junction of the Río Timpía and the Río Urubamba, had never visited this site. However, we encountered a small patch of 8-9 plantains and old hunting trails on the southern slope of the valley, indicating that the inhabitants of Sababantiari, a community one day of travel downriver, likely hunt in this area.

Over four days we explored more than 12 km of trail on either side of the Río Ticumpinía valley, often walking for more than 0.5 km along the rock-strewn, sandy beaches to reach one of the few places where we could cross the river. One additional trail traversed a large island formed where the river diverges and rejoins itself 1.5 km downriver.

Our trail system reached the crest of the southern ridge around 1,100 m asl. Although the ridge on the opposite side of the river appeared to extend to at least 1,500 m asl, we could not reach areas above 1,200 m asl on this higher ridge. Clouds typically moved from the south over the lower ridge and settled against the northern slope, forming a cloud bank around 1,100 m asl. In general, the area contains exceptionally humid forest. Nonetheless, while we were in the field no large downpours occurred, several streams dried up and drought stress was evident in orchids on the northern slope.

Kapiromashi means "much bamboo" in Machiguenga and is the word our local guides used to describe the impressive patches of *Guadua* bamboo (Figure 3E) that dot slopes on both sides of the river, as well as the river island. All trails contained at least one patch of *Guadua* bamboo, and several traversed upwards of 80% bamboo-dominated forest (*pacal*). We found evidence of natural disturbance on most of the trails, often walking through a time series of forest in different stages of recovery from old and new landslides, with more mature forest marked by larger-sized tree stems and their greater epiphyte loads. Underlying this matrix of disturbance is a mosaic of limestone-derived and more acidic soils sometimes separated only by tens of meters. Several plant species are restricted to only one of these soil types.

Judging from our overflight of the area and the satellite images, this area is likely representative of the habitat along the Río Timpía inhabited by the voluntarily isolated Nanti people (Figure 12E).

Katarompanaki (12°11'13.8"S 72°28'13.9"W, ~1,300-2,000 m asl, 2-7 May 2004)

At the heart of Zona Reservada Megantoni, several massive tablelands rise between two tributaries of the Río Ticumpinía (Figure 3A). These tablelands are obvious on satellite images and do not appear to occur in either Parque Nacional Manu or the Vilcabamba conservation complex. Our second campsite was on the highest of these tablelands, and we explored both this higher tier and another platform 400 m below it. This campsite was christened Katarompanaki for the *Clusia* tree species (Figure 3G) that dominates the canopy on the top tier of the tablelands.

Although from the air the area appears to be a flat, slowly ascending surface, on the ground the surface is uneven and crisscrossed by a network of small streams that carve deeply into areas of softer substrate. At each stream crossing, the trails descended and rose sharply. The two largest streams (10-20 m wide), one on each tier, consisted of enormous, entire slabs of rock, and were composed of such a hard substrate that scratching the surface, even with plant clippers, was nearly impossible.

Radically different vegetation grows on each tier. On the higher platform short-statured, low-diversity vegetation grows on hard acidic rock. The lower tier supports taller, higher-diversity forest on much richer soils. Because of the slow rates of decomposition, the forest floor on the upper tier is a treacherous tangle of roots and fallen trees, distinctly spongy, and sprinkled with large holes more than 1 m deep. We found little evidence of mineral soil, although a humic layer is present. On the lower tier, the forest is more productive and the richer clay soils support several fruiting species and a substantial mammal fauna.

Traveling between the two tiers was difficult, with a frighteningly vertical descent in some spots. Once on the second tier, the trail passed below a spectacular waterfall pouring over the lip of the first tier, the water cascading past 40 m of vertical rock to crash directly onto the second tier below.

On the few cloud-free days, the southern edge of the top platform granted researchers spectacular views of a string of triangular slabs known as Vivian formations to the west (Figure 3F), a jumble of steep ridges to the south, several jagged peaks to the east and, across the expanse of short-statured forest of the platform to the north, a sheer rock wall rising from the other side of the river valley. The river island of Kapiromashi camp—a mere 12 km to the west—was distinctly visible from the southwestern corner of the higher platform.

During our six days at this site, we experienced several localized downpours, with intense steady rain in one spot, and blue skies 1.5 km away.

We found no evidence that humans had ever visited this site and the density of woolly monkeys (*Lagothrix lagothricha*, Figure 11C) in the lower-tier forest was noticeably high.

Tinkanari (12°15'30.4"S 72°05'41.2"W, ~2,100-2,350 m asl, 9-13 May 2004)

Our third inventory site was in the western corner of the Zona Reservada, close to its junction with Parque Nacional Manu (Figure 3B). Throughout the Andes and in parts of the Zona Reservada, this elevation contains some of the steepest slopes. This site was atypically flat, however, with water pooling in several places in the forest, and even forming a small (20-m-diameter) blackwater pond that was not visible on the satellite image.

The headwaters of the Río Timpía and the Río Manu originate several hundred meters above this site, and our trails crossed dozens of small creeks with moss-covered rocks (Figure 3K). A creek formed by a recent landslide (*huayco*), the largest waterway at this site, provided us with a window on the complicated geology of the area. Walking upward along the landslide, on rocks that were still free of moss, we observed different strata within the exposed rocks, alternating hard sandstone with other layers of substrate, including shale, and even carbon.

The streams in the area often descended stepwise, with a flat stretch and a steep descent followed by another flat stretch. Our working hypothesis is that the flat stretches reflect softer substrates that erode quickly, or alluvium, followed by harder sandstone, and then the next layer of softer substrate.

As at Katarompanaki camp, we distinguished two forest types at this site. A tall forest on richer soils dominates 90% of the area and surrounds a neatly delimited area (~0.5 km²) of stunted shrub forest growing on a much harder acidic rock. One forest type abutted the other, with no transition.

The stunted shrub forest was obvious from the air and was similar to other outcrops on acidic rock seen during the overflights of the Zona Reservada. The lower portion of the shrub forest was even shorter, dominated by terrestrial orchids and a thin-stemmed *Clusia* sp. In addition to our cut trails, a grid of spectacled bear trails traversed the stunted forest.

More than ten species of tree ferns, or *tinkanari* (Figure 5A), dominated the higher forest, in addition to several species and relatives of *Chusquea* bamboo.

Shakariveni (12°13'08.9"S 72°27'09.1"W, ~960 m asl, 13-19 April 2004)

About 13 km east of Kapiromashi camp, and directly below the large tablelands of Katarompanaki camp, the advance team established a campsite at the junction of the Río Shakariveni and a small tributary. From here, they spent six days exploring the region, hoping to reach the tablelands above. During their unsuccessful efforts to reach higher ground the team observed several vertebrates that are included in the appendices. Close to their campsite, the team encountered an abandoned farm plot (*chacra*), potentially cleared by colonists entering the Zona Reservada from the south. This area closely resembles Kapiromashi camp in its matrix of forest containing large areas dominated by *Guadua* bamboo patches, as well as in the successional flora along the rocky riverbed.

OVERFLIGHT OF ZONA RESERVADA MEGANTONI

Authors: Corine Vriesendorp and Robin Foster

ZONA RESERVADA MEGANTONI

Situated on the eastern slopes of the Andes, the rugged, spectacular terrain of Zona Reservada Megantoni ranges from deep, humid canyons to moist, high-altitude puna grasslands. Formed during the geological turmoil associated with the uplift of the Andes, the forests within Megantoni grow on a heterogeneous mix of uplifted rocks, steep slopes, jagged mountain ridges, and flat tablelands ranging in elevation from 500 to 4,000+ m.

Two steep ridges traverse stretches of the Zona Reservada, descending from east to west. The Río Urubamba bisects one of these ridges in the southwestern corner, creating the Pongo de Maenique river gorge (see Figures 2, 13). The Urubamba's tributaries (principally the Río Timpía, the Río Ticumpinía, and the Río Yoyato) run haphazardly through the deep valleys in the Zona Reservada, carving a path between the towering ridges above them.

Along both sides of the lower Urubamba, deforestation is substantial, with larger slash-and-burn plots obvious on the satellite image, and evidence of colonization disappearing only at the boundary of the reserve (Figure 1). Upriver from the Pongo de Maenique, and along the Río Yoyato on the southern side of the Zona Reservada, the colonization threat from higher in the Andes seems even greater. The river gorge appears to provide at least a partial barrier to deforestation.

HELICOPTER OVERFLIGHT

On 3 November 2003, a team of scientists from CEDIA, INRENA, CIMA, PETT and The Field Museum flew by helicopter over the rugged terrain of Zona Reservada Megantoni. The flight route traversed an impressive altitudinal gradient, starting from the lowlands (300+ m asl) in the northwestern corner of the ZRM, crossing over expansive table mountains and isolated ridges (1,000-2,000 m asl) near the center, and reaching the highlands (4,000+ m asl) in the southeastern edge. Below we complement the satellite images with our observations from the overflight, focusing specifically on obvious changes in vegetation and habitat within the area.

From the Pluspetrol base in Malvinas, we followed the meandering Río Urubamba upriver to a narrow tongue of steep ridges extending in a long line on either side of the Pongo de Maenique. A striking contrast exists between the northern and southern faces of these ridges. The northern faces usually are covered in immense, scrambling patches of bamboo (*Guadua* spp.) and the southern faces in vegetation of much higher diversity. The nearly complete cover of bamboo on the northern faces of these ridges suggests that a catastrophic disturbance, such as a massive fire or an earthquake, might have cleared competing vegetation and promoted bamboo colonization in the past.

On some of the northern faces, open patches suggest that tall forests have collapsed under the weight of the *Guadua* bamboo, creating a mixture of *Iriartea deltoidea* (Arecaceae), *Triplaris americana* (Polygonaceae), and *Cecropia* sp. (Cecropiaceae) crowns amidst the bamboo tangles. Even where tall forest is present, the understory appears to be dominated by bamboo. At higher elevations, the *Guadua* bamboo is confined to small, disturbed areas and is eventually replaced by *Chusquea* and other small bamboo species.

In contrast, a much more diverse vegetation grows on the southern faces of the ridge, sporadically interrupted by stunted forest on quartzite outcrops, and by vast landslides colonized by a suite of fast-growing species. The ridgetops separating the two faces often support monodominant patches of forest, likely reflecting the poor growing conditions on these exposed, older soils.

Farther eastward, the ridge is interrupted by a string of triangular slabs known as Vivian formations (Figure 3F), with slopes gently rising toward their apex on one side and abruptly falling along a sheer rock face on the other. On their slopes, Vivians support a variety of stunted vegetation, and sometimes are covered in bamboo. After nearly 30 km the Vivians disappear and are replaced by a series of expansive tablelands.

From the flat tops of the tablelands, dramatic waterfalls pour over sandstone cliffs into the river gorge below. Vegetation on the tablelands is variable, usually dominated by atypically short *Dictyocaryum lamarckianum* palms mixed with other stunted trees. At least one shelf of the tablelands is dominated by monocarpic *Tachigali* (Fabaceae) trees, both alive and recently dead. Steep slopes on the higher mesas at 1,500-2,000 m asl are dotted with *Alzatea* (Alzateaceae) trees often mixed with tall treeferns (an ideal habitat for Andean Cock-of-the-Rock, *Rupicola peruviana*).

From the mesas we descended to the river confluence of two tributaries of the Río Timpía, passing through narrower and deeper valleys with steep slopes. Along the isolated but broad valley of the largest tributary of the Timpía we observed 10-15 small plots with plantains and thatched-roof shelters, confirming the previously suspected presence of voluntarily isolated groups of Nanti in this area.

Cliffs and steep slopes with landslides continue up to the highest point in the southeastern corner of the reserve, where the ridgetops are more gently sloping. The trees are shorter, twisted, and covered with lichens, giving way to the high-altitude puna grasslands intermixed with patches of shrubby forest composed principally of *Polylepis* (Rosaceae) and *Gynoxys* (Asteraceae). The puna is dotted with scattered tarns and has a mix of giant *Puya* bromeliads and other herbaceous flora, along with the grass cover.

Although we heard reports of this area being used for grazing, we did not see cattle paths from the air. We did see evidence of recent fires, with blackened stems dotting several ridge tops, but we believe the fires to be natural. Cove forests along small highland streams appear to act as natural firebreaks.

From here, we descended along the southern edge of the ZRM, flying over successively lower crests on our return to Malvinas.

FLORA AND VEGETATION

Participants/Authors: Corine Vriesendorp, Hamilton Beltrán, Robin Foster, Norma Salinas

Conservation targets: Hyperdiverse Andean plant families, especially orchids and ferns, along an altitudinal gradient from lowland forest to puna; small populations of timber trees at lower elevations (*Cedrela fissilis* [cedro]; *Cedrelinga cateniformis* [tornillo]); large tracts of bamboo-dominated forest; pristine expanses of high-altitude grasslands; stunted shrub forests on acidic rock outcrops; and the more than 25 plant species endemic to Zona Reservada Megantoni

INTRODUCTION

Before setting foot in the forests of Zona Reservada Megantoni (ZRM), we knew that our rapid inventory would focus on some of the most diverse plant communities on the planet. Considered "the global epicenter of biodiversity" (Myers et al. 2000), the tropical Andes shelter nearly 15% of the world's plant diversity within their slopes, peaks, and isolated valleys. Moreover, close to half of the Andean flora is likely endemic, i.e., occurs nowhere else in the world.

Andean forests are still poorly understood from a floristic standpoint, and our botanical knowledge of the distribution, composition, and dynamics of these dauntingly diverse forests remains rudimentary. During this inventory, our closest points of comparison were the protected areas adjacent to Megantoni, Parque Nacional Manu to the east, and the Cordillera Vilcabamba (Parque Nacional Otishi, Reserva Comunal Machiguenga, Reserva Comunal Ashaninka) to the west.

Although Manu is one of the best-studied sites in South America (Wilson and Sandoval 1996), most research has focused on elevations lower than those at any site within Zona Reservada Megantoni (500-4,000 m asl). Botanists have collected in the Kosñipata valley in Manu from 2,600 to 3,600 m asl and have generated a preliminary list of the flora (Cano et al. 1995). Recently, Miles Silman, N. Salinas, and colleagues have established several 1-ha tree inventories from lowlands to treeline within the Kosñipata valley of Manu (700-3,400 m asl). These plots are more comparable to our

inventory sites than are floristic studies from Cocha Cashu in Manu (Foster 1990). To the west of ZRM, there is some sampling overlap between our inventory sites (650 m, 1,700 m, 2,200 m asl) and the rapid inventory in the Cordillera Vilcabamba (1,000 m, 2,050 m, 3,350 m asl; Boyle 2001).

Finally, to the north of ZRM, scientists working with the Smithsonian Institution documented an intact, highly diverse forest mixed with bamboo as part of the biodiversity surveys and environmental impact assessments for the Camisea natural gas extraction project (Holst 2001, Dallmeier and Alonso 1997). These forests in the lower Urubamba valley are on hills lower and drier than those in Megantoni, and forests similar to these are protected in Reserva Kugapakori-Nahua, which abuts ZRM on its northeastern border.

METHODS

To characterize plant communities at each inventory site, the botanical team explored as many habitats as possible. We used a combination of general collections, quantitative sampling in transects, and field observations to generate a preliminary list of the flora (Appendix 1).

During our three weeks in the field, we collected 838 fertile specimens now deposited in the Herbario Vargas in Cusco (CUZ), the Museum of Natural History in Lima (USM), and The Field Museum (F). R. Foster and N. Salinas took approximately 2,500 photographic vouchers of plants.

C. Vriesendorp inventoried understory plants (1-10 cm dbh) in ten transects: three in Kapiromashi, four in Katarompanaki, and three in Tinkanari, for a total of 1,000 stems. Understory transects varied in area but were standardized by the number of stems, following the method of Foster et al. (http://www.fieldmuseum.org/rbi). All members of the botanical team catalogued plants of all life forms, from canopy emergents and shrubs to herbs and epiphytes. In addition to making general collections, N. Salinas (Orchidaceae) and H. Beltrán (Asteraceae and Gesneriaceae) focused on their families of expertise at each site.

FLORISTIC RICHNESS AND COMPOSITION

Conservative estimates of vascular plant diversity for the eastern Andean slopes of Peru range from 7,000-10,000 species, suggesting that forests in these areas may contain half or more of the plant species in Peru (Young 1991). Based on our field observations and collections at the three inventory sites, we generated a preliminary species list of ~1,400 species for Zona Reservada Megantoni (Appendix 1). Using preliminary lists from similar elevations in the Cordillera Vilcabamba to the west (Alonso et al. 2001) and Parque Nacional Manu to the east (Cano et al. 1995, Foster 1990), we estimate a total flora of 3,000-4,000 species for the 215,006 ha of Megantoni. This is necessarily a broad approximation as our quick survey covered only a subset (650-2,350 m) of the full elevational range (500-4,000+ m) within the Zona Reservada.

As in other forests on the slopes of the eastern Andes, floristic richness within Megantoni is extremely high. In ZRM, we documented an astonishing diversity of orchids and ferns, particularly at the two higher-elevations sites of Katarompanaki and Tinkanari. These two plant groups dominated the flora and contained at least a quarter of the species we observed in the field (Pteridophyta, 190 species; Orchidaceae, ~210 species; Appendix 1). Ferns are commonly encountered in montane habitats; however, the diversity and abundance of ferns in Megantoni were particularly high. Of the 118 genera reported for Peru (Tryon and Stolze 1994), we found representatives of nearly half (~ 55) in Megantoni.

Of the 116 fertile orchid collections, we suspect that 20 represent species new to science (see Figure 6). The number of new orchid species still awaiting discovery may be even higher, given that the majority of the orchids we observed in the field were sterile or in fruit (and therefore effectively sterile for orchid taxonomists). Moreover, we were unable to take comprehensive samples of tree canopies where orchid abundance and diversity are usually highest. For that reason, the number of new orchid species we observed was even more remarkable.

Compared to the floras of other lower- and middle-elevation sites on the Andean slopes, certain families and genera were notably rich in species. We observed high numbers of Rubiaceae (92), Melastomataceae (64), Asteraceae (53), Araceae (52), Fabaceae (*sensu lato*, 52), and Piperaceae (49) across all three sites. At the generic level, we encountered 33 species each of *Psychotria* (Rubiaceae) and *Miconia* (Melastomataceae), 25 species of *Peperomia* (at least 10 species at each site), 24 species of *Piper* (Piperaceae), and at least 15 species each for *Pleurothallis* and *Maxillaria* (Orchidaceae, Figures 6C, 6E, 6F, 6G, 6I, 6S, 6T, 6X, 6Y, 6Z, 6AA, 6HH, 6JJ, 6KK, 6LL, 6NN). We found high species richness in *Anthurium* (24) and *Philodendron* (18), both genera in the Araceae, a principally epiphytic and typically species-rich family at higher elevations. Species richness of *Elaphoglossum* ferns (more than 15, Figure 5H) was astonishing at Tinkanari (2,100-2,350 m); this campsite may be one of the global centers of diversity for the genus. At this same elevation, we recorded sympatric populations of at least 10 species of tree ferns (mostly in the genus *Cyathea*, Figures 5A, 5B, 5K), as well as 8 species of bamboo (*Chusquea* and close relatives).

We encountered fewer species and individuals of palms (Arecaceae; 23 species) than we expected, but lower-elevation sites in Megantoni probably support larger populations and more species. For Bromeliaceae, a principally epiphytic family, the area supports several abundant species, but with the exception of *Guzmania* (15 species) it does not seem especially species rich.

VEGETATION TYPES AND HABITAT DIVERSITY

In contrast to nearby Amazonian forests, where broad floristic similarity can been found over thousands of kilometers (Pitman et al. 2001), Andean forests are floristically heterogeneous at almost any spatial scale—from satellite images, to helicopter overflights, to short hikes on the ground. Even forests at similar elevations typically exhibit differences in composition and structure. Much of this heterogeneity derives from the rugged and varied topography, microclimatic changes along elevational gradients, disturbance from landslides, and dramatic, small-scale variation in substrate.

However, our understanding of how these factors interact to determine plant community composition remains limited.

Our inventory sites spanned 650-2,350 m in elevation. We were not able to sample sites at either the lowest (500-650 m) or the highest (2,350-4,000 m) elevations that make up some 20% of the Zona Reservada, but we believe that the sites we visited are representative of plant communities across a large proportion of the Zona Reservada.

Lower mountain slopes
(Kapiromashi, 650-1,200 m, 26-30 April 2004)

Our first campsite was situated adjacent to the Río Ticumpinía. We explored the forests dominated by patches of bamboo on the steeply ascending slopes on either side of the river valley. Overflights of the region suggest that similar plant communities grow along the Río Timpía on the eastern side of the Zona Reservada.

One of the largest rivers in the region, the Ticumpinía is fast-flowing and dynamic, changing course rapidly enough that our 2001 satellite image was already outdated. During our visit in the late rainy season, the river levels were unexpectedly low, exposing a broad floodplain (Figure 3C). We suspect that these forests receive 5-6 m of rain per year, with no significant dry periods. The high humidity, further exaggerated by the narrowness of the valley, may explain why we found several species typical of higher elevations at this site.

Guadua-*dominated forest*

A key feature of vegetation here and elsewhere at lower elevations in the Zona Reservada is scattered stands of stout *Guadua* bamboo (Figure 3E). Although the factors influencing the distribution of bamboo patches across the landscape are poorly understood, these stands are a continuation of the *Guadua* patches that dominate vast stretches of southwestern Amazonia. All trails at this site crossed *Guadua* patches, ranging from isolated clumps of bamboo to tangles covering several kilometers. Within larger patches of bamboo, species richness of plants was markedly reduced, and in some places downright depauperate. Transect data reveal that the understory

plant community growing in areas with bamboo is approximately half as rich as that growing nearby, outside *Guadua*-dominated forest (29 vs. 57 species).

Typically, bamboo stems were interspersed with a mixture of palms (*Socratea exorrhiza, Iriartea deltoidea*; Arecaceae) and secondary forest species (*Cestrum* sp., Solanaceae; *Neea* sp., Nyctaginaceae; *Triplaris* sp., Polygonaceae; *Perebea guianensis*, Moraceae; and spiny lianas of *Uncaria tomentosa*, Rubiaceae, the medicinal plant *uña de gato*, or cat's claw). Thin-stemmed shrubs and suffrutescent herbs dominated the understory, including *Begonia parviflora* (Begoniaceae), a *Sanchezia* sp. (Acanthaceae) with bright red bracts, and *Psychotria viridis* (Rubiaceae), an ingredient of the hallucinogen ayahuasca. Less frequently, we encountered species more typical of mature forest, including *Guarea* spp. (Meliaceae) and at least three species of Lauraceae.

Non-Guadua *forest*

Farther upslope in this area (above 800 m asl), we explored areas without *Guadua* bamboo and encountered more exciting plant assemblages, with a higher diversity of trees and shrubs. The plant community here was a mix of species typical of higher elevations, species typical of the lowlands, and secondary-forest species colonizing local disturbances. Because of the high frequency of landslides and treefall gaps, we found few undisturbed sites and few true dominants in the plant community.

Within the more humid valleys, several species grow below their known altitudinal ranges. Below 1,000 m we encountered *Bocconia frutescens* (Papaveraceae), which grows elsewhere above 1,700 m, and *Maxillaria alpestris* (Orchidaceae), an orchid known from 1,800-2,700 m at Machu Picchu.

Canopy trees here were larger than those growing within the *Guadua* stands, and more likely to be covered in trunk climbers. Several large tree species (dbh > 30 cm) typical of lower-elevation sites occurred here, including natural rubber, *Hevea guianensis* (Euphorbiaceae); two important but infrequent tropical timber trees, *Cedrela fissilis* (Meliaceae) and

Cedrelinga cateniformis (Fabaceae s.l.); *Poulsenia armata* (Moraceae); *Dussia* sp. and *Enterolobium* sp. (Fabaceae s.l.); and several species of *Ficus* (Moraceae). We observed few palm species. At surprisingly low densities, we encountered *Socratea exorrhiza, Iriartea deltoidea, Oenocarpus bataua, Wettinia maynensis,* and a few species of *Geonoma,* but we did not observe any species of the *Bactris* or *Euterpe* palms that typically co-occur with these species in lowland sites.

Like those of the overstory, understory communities contained a mix of secondary-forest species and species more typical of mature forest. We encountered 57 species in a 100-stem understory transect, and the most "common" species, *Henriettella* sp. (Melastomataceae), made up only 6% of the stems. Other common understory species included *Perebea guianensis* (Moraceae, 5%), *Miconia bubalina* (Melastomataceae, 5%), and *Tapirira guianensis* (Anacardiaceae, 4%). In the same transect, we registered 20 different families. Four families harbored the bulk of the species diversity: Lauraceae (7 species), Fabaceae *sensu lato* and Rubiaceae (6 species each), and Melastomataceae (5 species). In some areas, the shrubs *Psychotria caerulea* and *Psychotria ramiflora* (Rubiaceae) were locally dominant. In species richness this non-*Guadua* forest seems similar to other areas of wet Andean foothills in southern Peru and Bolivia, higher than much of the central Amazon, but not as rich as the flora of northern Peru and Ecuador.

River floodplain and islands

An obvious successional flora grows along the edge of the Río Ticumpinía and on the river island near our campsite, similar to riverside plant communities throughout lowland southeastern Peru (e.g., Madre de Dios). Clumps of *Tessaria integrifolia* (Asteraceae), *Gynerium sagittatum* (Poaceae), and *Calliandra angustifolia* (Fabaceae s.l.) grew closest to the river, followed by an overstory of *Ochroma pyramidale* (Bombacaceae), *Cecropia multiflora* (Cecropiaceae), and *Triplaris americana* (Polygonaceae). Behind these taxa, or sometimes interspersed with them, we frequently encountered trees of *Guettarda crispiflora* (Rubiaceae) and *Inga adenophylla* (Fabaceae s.l.). At the center of the river island, a slightly depressed, wetter area supported an herb layer including species of *Mikania* (Asteraceae), *Costus* (Costaceae), and *Renealmia* (Zingiberaceae).

Streamside forest

In the beds of the larger streams thrives a low-diversity assemblage of colonizing species, including *Tovaria pendula* (Tovariaceae), three species of *Urera* (*U. caracasana, U. baccifera, U. laciniata;* Urticaceae), *Acalypha diversifolia* (Euphorbiaceae), scrambling *Phytolacca rivinoides* (Phytolaccaceae) and *Mikania micrantha* (Asteraceae), a spiny *Wercklea ferox* shrub (Malvaceae), and dense patches of *Banara guianensis* treelets (Flacourtiaceae). In the second-growth overstory alongside the stream, we found several abundant species important for vertebrate frugivores. They included *Inga adenophylla* (Fabaceae), an *Allophyllus* sp. (Sapindaceae), four species of *Piper* (Piperaceae), and a large-leaved *Guarea* (Meliaceae).

Large *Ladenbergia* (Rubiaceae) trees— a species obvious from afar with its broadly ovate leaves and panicles of dried, dehisced capsules—and *Triplaris* (Polygonaceae) trees, protected by fierce *Pseudomyrmex* ants, dominate the less frequently disturbed forest along the streams. Below their canopy, we commonly encountered an understory flora of *Sanchezia* sp. (Acanthaceae), *Psychotria caerulea* (Rubiaceae), *Macrocnemum roseum* (Rubiaceae), and *Hoffmannia* spp. (Rubiaceae). Also, we observed extensive understory populations of *Heliconia robusta* (Heliconiaceae), a rarely collected species, known in Peru from only a handful of collections.

Middle-elevation tablelands
(Katarompanaki, 1,350-2,000 m, 2-7 May 2004)

From the Río Ticumpinía valley we flew via helicopter to an isolated, two-tiered tableland near the center of ZRM. From the air we saw stunted vegetation on the top tier, and much taller, closed-canopy forest on the lower tier. On the ground we found that extremely hard rock underlay the vegetation growing on the top tier, and the stunted size of the free-standing plants likely reflects the limited nutrient availability and poor growing conditions of this substrate. Our camp was centered in the stunted vegetation on the top tier, and we spent most of our time sampling these plant communities. Our last two days were dedicated to exploring the lower tier.

Stunted forests on rock outcrops are common in Megantoni. Although these communities have a consistent appearance and forest structure when seen from the air, floristic composition appears to vary substantially from one to the other, with different species dominating each hard-rock surface. This variation may reflect biogeographic barriers to dispersal among sites with similar geology, random assembly of communities, different geochemistry, or even microendemism caused by recent speciation on isolated substrates.

A wall of clouds forms an almost permanent bank on the southern edge of the top tier of the platform, and both the density and the diversity of epiphytic climbers are higher at this site than at the first campsite. Whereas on the lower mountain slopes plant diversity is concentrated in trees and shrubs, at this higher site the bulk of the diversity shifts to epiphytic and herbaceous plants, especially on the top tier of the tablelands.

Orchids illustrate this shift dramatically. The ~120 species of Orchidaceae recorded across both tiers account for nearly a quarter of the plant diversity at this site. Moreover, of the 66 species we found in bloom, at least 17 do not resemble any known species and are likely new to science (Figure 6).

Below we focus on the floristic differences and similarities between the two tiers, characterizing the vegetation on each, and comparing the vegetation on these two tiers of the middle-elevation tablelands to our inventory sites on the lower slopes (Kapiromashi) and somewhat higher middle-elevation slopes (Tinkanari).

Upper tier (1,760-2,000 m)
The top tier of the tableland resembles a tilted platform, which slopes upward toward the southeast and rises over 200 m in elevation from its lowest to its highest point. As the elevation on the upper platform increases, the plant community decreases in stature and in diversity. This change is perhaps best exemplified by the distribution of *Dictyocaryum lamarckianum* (Arecaceae) palms. At lower elevations on the upper tier, *D. lamarckianum* is one of the dominant trees. But as elevation increases, the population thins out and individuals are shorter. At upper elevations on the platform, the low-diversity assemblage does not include any *D. lamarckianum* palms.

Our 100-stem understory transect at lower elevations on the upper tier (~1,760 m) contained 28 species, compared to only 13 species at the upper end of the platform (~2,000 m). However, diversity in both transects was lower than would be expected for either of these elevations, presumably because the extremely hard (and likely acidic) rock substrates limit the number of species able to colonize this site. As a point of comparison, an understory transect at the higher Tinkanari campsite (~2,200 m) registered 32 species.

On the lower reaches of the platform, the canopy was ~15-20 m tall, and three tree species dominated the overstory and understory: *Alzatea verticillata* (Alzateaceae) and a large-leaved *Clusia* sp. (Clusiaceae, Figure 3G) growing alongside *D. lamarckianum* palms. Filling in the gaps among individuals of these three species was a mix of short-statured trees in the families Melastomataceae, Rubiaceae, and Euphorbiaceae (four species each); at least three species of tree ferns; and an occasional small palm (*Euterpe precatoria, Geonoma* spp.; Arecaceae).

On the upper reaches of the platform, where lightning strikes probably cull out tall trees, vegetation was much shorter: the canopy was ~2 m high, with a few "emergents" reaching 4 m. Three species were overwhelmingly abundant here, including *Weinmannia* sp. (Cunoniaceae), *Cybianthus* sp. (Myrsinaceae), and a small-leaved *Clusia* sp. A few species of *Chusquea*-like bamboos with thin, floppy stems occurred infrequently at this elevation, often supported by other stems. Silvery *Ceroxylon parvifrons* palms, a preferred food of spectacled bears (*Tremarctos ornatus*, Figure 11B), were scattered throughout. Many of these short palms had obvious chew marks on their stems. The uprooted stems of others were discarded, with the soft interior nearly entirely consumed.

Lower tier (1,350-1,600)

To gain access to the lower tier, we followed a trail 5 km northeast of camp, crossing half a dozen streams and ending in a spectacularly steep descent of nearly 250 m. On the lower tier, patches of closed-canopy forest grew interspersed with patches of secondary growth. Here the canopy was 30-40 m tall, with several emergent trees extending another 10 m above it.

Our only trail on the lower tier skirted the steep rock face below the upper tier, passing one large waterfall and crisscrossing a large stream. We examined the plant communities along both sides of the stream and studied the flora along the banks from within the stream itself, walking as far up- and downstream as possible.

Alongside the stream, we encountered a flora principally composed of species from lower elevations; every once in a while we were surprised to find a species typically occurring at much higher elevations. Many of the species had been recorded at the Kapiromashi campsite, nearly 500 m lower than this site, including species such as *Guettarda crispiflora* (Rubiaceae) and *Banara guianensis* (Flacourtiaceae). Within the canopies of streamside trees, we spotted the large red flowers of *Mucuna rostrata* (Fabaceae), a species known from lowland floodplains in Peru. This elevation may be the highest recorded for this species. Also growing alongside the stream were species more typical of higher elevations, such as an abundant flowering *Turpinia* tree (Staphyleaceae).

Fruiting plants were remarkably abundant on the forested terraces on either side of the stream, and species with large fruits important for frugivores were especially well represented (see Mammals). Walking around the 1.5-km loop, we encountered fruits of *Caryocar amygdaliforme* (Caryocaraceae), three species of *Ficus* (Moraceae), two species of Myrtaceae (probably *Eugenia*), *Tabernaemontana sananho*

(Apocynaceae), two *Psychotria* spp. and one *Faramea* sp. (Rubiaceae), at least four species of Melastomataceae, a softball-sized Cucurbitaceae, and an *Anomospermum* sp. (Menispermaceae).

On these forested terraces, we encountered several trees more than 1 m in diameter, including 2 legumes (*Parkia* sp., *Dussia* sp.; Fabaceae), 3 species of *Ficus* (Moraceae), and at least 1 species of *Pouteria* (Sapotaceae). For our two 100-stem understory transects on either side of the stream, we recorded ~70% species overlap and nearly equivalent species richness (50 and 46 species). One transect was dominated by *Iriartea deltoidea* (Arecaceae, 9%), a palm species that is often the most common tree in Amazonian tree plots (Pitman et al. 2001), and the other by a *Croton* sp. (Euphorbiaceae, 8%) with a single gland on the petiole. In addition to these 2 species, both transects contained nearly equivalent numbers of *Protium* (Burseraceae), *Coussarea* (Rubiaceae), *Mollinedia* (Monimiaceae), and *Chrysochlamys* (Clusiaceae). Several dominants in the understory at this site, including *Urera baccifera* (Urticaceae) and *Pourouma guianensis* (Cecropiaceae), were present in similar abundances in the Kapiromashi understory transects. More than half of the species belonged to five families: Lauraceae (8 species), Rubiaceae (7 species), Melastomataceae (6 species), Myrtaceae (3 species), and Chloranthaceae (2 species).

Middle-elevation slopes
(Tinkanari, 2,100-2,400 m, 9-14 May 2004)

From the middle-elevation tablelands, we flew across 41 km of ridges and valleys to reach the eastern edge of the Zona Reservada, adjacent to Parque Nacional Manu. The headwaters of the Río Timpía and the Río Manu originate on these slopes, and most of the streams contained fast-flowing, oxygenated water.

Slopes at this elevation are usually precipitous, and views across the valley revealed several sheer cliffs and sharp inclines on most of the facing slopes. However, this site was uncharacteristically flat. In one depressed area, a small, stagnant, blackwater pond had formed, and all of the forest we explored had only a gentle slope.

As at the middle-elevation tablelands, two main forest types occur at this site. A tall, closed-canopy forest is the principal vegetation in the area and surrounds small, isolated patches of stunted shrub forest growing on shallow soils over hard rock near the edge of the escarpment that drops to the valley below. These two forest types share only 10% of their species, despite abutting each other.

Tall forest

Tall forest dominates the vegetation at this site. The canopy ranges from 30 to 40 m tall, with some emergent trees surpassing 50 m. The tree community is not diverse and is dominated by a few species. Along most trails, *Calatola costaricensis* (Icacinaceae) accounts for a quarter of the trees in the subcanopy and its large, hard seeds litter the ground. Growing in the understory alongside *Calatola* was a mix of two species of *Hedyosmum* (Chloranthaceae) and tree ferns or bamboo (*Chusquea*). The high canopy is dominated by trees of *Hyeronima* sp. (Euphorbiaceae), *Heliocarpus* cf. *americanus* (Tiliaceae), *Weinmannia* sp. (Cunoniaceae), *Elaeagia* sp. (Rubiaceae), *Ficus* spp. (Moraceae), and many huge, broad-crowned *Sapium* (Euphorbiaceae) of a species none of us had seen before (and which we were unable to collect). We found few large (> 80 cm diameter) individuals of *Podocarpus oleifolius* (Podocarpaceae), *Juglans neotropica* (Juglandaceae), and *Cedrela montana* (Meliaceae). *Alnus acuminata* (Betulaceae) and *Morus insignis* (Moraceae), genera typical of northern temperate forests, are frequent colonizers of landslide disturbances.

The dominant shrubs are *Mollinedia* sp. (Monimiaceae) and an *Oreopanax* sp. (Araliaceae), while *Pilea* spp. (Urticaceae) are the most conspicuous terrestrial herbs. We found abundant root parasites *Corynaea crassa* (Balanophoraceae) growing on *Hedyosmum* roots, but not exclusively.

Ferns are an important and conspicuous element of these forests (Figure 5). In a 5 x 25 m transect we counted 30 species of ferns and their allies (Pteridophyta). Pteridophyta also dominated the epiphyte community, and trees supported an average of 10 epiphytic fern species per trunk. Tree ferns (mostly *Cyathea*; Figures 5A, 5B, 5K) are superabundant and diverse in the understory at this site. Extrapolating from a 150 x 1 m transect, tree fern densities at this site could reach 2,000 individuals per ha. We commonly encountered 5 to 6 species of tree ferns; 3 or 4 others specialize on particular habitats and occur infrequently.

Tree ferns were most common in intact forest with a high canopy, even if the understory received substantial amounts of light. In contrast, the common large *Chusquea* bamboo (with stems ~10 cm diameter) formed extensive solid stands principally in areas with few high canopy trees. Tree fern and bamboo populations rarely co-occur, suggesting that bamboo may invade areas where the canopy has been disturbed (e.g., after a violent windstorm), but as trees recover and begin to shade the bamboo, tree ferns can gradually recolonize the area and ultimately replace the bamboo.

Stunted shrub forest

Shrub forest covers a 0.5-km² area on the exposed southwestern face of these middle-elevation slopes and is distinctly visible from the air. On the upslope portions of the shrub forest, the tallest stems nearly reach 6 m. The plant community decreases in stature and changes in composition as the slope descends. On the upslope portions, the forest appears orange from afar, thanks to orange-leaved species in the genera *Graffenrieda* (Melastomataceae), *Clethra* (Clethraceae), *Clusia*, *Weinmannia* (Cunoniaceae), *Styrax* (Styracaceae), and *Cybianthus* (Myrsinaceae). Several small species of *Chusquea* bamboo grow haphazardly on this upper portion. Although many genera are shared with the stunted forest growing on the Katarompanaki tablelands, most species are distinct.

Further downslope, the *Graffenrieda* is still present, albeit shorter in stature, but most of the other upslope dominants disappear. The plant community here is much shorter, averaging 1.5 m. Several terrestrial orchids are common this area, including *Gomphichis plantaginifolia* and *Erythrodes* sp., mixed with *Blechnum* ferns and a small-leaved clonal *Clusia* that dominates the vegetation, along with three species of less common *Ilex* (Aquifoliaceae) and a stiff-leaved *Miconia* (Melastomataceae), among others. The small wax palm present at Katarompanaki, *Ceroxylon parvifrons*, occurs here as well, where spectacled bears also consume it.

ORCHIDS (Norma Salinas)

The Orchidaceae is one of the most diverse flowering plant families in the world, with 25,000 to 35,000 species. Individuals vary broadly in size, ranging from almost tiny epiphytes to shrubs.

The eastern slopes of the Andes—from Colombia to Bolivia—support a high diversity of orchids, with many endemic species. During the last 30 years in Peru, few plant collectors have focused on orchids, and there are probably many orchids species still awaiting discovery. In a rapid inventory of Cordillera del Cóndor, 26 of the 40 orchid species were new to science (Foster and Beltrán 1997). More recent studies have resulted in hundreds of new records for Peru, and have shifted the known centers of diversity for many genera, including *Lycaste*, *Kefersteinia* and *Stenia*, from Ecuador and Colombia to Peru.

Not surprisingly, we encountered a rich orchid community in Megantoni during our inventory, in almost every sampled habitat (Figure 6). In a little over two weeks, we found 116 species of fertile orchids, and ~80 sterile species. Our estimates for sterile species are conservative, as many species of the subtribe Pleurothallidinae are easily confused without flowers. Nor do these estimates include the subtribe Oncidiinae, a family that flowers during a different season, as do several other subtribes.

We suspect 20 of the 116 fertile species may be new to science. Additionally, various species are new records for Peru, including *Elleanthus hirtzii*, previously known only from Ecuador. The Zona Reservada is pristine, and we found healthy and large orchid populations. Of the flowering species, 90% were epiphytic, and 10% terrestrial. A few species were lithophytes, growing on rocks or cliff faces.

Species in the genera *Maxillaria*, *Epidendrum*, *Lepanthes*, *Platystele*, *Pleurothallis* and *Stelis* represented the majority of the fertile orchids observed during the inventory. We registered several species in rare genera, including *Baskervilla*, a genus with fewer than ten species, and distributed from Nicaragua to Peru and Brazil. Additionally, we found a species of *Brachionidium*, a genus that is poorly represented in Peru even though it ranges from Costa Rica to Bolivia.

All sites visited during the inventory (from 760 to 2,350 m asl) displayed high orchid species richness. Of all the flowering plants at each site, in Kapiromashi (~760-1,200m) 7% were orchids, in Katarompanaki (~1,300-2,000 m) 24% were orchids, and in Tinkanari (~2,100-2,350 m) 11% were orchids.

In several genera we observed hints of incipient speciation. For example, we found two species of *Sobralia* that closely resembled *S. virginalis* and *S. dichotoma*. However, upon closer inspection, morphological differences on the lip of both species are large enough to suggest that the specimens from Megantoni are either in the later stages of speciation, or already distinct species. Similarly, we observed variability in form and color of many species of *Maxillaria*, along with high species richness in this genus.

Of the fertile orchid species, few are shared with other orchid-rich areas in Peru (e.g., Machu Picchu, Manu, Vilcabamba). A few species are restricted to small areas, or threatened in other areas of Peru, but present large healthy populations in the ZRM. For example, both *Masdevallia picturata* (Figures 6A, 6H) and *Maxillaria striata* (Figure 6TT) are considered threatened in Parque Nacional Manu, yet appear abundant in Megantoni. Also, an *Otoglossum* sp. found abundantly at the Tinkanari campsite was found only occasionally in PN Manu at 2,500-2,600 m asl. A species recently described from Machu Picchu, *Prosthechea farfanii*, also has large populations in Megantoni. These data suggest that other sites in ZRM may harbor populations of orchids that are suffering declines in other areas of the Andes, including perhaps *Masdevallia davisii*, a species with critically low numbers of individuals.

NEW SPECIES, RARITIES, AND RANGE EXTENSIONS

Although most of the plant species we collected during the inventory are still unidentified, some already have been confirmed as new species, or substantial range extensions for described species. As more species are identified, or additional new species are confirmed, we will update our plant list at http://www.fieldmuseum.org/rbi/. We include collection numbers for each potential new species or range extension, as a reference to collections housed at the Vargas Herbarium in Cusco (NS, Norma Salinas) or the Museum of Natural History in Lima (HB, Hamilton Beltrán).

The bulk of potentially new species are orchids; most come from the higher-elevation campsites. Preliminary revisions in the Vargas Herbarium in Cusco of collections from Peru, Bolivia, and Ecuador suggest that perhaps 20 of the 116 fertile orchid collections may be new to science (see Orchids, Figure 6), a remarkable number for a three-week inventory. Based on digital photographs we took in the field, specialists have tentatively identified 9 additional plant species as new to science. All are from our two higher-elevation campsites.

On the upper tier of the middle-elevation tablelands at Katarompanaki campsite (1,300-2,000 m), we encountered potential new species in the following genera: *Psammisia* (Ericaceae, NS6931; Figure 4A), *Schwartzia* (Marcgraviaceae, NS6880; Figure 4F), *Trichilia* (Meliaceae, NS6788), and *Macrocarpaea* (Gentianaceae, NS6869). At Tinkanari, our highest-elevation site on the middle-elevation slopes, we found several potential new species, including an Acanthaceae with lilac-colored flowers (NS7198), a *Sphaeradenia* (Cyclanthaceae, NS7184), a Gesneriaceae with a big, pedunculate fruit (HB5950, Figure 4C), a *Hilleria* cf. sp. with bright orange flowers (Phytolaccaceae, NS7237; Figure 4E), and a *Tropaeolum* sp. (Tropaeolaceae, NS7235).

Several collections in Megantoni extend the known ranges of species hundreds of kilometers farther south. One is from our low-elevation campsite,

Kapiromashi, where we registered *Wercklea ferox* (Malvaceae, NS6735) for the first time in southern Peru. At Katarompanaki, we found *Ceroxylon parvifrons* (Arecaceae, NS7037), *Tapeinostemon zamoranum* (Gentianaceae, NS6857; Figure 4B), *Sarcopera anomala* (Marcgraviaceae, NS6881) and *Macleania floribunda* (Ericaceae, NS6939). At Tinkanari, we encountered *Miconia condylata* (Melastomataceae, NS7211) and *Peltastes peruvianus* (Apocynaceae, NS7273; Figure 4D), both previously known only from northern Peru.

Our collection of *Heliconia robusta* (Heliconiaceae, NS6600) fills a large gap in its distribution. This *Heliconia*, with triangular green and red bracts and yellow flowers, dominated parts of the naturally disturbed forest around our low-elevation campsite, Kapiromashi. Known mostly from Bolivia, it has been collected only a handful of times in Peru and was overlooked in the *Catalogue of the Flowering Plants and Gymnosperms of Peru* (Brako and Zarucchi 1993).

Two species encountered at the higher-elevation sites are first collections for Peruvian forests. Although seen and reported in Huanuco and Puno, our Tinkanari collection of *Spirotheca rosea* (Bombacaceae, NS7128; Figure 4G) is the first specimen for any Peruvian herbarium. Another first specimen for Peru, *Guzmania globosa* (Bromeliaceae, NS6808; Figure 4H) grew in small patches on the upper tier of the Katarompanaki tablelands. This species was previously known from Ecuador and photographed, but not collected, in the rapid biological inventory of Cordillera Azul (Alverson et al. 2001).

THREATS, OPPORTUNITIES, AND RECOMMENDATIONS

Zona Reservada Megantoni connects two important conservation areas: Parque Nacional Manu and the Vilcabamba conservation complex (Parque Nacional Otishi and Reservas Comunales Ashaninka and Machiguenga, see Figure 1). We recommend the highest level of protection for the valleys, slopes, mesas, ridges, and high-altitude grasslands that span the elevational gradient of more than 3,500 m within ZRM. Intact elevational transects are rare in the tropical Andes, and protecting ZRM is urgent. Natural gas is being extracted to the north, and colonization threatens from the south. If ZRM is not protected, a rare opportunity to link two large protected areas and to protect more than 2.6 million ha will be lost.

Judging from our observations from the overflight, the inventory, and satellite images, we recognize several particularly well-preserved and unique habitats within ZRM. Wet high-altitude grasslands (puna) experience intense land use, overgrazing, and overburning in other areas of Peru. Compared to Parque Nacional Manu and other areas of the eastern Andean slopes, from the air Megantoni appears to contain possibly the least disturbed extensions of high-altitude grassland in Peru. Protecting ZRM provides an opportunity to preserve the full richness of this intact mountain flora and could provide a living reference for restoration efforts in degraded grasslands nearby.

The expansive mid-elevation tablelands, including Katarompanaki camp where we found more than 15 orchid species new to science, are a geological formation that appears to occur only in Megantoni, and not in the neighboring Cordillera Vilcabamba conservation complex or Parque Nacional Manu. Protecting Megantoni will safeguard these unique landscape features and will protect a site important for orchid populations. Orchids are protected under CITES regulations in Peru, and formal protection of Megantoni will impede unauthorized orchid collecting.

The importance of Megantoni as a conservation area does not rest solely on its role as a pristine biological corridor, but also reflects the endemic species that occur within its boundaries. We estimate a flora of ~3,000-4,500 species for ZRM. We know some of these plant species are shared with neighboring Manu and Vilcabamba. However, our knowledge of plant communities at all three of these sites is too limited to calculate exact numbers of species unique to each area. As a preliminary indication, the 25-35 species potentially new to science imply high levels of plant endemism within ZRM (see Figures 4, 6). These

potential new species, discovered during 15 days of plant surveys, suggest that 1-2% of all the plant species projected to occur in Zona Reservada Megantoni are not currently known from adjacent protected areas or any other site in the world. Additional surveys may uncover some of these undescribed species in neighboring Manu or Vilcabamba. However, given the number of floristic novelties found during the rapid inventory, future inventories in Megantoni are likely to uncover additional endemic species in ZRM.

DUNG BEETLES
(Coleoptera: Scarabaeidae: Scarabaeinae)

Participant/Author: Trond Larsen

Conservation targets: Large dung beetle species, susceptible to local extinctions and functionally important for dispersing seeds, controlling mammalian parasites, and recycling nutrients (especially *Deltochilum*, *Dichotomius*, *Coprophanaeus*, *Phanaeus*, and *Oxysternon*); several rare and restricted-range species (including at least ten species new to science); healthy populations of medium-sized and large mammals, especially monkeys, that provide essential dung resources; intact habitats that support distinct dung beetle communities sensitive to habitat degradation

INTRODUCTION

Dung beetles (subfamily Scarabaeinae) are diverse and abundant, and their diversity often mirrors broader patterns within the community (Spector and Forsyth 1998). Since they depend on mammal dung for food and reproduction, dung beetle populations often reflect mammal biomass, and by extension, hunting intensity. Moreover, dung beetles show high beta-diversity across habitat types and are sensitive to many kinds of disturbance, including logging, hunting, and most types of habitat degradation (Hanski 1989; Halffter et al. 1992). Dung beetles also play an important role in ecosystem functioning. By burying vertebrate dung, beetles recycle plant nutrients, disperse seeds, and reduce infestation of mammals by parasites (Mittal 1993; Andresen 1999).

To my knowledge, no one has published a study of dung beetle communities in the Peruvian Andes. Between 1998 and 2003, I sampled dung beetles at several sites in southeastern Peru, both in Amazonian and Andean forests on the eastern side of Zona Reservada Megantoni. The dung beetle diversity in several of the lowland sites (the Río Palma Real area, Los Amigos Biological Station, and Cocha Cashu Biological Station) is among the highest known in the world, with over 100 dung beetle species at a single site. In the Kosñipata valley, adjacent to ZRM, I found that dung beetle diversity decreases with increasing elevation. Many of these dung beetle species show restricted ranges and many remain undescribed.

METHODS

To sample dung beetle communities, I used a combination of baited pitfall traps and unbaited flight intercept traps. Each pitfall trap consisted of two stacked 16-oz (473-ml) plastic cups buried in the ground with the top rim flush against the soil surface. I filled the top cup halfway with water and a small amount of detergent to reduce surface tension. For each dung-baited trap, I wrapped ~20 g of human dung in nylon tulle and suspended the bait above the cups by tying it to a short stick pushed into the ground. Traps were standardized with human dung because it was readily available and is among the most attractive types of dung to most species of dung beetles (Howden and Nealis 1975). To prevent beetles from landing on the bait and to protect the trap from sun and rain, I covered the bait and the cups with a large leaf. I collected the samples every 24 hours, usually for a period of four days, although a few traps were set for only two days. This trapping method and trapping period usually provides relatively complete and quantitative descriptions of the diversity, composition, and relative abundances of the beetle community.

Within each of the four sites (Kapiromashi, Katarompanaki upper and lower platform, Tinkanari), pitfall traps were placed along as many trails and habitats as possible, and spaced at least 50 m apart. I installed at least ten traps in primary forest at each site, and as many traps as possible in additional habitats. I replaced dung baits every two days.

Since many generalist and specialist species of dung beetles use other food resources, I also set pitfall traps baited with rotting fruit (primarily banana), rotting fungus, dead fish, and dead insects. I placed up to three traps with each of these bait types in each of the four sites, spacing them at least 50 m apart.

To sample dung beetle species not attracted to any of these bait types, I set flight intercept traps to catch beetles passively without any bait by stretching a rectangular sheet of dark green nylon mesh (1.5 x 1 m) between two sticks, and placing trays of soapy water beneath the mesh, to catch beetles flying into the mesh (Figure 7C). One or two flight intercept traps were placed at each site.

I identified and counted beetles the same day they were collected, preserved voucher specimens in alcohol, and deposited these specimens in the Museo de Historia Natural de la Universidad Nacional Mayor de San Marcos in Lima, Peru, and at Princeton University in Princeton, New Jersey, USA. Additional specimens will eventually be deposited in the U.S. National Museum of Natural History of the Smithsonian Institution in Washington, D.C.

RESULTS

I recorded 71 species and 3,623 individuals of dung beetles during 15 days of sampling in Zona Reservada Megantoni. Judging from my collections from Madre de Dios, I estimate that ~10-35 of the dung beetle species are new to science. Using EstimateS (Colwell 1997), a software program that predicts species diversity based on sampling effort, I evaluated the efficacy of my sampling during the inventory. Although additional sampling would register more species, in two weeks I managed to sample the majority of dung beetle species at the four inventory sites. Extrapolating from my dung beetle research in Manu and other Peruvian sites, I estimate that additional sampling would register ~120 species of dung beetles for the entire Zona Reservada.

Figure 14. Dung beetle species abundance distribution for all sites in the Zona Reservada Megantoni. Rarer species shown at left.

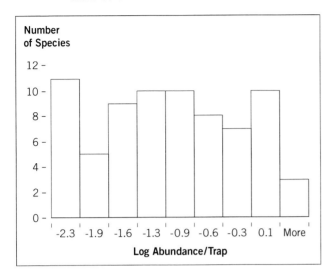

Dung beetle communities in Megantoni contained an unusually high number of rare species (Appendix 2, Fig. 14). Twelve species were trapped only once, and an additional five species were trapped twice, suggesting that these species are naturally rare or near the edge of their distributional limits. Several species, such as *Coprophanaeus larseni* and a new species of *Eurysternus*, appear to be genuinely rare throughout their range. As a point of comparison, the most common species, *Ontherus howdeni*, was represented by 446 individuals.

Kapiromashi

At this lowest site, I sampled dung beetles in primary forest, secondary forest, *Guadua* bamboo, and a wide, dry gravel riverbed. Of the 41 species I found at this site, 39 were encountered in primary forest, 23 in bamboo, and 20 in secondary forest. Only 4 species were trapped in the riverbed. Beetle abundance was highest in primary forest, followed in descending order by secondary forest, bamboo, and riverbed. I captured 16 species in only one habitat type. Two species of *Canthidium* were found only in flight intercept traps and may specialize on an unusual food or microhabitat. I trapped one individual of *Coprophanaeus larseni* in a carrion-baited pitfall trap in upper primary forest.

This species appears to be very rare and was recently described on the basis of just three specimens.

Katarompanaki lower platform

This lower platform contained mostly tall, mature forest very distinct from the vegetation of the upper platform. I sampled only in primary forest at this site and found 30 species. Beetle abundance here was just slightly lower than in the primary forest of Kapiromashi. I captured 3 species (2 *Canthidium* spp., 1 *Ateuchus* sp.) only in flight intercept traps, and these species may specialize on unknown resources. I captured one individual of a species of *Bdelyrus* in a fruit-baited trap. This dung beetle genus is poorly represented in museum collections, probably because of its unusual diet. Some *Bdelyrus* species may specialize on the detritus that collects in bromeliads or in tangled lianas, and other species have been attracted to rotting fungi.

Katarompanaki upper platform

The upper platform was characterized by unusual, stunted vegetation with low tree diversity growing on hard acidic rock with little or no soil and a thick humus layer. This site had only ten dung beetle species and low beetle abundance. Two of the species (*Deltochilum* sp. nov. aff. *barbipes* and *Uroxys* sp. 6) were not found in the lower platform and appear to be new to science.

Tinkanari

At the highest site, I sampled beetles in tall primary forest (~15-25 m tall), intermediate primary forest (~5-15 m tall), short forest/open shrub (~0-5 m tall), *Chusquea* bamboo, and young regrowth forest along a landslide. Thirteen of the 14 species found at this site were in tall primary forest, 8 in secondary forest, 5 in intermediate-height primary forest, 5 in bamboo, and 3 in short forest/open shrub. Abundance was highest in tall primary forest, followed by bamboo, secondary, intermediate, and short forest. I found four species in only one habitat type: 3 in tall primary forest and 1 in short forest/open scrub. Two of these were species of *Canthon*, a genus rarely found in this elevational range, and both species appear to be new to science. This site contained a higher proportion of nocturnal species (64%) than the lower sites. Although I sampled several species at carrion and in flight intercept traps, these same species were also attracted to dung. I did not collect any dung beetle species at fruit or fungus traps at this site.

Community patterns across habitats and sites

Across the four sites, species richness and abundance decreased with increasing elevation, with the exception of the upper platform at Katarompanaki, which exhibited lower species richness and abundance than Tinkanari (Table 3). This pattern likely reflects the distinct, stunted vegetation and low mammal biomass on the upper platform of the Katarompanaki tablelands. Within each site, species richness and abundance varied greatly among habitat types (Table 4), with several general trends. Tall primary forest (~15-25 m tall) always contained the highest diversity and abundance of dung beetles, followed by intermediate-height forest (~5-15 m tall), secondary forest, and bamboo, and finally by scrub and open habitats (~0-5 m tall).

Species composition varied greatly among sites, and across habitats within sites (Table 4). Most species (80%) showed restricted elevational ranges of 300 m or less. The sites closest in elevation shared the most species; the most widely separated sites shared only one species. Similarity indices (Sorenson abundance and Morisita-Horn) among all sites were very low. When species did

occur at more than one site, they were typically abundant at one site yet represented by one or a few individuals at another, suggesting that they may have been collected near the limits of their range at one of the sites. Within sites, habitats most similar in forest height, forest structure, and soil seemed to have the most similar species composition of dung beetles. Although larger species of dung beetles are often less abundant than smaller species, Zona Reservada Megantoni contains uncommonly high abundances of large species such as *Dichotomius planicollis*, *D. diabolicus*, *D. prietoi*, *Phanaeus meleagris*, *P. cambeforti*, and *Oxysternon conspicillatum*.

The areas we visited were almost completely pristine. Human disturbances within the reserve could harm dung beetle populations. At the lowest-elevation site, Kapiromashi, we found evidence of past hunting activity (old hunting trails, planted bananas) and observed fewer mammals, particularly monkeys, than expected. Although dung beetles were most abundant at this site, abundance standardized by sampling effort (21.9 individuals/trap) was lower than I expected at 850 m asl and was only slightly higher than the beetle abundance at the Katarompanaki lower platform (19.3 individuals/trap). Natural disturbance regimes also affected dung beetles. In Kapiromashi and Tinkanari I found much lower beetle diversity and abundance in

Table 3. Dung beetle diversity and abundance across four sites in the Zona Reservada Megantoni, compared to 8 sites in Valle Kosñipata, Manu.

	All Megantoni (4 sites)	Kapiromashi	Katarompanaki, lower platform	Katarompanaki, upper platform	Tinkanari	Valle Kosñipata, Manu (8 sites)
Elevation sampled (m)	730-2,210	730-900	1,350-1,500	1,600-1,900	1,950-2,210	650-3,200
# 24 hr traps	238	70	56	27	75	297
Species observed	71	41	30	11	14	82
Species predicted (ACE)	79	48	38	15	17	
Individuals	3,623	1,533	1,081	169	840	4,246
Individuals/trap sample	15.2	21.9	19.3	6.3	11.2	14.3
Rare spp (1 trap)	12	9	8	4	3	
Rare spp (2 traps)	5	2	2	1	1	
Shannon diversity index	3.30	2.93	2.16	1.52	1.42	
Simpson diversity index	18.01	13.95	5.16	2.96	2.86	

Table 4. Similarity comparisons in dung beetle composition across sites and habitats in the Zona Reservada Megantoni and Parque Nacional Manu.

	Site 1	Site 2	S Obs 1	S Obs 2	Shared S	Sorenson	M-H
	All sites Megantoni	All sites Manu	71	82	49	0.43	0.47
	Kapiromashi	Katarompanaki	41	33	11	0.15	0.11
	Kapiromashi	Tinkanari	41	14	1	0.00	0.00
	Katarompanaki	Tinkanari	33	14	6	0.06	0.02
KAT	Tall mixed forest	Short *Clusia* forest	26	10	8	0.07	0.19
TIN	Tall mixed forest	Open shrubs	13	3	2	0.01	0.06
KAP	Primary forest	Secondary forest	34	20	20	0.33	0.59
TIN	Primary forest	Secondary forest	13	8	8	0.15	0.87
KAP	Primary forest	*Guadua* bamboo	34	23	21	0.14	0.60
TIN	Primary forest	*Chusquea* bamboo	13	5	5	0.38	0.95

S Obs 1	# species observed in Site 1	M-H	Morisita-Horn community similarity index
S Obs 2	# species observed in Site 2	KAP	Kapiromashi
Shared S	# species shared	KAT	Katarompanaki
Sorenson	Sorenson-abundance index	TIN	Tinkanari

Table 5. Resource partitioning among dung beetles at three sites in the Zona Reservada Megantoni.

Site	# Species	>dung	no dung	day	night	crep	>1 hab	1 hab
All	71	24%	10%	45%	41%	14%	68%	32%
Kapiromashi	41	24%	12%	51%	29%	20%	61%	39%
Katarompanaki	33	18%	12%	36%	52%	12%	–	–
Tinkanari	14	14%	0%	29%	64%	7%	71%	29%

>dung:	species attracted to dung and other food type	crep:	crepuscular species
no dung:	species never attracted to dung	>1 hab:	species found in more than 1 habitat type
day:	diurnal species	1 hab:	species only found in 1 habitat type
night:	nocturnal species		

secondary forest than in primary forest (Table 4). Areas colonized by bamboo had much lower beetle diversity and abundance than primary forest.

Resource partitioning

In response to competition within a large species assemblage, dung beetles partition resources in several ways. Species range from generalists to specialists and partition resources by food type, diel activity, and habitat selection, among other ways. I found that 24% of all the beetle species in the reserve were generalists attracted to another type of food in addition to dung

(Table 5). These other foods included fungus, fruit, and carrion. Ten percent of all species collected were never attracted to dung, suggesting that they specialize exclusively on other food resources. No Neotropical dung beetle species are known to specialize only on particular types of dung (Howden and Nealis 1975; Larsen, unpubl. data).

Species were fairly evenly split between diurnal and nocturnal species (45% and 41% respectively). The remaining 14% of species had crepuscular habits. Despite my sampling across several habitats at each site, 32% of all species were restricted to a single habitat type. The amount of overall resource partitioning decreased with increasing elevation (Table 5). At higher elevations, more species responded solely to dung baits, and fewer species are never attracted to dung. In these higher elevations nocturnal species dominated the community, and species moved more freely among habitat types. This decrease in resource partitioning corresponded with a decrease in dung beetle diversity and abundance.

Congener segregation

Across inventory sites in Megantoni, I observed elevational segregation of species in the genus *Ontherus*. This genus probably experienced a species radiation in the Andes and is one of the few dung beetle genera that are more diverse and abundant in the mountains than in the nearby lowlands. Since the species collected in Megantoni showed a similar distributional pattern to those collected in Manu, I combined the data collected from the two regions. Each species of *Ontherus* is replaced by another species at increasing elevation (Fig. 15). The *Ontherus* species distributions do not seem to correspond to ecotones between vegetational zones; the underlying factors determining their distributions remain unknown. However, since the congeners are so similar in size, morphology, diel activity, and diet, interspecific competition is likely to be intense and may prevent sympatric coexistence.

DISCUSSION

Zona Reservada Megantoni spans a broad range of elevations and habitat types and contains an unusually high diversity of dung beetles. Dung beetle diversity decreases with increasing elevation, and encountering 71 dung beetle species between 730 and 2,210 m asl is exceptional. Many of the beetle species in Megantoni have restricted ranges (80% of species have altitudinal ranges narrower than 300 m). Many species are habitat specialists and ~10-35 are probably species new to science.

Figure 15. Congener segregation by elevation in the genus *Ontherus* for combined sites from the Zona Reservada Megantoni and Parque Nacional Manu.

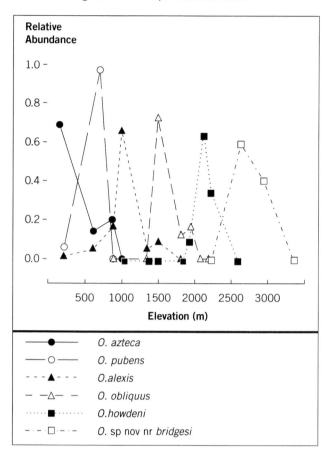

Comparison with Valle Kosñipata, Parque Nacional del Manu

In November 1999, I collected 82 species of dung beetles in Valle Kosñipata, in the buffer zone of Parque Nacional Manu. This site lies less than 100 km to the south of Zona Reservada Megantoni and encompasses a similar elevational range (see Figure 1). Pending direct comparison of specimens, I estimate that 31% of the beetle species I collected during the rapid inventory are unique to Megantoni and not found in Manu. In Manu I encountered more species, but I also sampled at twice as many sites (8) and within a broader elevational range (650-3,200 m) (Table 3). In direct comparisons of elevational diversity between Manu and Megantoni, several trends emerge (Fig. 16). The lowest inventory site, Kapiromashi, and the upper platform of the middle-elevation site, Katarompanaki, display levels of species richness similar to levels expected at corresponding elevations in Manu. In contrast, the lower platform of Katarompanaki, which contains tall, mature forest, and the higher elevation site, Tinkanari, both exhibit considerably higher dung beetle diversity than would be expected at equivalent elevations in Manu. Beetle abundance per trap was nearly equivalent between Manu and Megantoni.

Patterns of diversity and resource partitioning

Dung beetle diversity and abundance were highest in the tallest mature forest and at lower elevations. This pattern might reflect decreased resource availability associated with lower mammal biomass at higher elevations and in shorter and more open forest. The high abundance of large dung beetles in Megantoni is a strong indication that the habitats are intact and contain many large mammals, since large beetle species are often the most sensitive to disturbance and require plentiful dung. These large beetle species are the most functionally important for burying dung and dispersing seeds.

Figure 16. Comparison of elevational pattern of dung beetle species richness in the Zona Reservada Megantoni and Parque Nacional Manu.

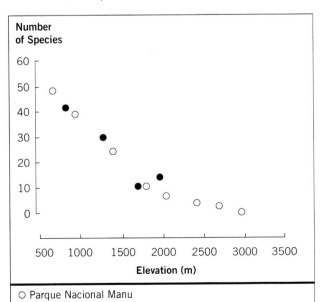

○ Parque Nacional Manu
● Zona Reservada Megantoni

The ways in which dung beetles partitioned resources according to food type, habitat, and diel activity may help explain how such a large number of species can coexist while competing for similar resources. With a natural reduction in species diversity at higher-elevation sites, I also observed less resource partitioning. Debate is still intense over the mechanisms that enable species coexistence, particularly in the highly diverse tropical lowlands. My results suggest that a high degree of resource partitioning in response to competitive interactions could play a strong role in facilitating species coexistence in species-rich sites. The pattern of *Ontherus* congener segregation with elevation provides additional evidence that competition could structure dung beetle communities and determine species distributions.

THREATS, OPPORTUNITIES, AND RECOMMENDATIONS

Very few pristine areas of forest connect puna with lowlands. Aside from containing many endemic species, such corridors are essential for animal movement, especially in response to climate change and global warming. Species with narrow elevational ranges, including many of the dung beetles in Megantoni, may be the most sensitive to global warming and to local changes in climate associated with deforestation.

Hunting pressures would almost certainly decrease beetle abundance and could lead to local species extinctions. In turn, local extinctions of many dung beetles would disrupt the functions performed by beetles, such as seed dispersal and parasite control, which affect other animals and plants in the ecosystem. Protecting dung beetles, particularly the larger species so abundant in Megantoni, will safeguard some of the functional interactions among species that maintain ecosystem integrity.

The best way to conserve dung beetles and their functional roles in the ecosystem is to maintain large areas of intact habitats and to minimize the impacts of hunting. Studying the elevational and latitudinal distributions of dung beetle species in these

Andean montane and premontane areas could contribute to understanding how species will respond to climate change and deforestation, as well as to mitigating species extinctions in one of the most species-rich and biologically important regions in the world.

FISHES

Authors/Participants: Max H. Hidalgo and Roberto Quispe

Conservation targets: Fish communities in streams and other aquatic habitats that drain the intact forests between 700 and 2,200 m asl; endemic Andean species such as *Astroblepus* (Figures 8B, 8D), *Trichomycterus* (Figures 8E, 8F), *Chaetostoma* (Figure 8A); species highly specialized on fast-flowing waters and restricted to elevations above 1,000 m; pristine aquatic habitats in the Peruvian Andes that support healthy populations of native species; headwater streams of the Río Ticumpinía and Río Timpía (Figure 3K), which harbor a unique icthyofauna

INTRODUCTION

The drainage network of Zona Reservada Megantoni (ZRM) forms part of the watershed of the lower Río Bajo Urubamba (Cusco Department). In the past six years several studies have documented the biodiversity and the conservation status of the fish communities of this region, especially in areas near the Amazonian basin (Ortega et al. 2001). To date, few studies have surveyed fish in tributaries of the lower Urubamba above 700 m elevation, mainly because the rugged terrain and steep slopes are difficult to reach and streams in the area are not navigable.

Our primary goal was to inventory the icthyofauna in the suite of aquatic habitats found in ZRM, with an emphasis on streams above 700 m elevation in the eastern region. Many rivers and streams that originate on highland slopes (~4,000 m) drain the ZRM and provide habitats for species uniquely adapted to aquatic Andean environments. Compared to other Andean sites, fish communities in the ZRM have remained isolated from human influence. Our inventory provided a unique opportunity to document an unknown icthyofauna in an area of high conservation value.

METHODS

Collection and analysis of biological material

We collected fishes using several different netting methods, including a 7 x 1.8-m net with a 5-mm mesh, a 3 x 1.2-m net with a 2-mm mesh, an 8-kg cast net, a dip net, and a small aquarium net. We seined areas near riverbanks and in the main channel with the large nets. Nets also functioned as fish traps when placed at the base of rapids; we removed rocks from these rapids and chased fish towards the nets. We used the cast net to take repeated, more quantitative samples of fish. At each sampling station, we repeated the various fishing methods until we obtained a representative sample. Local guides accompanied and assisted us at each site.

We preserved all specimens in a 10% formalin solution for 24 hours and transferred them to 70% alcohol for long-term preservation. The specimens were labeled, prepared, and packed for transport to Lima.

The majority of fishes were identified in the field. For species that we suspected could be new to science, we took photographs to send to specialists. For the purposes of the rapid inventory, we classified unidentifiable species as morphospecies, as in previous inventories in Yavarí and in Ampiyacu, Apayacu, Yaguas, and Medio Putumayo (Ortega et. al 2003, Hidalgo and Olivera 2004). All specimens were deposited at the Museo de Historia Natural-UNMSM in Lima and are now part of the museum's Icthyological Collection.

Selection of sampling stations

We took GPS coordinates at each sampling station, and we referenced points to the base camp, recording the physical characteristics of each station (Appendix 3). Sampling efforts were variable and were greater in the larger aquatic environments. We constructed trails to survey a variety of aquatic habitats, and at the first site we followed the course of the Río Ticumpinía to inventory areas upstream and downstream from the base camp. We never used boats in this inventory.

In Kapiromashi, we sampled fishes in the Río Ticumpinía and in tributary streams. We conducted river sampling primarily in areas with sandy beaches, rapids, and braided channels around river islands. We also sampled tributary streams along transects extending ~200 m upstream from their confluence with the main river.

In Katarompanaki and Tinkanari, we established trails along the river course and tried to sample upstream and downstream areas equally. We sampled all streams accessible by trail. Only in Tinkanari did we sample a lentic environment, a small blackwater pond.

Description of sites and aquatic environments

We sampled aquatic habitats in Kapiromashi (four days), Katarompanaki (five days), and Tinkanari (five days), surveying 23 sites, 8 at the first and third campsites and 7 at the second campsite (Appendix 3). These sites corresponded to 17 streams and 6 sites along the Río Ticumpinía. In Kapiromashi, all collection sites were whitewater rivers, in Katarompanaki all were blackwater rivers (or blackwater mixed with whitewater), and at the third site we sampled mainly whitewater rivers. At the first site, we were able to sample all the aquatic habitats that we identified in the Kapiromashi area. At the second site, we were unable to sample either the rivers that feed the Ticumpinía or the area where smaller streams enter the main tributaries below the tablelands. At the third site, we were unable to reach the Río Timpía or the large blackwater lakes that we saw from the helicopter.

Kapiromashi (~750-900 m asl)

This site was in the Río Ticumpinía valley (Figure 3C). We sampled streams draining areas between 750 and 900 m elevation. The Río Ticumpinía harbors the largest number of fish species and sustains the largest fish biomass when compared to the smaller streams in the area. The river is an eastern tributary of the lower Urubamba, and their confluence lies ~6 km north of the Pongo de Maenique (see Figure 2).

The Río Ticumpinía is a medium-sized, whitewater river that turns green during the dry season. Its highly sinuous channel is 30-50 m wide, dotted with islands of variable size (1 km long near base camp, Figure 3C). Bed sediments contain small and medium-

sized rocks, with sandy beaches in the bends of the river and muddy areas where the rocky islands connect with the main channel. During the rapid inventory the average river depth was 80 cm, with a maximum depth of 1.5 m. The river changed ~150 m in elevation over ~5 km. Large sandy beaches lined the riverbanks in several areas; in others, vertical, vegetation-covered walls defined the channel.

The Ticumpinía contains many rapids that can generate differences as great as 3 m in water level over distances of ~50 m, and can create a strong current. Because of this current, we were unable to sample the area where the Ticumpinía forms, near the confluence of the Shakariveni to the south and an unnamed river to the north, despite its short distance from base camp (~5 km). We did sample the shallow, slow-moving water in the narrow channels around river islands. Streams feeding the Río Ticumpinía were generally small (up to 4 m wide) and characterized by completely transparent water and a mixture of cobble, gravel, and sand in the streambed.

Katarompanaki (~1,360-1,700 m asl)

Our campsite was situated on a tableland between the rivers that form the Ticumpinía, at 1,769 m. We sampled all aquatic habitats that we could reach by trail between 1,360-1,700 m asl, traveling between two platforms on the tablelands. Streams in this area apparently drain toward a northern confluent of the Río Ticumpinía and the majority lay on the higher platform (1,700 m asl). Only one stream drained the forest on the lower platform (1,360 m asl).

The aquatic habitats of the platforms differed in their geomorphology and riparian vegetation. Vegetation on the high platform was dominated by arboreal *Clusia* spp. (Clusiaceae), whereas the lower platform contained more diverse vegetation, with taller trees, a closed canopy, and many fruiting species (see Flora and Vegetation). The streams of the upper platform were generally small (up to 4 m wide and 1.2 m deep), with turbulent blackwater, cobbles and moss-covered boulders, and steep slopes (~ 30°). These characteristics distinguished streams at this site from those at Kapiromashi and Tinkanari.

The stream draining the lower platform (1,360 m) was the largest sampled near this camp (up to 13 m wide) and was distinct from all other streams surveyed in the inventory. Slippery bedrock covered the entire width of the channel for at least 500 m and we found several pools up to 1.5 m deep. After 500 m, the bed sediment changed and boulders created small waterfalls, similar to those in the tributaries of the Tinkanari.

Tinkanari (~2,100-2,200 m asl)

This site was situated near the headwaters of the Río Timpía, in the mountain range that forms the eastern border of ZRM. We sampled all aquatic habitats accessible by trails between ~2,100 and 2,200 m asl. Some streams drain directly into the Río Timpía; others drain into larger streams that later flow into the Río Timpía.

Tree ferns and tall canopy trees dominated the riparian vegetation. Slopes of rivers were variable, with gentle slopes in small streams, and steep slopes and waterfalls (~1-6 m in height) in the larger streams. Nearly all streams were whitewater, varying in width (2-13 m) and containing a heterogeneous mix of cobbles, boulders, and fine gravel. Along a 1-km transect in the largest stream, we observed some deep pools up to 2 m deep, usually below waterfalls.

During the helicopter flight to this camp, we noticed several large blackwater lagoons (~100 m diameter) near the Río Timpía. Close to the campsite we found a small blackwater pond; however, we suspect the biota of this pond differs from the much larger lagoons. This pond measured 25 m across and 1.8 m deep and had a large mat of algae and a muddy bottom. Grasses and orchids grew around its edges. The pond likely occurs close to the water table. Despite intense effort, we did not collect a single fish in the pond and did not include this sample in the data analysis. We suspect the larger lagoons do contain fishes, given their proximity to the Río Timpía.

RESULTS

Species diversity and community structure

The 3,132 individual fishes registered during the inventory include 22 species, 13 genera, 7 families, and 2 orders (Appendix 4). Of these 22 species, only 8 have been identified to species (36%) and at least 10 require more detailed study (in Astroblepidae, Trichomycteridae, *Cetopsis* and *Chaetostoma*) for identification.

For several species we will need to consult monographs, museum specimens, and specialists. We cannot confirm identifications for any species of Astroblepidae or Trichomycteridae, as few studies of these groups exist. Several probably represent species new to science, e.g., *Astroblepus* sp. C (S. Schaefer, pers. comm., Figure 8D). Peruvian species of *Chaetostoma* (*carachamas*) currently are being revised, and we expect to find species new to science in this group as well, such as *Chaetostoma* sp. B (N. Salcedo, pers. comm., Figure 8A). *Cetopsis* sp. is an undescribed species known from the lower Urubamba (R. Vari, pers. comm., Figure 8G).

Fish communities in ZRM consist exclusively of fishes in the orders Characiformes and Siluriformes. Some of the Characiformes species are also found in lowland forest streams and widely distributed in Amazonia (*Astyanax bimaculatus, Hoplias malabaricus*). We also recorded species restricted to south-central Peru, especially to streams above 300 m asl in the Urubamaba, Pachitea, and Perené drainages (*Creagrutus changae, Ceratobranchia obtusirostris*), or to streams draining the foothills of the transition zone between lowland and upland forest (*Bryconamericus bolivianus, Hemibrycon jelskii*). Among the Siluriformes, the majority of the species are catfish and lack scales. One of these is *Rhamdia quelen*, a species with broad distribution in the Peruvian Amazon. Some species in the Trichomycteridae are probably restricted to the Andes in central and southern Peru, and at least one species (*Trichomycterus* sp.1) also occurs in the lowland areas of the Urubamba and Manu, as well as around Tambopata.

With the exception of *Hoplias malabaricus* (*huasaco*) and *Rhamdia quelen* (*cunchi*), adult fishes are small, measuring less than 15 cm, and in the Characidae, less than 10 cm. We collected some *Astroblepus* sp. B that are 15 cm in length, a size rarely observed in scientific collections (Figure 8H). The other 3 species of *Astroblepus* we found were more typical sizes, with the largest individuals measuring ~7 cm.

About 10 of the species are fished locally for subsistence by the indigenous communities near the Zona Reservada (Appendix 4), principally Timpía and Sababantiari. With the exception of *Astroblepus* sp. B (Figure 8H), all of the species fished for food we found were in the Río Ticumpinía and surrounding streams.

Diversity by site

Kapiromashi

With 17 species (9 of Siluriformes and 8 of Characiformes), this site supported the highest species richness of the three inventory sites. All families registered in the inventory were present here (Appendix 4), and fish abundance in streams near this camp was the highest of any site in the inventory (85% of total individuals). In the Characiformes alone, 80% of the individuals registered during the inventory were recorded at Kapiromashi. None of the species registered here was present in streams at the other inventory sites.

We collected only one or two individuals of some species (Appendix 4). Other genera, such as *Ceratobranchia*, *Astyanax*, and *Hemibrycon*, were more abundant and common in several habitats. Although less abundant than the Characidae, *Chaetostoma* was common and occurred at densities similar to those observed in the upper part of the Río Camisea (300 to 450 m asl; Hidalgo 2003). *Chaetostoma* was more abundant in rivers than in streams; it may be a food for various species of aquatic birds and for river otters. Overall, sampling species of *carachamas* was difficult as they inhabit turbulent waters, and their abundances may be greater than our estimates.

Fishes in Kapiromashi represent various functional feeding groups. The majority of the omnivorous species are Characidae (*Astyanax*, *Bryconamericus*, *Ceratobranchia*, *Hemibrycon*, *Knodus*, *Creagrutus*) and Trichomycteridae. All of the species of

Loricariidae are herbivores, feeding on algae by scraping their teeth on rocks and submerged logs. Very little is known about the feeding ecology of *Astroblepus*, but probably they also eat algae growing on hard substrates characteristic of the turbulent streams of the Andes, or feed on the abundant aquatic insects that inhabit these environments.

In aquatic habitats where bed sediments are composed of clay, we observed tunnels made by carachamas, also observed previously in the Bajo Urubamba. *Ancistrus* species use the tunnels to make nests. *Chaetostoma* and *Ancistrus* lay sticky eggs on boulders or inside submerged logs and guard their nests.

Among the predators, the largest (and one of the few piscivores that we registered in the inventory) was *Hoplias malabaricus* (*huasaco*), which can measure up to 50 cm in length. This species generally prefers areas of less current where it sits and waits for its prey. Other predators, like larger individuals of *Rhamdia quelen*, are nocturnal predators that actively search for their food. *Cetopsis* (Figure 8G) likely prefers aquatic insects or small fishes, both of which are abundant in the Río Ticumpinía.

Katarompanaki

At this site we collected three fish species, two *Trichomycterus* (Figures 8E, 8F) and one *Astroblepus* (Figures 8B, 8H). Compared with Kapiromashi, Katarompanaki had very few species, but all were different. The fish community composition at the second site might reflect the isolation of its aquatic habitats from main river channels or physical characteristics of the higher-elevation streams.

Fish sampling was difficult at this site. Compared with species found in streams near the first campsite, species collected at this site were cryptically colored, blending in with the bed sediments where they live and eat (*Trichomycterus*) or attaching themselves to the substrate (*Astoblepus*), where they are almost impossible to observe.

In the streams of the upper platform (~1,700 m), we registered only *Trichomycterus* sp. C (Figures 8C, 8E), a species present at low abundances in almost all streams sampled. In the large stream of the lower platform (~1,360 m), we registered *Trichomycterus* sp. D (Figure 8F) and *Astroblepus* sp. B (Figures 8B, 8H). Of the three sites, this one had the lowest abundance of individuals (4% of total) and species (13%).

Tinkanari

Here we registered five species of fishes, three *Astroblepus* and two *Trichomycterus*. All of the species found in streams near the Katarompanaki camp were present here, but two *Astroblepus* species were unique to Tinkanari. Fish abundance was higher here (11% of total) than at Katarompanaki.

Streams at this site are whitewater and rocky, with steep slopes, all potentially favourable conditions for *Astroblepus* species. Species of *Astroblepus* inhabit all streams here, and in two streams we found three species living in sympatry. Species of *Astroblepus* have a ventral mouth, pelvic and pectoral fins with hooks, and an abdominal musculature unique among the Siluriformes. These morphological adaptations allow *Astroblepus* to climb and attach to steep, turbulent, lotic environments, including cliff faces (Figure 3H), with little difficulty. According to S. Schaefer (pers. comm.), finding several species of this genus coexisting within a stream is unusual.

Great variation in morphology exists within the Astroblepidae, and we have only a rudimentary understanding of their systematics. We cannot confirm that the three species we observed are truly distinct from each other. However, based on our preliminary observations and consultations with specialists, the probability that they are different taxa is high, and at least one species is likely new to science.

Noteworthy records

Despite low overall species richness, we documented substantial populations of fishes in streams within these intact highland forests. Because of the geographic isolation of the watersheds, many of these species are likely endemic to the area (Vari 1998, Vari et al. 1998, De Rham et al. 2001). In particular, species in the families Astroblepidae and Trichomycteridae have

unique adaptations that allow them to live in the turbulent waters of these highland streams. At least three species we collected are new to science; these include *Cetopsis* sp. (Figure 8G), *Chaetostoma* sp. B (Figure 8A), and *Astroblepus* sp. C (Figure 8D) and, pending further revisions, will likely include species of Trichomycteridae as well.

DISCUSSION

Comparisons with adjacent areas (Urubamba and Manu)

This study is the first inventory of fishes in ZRM. We studied fish communities between elevations of 750 and 2,200 m asl, where diversity and abundance of fishes are lower than in the Bajo Urubamba (202 species; H. Ortega, pers. comm.) and the Río Manu (210 species; Ortega 1996), the areas adjacent to ZRM. Both the Bajo Urubamba and the Manu are large drainages, flowing into the Amazonian lowlands and creating multiple microhabitats with high species richness and fish biomass.

In the Urubamba, only two inventories surveyed streams above 500 m elevation. Eigenmann and Allen (1942) reported 21 species in the Alto and Medio Urubamba (~700 m), similar to the richness encountered in ZRM (22 species). Species overlap between ZRM and the Alto and Medio Urubamba is high in the Characiformes and Siluriformes: the two faunas differ only in the two species of electric fishes registered in ZRM. These electric fishes are found in the lower sections of the Bajo Urubamba, but not the Alto or Medio Urubamba.

As part of the environmental impact assessment (EIA) of the Camisea natural gas pipeline (Camisea EIA 2001), 33 species of fishes were reported in various tributaries of the Alto Urubamba and the Río Apurímac (610-1,250 m asl). Additional collections were made in the Río Cumpirosiato (tributary of the Alto Urubamba). Species composition in ZRM is similar to that of fish communities sampled in the EIA; however, the total abundance registered in our study was much greater

(3,132 individuals in 23 sites vs. ~300 individuals in 12 sites). Both Camisea EIA (2001) and Eigenmann and Allen (1942) surveyed aquatic environments along the western slopes of the Urubamba along the Cordillera de Vilcabamba, as well as the Río Apurímac valley. Neither study evaluated fish communities along the eastern slopes, where ZRM lies.

In Manu, Ortega (1996) collected fishes between 600 and 1,000 m asl in the Alto Madre de Dios (between Salvación and Pilcopata), registering 25 species. Species richness is similar to that of ZRM, but community composition differs at the species level for several genera (*Creagrutus, Hemibrycon, Trichomycterus,* and maybe *Astroblepus*). In addition, other genera (*Bario, Hemigrammus, Gymnotus*) characteristic of the Amazon lowlands were absent in ZRM, and *Bario* has never been recorded in the Bajo Urubamba.

In the Alto Madre de Dios, Ortega also reported certain genera that we expected to find inhabiting foothill streams of ZRM (up to ~1,000 m), such as *Parodon* and *Prodontocharax,* which are both represented in the Bajo Urubamba. Like the Urubamba, the Alto Madre de Dios has electric fishes (*Gymnotus*), the most diverse and frequently encountered genus in the Amazon lowlands and floodplain. Additional inventories would probably register these species in ZRM.

The differences in community composition between ZRM and the Alto Madre de Dios may reflect topographic differences in the two watersheds. In contrast to Manu National Park (Madre de Dios), the rugged topography of the Río Timpía and Río Ticumpinía, with their many waterfalls, seems to have limited the dispersal of species present in the lowlands (lower Urubamba) to areas above 500 m.

Comparison with other areas in Peru

Species richness in ZRM is typical of highland regions, and comparable to that of other higher-elevation inventories. Ortega (1992) lists only 80 species above 1,000 m elevation in Peru, including all of the aquatic habitats of the western and eastern Andean slopes. These species account for less than 10% of the freshwater fish diversity of Peru (Chang and Ortega 1995).

In the Río Perené watershed (600-900 m asl), Salcedo (1998) reported 45 species. When this watershed is compared to ZRM, similarities exist in species composition of the Characiformes and generic composition of the Siluriformes (except *Cetopsis* sp. nov. in ZRM). In the Río Pauya watershed (Parque Nacional Cordillera Azul), De Rham et al. (2001) reported 21 species of fishes between 300 and 700 m asl, in genera similar to those of fish communities in ZRM. Nonetheless, several fishes in the Río Pauya inhabit only the lower part of the watershed. For the Cordillera del Condor, Ortega and Chang (1997) reported 16 species inhabiting streams between 850 and 1,100 m, including a new species of *Creagrutus*.

In the Cordillera de Vilcabamba, Acosta et al. (2001) concentrated their efforts on collecting aquatic invertebrates and evaluating the limnology of streams draining the slopes of the Apurímac valley (1,700-2,400 m asl). One *Trichomycterus* sp. and one *Astroblepus* sp. were collected during this study. Although neither has been identified to species, they may be different from species found in ZRM. As in ZRM, abundance of these two species was low.

In summary, the icthyofauna of ZRM contains a surprising richness of fishes adapted to its turbulent waters, abundant fish populations, and several new species. Considering the areas still unstudied (see Results), we estimate that ZRM contains close to 70 fish species. Fish inventories in the Andes are scarce, and this inventory fills an important gap in our knowledge of Peru's freshwater fishes.

THREATS, OPPORTUNITIES, AND RECOMMENDATIONS

Opportunities for conservation and research

The natural icthyofauna in many aquatic environments in the Peruvian Andes has been drastically reduced by changes in water quality after habitat alteration (e.g., deforestation, pollution), and often several exotic species have successfully invaded the natural habitats. In Lake Titicaca, the introduction of rainbow trout

(*Oncorhynchus mykiss*) and the Argentine *pejerrey* (*Odonthesthes bonariensis*), combined with habitat degradation, has resulted in the near extinction of *Orestias cuvieri,* the largest species in a genus endemic to the high Andes (~4,000 m) between Peru and northern Chile. In the Alto Urubamba watershed, trout are widespread in natural environments and are cultivated throughout the watershed. This degradation is absent in ZRM. Megantoni offers the unparalleled opportunity to conserve aquatic habitats that are still free of nonnative invasive species (see Figures 3H, 3K).

The protection of the headwaters of several rivers and other intact aquatic habitats within ZRM is critical for preserving the hydrologic cycle in these watersheds, as well as the natural icthyofauna. The icthyofauna of ZRM remains unknown in several areas: the lower part of ZRM, from 500 to 700 m asl; the Río Yoyato drainage; the upper Río Timpía; the aquatic habitats of the mountains between the Río Ticumpinía and the Pongo de Maenique; habitats between 900 and 1,500 m asl; the Río Urubamba where it passes through the Pongo del Maenique; the blackwater lagoons of the upper Río Timpía; the ponds of the high-altitude grasslands (puna); and the aquatic ecosystems inside ZRM west of the Pongo, including part of the Río Saringabeni.

Opportunity is great for studies of the ecology, evolution, and biogeography of restricted or endemic species in the highland habitats of these mountains. Studies of beta diversity in this area are of special research interest, especially since we observed very little overlap between species at the three inventory sites. We also expect that future studies may shed light on the potential for isolation and vicariance to promote speciation in fishes, especially *Astroblepus* and *Trichomycterus*.

Threats and recommendations

Colonization of ZRM could threaten the quality of aquatic ecosystems. For the most isolated areas of ZRM, such as the headwaters of the Timpía (Figure 3K) and Ticumpinía, and some of the high-altitude grasslands, colonization is a minor threat. However, if local authorities continue to promote land colonization in the area, perhaps even these seemingly inaccessible territories may become threatened.

The extraction of hydrocarbons is perhaps the largest threat to ZRM, as the Camisea gas operation lies just ~40 km north of the Zona Reservada. The next few years may see increased exploration for gas deposits along the lower Urubamba. Additional gas exploration risks polluting the lower Urubamba and altering migration patterns of fishes reproducing closer to the headwaters (up to ~500 m asl), affecting local fish distributions and possibly reducing game fish species. Surveillance of fish communities, in addition to monitoring resource use by local fishermen, will be critical to understanding how to protect the lower Urubamba drainage.

An additional threat for the icthyofauna of ZRM is the constant use of natural toxins (known locally as *barbasco* or *huaca*) for fishing (Figure 12A). For several ethnic groups that inhabit the lower Urubamba, this is a traditional fishing method, along with arrows, harpoons, and nets. Casual observations suggest these natural toxins harm fish communities and other aquatic biota, but few scientific studies in Peru quantify this damage, especially at a population level evaluating cumulative effects. We recommend investigating the effects of fishing toxins on aquatic communities, and complementing these studies with workshops or environmental education programs or both, to reduce toxin use in local communities.

We suggest an integrated management plan for the watersheds of ZRM, from the headwaters of the Timpía to the Ticumpinía and other aquatic ecosystems. ZRM is a refuge for native fishes that are rapidly disappearing from other parts of the Peruvian Andes. A refuge in this region will conserve ecosystems that are threatened by colonization and development in other areas of Peru.

AMPHIBIANS AND REPTILES

Participants/Authors: Lily O. Rodríguez and Alessandro Catenazzi

Conservation targets: Communities of anurans, lizards, and snakes typical of middle-elevation slopes in southeastern Peru (1,000-2,400 m asl); amphibian communities in streams; populations of rare species and species with restricted distributions, including *Atelopus erythropus* and *Oxyrhopus marcapatae* (Figure 9B); new amphibian species including an *Osteocephalus* (650-1,300 m asl, Figure 9E) and a *Phrynopus* (1,800-2,600 m asl) also known from the Kosñipata valley, at least one new species of *Eleutherodactylus* (1,350-2,300 m asl), a *Centrolene* (1,700 m asl, Figure 9H), a *Colostethus* (2,200 m asl), one possibly new species of *Gastrotheca* (2,200 m asl, Figure 9F), and a *Syncope* (1,700m) that is the most southerly record of this genus in Peru; a new species of snake (*Taeniophallus*, 2,300 m; Figure 9D); new species of lizards, including a *Euspondylus* (1,900 m asl, Figure 9A) also present in Vilcabamba, and three other unidentified lizards (*Proctoporus, Alopoglossus* [Figure 9C], and *Neusticurus*) living on the isolated tablelands in Megantoni; lower elevation (< ~700 m) populations of yellow-footed tortoises (*Geochelone denticulata*) hunted for food

INTRODUCTION

Sampling of the herpetofauna in the Urubamba valley was not systematic before this inventory. Scattered reports exist of amphibian and reptile species that occur between Kiteni and Machu Picchu (Henle and Ehrl 1991, Reeder 1996, Köhler 2003). In 1997, amphibian and reptile communities were sampled as part of the environmental assessment for natural gas explorations in Camisea (Icochea et al. 2001). More extensive inventories were conducted in the Kosñipata valley in the higher elevations of Parque Nacional (PN) Manu (Catenazzi and Rodríguez 2001). A rapid inventory in the Cordillera Vilcabamba sampled areas at 2,100 and 3,400 m asl in PN Otishi and along the slopes of the Río Tambo and Río Ene, and in Reserva Comunal Machiguenga (~ 1,000m) in the Urubamba valley (Rodríguez 2001). In 1999 an expedition on the outskirts of Comunidad Nativa Matoriato, ~5 km north of Zona Reservada Megantoni (ZRM), found several common lowland species of amphibians and reptiles (CEDIA 1999).

Nevertheless, the amphibians and reptiles of ZRM were virtually unknown before the rapid inventory. Judging from our data from similar elevations in the Kosñipata valley (Catenazzi and Rodríguez 2001), we expected to encounter 50 to 60 species of amphibians in the range sampled during this rapid biological inventory. We found 51 species (Appendix 5).

Here we report our results from three inventory sites (650-2,350 m asl) within Megantoni, and compare our observations with the herpetofauna known from other sites on the eastern slopes of the Peruvian Andes. In particular, we highlight groups characteristic of similar elevations in nearby regions and compare amphibian and reptile communities between ZRM and other protected areas in the National System of Protected Areas in Peru (SINANPE), such as PN Manu and the Vilcabamba conservation complex (PN Otishi, RC Machiguenga, RC Ashaninka).

METHODS

We recorded anurans, snakes, and lizards at every site. We focused our sampling efforts on anurans, which have greater abundances than snakes and lizards, and better-known distributions.

We sampled during the day and at night, using a mix of visual and auditory surveys. From surveys of frog calls we determined relative abundance of species in different habitats. We focused on streams and humid areas and conducted several intensive surveys of leaf litter. During the inventory, the icthyological team collected several tadpoles.

We photographed, identified, and released species we could positively identify. For potentially new species or species that are difficult to identify in the field, we fixed specimens in 10% formaldehyde solution, preserved them in alcohol, and deposited them at the Museo de Historia Natural of the UNMSM in Lima. We recorded calls of several species for comparison with recordings from the Kosñipata valley, or to write the first scientific descriptions of their calls.

We sampled for 170 hours over 19 days in three inventory sites. Our sampling effort differed among sites. At Kapiromashi, we sampled mostly at night for 4-6 hours until 11 P.M. At the two higher-elevation sites, we sampled most extensively during the day and visited trails and stream edges from 6 until 10 P.M. In the Katarompanaki tablelands, we spent ~65% of our time on the upper tier (~1,700 m asl) and ~35% on the lower tier (~1,350 m asl). Other members of the inventory team, particularly Guillermo Knell and Daniel Rivera, contributed observations and captured animals.

We surveyed a variety of habitats. At Kapiromashi, we sampled along the beaches and channels of the Río Ticumpinía, seasonal streams, low-elevation streams, alluvial forests, and bamboo-dominated forest (*pacales*, Figure 3E). Here we also sampled several microhabitats including vegetation along trails and streams up to 2 m in height, palm leaf litter, water-filled internodes of bamboo stems, tree buttresses, light gaps, and pools in streams.

At Katarompanaki and Tinkanari, we sampled hillside forests, fast-moving streams (including two in Katarompanaki with sandstone substrates), streams on the upper platform of the tablelands, waterfalls, pools, and stunted forests. We sampled most intensively leaf litter, vegetation along trails and streams, moss, epiphytic bromeliads, tree buttresses, and arboreal ferns. During the helicopter ride between Katarompanaki and Tinkanari, we saw several blackwater lagoons (~1,500-2,000 m asl) but were unable to sample these.

RESULTS

We encountered 51 species of amphibians and reptiles: 32 amphibians, 9 lizards, and 10 snakes. Slightly more than 20% are species new to science: 7 anurans, 4 lizards, and 1 snake (See Appendix 5). Our inventory increased the known geographic and elevational distributions of several species and even a few genera. Megantoni is the southernmost distributional record in Peru for *Syncope*, including an undescribed species, and the lowest elevation recorded for *Phrynopus* and *Telmatobius*.

One-fifth of the herpetofauna in ZR Megantoni is new to science. This landscape also harbors several endemic reptiles. Moreover, the herpetofauna complements the diversity found in PN Manu and RC Machiguenga in the Vilcabamba mountains, with only minimal overlap between these areas.

Kapiromashi

At this low-elevation site (650-1,200 m asl), we registered 13 amphibians, 3 lizards, and 2 snakes. We encountered mostly species typical of the lowlands but found here at the upper elevational limits of their distributions. Notably, we found *Epipedobates macero* (Figure 9G), a rare poison dart frog restricted to the Purús in Brazil, PN Manu, and the basin of the Río Urubamba. This record extends the elevational range of *E. macero* to 800 m from the previous record of 350 m, where the species was described in Manu. We also registered an undescribed species of *Osteocephalus* (Figure 9E), a rare arboreal frog also encountered between 650 and 1,300 m asl in the Kosñipata valley. The *Osteocephalus* was the only species recorded at this site and unknown from the lowlands. *Eleutherodactylus danae* also occurs in the Kosñipata valley, and our record of a juvenile here extends its distribution westward toward the Urubamba valley, and to lower elevations than previously recorded.

Overall, we did not encounter many species of anurans, most likely because our inventory occurred after the breeding season. At these latitudes in Peru, anuran mating seasons generally end in April, and afterward adults are quiet and difficult to find. Despite searching extensively in the abundant bamboo stands, we did not encounter *Dendrobates biolat*, a species typical of these habitats in PN Manu. If it does occur, its density may be very low.

Snakes were rare at this site, especially on the beaches of the Río Ticumpinía, where we had expected to find them sunning themselves. Lizards were similarly scarce. We found only one *Anolis* in the forest (similar to *fuscoauratus* but probably another species), and *Ameiva ameiva* and *Kentropyx altamazonica* near the river beaches. In the bamboo forests on the forested slopes (~1,000 m) we encountered what might have been *Stenocercus roseiventris*, but it escaped before we could identify it decisively.

Katarompanaki

From this site we surveyed two platforms differing in elevation and habitat types. Solid rock underlies the riverbeds on both platforms, but much taller forest grows on the lower platform.

Upper platform

On the higher platform (1,760-2,000 m asl) we found 8 species of anurans, 3 lizards, and 3 snakes. Generally, the habitat of the upper platform, a stunted nutrient-poor forest, is not favorable for anurans, and the area's isolation and small size may prevent colonization of many species. In the streams, we encountered 3 breeding glass frog species (Centrolenidae); 2 are known from the Kosñipata valley. One species, a *Centrolene* (Figure 9H), is without a doubt new to science. We know of two other undescribed species in this genus; one occurs further north in PN Otishi and the other in the Kosñipata valley.

The most abundant species at this site, an *Eleutherodactylus* in the *rhabdolaemus* complex (within the *unistrigatus* group), appears restricted to Megantoni and has not been recorded in neighboring Manu or Vilcabamba where other members of this complex occur. In the short, moss-covered vegetation on the upper edge of the platform we captured a *Euspondylus* lizard new to science, but the animal escaped and we salvaged only the tail. Although undescribed, this species has been reported in similar habitats in Llactuhuaman in the Cordillera de Vilcabamba, reaching 2,600 m asl (Icochea, pers. comm.). We registered a potentially new species of *Proctoporus*, different from *P. guentheri* reported from similar elevations in Vilcabamba by Icochea et al. (2001). We also registered an apparently undescribed species of *Neusticurus*, recorded previously from Santa Rosa (~800 m asl), in the Inambari basin, Puno Department, ~230 km southeast of Megantoni (L. Rodríguez, unpubl. data).

The most surprising record at this site was a minute frog (14 mm), in the genus *Syncope* (Microhylidae), found in moss on the forest floor. Previously these tiny frogs were known only from Cordillera del Sira (Pasco; Duellman and Toft 1979) and Cordillera Azul (San Martín); the Megantoni record is the southernmost for this genus in Peru. Moreover, the Megantoni specimen might be new to science. We found an *Eleutherodactylus* of the *discoidalis* group that may also be new to science.

Lower platform

We spent only two nights collecting on the lower platform (1,350 m asl). No species were actively reproducing in the streams here, but we did register *Bufo typhonius* sp.2, *Eleutherodactylus mendax*, and *E. salaputium*, as well as *Phyllonastes myrmecoides*. Snakes were abundant here, especially *Clelia clelia*.

Tinkanari

Our third inventory site covers elevations (1,800-2,600 m asl) that have been poorly surveyed in Manu. During our rapid inventory of this high-elevation forest, we found 10 species of anurans, 2 lizards, and 4 snakes. One of the most notable records, *Atelopus erythropus*, is known only from the holotype (Boulenger 1903, Lötters et al. 2002) and populations in the Kosñipata valley (Rodríguez and Catenazzi, unpubl. data). The Megantoni population of *A. erythropus* is apparently unaffected by the chytrid fungus that is severely reducing populations of several species of the same genus in Central and South America.

The largest of all frogs found at this site was an arboreal marsupial frog, *Gastrotheca* sp. (Figure 9F), similar to *G. testudinea* (W. Duellman, pers. comm.). *Gastrotheca* sp. was nearly ubiquitous, with males singing from the canopies in almost every habitat. The species appears different from other undescribed species of *Gastrotheca* reported from similar elevations in Manu and Vilcabamba and is likely new to science. While sampling in the leaf litter, we discovered a small *Phrynopus* cf. *bagrecito*, known from higher elevations in Manu but never before reported from such low elevations.

In less than an hour of sampling, we captured more than 30 individuals of an *Eleutherodactylus* along the banks of a fast-moving stream. The species is restricted to Megantoni, has extremely variable coloration, and is similar to the other species in the *E. rhabdolaemus* complex occurring in the corridor between Manu and Vilcabamba (Rodríguez 2001). The *Eleutherodactylus* species was active during the day, apparently feeding on flies and other abundant Diptera along the stream. We encountered a reddish-bellied species of *Bufo* of the *veraguensis* group, which we are still trying to identify.

The breeding season had ended by the time we visited this site, and we found juveniles or tadpoles of *Telmatobius* and *Colostethus* in some of the streams. Given the juvenile morphology and the elevation of this site, the *Colostethus* is likely a new species. We also found Centrolenidae tadpoles but could not identify the species.

Snakes were abundant at this site. We found a new species of *Taeniophallus* (Figure 9D), only the third Peruvian species in this genus. In two nights of sampling we found three individuals of *Oxyrhopus marcapatae* (Figure 9B), a species endemic to southeast Peru and known from the Río Urubamba valley and the Marcapata valley (Río Inambari) at elevations reaching 2,600 m (Machu Picchu) and 2,450 m (Wayrapata, between the Apurímac and Urubamba watersheds). In the stunted forest, we found two individuals of *Bothrops andianus*.

We observed several lizards including a *Prionodactylus* sleeping in a tree hollow, and three *Euspondylus* cf. *rhami* individuals along the riverbank. Little is known about the taxonomy of *Euspondylus*. Although they are closely related to *Proctoporus*, more collections and taxonomic work are necessary to identify the specimens.

DISCUSSION

The herpetological communities of the three sample sites have little in common with one another or with neighboring Kosñipata. Certain lowland species found at Kapiromashi (15 anurans and 4 reptiles) occur both in Kosñipata and Megantoni. At higher elevations on the Katarompanaki tablelands we registered 3 anurans and many reptiles that do not occur in Kosñipata, with only 4 species shared between the sites (2 *Eleutherodactylus*

and 2 Centrolenidae). Other species we found at Katarompanaki appear to be new to science, including 1 frog (*Syncope*) and 3 lizards (*Alopoglossus* sp. [Figure 9C], *Euspondylus* sp. [Figure 9A], *Neusticurus* sp.). On the lower platform of the Katarompanaki tablelands, we found 2 species that did not occur on the higher platform: *Bufo typhonius* sp. 2 and *Phyllonastes myrmecoides*. The most abundant species of frogs in both Megantoni and Kosñipata are *Eleutherodactylus* spp. of the *rhabdolaemus* complex. The species described in Kosñipata as *E. rhabdolaemus* is apparently replaced in Megantoni by a similar species that is highly variable in its ventral coloration; it is common in Katarompanaki and Tinkanari. No lizards were shared among any of the inventory sites.

Frog breeding systems vary among sites and contribute to the differences in community structure. In Kapiromashi, at least 7 of the 12 anurans we found reproduce aquatically and bear live offspring. Only 3 of the 11 species found in Katarompanaki and 4 of the 10 species found in Tinkanari have aquatic reproduction. The availability of breeding sites for directly developing frogs or aquatic breeders can influence species richness and abundance.

The amphibian and reptile communities of Tinkanari (2,000 m) are difficult to compare to those of other sites, because many taxa remain incompletely identified. We have not yet identified the species of Centrolenidae and *Telmatobius* tadpoles, and they may also occur in Kosñipata. However, at least 2 species, *Atelopus erythropus* and *Phyrnopus* sp., are also found in the streams of both the Río Manu and the Río Alto Urubamba. The snakes *Chironius monticola* and *Bothrops andianus* are high-elevation species present in Megantoni, Kosñipata and Vilcabamba. Only *C. monticola* is known to have a wide distribution and extends southward to Bolivia. The other 3 snake species we found have restricted ranges, and 1 is new to science (*Taeniophallus*, Figure 9D).

Differences among Megantoni, Manu, and Vilcabamba

Zona Reservada Megantoni connects Parque Nacional Manu and the protected areas in Vilcabamba (RC Machiguenga, PN Otoshi, and RC Ashaninka, see Figure 1). We compare Megantoni to the adjacent protected areas to highlight its unique herpetological communities and its contribution to conservation within the SINANPE. Our inventory sites provide important points of comparison, especially the Tinkanari site in Megantoni, which is uniquely situated between the Urubamba and Manu watersheds, with streams flowing both to the Río Timpía and to tributaries of the Río Manu.

We can compare species richness of frogs across elevations in the three protected areas (Fig. 17). Data from PN Manu reflect intensive sampling between 500-3,800 m asl in the Kosñipata Valley (Catenazzi and Rodriguez, 2001). For the Vilcabamba comparison we use data collected during a rapid inventory (Rodríguez 2001). Overall, numbers of frogs are substantially lower in Megantoni compared to Manu. The lower richness in Megantoni likely stems from our rapid sampling and the coincidence of the inventory with the end of the frog breeding season.

Hylidae were uncommon at the Megantoni inventory sites, although we suspect they are abundant at the beginning of the rainy season. In the Kosñipata valley we observed species of *Hyla* in nearly all of the streams and brooks between 500 and 2,400 m. Species of *Hyla* such as *H. armata* and *H. balzani* also have been reported in the higher parts of the Río Apurímac valley in Ayacucho (Duellman et al. 1997).

Habitat types may partially explain the scarcity of Hylidae in Megantoni. In Kapiromashi most of the streams draining the slopes along the Río Ticumpinía are seasonal and can sometimes dry up completely and create an unfavorable environment for Hylidae tadpoles. Moreover, most of the streams with their flat sandstone beds have fast-flowing currents unsuitable for tadpoles. However, we did observe reproduction of some species, including *Cochranella spiculata* and other unidentified tadpoles, in these streams. At Katarompanaki, the absence of Hylidae may reflect the isolation and small size of the tablelands.

Tinkanari may support more species than Kosñipata. Several genera found at Tinkanari were not found at Kosñipata at similar elevations (2,100-2,300 m). These include *Colostethus*, found below 1,600 m in Kosñipata, and *Phrynopus* and *Telmatobius*, found above 2,400 m in Kosñipata. The greater number of genera and families present in Tinkanari could reflect particular habitat characteristics or faunal exchange between the Manu and Urubamba watersheds. Surface area of habitats at 2,100-2,300 m asl is greater in Megantoni than at similar elevations in Kosñipata and could provide a greater diversity of habitats and ecological niches for amphibians. Without data from the adjacent high-elevation parts of the Río Cumerjali valley (a tributary of the Río Manu) we cannot confirm which species are present both in Megantoni and Kosñipata.

Figure 17. Number of amphibian species registered in the Zona Reservada Megantoni, Valle Kosñipata (PN Manu), and the northern part of Vilcabamba (PN Otishi).

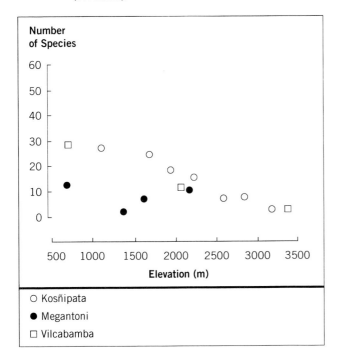

THREATS, OPPORTUNITIES, AND RECOMMENDATIONS

ZRM conserves abundant populations of montane amphibians and reptiles, including at least ten new species, as well as geographic and elevational range extensions for some species and genera. We encountered pristine communities and found substantial populations of species and genera that are rare and threatened in other highland areas. Megantoni protects a broad range of habitats along the elevational gradient between puna and the lowlands, sheltering amphibian and reptile species from potential damage from global climate change.

Few direct threats exist to amphibian and reptile communities in Megantoni, since few people inhabit the area, and access to the area is difficult. We did not encounter commercially hunted species of lizards or turtles, but one species of turtle (*Geochelone denticulata*) is hunted by native communities near Megantoni. Future studies should evaluate hunting impact on population densities and structure.

At middle and high elevations, the rapid diffusion of a chytrid fungus from Central America towards the Andes has in recent years precipitated a dramatic decline and extinction of amphibian populations in Ecuador, Venezuela, and northern Peru. Species living in highland brooks and streams, such as *Atelopus* toads and glass frogs (Centrolenidae, see Figure 9H), are particularly susceptible, especially as the fungus may broaden its elevational range as global temperatures rise (Ron, Duellman, Coloma and Bustamante 2003).

We found no evidence of chytrid fungus in the amphibian populations in Megantoni. We took skin samples from *Cochranella spiculata* (2 individuals), *Hyalinobatrachium* cf. *bergeri* (1), and *Atelopus erythropus* (2) and ran histological tests to determine if these individuals were infected. All results were negative, suggesting that the fungus has not yet reached Megantoni. Nonetheless, we urge surveillance of the fungus. If the chytrid fungus were to reach southern Peru, it could dramatically reduce amphibian diversity

at higher elevations in Megantoni and surrounding protected areas.

We recommend more detailed inventories of the regional herpetofauna, especially during warmer and wetter months from August through March, when most amphibians are breeding. In addition, we recommend further studies of the reptiles of the entire region, as several species are endemic to the high elevations of the Urubamba valley and Vilcabamba, and this area forms the northern distributional limit for species on the Urubamba and Inambari slopes. In the unsampled high-elevation areas (e.g., puna) additional inventories are not likely to add substantially to the number of protected species within the SINANPE, as many of these species will likely occur in Manu as well.

BIRDS

Participants/Authors: Daniel F. Lane and Tatiana Pequeño

Conservation targets: Healthy populations of game birds (Tinamidae and Cracidae), often overhunted in more populated sites; Black Tinamou (*Tinamus osgoodi,* Figure 10C), Scimitar-winged Piha (*Lipaugus uropygialis,* Figure 10D), and Selva Cacique (*Cacicus koepckeae,* Figure 10E), species of Vulnerable worldwide status, each known from fewer than ten sites; healthy populations of Military Macaw (*Ara militaris,* Figure 10A), a species of Vulnerable worldwide status, and Blue-headed Macaw (*Propyrrhura couloni*), a rare and local macaw in Peru; pristine avifaunas of upper tropical forest, montane forest, and puna; corridor between Parque Nacional Manu and protected areas in the Cordillera de Vilcabamba for large, low-density, highly mobile species (raptors, parrots, nomadic resource-following species)

INTRODUCTION

Little ornithological information exists for the humid foothill forests along the Río Urubamba. Most ornithological surveys in the northern parts of Cusco Department concentrate on the more accessible drier forests, humid lowland forests, and the upper Urubamba valley above Quillabamba. The upper Urubamba has been studied fairly well, but mostly in higher elevations (Chapman 1921, Parker and O'Neill 1980, Walker 2002). The foothills that divide the

Urubamba into upper and lower sections are essentially unknown.

Ornithological studies at similar elevations in the Cordillera de Vilcabamba and the Kosñipata valley provide important points of comparison with our rapid inventory of the foothills of Zona Reservada Megantoni. Terborgh and Weske (1975, 340-3,540 m asl) and members of two rapid inventories (Schulenberg and Servat 2001, 1,700-2,100 m asl, 3,300-3,500 m asl; Pequeño et al. 2001, 1,500-2,445 m asl) surveyed the Cordillera de Vilcabamba, an isolated massif between the Río Apurímac and Río Urubamba, to the west of Megantoni. When we discuss Vilcabamba, we refer almost exclusively to the more thoroughly studied sites on the Apurímac side of the range. On the eastern side of Megantoni, the road following the Kosñipata valley forms the eastern border of Parque Nacional Manu and is the next nearest area well-studied ornithologically between 750 and 2,300 m in elevation (Walker, Stotz, Fitzpatrick, and Pequeño, unpubl. ms.; pers. obs.). Between the Vilcabamba and Kosñipata sites, species turn over, with some reaching their southernmost points of distribution in the former, and others reaching the northernmost limits at the latter. Our ornithological survey work in the Zona Reservada fills a large information gap (approximately 200 km) in the distribution of foothill and Andean bird species in southern Peru.

METHODS

We conducted avifaunal surveys at each of the three camps by walking trails from 15 to 30 minutes before sunrise until at least midday, although two days at Katarompanaki (1,360-2,000 m asl) were lost due to inclement weather. When possible, we tried to walk different trails each morning, surveying all available habitats, and with the exception of the southern side of the Río Ticumpinía at Kapiromashi (760-1,200 m asl), we visited all trails at each site. In the afternoons, we skywatched or walked trails to see if other species were present that had been missed during morning surveys, often remaining in the field until dusk or just thereafter.

We registered species by sight or sound while walking trails, using cassette recorders to tape bird voices and a digital camera to document several species. Voice recordings will be deposited at the Macauley Library of Natural Sounds of the Cornell Laboratory of Ornithology.

Because of our limited time at each site, we did not use any quantitative censusing methods. Instead, we kept daily lists of observed birds and noted their abundances. In Appendix 6, these daily estimates are the basis for our relative abundance codes. We include records from non-ornithologist RBI team members— particularly those of Robin Foster, Guillermo Knell, Trond Larsen, Debra Moskovits, José Rojas, Aldo Villanueva, and Corine Vriesendorp—to augment our own observations.

Below, we use the terms "upper tropical," "subtropical," and "temperate" to characterize forest habitat types and their associated avifaunas. These terms have a long history of use in Neotropical ornithological literature (e.g., Chapman 1926, Parker et al. 1982, Fjeldsa and Krabbe 1990) and are commonly applied to habitats within the Andean region. The upper tropical zone is the upper elevational limit of typical lowland bird species and usually ascends the foothill slopes up to ~1,000 m. The subtropical zone consists of the middle elevations, starting at ~1,000 m and ascending to ~2,300 m. The temperate zone contains the upper elevations, beginning at ~2,300 m and ascending to treeline, where it is replaced by high-altitude grasslands, known as puna. The avifauna of each life zone contains a characteristic suite of species; avifaunas overlap marginally in transitional elevations between zones. Our estimates for elevational limits are approximations as their ranges may vary with humidity (higher humidity usually extends zones to lower elevations), steepness, latitude, underlying geological materials, and soil types.

RESULTS

The three inventory sites cover non-overlapping elevations ranging from 760 to 2,400 m asl. We recorded 378 species during our three weeks in the field (Appendix 6). Judging from avifaunal lists from Vilcabamba and Kosñipata for corresponding habitats and elevations within the Zona Reservada, we estimate that approximately 600 bird species occur within Megantoni.

Kapiromashi (~760-1,000 m asl)

Our first camp was adjacent to the Río Ticumpinía, and trails provided access to young and medium-aged river islands, river margin forest, and several terrace forests. Bamboo (*Guadua* spp., locally called *paca*, Figure 3E) was a major component of the forest understory at this site at all elevations, including the medium-aged river island, and we encountered many birds specializing on bamboo ("bamboo specialists," *sensu* Kratter 1997). Patches of forest with little or no bamboo understory exist but are relatively scarce. We encountered a bird community consisting primarily of birds from the upper tropical zone, with some birds more typical of subtropical elevations present, even on the river islands. Presumably, the humidity trapped within this relatively narrow valley allows some birds to descend to lower elevations. Typical subtropical zone species present along the river include Ocellated Piculet (*Picumnus dorbygnianus*), Cinnamon Flycatcher (*Pyrrhomyias cinnamomeus*), and Slate-throated Redstart (*Myioborus miniatus*). We recorded 242 species at this campsite (Appendix 6).

Birds in pacales (bamboo forest)

The Ticumpinía valley is part of an extensive *Guadua*-dominated forest that continues north into the Urubamba valley and east into lowland Amazonia. The extensive *Guadua* bamboo patches, or *pacales* (Figure 3E), at Kapiromashi housed a suite of species that are closely associated with this habitat (Kratter 1997). Among these were Yellow-billed Nunbird (*Monasa flavirostris*), Rufous-breasted Piculet (*Picumnus rufiventris*), Cabanis's Spinetail (*Synallaxis cabanisi*), Peruvian Recurvebill (*Simoxenops ucayalae*), Crested Foliage-Gleaner (*Anabazenops dorsalis*), Bamboo Antshrike (*Cymbilaemus sanctaemariae*), Ornate Antwren

(*Myrmotherula ornata*), Dot-winged Antwren (*Microrhopias quixensis*), Striated Antbird (*Drymophila devillei*), Manu Antbird (*Cercomacra manu*), White-lined Antbird (*Percnostola lophotes*), Warbling Antbird (*Hypocnemis cantator subflava*), Yellow Tyrannulet (*Capsiempis flaveola*), White-faced Tody-Tyrant (*Poecilotriccus albifacies*), Flammulated Pygmy-Tyrant (*Hemitriccus flammulatus*), Large-headed Flatbill (*Ramphotrigon megacephalum*), and Dusky-tailed Flatbill (*Ramphotrigon fuscicauda*). Several bamboo specialists were not encountered, including Rufous-headed Woodpecker (*Celeus spectabilis*), Brown-rumped Foliage-Gleaner (*Automolus melanopezus*), and Ihering's Antwren (*Myrmotherula iheringi*). Presumably, the elevation of the site is too high for these species. From the air, the *pacales* appear to ascend to nearly 1,500 m asl, an atypically high elevation for *Guadua* bamboo, and an inventory of bamboo-associated species reaching this upper elevational limit would be useful.

Two undescribed species are probably *Guadua* specialists, one a tyrant flycatcher (Tyrannidae) and the other a tanager (Thraupidae), both known from sites near the Zona Reservada. The flycatcher belongs to the genus *Cnipodectes* and is known along the Río Manu, and along the lower Río Urubamba at elevations below 400 m (Lane et al., unpubl. ms.). The tanager appears to represent a new genus with uncertain affinities within the family. To date, only one individual has been observed along the Kosñipata road at San Pedro, at ~1,300 m elevation (Lane, pers. obs.). Both species are likely to occur within the borders of the Zona Reservada, but we were unable to confirm their presence during our brief visit to the *pacales* at the first field site.

Noteworthy records

At Kapiromashi, we observed several notable bird species during our fieldwork. We recorded an evening vocalization, just above the riverbed, that corresponds well to published recordings of Black Tinamou (*Tinamus osgoodi*, Figure 10C), a species with a highly disjunct distribution. In Peru, the nominate subspecies is known from the Cerros de Távara and the Marcapata valley,

Puno Department, west to the eastern edge of Parque Nacional Manu, including the Sierra de Pantiacolla, Consuelo, and San Pedro, about 200 km to the east of Megantoni (Parker and Wust 1994; T. Schulenberg, pers. comm.; pers. obs.). A subspecies (*T. o. hershkovitzi*) is known from the Cordillera Cofán in northern Ecuador and the head of the Magdalena Valley in Colombia (Schulenberg 2002). In addition, unpublished records exist from Parque Nacional Madidi in La Paz Department, Bolivia (T. Valqui, pers. comm.). *Tinamus osgoodi* remains poorly known and the underlying causes of its widely dispersed populations are still a mystery.

Both Military Macaw (*Ara militaris*, Figure 10A), the namesake for the Zona Reservada, and Blue-headed Macaw (*Propyrrhura couloni*) were plentiful at this site, outnumbering all other macaws. Many macaw species are restricted in their distribution by nesting substrates; *A. militaris* nests only on sheer cliffs and is found in South America solely along the Andean foothills. Its densities have been reduced by habitat disturbance and pressure from the pet trade, and Birdlife International (2000) considers its worldwide status Vulnerable. *Propyrrhura couloni* is restricted to southwestern Amazonia and remains more poorly known than most macaws. It seems sensitive to human disturbance, occurring only in large tracts of primary lowland and foothill forest.

On our second morning, we briefly observed a very secretive, low-density, but widespread species, the Rufous-vented Ground-Cuckoo (*Neomorphus geoffroyi*). Normally, the species is observed foraging beside army ant (*Eciton burchelli*) swarms or peccary (*Tayassu pecari*) herds, but we encountered neither nearby. We recorded two ant-following antbirds—Hairy-crested Antbird (*Rhegmatorhina melanosticta*) and Black-spotted Bare-eye (*Phlegopsis nigromaculata*)—despite not observing any large army ant swarms at this site.

Several of our records are small range extensions for particular species. Creamy-bellied Antwren (*Herpsilochmus motacilloides*), a canopy antbird, has been reported from several sites in the Cordillera Vilcabamba, and at Santa Ana, a site on the left bank of the upper

Río Urubamba (T. Schulenberg, pers. comm.). We discovered a single territory of *H. motacilloides* in tall forest (canopy ~30 m), the first record in the mountains on the eastern bank of the Río Urubamba. Perhaps more important was our discovery of a congener, the Yellow-breasted Antwren (*Herpsilochmus axillaris*) at the same elevation. The two species of *Herpsilochmus* seemed to segregate by habitat, with *H. axillaris* more restricted to slopes with slightly shorter-stature forest (canopy ~15-20 m). Our observation of *H. axillaris* is the first for the Urubamba watershed and is the westernmost record of the nominate subspecies (M. Isler and T. Schulenberg, pers. comm.). The central Peruvian subspecies *puncticeps* is known to occur no closer than 250 km to the northwest in Junín Department, with no known records between there and Megantoni.

Until recently, the Yellow Tyrannulet (*Capsiempis flaveola*) was known from only five sites in Peru. Only within the last ten years has this rather small, inconspicuous species been found to be fairly common in southeastern Peru, with records from the lower Río Urubamba (Aucca 1998; T. Valqui, pers. com.), the lowlands at the mouth of the Kosñipata valley (Lane, pers. obs.), and nearby Parque Nacional Manu (Servat 1996). We found *Capsiempis* common in the *pacales* at Kapiromashi campsite during the inventory. However, a population (representing a different subspecies) of *C. flaveola* has been found common in non-bamboo habitats in northern San Martín Department (Lane, pers. obs.).

The sheer abundance—higher than either of us has witnessed at Kosñipata—of the recently described Cinnamon-faced Tyrannulet (*Phylloscartes parkeri*) is noteworthy. This species is known from several foothill localities from Pasco Department south and east to Beni Department, Bolivia (Fitzpatrick and Stotz 1997). Its characteristic vocalization is the best clue to its presence, and at Kapiromashi this was a ubiquitous sound, particularly around forest gaps and along the river.

Finally, we encountered a group of five individuals of Selva Cacique (*Cacicus koepckeae*, Figure 10E), a species described from Balta, Ucayali

Department, by Lowery and O'Neill (1965). After its description, the cacique remained essentially unknown until rediscovered by Gerhart near Timpía (Schulenberg et al. 2000, Gerhart 2004). Since this rediscovery, an additional specimen was collected at Paratori, near the Río Camisea (Franke et al. 2003). Another recent sight record was made near Cocha Cashu in Parque Nacional Manu (Mazar Barnett et al. 2004). An additional, unconfirmed sighting exists from the upper Río Cushabatay drainage, within Parque Nacional Cordillera Azul (Lane, pers. obs.). Given the proximity of Kapiromashi to the Timpía and Camisea sites, our observation is not unexpected; however, it is the highest elevational record for the species.

Migration

We observed migrating birds at Kapiromashi. Large swarms of swallows moved along the river, mainly the austral migrant race of Blue-and-white Swallow (*Pygochelidon cyanoleuca patagonica*) traveling from their breeding grounds in temperate southern South America. We readily identified individuals of this subspecies by their less extensive dark undertail coverts and heavily worn plumage, and they were often present in flocks numbering up to 300. We routinely spotted several individuals, presumably resident birds, of the nominate race *cyanoleuca* among these migrants, distinguished by their entirely dark undertail coverts and "cleaner" plumage. Similarly, large groups of Southern Rough-winged Swallows (*Stelgidopteryx ruficollis*) passed along the river independent of local pairs, suggesting an influx of migrant birds of this species, presumably also from southern populations.

On an older river island, we saw a single Vermilion Flycatcher (*Pyrocephalus rubinus*), an austral migrant. Most boreal migrants had already departed for North America, but along the river we heard two species still lingering in the area, Western Wood-Pewee (*Contopus sordidulus*) and Olive-sided Flycatcher (*Contopus cooperi*).

Species expected but not encountered

Several species normally common in tropical humid forest were strangely absent from Kapiromashi, including large guans, herons, motmots, *Ramphastos* toucans, *Selenidera* toucanets, various species of *Pteroglossus* aracaris, *Celeus* and *Piculus* woodpeckers, Red-billed Scythebill (*Campyloramphus trochilirostris*), Yungas Manakin (*Chiroxiphia boliviana*), and Tropical Parula (*Parula pitiayumi*). These apparent absences may reflect our limited time at this site; however, some species are usually obvious and ubiquitous, and our lack of records may represent a real absence, one that we cannot explain. We expect that additional field work at the lowest elevations of the Zona Reservada will add most, if not all, of these species to the list of its avifauna.

Katarompanaki (~1,300-2,000 m asl)

The second camp was situated near the lower edge of a sloping, hard-rock platform that extended from ~1,650 to 2,000 m asl. The plant community is dominated by *Clusia* spp. (Clusiaceae) and *Dictyocaryum lamarckianum* (Arecaceae) palms and grows on a spongy layer of slowly decaying material. The low-diversity forest on this platform is stunted, with tree canopies ~15 m high at the lower edge of the plateau, but as low as 2 m at the upper edge.

A trail descended from the upper plateau to a lower terrace with richer, taller forest (average canopy height ~25 m) ranging in elevation from 1,300 to 1,600 m. On the lower platform, the composition of the avifauna is more typical of lower subtropical and upper tropical zones. However, because it was far from camp, we spent little time exploring this taller forest and undoubtedly missed many species. We recorded 103 species at this campsite (Appendix 6).

Avifauna of the upper and lower platforms

Between the upper and lower platforms, the avifauna differed markedly. On the upper platform, flocks were scarce and were composed of nine core species: Spotted Barbtail (*Premnoplex brunnescens*), Mottle-cheeked Tyrannulet (*Phylloscartes ventralis*), Russet-crowned

Warbler (*Basileuterus coronatus*), Three-striped Warbler (*Basileuterus tristriatus*), Common Bush-Tanager (*Chlorospingus ophthalmicus*), Yellow-throated Tanager (*Iridosornis analis*), Blue-winged Mountain-Tanager (*Anisognathus somptuosus*), Bluish Flowerpiercer (*Diglossa caerulescens*), and Deep-blue Flowerpiercer (*Diglossa glauca*). Nearly all of these species, with the exception of the *Basileuterus* warblers, were restricted to the upper platform and not found in the flocks on the lower platform. Some species from the lower platform forest reached the lower edge of the upper platform, where the stunted forest was tallest. These species included Versicolored Barbet (*Eubucco versicolor*), Slaty Antwren (*Myrmotherula schisticolor*), *Tangara* tanagers, and Orange-bellied Euphonia (*Euphonia xanthogaster*). Among the nonflocking species we observed in the elfin forest, three hummingbirds were present in high densities: Bronzy Inca (*Coeligena coeligena*), Booted Rackettail (*Ocreatus underwoodii*), and Long-tailed Sylph (*Aglaiocercus kingi*). Three antbirds were also fairly common here: Blackish Antbird (*Cercomacra nigrescens*), Ochre-breasted Antpitta (*Grallaricula flavirostris*), and Slaty Gnateater (*Conopophaga ardesiaca*). Ornate Flycatcher (*Myiotriccus ornatus*) was ubiquitous on both platforms, occurring at higher densities than we had ever seen before. Scaly-crested Pygmy-Tyrant (*Lophotriccus pileatus*) was common as well.

In the taller forest on the lower platform, flocks were more plentiful and contained far more species. We noted a higher density of terrestrial insectivores, including Rufous-breasted Antthrush (*Formicarius rufipectus*), Short-tailed Antpitta (*Chamaeza campanisona*), Scaled Antpitta (*Grallaria guatimalensis*), and *Conopophaga ardesiaca*. Some flock-following midstory flycatchers were present, including Slaty-capped Flycatcher (*Leptopogon superciliaris*) and Marble-faced Bristle-Tyrant (*Phylloscartes ophthalmicus*). *Herpsilochmus motacilloides* was heard in the canopy and seemed more numerous than at the first camp.

Noteworthy records

Overall bird diversity was relatively low at Katarompanaki, but we recorded several noteworthy species. Nearly every member of the rapid inventory team (other than the ornithological team) reported a large, black tinamou, some on a daily basis, mostly from the taller forest but also from the lower end of the upper platform. These sightings were almost certainly *Tinamus osgoodi* and suggest the species is common. Moreover, these records indicate that *T. osgoodi* in Peru occurs at higher elevations than previously suspected. An unpublished list for Parque Nacional Manu lists an elevational range of 900-1,350 m, whereas sightings at Katarompanaki ranged from 1,400 to 1,650 m. We flushed a large tinamou on our last day but were unable to confirm its identity, and the only tinamou heard at this site was Brown Tinamou (*Crypturellus obsoletus*).

Herpsilochmus motacilloides occurred at Katarompanaki and Kapiromashi. These records suggest that this antwren is a widespread canopy insectivore in tall forests, at least on the western end of the mountain range that includes the Megantoni sites, from ~800 to 1,600 m. The species remains unknown from the Manu area; however, the western portion of the park has never been surveyed by ornithologists, and *H. motacilloides* may occur there.

Cercomacra nigrescens has two distinct populations in Peru: a lowland form that is widespread in western Amazonia but largely restricted to riverine habitats and second growth (subspecies *fuscicauda*), and two highland subspecies (*aequatorialis* and *notata*) found in tangles and stream edges from Ecuador through the central Peruvian Andes. The two groups are easily separable by song and may merit species-level recognition (M. Isler, pers. comm.). Our observations of the race *notata* indicate that the Urubamba valley is the southern terminus of its range. Although not recorded by us within the Zona Reservada, we heard the lowland subspecies *fuscicauda* in river-edge vegetation at Timpía, not far outside the borders of Megantoni.

Conopophaga ardesiaca is a species primarily known from the Bolivian *yungas*, but it reaches southeastern Peru as far northward as Cusco Department. Our record from Katarompanaki is apparently the only one from the Urubamba drainage and represents the northwestern terminus of the species' distribution. We did not encounter a congener, the Chestnut-crowned Gnateater (*C. castaneiceps*), a species known to extend from Colombia south to the Kosñipata valley (Walker, Stotz, Fitzpatrick, and Pequeño, unpubl. ms.). The two species co-occur in Kosñipata, replacing one another across an elevational gradient. With more field surveys, we expect *C. castaneiceps* will be found within Megantoni.

Andean *Scytalopus* tapaculos comprise several species groups of nearly indistinguishable forms best identified by voice, locality, and elevation. The species complex containing *S. atratus* and *bolivianus* (White-crowned and Bolivian tapaculos, respectively) is particularly unresolved (Krabbe and Schulenberg 1997). Typically, members of this complex occur at lower elevations than other species in the genus and are difficult to distinguish from each other. At Kosñipata, a dark-crowned form is known to occur from ~1,000 to 2,200 m asl (Walker, Stotz, Fitzpatrick, and Pequeño, unpubl. ms.). On the basis of voice and plumage, the population we observed at Katarompanaki (and at the third site, Tinkanari) appears to be the same as the form at Kosñipata.

Our record of Hazel-fronted Pygmy-Tyrant (*Pseudotriccus simplex*) seems to mark the northwestern distributional limit for the species. We regularly heard its high-pitched trilled song early in the morning along streams between 1,600 and 1,700 m asl. A congener, Bronze-olive Pygmy-Tyrant (*P. pelzelni*), appears to replace this species on the Vilcabamba side of the Río Urubamba (Pequeño et al. 2001) and extends north from the Vilcabamba to Colombia.

Never seen by us but well described by other rapid inventory team members was a *Lepidothrix* manakin occurring from ~1,400 to 1,650 m asl. On two occasions, researchers observed a black manakin with a white crown and blue rump, most closely resembling Blue-rumped Manakin (*L. isidorei*), a species not known south of Huánuco Department. In southeastern Peru we would expect to encounter a similar species, Cerulean-capped Manakin (*L. coeruleocapillus*), with a distinctly blue crown. The identity of the birds observed at Katarompanaki remains unclear. With luck, further field surveys in the area will answer this question.

At Katarompanaki, we observed *Anisognathus somptuosus somptuosus* further south than any previous records. In the Kosñipata valley it is replaced by the southern subspecies (*A. s. flavinucha*) that extends southeast into Bolivia (Lane, pers. obs.). The two forms have very distinct voices and their distributions within Manu deserve further research. The two forms almost certainly occur in PN Manu and may even overlap there. If so, these two subspecies may merit recognition as distinct species.

Species expected but not encountered

The elfin forest on the upper plateau is very similar in structure to poor-soil forests in northern Peru (e.g., Cordillera del Cóndor, northern San Martín Department; and Cordillera Azul). Typically, this habitat type supports a suite of specialized species, including Royal Sunangel (*Heliangelus regalis*), Cinnamon-breasted Tody-Tyrant (*Hemitriccus cinnamomeipectus*), Lulu's Tody-Tyrant (*Poecilotriccus luluae*), and Bar-winged Wood-Wren (*Henicorhina leucoptera*); however, we did not encounter these elfin forest specialists at Katarompanaki. The nearest populations of any of these species is more than 1,000 km to the northwest (*Henicorhina leucoptera*, La Libertad Department), and the elfin forest in Megantoni may be too isolated geographically from source populations to allow colonization. Also, the elfin forest patches in Megantoni may be too small to harbor their own local endemic specialists.

We did not register *Glaucidium* pygmy-owls at Katarompanaki. Many small bird species in the elfin forest responded actively to imitations of the voice of Subtropical Pygmy-Owl (*G. parkeri*); they may recognize it as a potential predator. *G. parkeri* is known from isolated ridge forests as nearby as Vilcabamba and Manu (Robbins and Howell 1995; Walker, Stotz, Fitzpatrick, and Pequeño, unpubl. ms.), and perhaps, with additional field work, this pygmy-owl may be found within the Zona Reservada.

The stunted forest habitat on the upper plateau appears similar to forests found in northern San Martín Department that harbor several species of large antpittas (*Grallaria*). But we did not register any large antpittas on the upper plateau. Even the typically widespread *Grallaria guatimalensis* was encountered only in the taller forest on the lower terrace. Large antpitta species may inhabit the plateau but may have remained undetected because our inventory coincided with the postbreeding season for many bird species, when they are most silent.

We expected to encounter *Pyrrhomyias cinnamomeus* at high densities on the upper plateau, as it is common within this elevational range in elfin forests of Parque Nacional Cordillera Azul (Lane, pers. obs.). However, we observed only a single individual at Katarompanaki, in the taller forest near the lip of the upper plateau.

Tinkanari (~2,100-2,400 m asl)

The third camp was on a gradually sloping, broad saddle ranging from 2,100 to 2,400 m in elevation. Most of this area was covered in tall forest (average canopy height ~15-25 m) with an understory dominated both by tree ferns, and *Chusquea* (Poaceae) bamboo and its close relatives. Near the southwestern end of the ridge, elfin forest grew (canopy height ~2-7 m) on a harder rock surface and shared many bird species with the upper plateau forest at Katarompanaki, because of their similar forest structure.

Near the northeast edge of the saddle, a depression collected water, creating a swampy forest and even a small pond. Although the vegetation in the swamp forest was relatively short, the patch was small enough that we did not observe differences in the local avifauna in this area, with one exception. A Least Grebe (*Tachybaptus dominicus*) was only observed in this pond, by another researcher. Two trails ascended the slope on the north end of the saddle to ~2,300-2,350 m. At higher elevations we observed bird species more

typical of the temperate altitudinal zone, including Crowned Chat-Tyrant (*Ochthoeca frontalis*), White-collared Jay (*Cyanolyca viridicyana*), Spectacled Redstart (*Myioborus melanocephalus*) and Hooded Mountain-Tanager (*Buthraupis montana*) reaching their highest densities at, and sometimes entirely restricted to, these elevations. We recorded 140 species at this campsite (Appendix 6).

Avifauna of tall forest

Given its elevation, Tinkanari supported a species-rich bird community, likely reflecting the taller forest, rich plant diversity, and high insect and fruit abundance. Flocks were often huge, with more than 20 species present on a regular basis. We encountered high densities of tanagers and other frugivorous birds, and Chestnut-crested Cotinga (*Ampelion rufaxilla*) was present in higher densities than we had ever seen before.

We encountered several species usually more prevalent at lower elevations, such as Wattled Guan (*Aburria aburri*), Squirrel Cuckoo (*Piaya cayana*), Rufescent Screech-Owl (*Megascops ingens*), Golden-olive Woodpecker (*Piculus rubiginosus*), Montane Foliage-gleaner (*Anabacerthia striaticollis*), Buff-browed Foliage-gleaner (*Syndactyla rufosuperciliata*), *Myrmotherula schisticolor*, *Formicarius rufipectus*, *Pseudotriccus simplex*, *Myiotriccus ornatus*, Chestnut-breasted Wren (*Cyphorhinus thoracicus*), and *Myioborus miniatus*. Game birds were abundant and tame, including Sickle-winged Guan (*Chamaepetes goudotii*), *Aburria aburri*, and Andean Guan (*Penelope montagnii*).

Avifauna of elfin forest

The small patches of elfin forest, largely confined to the southwestern end of the saddle ridge, shared many species with the upper plateau at Katarompanaki. Additionally, we registered several species more typical of temperate elevational zones: Violet-throated Starfrontlet (*Coeligena violifer*), Trilling Tapaculo (*Scytalopus parvirostris*), Grass-green Tanager (*Chlorornis riefferii*), and Dark-faced Brush-Finch (*Atlapetes melanolaemus*). Many of these species are usually found near treeline, above 2,900 m. Their presence may reflect similarities between the vegetation structure of elfin habitats and treeline habitats.

Noteworthy records

Our most exciting discovery was a population of Scimitar-winged Pihas (*Lipaugus uropygialis*, Figure 10D), a species known, in Peru, previously from a single site: Abra Marancunca in Puno Department. From Puno, the species occurs eastward along the humid Bolivian *yungas* to Cochabamba Department (Bryce et al., in press). Our record is a range extension of more than 500 km to the northwest and suggests the species may occur along other mountain ranges in Cusco and Puno Departments, such as within Parque Nacional Manu. We photographed the species (Figure 10D) and tape-recorded calls and a flight display. We believe this flight display has never been witnessed before.

We typically detected the pihas by the loud, squeaky vocalizations that we consider their "contact call." Usually, they were encountered in pairs or groups of as many as four individuals that vocalized simultaneously, producing a loud burst of noise that carried quite a distance. Pihas responded strongly to playback of these calling bouts, readily approaching to inspect the source. The birds normally remained in the midstory and subcanopy (between 4 and 8 m) of moderate-stature forest (canopy ~15 m) and moved actively, switching perches frequently and noisily. Their peculiar primary wing feathers made a loud swishing sound in flight as they moved through the foliage. We observed a single foraging attempt, when an individual was seen sallying approximately 2 m upward for a fruit or insect (the item was not seen clearly) from a cluster of leaves as it changed perches. Their perching attitude was normally hunched forward. Toward midday, groups were quiet and sat motionless for more extended periods, as is typical of other *Lipaugus* species. During such periods of inactivity, the pihas perched more upright.

We observed the flight display only in the evening (~4:30 P.M. until nearly dusk), performed by a lone individual, presumably a male. The display occurred at intervals separated by more than 5 min and was initiated by the bird as it perched in the distal branches of a canopy tree (often on bare, exposed twigs). We observed only one individual displaying, although we heard another at a distance on a different day. Although the displaying bird used several perches for the display, it seemed to prefer certain perches, particularly in response to playback. After some time sitting motionless, the bird launched from the branch and descended, wings fluttering, in a half-spiral to a lower perch while giving a high, piercing, rising, whistled vocalization in conjunction with three whirring sounds produced by the wings. These vocalizations were different in quality from those given by foraging groups, and not until we were able to see the performer could we identify their source. Between displays, the bird was silent, never giving unsolicited contact calls. The individual gave the typical contact call only in an apparently agitated response to playback of the display vocalization.

We briefly saw one individual of Collared Inca (*Coeligena torquata*). The form present at Megantoni is not the buff-collared form, *omissa*, known from the upper Urubamba valley, but a white-collared form, possibly subspecies *eisenmanni*, previously only known from the Cordillera de Vilcabamba. We are surprised to find these two subspecies present in the same valley. Finding the point in the Urubamba valley where their distributions are sympatric would provide an opportunity to examine their taxonomic status, especially as some ornithologists (e.g., Schuchmann et al. 1999) have suggested that the buff-collared form can be considered a separate species, Gould's Inca (*Coeligena inca*).

Despite hearing *Campephilus* woodpeckers drumming frequently, we observed only Crimson-bellied Woodpecker (*C. haematogaster*). In the eastern Peruvian Andes, this species has a typical drum pattern of three to four raps (Ridgely and Greenfield 2001; pers. obs.). Most often, we heard longer raps typical of *C. haematogaster*, but we heard birds give double raps on at least two occasions. Normally, *Campephilus* woodpeckers have constrained species-specific drumming patterns (Lane, pers. obs.). In the highlands of Peru, Powerful Woodpecker (*C. pollens*) gives a double rap (Ridgely and Greenfield 2001). This species is considered unknown south of Junín Department (Berlepsch and Stolzmann 1902, Peters and Griswold 1943), although a report, based on sound identification, exists from the southeastern Cordillera de Vilcabamba (Pequeño et al. 2001). Either C. *haematogaster* may give double raps where C. pollens is absent, or a population of C. *pollens* may occur at Tinkanari. We prefer not to include C. *pollens* on our species list, as we did not confirm its identification by sight.

At Tinkanari, our observation of Vermilion Tanager (*Calochaetes coccineus*) is the southernmost record of the species. On the other hand, several records marked the northern end of species' known distributions: *Pseudotriccus simplex,* an abundant species whose song was ubiquitous along streams at dawn; Unadorned Flycatcher (*Myiophobus inornatus*); and *Atlapetes melanolaemus.*

Species expected but not encountered

At Tinkanari, we found dense patches of *Chusquea* bamboo and related genera that elsewhere often support a specialized bird community. However, we observed only Barred Parakeet (*Bolborhynchus lineola*) and Yellow-billed Cacique (*Amblycercus holocericeus*) associated with *Chusquea.* Other species we would expect in such a habitat, all known from as nearby as the upper Río Urubamba valley (Walker 2002), include Maroon-chested Ground-Dove (*Claravis mondetoura*), Inca Wren (*Thryothorus eisenmanni*), Plushcap (*Catamblyrhynchus diadema*), and Slaty Finch (*Haplospiza rustica*).

DISCUSSION

Comparisons among sites

Typically, bird species diversity decreases with increases in elevation. Kapiromashi, the lowest-elevation site, supported the greatest species richness (242), as well as the greatest number of species not shared with other sites, or unique species (199). To our surprise, Tinkanari, the highest-elevation site, had the second

greatest overall species richness (140) and number of unique species (72). Katarompanaki, the middle-elevation site, exhibited the lowest species richness (102) and fewest unique species (17).

One possible explanation for the anomalously low bird species richness at Katarompanaki is that the low-diversity forest at Katarompanaki may support fewer insect and plant resources critical for many bird species. Also, we observed several species at uncharacteristically high or low elevations. In some cases, these records may reflect local geological or climate factors that permit their preferred habitats to exist outside the "expected" elevational range. In other cases, the lack of competitive exclusion (*sensu* Terborgh and Weske 1975) may allow a particular species "ecological release" so that it occurs in an elevational range usually occupied by a congener. Overall, elevational limits provide only loose guidelines for bird species expected at a site.

On a larger scale, we did observe species turnover along the altitudinal gradient. Of the 378 observed bird species, only 16 were shared among all three sites. Between sites, Kapiromashi and Katarompanaki shared 22 species, Kapiromashi and Tinkanari shared 5 species, and Katarompanaki and Tinkanari shared 47 species.

Comparisons with neighboring protected areas

The Megantoni avifauna shares species with both Cordillera Vilcabamba to the west and the Valle Kosñipata to the east. We encountered three species with extremely limited distributions worldwide: *Tinamus osgoodi* (Figure 10C), *Lipaugus uropygialis* (Figure 10D), and *Cacicus koepckeae* (Figure 10E). Of these, L. *uropygialis* is not known from any nearby locality.

For several species, our records in Megantoni extend their distributional limits: in some species farther south, in others farther north. We encountered species outside their previously known ranges at all three inventory sites. A few records extend known species distributions to the east across the Río Urubamba, or to the west, across the mountain range that divides

Megantoni from the Valle Kosñipata and the rest of Parque Nacional Manu. *Calochaetes coccineus* was not previously known east of the Río Urubamba. In Zona Reservada Megantoni we recorded subspecies known from the western side of the Río Urubamba and replaced by another form in the Valle Kosñipata (e.g., *Anisognathus somptuosus somptuosus*). Records of subspecies-level taxa (e.g., within *Coeligena torquata*) suggest that certain subspecies co-occur within Megantoni. The processes maintaining these forms distinct from one another are a mystery; additional fieldwork along the Urubamba and within Parque Nacional Manu is needed.

THREATS, OPPORTUNITIES, AND RECOMMENDATIONS

Pristine forests extending from lowland tropical forest to highland puna habitats are becoming rare in the Andes. Megantoni provides an unparalleled opportunity to preserve extraordinary levels of habitat diversity, safeguard an intact elevational corridor, and protect a diverse bird community. We recommend the strongest level of protection for Megantoni, with an eye toward preserving its remarkable avian diversity, and encouraging additional low-impact ornithological inventories of the area. We recommend that future inventories focus on the *pacales* and the higher elevations, including the temperate altitudinal zone and pristine puna habitats.

The impressive numbers and tameness of game birds at the three inventory sites indicate that little or no hunting occurs within Zona Reservada Megantoni. We observed signs of previous human visitation only at Kapiromashi, the only site where we did not observe large guans or curassows. Tinamous were present in substantial densities at each site, including *Tinamus osgoodi* (Figure 10C), listed as Vulnerable by Birdlife International (2000). The population of this species appears remarkably dense, and the Zona Reservada may protect one of the main population centers for this species. Currently, local populations of Machiguenga are the only regular hunters visiting the Zona Reservada. Their reliance on bow and arrow results in a relatively low impact on game bird populations. Colonization of the area would guarantee increased hunting pressure on guans and tinamous and introduce higher-impact, shotgun-based hunting. At most sites accessible to hunters with shotguns, their efficiency causes dramatic declines in game bird populations.

We encountered healthy and sizable populations of large macaws, another group of species usually adversely affected by increased human presence. Both *Ara militaris* (*meganto* in Machiguenga, Figure 10A), considered Vulnerable by Birdlife International (2000), and the smaller *Propyrrhura couloni* are locally distributed in much of South America. These species were the two most abundant macaws at Kapiromashi. Zona Reservada Megantoni is an important site for maintaining source populations of these rare parrots.

Two passerine species, *Lipaugus uropygialis* (Figure 10D) and *Cacicus koepckeae*, are known from ten or fewer known localities worldwide each and are listed as Vulnerable by Birdlife International (2000). The effects of habitat destruction on the populations of these two species are unknown. Indeed, even the most basic information on their main habitat requirements and biology are a mystery. Zona Reservada Megantoni will be the first protected area in Peru known to safeguard populations of *L. uropygialis*, and the second for *C. koepckeae*. Strengthening its degree of protection will be an important first step toward a better understanding of these two species as well as the other 600 bird species that occur within its borders.

MAMMALS

Participant/Author: Judith Figueroa

Conservation targets: Carnivores with large ranges, e.g., jaguar (*Panthera onca,* Figure 11A), puma (*Puma concolor,* Figure 11D), and spectacled bear (*Tremarctos ornatus,* Figure 11B); the South American tapir (*Tapirus terrestris,* Figure 11F), whose low reproductive rate makes it particularly vulnerable to overhunting; populations of the South American river otter *(Lontra longicaudis,* Figure 11E) that are threatened elsewhere by contaminated rivers; primates that are subjected to serious hunting pressure in certain portions of their geographic distribution: e.g., red howler monkey (*Alouatta seniculus*), white-fronted capuchin (*Cebus albifrons*), brown capuchin (*Cebus apella*), common woolly monkey (*Lagothrix lagothricha,* Figure 11C), saddlebacked tamarin (*Saguinus fuscicollis*) and *Saguinus* sp.; vulnerable species such as pacarana (*Dinomys branickii*), ocelot (*Leopardus pardalis*), giant anteater (*Myrmecophaga tridactyla*), and giant armadillo (*Priodontes maximus*)

INTRODUCTION

Deforestation is one of the most serious threats to large-mammal communities, creating fragmented habitats and isolating mammal populations within forested patches. Corridors linking these patches are critical to maintaining evolutionary processes and promoting gene flow over larger areas (Yerena 1994). One such corridor, Zona Reservada Megantoni (ZRM), in the southern region of the Tropical Andes Priority Conservation Area, is a critical bridge connecting Parque Nacional (PN) Manu and Vilcabamba (see Figure 1).

Almost no information on mammal communities exists for this area. In 1999, the Centro para el Desarrollo del Indígena Amazónico (CEDIA) conducted a short inventory within the Apurímac, Urubamba, and Pongo de Maenique valleys and found threatened species such *Myrmecophaga tridactyla, Panthera onca* (Figure 11A), and *Tremarctos ornatus* (Figure 11B)(CEDIA 1999).

Information on mammal communities does exist for Vilcabamba and PN Manu, the two protected areas adjacent to Megantoni. Studies in Vilcabamba, along the elevational gradient from 850 to 3,350 m, registered 94 species including 27 large and medium-sized mammals weighing more than 1 kg (Emmons et al.

2001, Rodríguez and Amanzo 2001) and 67 small mammals (Emmons et al. 2001, Solari et al. 2001).

Pacheco et al. (1993) generated the first list of mammals for PN Manu, across an elevational gradient from 365 to 3,450 m. Subsequently, this list has been expanded by Voss and Emmons (1996) and most recently by Leite et al. (2003). They report 199 species in Manu with 59 large and medium-sized mammals and 140 small mammals.

METHODS

This inventory was conducted in the dry season between 25 April and 13 May 2004 in three sites between 760 and 2,350 m asl in Zona Reservada Megantoni. With the help of a local guide, I registered medium-sized and large mammals weighing more than 1 kg and included observations made by the other members of the inventory team and the advance trail-cutting team.

I walked alone or with a guide along established trails in all three sites (Kapiromashi, Katarompanaki, and Tinkanari). Walking speed was approximately 1.5 km/h. With a local guide, I surveyed diurnal mammals every day between 7 A.M. and 5 P.M. For two days at each site, we surveyed nocturnal mammals between 8 and 11 P.M. As we walked the trails, passing through the majority of habitat types at each site, we scanned from the canopy to the forest floor to survey both tree-dwelling and terrestrial mammals. We covered 56.3 km during the inventory.

We recorded large and medium-sized mammals using visual sightings as well as secondary clues such as tracks, dens or burrows, scat, food remains, scratches, and scents. We collected vegetative food remains for later identification. In the case of direct sightings, we noted the species, number of individuals, time of observation, activity, and forest type. We also recorded vocalizations when possible with a tape recorder.

To register mammals that are more difficult to observe, we used two complementary methods. First, we established track scrapes, clearing a 1.5-m^2 area on the forest floor. In the center, we placed a swab doused with animal scents. We used three different scents to attract felines, canines, and Procyonidae: Bobcat Gland, Pro's Choice No. 3, and Raccoon No. 1 (Carman's Lure). We used Bear Sweet (Minnesota Trapline) to attract Ursidae (the spectacled bear) and Triple Heat (Harmon Deer Scents) to attract Cervidae. We only used track scrapes and scent lures at Kapiromashi and Tinkanari since soil was too difficult to clear at Katarompanaki. In Kapiromashi we placed five track scrapes in bamboo-dominated forest (*Guadua* sp., Poaceae, Figure 3E). In Tinkanari, track scrapes were established in a dwarf/shrub forest. Minimum distance between scrapes was 50 m.

Second, we took photographs using an automatic camera with an infrared sensor, Deer Cam DC-200 model. The camera was placed 60 cm above the ground and programmed to wait one minute between shots. At Kapiromashi, we established the camera on a trail used by *Tapirus terrestris* and *Mazama americana* within bamboo. In Katarompanaki and Tinkanari we placed the camera along a *Tremarctos ornatus* trail in the dwarf/shrub forest.

Also, we interviewed Gilberto Martínez, Javier Mendoza, René Bello, Felipe Senperi, Antonio Nochomi, Luis Camparo, Ronald Rivas and Gilmar Manugari. All are Machiguengas of the Timpía, Matoriato, and Shivankoreni native communities who provided assistance in the field during the rapid inventory. Using Emmons and Feer's (1999) mammal identification field guide, the interviewees identified mammals present in the lowlands (450-600 m asl) within the Zona Reservada. Their observations supplement the results from our inventory sites at higher elevations.

RESULTS

Species inventoried

Prior to fieldwork, we prepared a list of expected mammal species for ZRM based on inventories conducted at similar elevations in PN Manu (Pacheco et al. 1993) and Cordillera de Vilcabamba (Emmons et al. 2001, Rodríguez and Amanzo 2001). Of the 46 expected species, we registered 32 in 7 orders, 17

families, and 28 genera (Appendix 7). These included 1 of 3 expected marsupials, 4 of 8 xenarthrans, 6 of 8 primates, 10 of 13 carnivores, the only expected tapir (Perissodactyla), 4 of the 5 even-toed ungulates (Artiodactyla), and 6 of 8 rodents. During the interviews, the guides reported 12 species commonly observed in the lowlands, 6 of which were expected. Adding the species inventoried in the field and those identified during the interviews, we confirm 44 species for the sampled area in the Zona Reservada and the adjacent lowlands. ZR Megantoni spans a large elevational gradient, from lowland forest (~450 m asl) to puna (4,000+ m). I estimate that 161 small and large mammals—35% of Peru's 460 mammals (Pacheco et al. 1995)—inhabit the entire area.

Kapiromashi (25-29 April 2004)

In five days we covered 18.5 km between 760 and 1,200 m asl. We registered 19 species, including 3 xenarthrans, 2 primates, 6 carnivores, 1 odd-toed ungulate (Perissodactyla), 3 even-toed ungulates (Artiodactyla), and 4 rodents. In this area some members of the Sababantiari community and possibly some colonists practice subsistence hunting.

Despite local hunting, we found abundant evidence of *Tapirus terrestris* (Figure 11F). Along the banks of the Río Ticumpinía, we observed many tracks, representing at least four individuals. Some tapirs shared trails with *Mazama americana*. A member of the advance trail-cutting team observed a tapir on the beach. In addition, the camera trap registered an adult walking along the trail through the bamboo (*Guadua* sp.) at 8:30 P.M. We also found two samples of tapir scat with the remains of *Gynerium sagittatum* (Poaceae) in a forest creek.

On two occasions, the ichthyology team observed *Lontra longicaudis* (a pair and then a solitary individual, see Figure 11E) swimming in the Ticumpinía. During our surveys along the river, we found four samples of otter scat, one den, and many tracks.

Close to the *Lontra longicaudis* tracks we also found *Panthera onca* tracks, from a female and her cub.

On the forested slopes, at 818 m, we saw jaguar tracks again, as well as fresh scat. We heard jaguar vocalizations on three consecutive nights.

We observed abundant signs of *Dasypus novemcinctus,* with nine dens and many tracks in all of the scent scrapes between 725 and 930 m asl. In the forest canopy at 778 m asl, we observed a group of seven *Nasua nasua:* four adults and three young.

We expected to find large primates, such as *Alouatta seniculus* and *Lagothrix lagothricha* at lower elevations at this site. To our surprise, we heard vocalizations only of *A. seniculus. Lagothrix lagothricha* (Figure 11C) seemed to be entirely absent. These species principally inhabit undisturbed forests, and their low densities or absence probably reflect local hunting in the area.

In the bamboo patches, we observed two groups of *Cebus apella,* one group at 854 m with four individuals and another with eight individuals at 745 m. In the larger group, we observed a female with young. *C. apella* was the only monkey we observed in this disturbed forest, and it is typically most resistant to disturbance because of its high reproductive rate (Rylands et al. 1997).

We also recorded the poorly known *Dinomys branickii* (White and Alberico 1992). We found a den almost entirely hidden in a *Guadua* forest at 777 m. Nearby, a member of the rapid inventory team observed an individual crossing a creek close to the the Ticumpinía.

We expected to find *Tayassu pecari* and *Pecari tajacu* in Kapiromashi, but we found minimal signs of either. Their virtual absence in the area is curious and may reflect large-scale seasonal migrations or overhunting in the area.

Shakariveni (13-19 April 2004)

The advance trail-cutting team established a camp close to the Río Shakariveni (~950 m asl) in the hope of reaching the Katarompanaki platforms (~1,700 m asl), but the slopes were impossible to climb (see Overview of Inventory Sites). The inventory team did not visit this site. Nonetheless, during the seven days the advance trail-

cutting team worked in the area, they registered 18 mammal species: 3 xenarthrans, 2 primates, 6 carnivores, 1 Perissodactyla, 4 even-toed ungulates, and 2 rodents. The team made several interesting observations, including two *Lontra longicaudis* between the Río Yariveni and the Ticumpinía, a *Tapirus terrestris* walking the beach, a *Puma concolor* (Figure 11D) near the campsite at dawn, and *Leopardus pardalis* tracks. In the bamboo (*Guadua* sp.), they found tracks and a den of *Priodontes maximus,* as well as feeding signs of *Myrmecophaga tridactyla.* The team also found two palms of the genus *Geonoma* (Arecaceae) partially consumed by *Tremarctos ornatus,* with the species' territorial scratchings etched into the bark of a nearby tree.

Katarompanaki (2-7 May 2004)

In five days, we covered 11 km between 1,360 and 2,000 m asl. We registered 10 species including 5 primates, 2 carnivores, and 3 rodents.

On seven separate occasions, between 1,374 and 1,665 m elevation, we observed an enormous group of 28 individuals of *Lagothrix lagothricha* including 6 females with young. They were feeding on fruit and leaves of plants of the following genera: *Ficus* (Moraceae), *Tillandsia* (Bromeliaceae), *Anomospermum* (Menispermaceae), *Wettinia* (Arecaceae), *Matisia* (Bombacaceae), and *Guzmania* (Bromeliaceae—epiphytic, not terrestrial). We observed a group of 4 brown capuchin (*Cebus apella*) individuals at an elevation of 1,760 m. This record is 260 m higher than the elevational range reported by Emmons and Feer (1999).

Of the Neotropical primates, *Saguinus* (tamarins) is one of the most abundant and diverse genera, with extremely variable patterns of face and body coloration (Hershkovitz 1977). Between 1,545 and 1,620 m asl, we observed a group of 8 *Saguinus fuscicollis,* the most subspecies-rich species in the genus. At this same site we observed 10 *Saguinus* of an unknown species. Its coloration pattern was similar to that of *S. fuscicollis,* but with a thicker supraorbital line and uniform body colors, black from the middle upward and reddish toward its lower body. When interviewed, our Machiguenga guides reported both forms of *Saguinus* and emphasized the color differences between these two forms.

Between 1,890 and 1,904 m asl in the dwarf/shrub forest, we observed 11 signs of the spectacled bear (*Tremarctos ornatus*, Figure 11B), including beds, hairs, and partially consumed pieces of a *Ceroxylon* palm. Our Machiguenga guides listed plants that were part of the bear's diet, including a Lauraceae (*inchobiki* in Machiguenga), *Dictyocaryum lamarckianum* and *Euterpe precatoria* (Arecaceae), *Rubus* sp. (Rosaceae), and *Guzmania* sp. (Bromeliaceae, terrestrial). While cutting trail during the week before the inventory, one member of that team observed several bear trails at ~1,530 m.

Between 1,620 and 1,890 m asl we located four *Agouti paca* dens containing the remains of the fruit of the *Dictyocaryum lamarckianum* palm. One of the herpetologists observed a female paca with her offspring at night.

Tinkanari (9-13 May 2004)

In five days, we covered 20.6 km between 2,100 and 2,350 m in elevation. We registered 11 species: 1 marsupial, 2 xenarthrans, 2 primates, 4 carnivores, and 2 rodents.

Lagothrix lagothricha (Figure 11C) was the most abundant species at this site. All biologists observed these monkeys several times in groups of 10 to 20 individuals feeding on the ripe fruits of *Hyeronima* sp. (Euphorbiaceae) in the high montane forest, at 2,150 m. We also found other remains of consumed plants, including *Guzmania* sp. (Bromeliaceae), *Inga* sp. (Fabaceae), and *Calatola costaricensis* (Icacinaceae). In the same area we observed *Cebus albifrons* on four occasions: a group of 4, a group of 15, and 2 solitary individuals.

Signs of the spectacled bear (*Tremarctos ornatus*, Figure 11B) were also abundant. In the dwarf/shrub forest (2,100 m asl) alone we had 28 records of its presence. Most of these were food remains of *Ceroxylum* sp. (Arecaceae), but we also found remains of *Guzmania* sp. (Bromeliaceae) and *Sphaeradenia* sp. (Cyclanthaceae), as well as five

samples of scat full of seeds (species not yet identified), and five dens under the exposed root network of *Alzatea verticillata* (Alzateaceae). In sharp contrast, at 2,230 m in the high montane forest, we found very few signs of the spectacled bear. Here we encountered only the remains of three individuals of *Chusquea* sp. (Poaceae) and on one occasion, a partially eaten tree fern, *Cyathea* sp (see Figures 5A, 5B, 5H).

Tatiana Pequeño observed a creamy-yellow jaguarundi (*Herpailurus yagouaroundi*) crossing the high montane forest at ~2,200 m asl. This coloration is rare; usually this species varies in color from blackish to a grey-brown, and reddish to a chestnut-brown (Tewes and Schmidly 1987).

Interviews

Observed species

During the interviews, the guides reported all of the species we recorded during this rapid inventory, in addition to 12 other species (6 expected) that they frequently see close to their communities, in forests at lower elevations than those of our sampled sites (Appendix 7). Felipe Senperi, head of the Timpía community, described a doglike mammal eating an *Agouti paca*. After I showed him the illustrations in the mammal field guide (Emmons and Feer 1999), he indicated that the species was possibly a bush dog (*Speothos venaticus*). The interviewees also mentioned that approximately two decades ago, they used to see small groups of giant otters (*Pteronura brasiliensis*) in the Río Shihuaniro, but no signs of them exist today. They told us that this species was intensely hunted in the area for their pelts.

Game species and pets

Locals interviewed indicated that their consumption of *Lagothrix lagothricha* (Figure 11C) coincides with periods of the year when the species finds abundant food in the forest, usually during May and June. They also consume *Mazama americana*, *Tapirus terrestris*, *Tayassu pecari*, *Pecari tajacu*, *Agouti paca*, *Dasyprocta* spp., *Cebus apella*, *Alouatta seniculus*, and *Hydrochaeris hydrochaeris*, which are relatively abundant in the forests close to their communities. Less frequently, they consume *Cebus albifrons*, *Dasypus novemcinctus*, *Priodontes maximus*, *Dinomys branickii*, *Lontra longicaudis* (Figure 11E), and *Nasua nasua*. Species kept as pets are mostly primates, principally *Saguinus fuscicollis*, *Saimiri* sp., *Aotus* sp., and *Callicebus* sp. A pet adult tapir (*Tapirus terrestris*, Figure 11F) lives in Timpía.

Conservation targets

According to the Convention on International Trade in Endangered Species of Wild Fauna and Flora (CITES), of the 32 species registered in the Zona Reservada, 5 are threatened with extinction (CITES 2004-Appendix I) and 12 are either vulnerable or potentially threatened (CITES 2004-Appendix II). Of these 12 vulnerable or potentially threatened species, 5 are primates. According to the most recent categorization of Peru's wildlife completed by the National Institute of Natural Resources (INRENA), 2 of the 32 registered species are endangered, 5 are vulnerable, and 3 are almost threatened.

CITES designated the spectacled bear (*Tremarctos ornatus*, Figure 11B) as threatened with extinction and INRENA designates it as endangered. The wild populations of spectacled bears are often extremely isolated as well as hunted. Because of habitat fragmentation, populations are confined to relatively small patches of land that remain free of human influence (Orejuela and Jorgenson 1996). Bears are hunted for uses in traditional medicine, for meat, and for their cubs, which are sold as pets (Figueroa 2003a).

Previous studies show that *Tremarctos ornatus* disperses seeds of species such as *Styrax ovatus* (Styracaceae; Young 1990), *Guatteria vaccinioides* (Annonaceae), *Nectandra cuneatocordata* (Lauraceae), *Symplocos cernua* (Symplocaceae; Rivadeneira 2001), and *Inga* spp. (Fabaceae; Figueroa and Stucchi 2003). Because of their capacity to disperse seeds and their need for large home ranges (between 250 ha [Peyton 1983] and 709.2 ha [Paisley, pers. comm.]), spectacled bears almost certainly contribute to forest recuperation (Peyton 1987), and their conservation would indirectly benefit hundreds of other species (Peyton 1999). Zona Reservada

Megantoni has the highest relative density of this species reported in a Peruvian inventory—a clear indication that the area is home to healthy populations of bears.

Lontra longicaudis (Figure 11E) is listed in CITES Appendix I because of past intense hunting for their pelts that left groups of this species living in isolation from one another.

Tapirus terrestris (Figure 11F) is considered vulnerable by CITES and INRENA because its low reproduction rates make it susceptible to overhunting (Bodmer et al. 1997). Nonetheless, we encountered numerous tracks along the Río Ticumpinía and even photographed an individual with our infrared camera, suggesting populations in the area are still relatively unaffected by hunting.

Large primates like *Lagothrix lagothricha* (Figure 11C) and *Alouatta seniculus* are intensely hunted throughout the Amazon for both subsistence and commercial purposes. Because populations of these species have declined and even disappeared in certain portions of Peru, INRENA (2003) listed *L. lagothricha* as vulnerable and *A. seniculus* as almost threatened. CITES Appendix II lists both species.

INRENA (2003) lists *Dinomys branickii* and *Myrmecophaga tridactyla* as endangered and vulnerable, respectively, because of habitat degradation by agricultural activities and deforestation, and because of hunting. Despite their precarious conservation status, they are not directly threatened in Zona Reservada Megantoni. Locals only occasionally consume *D. branickii* and never consume *M. tridactyla* because of its offensive odor and unpleasant taste.

Two of the most threatened species, *Panthera onca* (Figure 11A) and *Priodontes maximus* (CITES 2004-Appendix I), are not hunted in Zona Reservada Megantoni by the Machiguengas living nearby, who also do not hunt *Mazama americana*. According to Machiguenga belief, these species are an important part of the origin of life and they are spiritually revered. Shepard and Chicchón (2001) also report similar hunting restrictions by Machiguenga peoples living along the eastern side of the Cordillera Vilcabamba.

DISCUSSION

Comparisons among the three inventory sites

As expected, the site with the highest species richness was our lowest-elevation inventory site (Kapiromashi), where we encountered 19 mammal species, 14 of which were not found at the other sites. This was the only site where we encountered *Dinomys branickii* and *Myrmecophaga tridactyla* tracks. Nonetheless, most of the species here (except for *Tapirus terrestris*, *Panthera onca*, and *Dasypus novemcinctus*) occurred at low densities (see Appendix 7). We were surprised not to find *Lagothrix lagothricha* here. Hunting by the Sababantiari community and possibly some colonists could be reducing populations of some mammals.

The middle-elevation tablelands at Katarompanaki had the lowest species richness (10) as well as the fewest species found solely at one site (4). However, we did observe more primate species (5) there than at any other site. At higher elevations but with taller vegetation, Tinkanari supported the second-highest species richness (11) with 5 species not encountered at other sites, including *Puma concolor*, *Agouti taczanowskii*, and *Herpailurus yagouaroundi*. In Katarompanaki and Tinkanari we registered high relative abundances of *Lagothrix lagothricha*, making woolly monkeys the most abundant mammal species registered in this inventory. Similarly, spectacled bear (*Tremarctos ornatus*) signs were abundant in both higher-elevation camps, and remarkably, it was the second most abundant species. Of the three inventory sites, both Katarompanaki and Tinkanari supported dwarf/shrub forests and tall montane forests in excellent state of conservation, without signs of human intervention.

Kapiromashi and Katarompanaki shared 3 species (*Cebus apella*, *Agouti paca*, and *Dasyprocta fuliginosa*), as did Kapiromashi and Tinkanari (*Dasyprocta fuliginosa*, *Nasua nasua*, and *Priodontes maximus*). Tinkanari and Katarompanaki shared 4 species (*Cebus albifrons*, *Dasyprocta fuliginosa*, *Lagothrix lagothricha*, and *Tremarctos ornatus*).

Comparisons of Megantoni with Vilcabamba and Manu

As Megantoni connects two large protected areas, we compare the number of species encountered in this inventory with species reports from Vilcabamba and PN Manu (at similar elevations). In Vilcabamba we use the mammal inventories conducted by Emmons et al. (2001) and Rodríguez and Amanzo (2001). Our comparison with PN Manu is less direct because the majority of the published reports on large and medium-sized mammals are from lower elevations (between 200 and 380 m) than those sampled in ZRM (760 m and up) (Voss and Emmons 1996, Leite et al. 2003). Other mammal lists do not report altitudinal ranges (Mitchell 1998) or focus on lower zones and give only few reports of higher elevations (Pacheco et al. 1993). Therefore, we compared our inventory data to PN Manu data from Pacheco et al. (1993).

In the three Megantoni sites, between 760 and 2,350 m asl, we registered 32 species. In five inventory sites in Vilcabamba between 850 and 2,445 m asl, 26 species were registered. Eighteen of these species were shared between the two areas and were mainly carnivores (7 species). The main difference between ZRM and Vilcabamba occurred at elevations below 1,200 m. In Vilcabamba 11 species were recorded between 850 and 1,200 m asl; at Kapiromashi Camp (760-1,200 m asl) we registered 19 species, constituting 73% of all species found in Vilcabamba.

Species richness decreases at higher elevations, and so did the number of shared species. Between 2,100 and 2,350 m asl in Megantoni we recorded 11 species. At 2,050-2,445 m asl in Vilcabamba, 16 species were encountered; only 7 are shared with Megantoni. Species registered only in ZRM were *Cabassous unicinctus*, *Procyon cancrivorus*, *Mazama gouazoubira*, *Myrmecophaga tridactyla*, *Saguinus fuscicollis*, and *Saguinus* sp. The species registered only in Vilcabamba were *Ateles belzebuth*, *Leopardus tigrinus*, and *Mazama chunyi*.

In both Vilcabamba and Megantoni, *Cebus apella* was encountered at higher elevations than those reported in Emmons and Feer (1999). In ZR Megantoni, we observed *C. apella* at 1,760 m, and in Cordillera de Vilcabamba it was seen as high as 2,050 m. Its presence at higher elevations most likely reflects the seasonal abundance of ripe fruits at these elevations, although higher elevations might provide a refuge from hunting pressures at lower elevations. Oddly, *Panthera onca* (Figure 11A), present at elevations lower than 1,000 m in both ZRM and PN Manu, was not seen in Vilcabamba.

Among the most-common species in ZRM was the spectacled bear, *Tremarctos ornatus* (Figure 11B), a species with one of the broadest elevational ranges in the Andes. In this inventory, we encountered signs of this species between 960 and 2,230 m asl, with the most records in the dwarf/shrub forest at 2,100 m. This species almost certainly occurs at even higher elevations within ZRM. In Vilcabamba, signs of spectacled bears were encountered between 1,710 and 3,350 m asl, with most records at 2,245 m, in the transition between the dwarf forest and the drier inter-Andean valley vegetation. In Vilcabamba researchers inventoried elevations as low as 850 m but did not encounter spectacled bears. However, in PN Manu spectacled bears have been reported at elevations as low as 550 m (Fernández and Kirkby 2002) and as high as 3,450 m (Pacheco et al. 1993), with the most records occurring between 2,360 and 2,830 m in high montane forest (Figueroa 2003b). In 1980, Peyton documented the coincidence of the spectacled bear's elevational and home range with fruiting cycles of various species important in its diet. In ZR Megantoni we observed evidence of the bear's presence in a variety of habitats and interviews indicate that it consumes a diverse diet that changes during the different seasons of the year.

THREATS, OPPORTUNITIES, AND RECOMMENDATIONS

Principal threats

Forest destruction and overhunting damage the structure of wildlife communities. Close to Zona Reservada Megantoni, large-scale deforestation results from agricultural activities (mostly along the lower Urubamba) and colonization by people who inhabit large areas close to the Pongo de Maenique and along the Río Yoyato.

All of the native communities living next to the Zona Reservada hunt for subsistence. The Kapiromashi Camp, situated close to the Ticumpinía, overlaps with an area used for hunting by the Sababantiari community and some colonists. In Kapiromashi, we did not encounter *Lagothrix lagothricha* (Figure 11C), and we registered *Alouatta seniculus* only once. These are preliminary indications that these species may be overhunted in this site.

Recommendations

Protection and management

Wildlife hunting is extremely important for native communities. In at least 62 countries throughout the world, bushmeat contributes approximately 20% of the animal protein in human diets (Stearman and Redford 1995). In certain parts of the Amazon, indigenous people obtain 100% of their protein from hunting (Redford and Robinson 1991), and bushmeat is probably improving the diet of many colonists (Vickers 1991). Therefore, we place high priority on evaluating the ecological impact of subsistence hunting, in the zones used not only by the Sababantiari community, but also by the communities living next to the Zona Reservada—for example, Timpía, Saringabeni, Matoriato, and Estrella. This research should be directed toward preserving wild mammal populations without reducing the quality of life of subsistence hunters and their families. To complement this research, we recommend an investigation of fishing methods that do not poison watercourses; current practices may harm mammals as well as aquatic species.

The Timpía community, with the help of the Centro Machiguenga, is developing ecotourism activities in areas near the Pongo de Maenique (see Figures 2, 13). Attractions include numerous waterfalls along the Río Urubamba that contribute to the area's scenic beauty, as well as the birds and mammals that live there. These activities should receive technical support so that they can maximize the potential for income while minimizing or preventing any threats to the wildlife or local cultures. Once a healthy and successful program is underway, it maight be replicated in other communities to contribute to the conservation of the remaining natural areas surrounding the Zona Reservada.

Additional inventories

Zona Reservada Megantoni spans a wide range of elevations, from lowland forest to puna, and has a varied and unique geography. Great habitat diversity can promote endemism, especially in small, nonvolant mammals. We recommend studies of smaller mammals, as well as surveys of elevations not sampled during this inventory (<760 m asl and >2,350 m asl).

History of the Region and Its Peoples

BRIEF HISTORY OF THE REGION

Author: Lelis Rivera Chávez

INTRODUCTION

For the traditional inhabitants of the Urubamba Valley, great spirituality and mystery envelops the region of Megantoni. Inaccessible peaks, and abundant fauna—all protected by *Tasorinshi Maeni* (spectacled bear, *Tremarctos ornatus*, Figure 11B)—provide the foundation for the cultures of the Machiguenga and Yine Yami indigenous peoples.

In this section, we give a brief overview of the early influences in the region. We also highlight some of the landscape features that contribute to its inaccessibility, and to the rich biological diversity found in the Zona Reservada Megantoni (ZRM).

EARLY INFLUENCES IN THE REGION

When political powers shifted from Spanish colonial systems to an independent Republic, no major changes occurred in the Amazon region. Under both regimes, the Amazon was a source for natural resources, and the indigenous people were viewed as slaves.

During the eighteenth century, the Piro Indians often traveled to the Alto Urubamba, pillaging women and children and Machiguenga wares, so that they could exchange them for goods at the Spanish market held at the Santa Teresa ranch in Rosalino. During this time, French demands for *Cinchona* bark to make quinine affected both the Piro and the Machiguenga peoples. Around this time, iron tools were probably introduced to the Urubamba Valley.

Also during the eighteenth century, missionaries entered the region but had little success attracting converts. In the nineteenth century, the Urubamba remained isolated, despite the first settlements of *criollos*. At the end of the century, the rubber boom established permanent contact between criollos and Machiguenga. The peak of the rubber boom, between 1880 and 1920, marked a severe social, economic, and cultural exploitation of native peoples. Many populations of the lower and middle Urubamba regions were reduced drastically.

During the rubber boom, multi-ethnic work camps to extract rubber sprouted in the region. Workers were drafted via a recruitment system known as *correrías*, which was promoted and implemented by owners of ranches and rubber plantations, in conjunction with a tribal chief or enemy tribe. Children, young men and women, and adult women, were violently stolen from their villages and sold or exploited for labor.

This system prevailed until the first few decades of the twentieth century, when rubber production boomed in Asia and the industry collapsed in Amazonian Peru. Other smaller booms followed, such as that of wild yam, but with a more restricted impact on the regional economy. During the Second World War, the economy rebounded with increased demand for rubber. After the war, the demand for rubber disappeared and created a new economic crisis for the criollo peoples.

Even prosperous communities, like the one that inhabited the mouth of the Río Sepahua, vanished. Some rubber plantation owners began harvesting timber or dedicated themselves to commerce to overcome the economic crisis. But correrias remained a common practice for capturing indigenous laborers.

The Dominican Missions and the Summer Institute of Linguistics (SIL) were established in 1949. Both institutions signed a treaty with the Ministry of Education, seeking to integrate indigenous peoples into national society in accord with Catholic and evangelical perspectives. Their evangelical message, combined with indigenous ideologies, resulted in profound social changes in the native communities. As an example, human trafficking in women and children, which was prevalent in the communities until the 1970's, decreased once native children moved to dorms established near Dominican Mission schools.

Indigenous groups formed their current communities in a peculiar manner. Typically, a catholic missionary or native teacher from SIL would convert the dispersed families living in a given area. Subsequently, families concentrated their homes near the school, which initially was only a gathering place but eventually provided them with medical assistance, minimal services, and small economic projects. Compared to the Dominican Mission in Puerto Maldonado and the SIL in Pucallpa, national, regional, and departmental administrations played a negligible role in founding schools. National government showed little interest in indigenous communities of the region until the discovery of natural gas reservoirs in Camisea. Today on the Alto Urubamba from the Comunidad Nativa Koribeni to the Pongo de Maenique, the Machiguenga are experiencing the impact of a growing population of colonists.

INACCESSIBILITY OF THE AREA

The region remained remote because of its inaccessibility. There are two ways to reach the ZRM from the upper Urubamba. The first is by land, from Calca or Quillabamba to the Qullouno District (see Figure 1). From here, one drives to Estrella and follows a horse path to the boundaries of the ZRM. The second route is via river. One travels by land past Quillabamba until reaching the Ivochote harbor and then continues by outboard motorboat along the Río Urubamba, crossing the Pongo de Maenique, until reaching the mouth of the Ticumpinía. Across the Río Ticumpinía lies the Comunidad Nativa Sababantiari (Figure 1, A20), on the northwestern border of ZRM. From the lower Urubamba, the trip is more straightforward. From the Sepahua, one crosses the Urubamba to reach the mouth of the Ticumpinía and crosses the river to reach Sababantiari.

No detailed records exist of migratory movements between the lower and upper Urubamba. But we know the current inhabitants of the lower Urubamba (the Machiguenga and the Yine Yami/Piro) exchanged goods with Andean settlers. The Pongo de Maenique (Figures 2, 13) invariably impeded both upriver and downriver trips, and indigenous peoples built footpaths scaling mountains and skirting the Pongo. For many years, the Saringabeni–Poyentimari route along the Chingoriato pass (west of the Urubamba), and later the Lambarri route, were the only connections between the upper and lower Urubamba.

In the nineteenth century, missionaries and explorers from the Andes used watercrafts suitable for gentler water in trying to cross the rapids, with tragic results that increased the mystery and fear surrounding the Pongo de Maenique. Famous explorers like Coronel Pedro Portillo and Marcel Monnier, traversed the Pongo. They provided the first written testimonies of the spectacular beauty within Megantoni.

The river route is the more important of the two for the transport of passengers and cargo. The hydrological network allows year-round navigation on the Río Urubamba, but rainy-season access only on its major tributaries. The main connection between rivers is that between Ivochote and the Pongo de Maenique (Figures 1, 13). Access to the region is risky and costly because of the Pongo, and this barrier creates a disjunction within the Department of Cusco. The result is a stronger connection among the settlements downriver near Sepahua and Atalaya, in the Department of Ucayali.

The Pongo de Maenique remained barely used as a transportation route until the end of the 1970's, even though colonization of the Urubamba reached its peak during this decade. In the 1980's, three events opened the region to commercial boats from the upper Urubamba: (1) the filming of the movie *Fitzcarraldo* with Megantoni as a backdrop, (2) technological advances in outboard motors, and (3) the natural gas project in Camisea.

Today, 93 watercrafts cross the Pongo de Maenique and further downstream. Upstream, nearly 80 watercrafts operate in the Ivochote-Pongo de Maenique confluence, including 30 that regularly cross the Pongo to reach the lower Urubamba. Once the waterway opened, threats to the lower Urubamba region increased rapidly, including threats to the fragile and rich biodiversity of Megantoni (Figure 1).

SOCIOECONOMIC AND CULTURAL CHARACTERISTICS

Author: Lelis Rivera Chávez

INTRODUCTION

Two clearly distinct cultural groups live in the area surrounding Zona Reservada Megantoni: communities with native populations and rural settlements with colonists (see Figure 1). Throughout the region, there is limited access to basic services.

Colonists focus primarily on commercial agriculture and occupy areas along current and future access routes. Two principal factors underlie the waves of colonization into the region: (1) substantial improvement in the price of coffee and cocoa, and (2) new highway projects into the valley's interior.

The area is ill-suited for agricultural activities, and colonists have limited knowledge of lowland tropical ecosystems. Throughout the region, soils erode quickly and can cause landslides, such as the one in Ocobamba along the Río Yanatile. Soil degradation, along with encouragement from land prospectors motivate farmers to move to new areas. Even though colonists are farming on steep slopes and protected lands, they obtain property titles, which guarantees greater deterioration and poverty.

In contrast, native people communities use traditional survival strategies that depend on the forests that surround them. Although they trade coffee, cocoa, and *achiote* on external markets, these crops do not take priority in their subsistence economy.

In this section, we provide a description of the human demography and socio-cultural characteristics of the native communities and colonists living in the region surrounding Zona Reservada Megantoni. We also give a brief description of the five ethnic groups living in the Megantoni area.

DEMOGRAPHIC DESCRIPTION OF THE AREA

Megantoni, and the great Pongo de Maenique, divide the Urubamba Valley into the upper and lower Urubamba. In the lower or Bajo Urubamba, 12,000 native inhabitants coexist with approximately 800 colonists. In the upper or Alto Urubamba, there are more than 150,000 inhabitants, of which only 4,000 are native Machiguengas (see Figure 1).

Both native communities and colonist settlements string along the banks of the Río Urubamba and its principal tributaries. Inhabitants still rely on the river for both internal and external transportation. The native populations of the Bajo Urubamba are culturally diverse. They have a centralized and linear settlement pattern due to the influence of schools, religious missionaries, and local patrons; schools have contributed significantly to the native population's current sedentary and permanent-settlement lifestyle.

During the mid-1990's, CEDIA conducted studies within the Zona Reservada Megantoni and identified small areas of subsistence plots and huts belonging to the Nanti (also known as Kugapakori) native people (CEDIA 2004, Figura 12E). During our overflight of the region, we observed at least four additional plots and huts of extended families (or clans) not seen during the fieldwork of the 1990s in the upper Timpía.

These groups living in isolation along the upper Río Timpía are Kugapakori (Nanti), and the Río Timpía provides a fluvial corridor to the Parque Nacional Manu from the Reserva Kugapakori-Nahua.

SOCIO-CULTURAL CHARACTERISTICS OF AREAS ADJACENT TO ZONA RESERVADA MEGANTONI

The western, northern, and eastern sectors

Reserva Comunal Machiguenga borders the Zona Reservada's western edge (Figure 1). It covers 218,905 ha and is part of the Vilcabamba conservation complex.

North of Pongo de Maenique, along the right bank of the Río Urubamba where it meets the Ríos Saringabeni and Toteroato, as well as on the left bank where it meets the Ríos Ticumpinía and Oseroato, there are five rural settlements of the Saringabeni and Ticumpinía colonists, with 71 individual plots, including 12 that directly border the Zona Reservada (CEDIA 2002a; Figure 1). The most important of these five settlements is Kitaparay, with ~34 colonist families from Apurímac, Cusco, and Cajamarca (CEDIA 2001).

The Comunidad Nativa Sababantiari (Figure 1, A20), west of the reserved zone, is one of two native communities bordering the Zona Reservada Megantoni. Approximately 45 inhabitants in 13 Machiguenga and Nanti families live here (CEDIA 2004). Some families in this community are originally from the Comunidad Nativa Ticumpinía, when it was situated at the mouth of the Río Ticumpinía (today it lies in the Chocoriari). These families moved to Sababantiari after the Río Ticumpinía flooded the entire community and their crops. The colonization of these evacuated Ticumpinía lands by the Cooperativa Alto Urubamba and other colonists forced the remaining families (who did not go to Sababantiari) to relocate upriver between the Río Sababantiari and the Río Oseroato. Since the mid 1980s, Nanti (Kugapakori) families, who traveled between the upper Yoyato, the Pongo de Maenique, and the upper Río Ticumpinía, have joined the Sababantiari community. Over time, the entire group settled permanently in the area. At the end of the 1980s, CEDIA and the Ministry of Agriculture began procedures to recognize and title their lands (Rivera Chávez 1988).

Along its eastern and extreme northeastern boundaries, Zona Reservada Megantoni borders Parque Nacional Manu (Figure 1). Manu is home to Machiguenga, Piro, Harakmbut (Amaracaeri, Huachipaeri, Toyeri), populations in voluntary isolation (Mashco-Piro and Nanti/Kugapakori), and a small group of colonists.

To the north, Zona Reservada Megantoni borders the Reserva del Estado A Favor de los Grupos Étnicos Aislados Kugapakori-Nahua (RKN), where uncontacted Kugapakori and Nahua indigenous communities live including several communities experiencing initial contacts with the western world (Figure 1). Covering 456,672.73 ha, the RKN lies in the Districts of Echarate and Sephahua, the Convención and Atalaya Provinces, Departments of Cusco and Ucayali respectively.

Reserva del Estado A Favor de los Grupos Étnicos Aislados Kugapakori-Nahua (RKN)

Machiguengas of the Bajo Urubamba use the word "Kugapakori" to refer to the Nanti people living in the headwaters of the Río Urubamba's tributaries, between the Río Yoyato, Pongo de Maenique, the rivers Ticumpinía, Sihuaniro, Timpía, Cashiriari, and Camisea (among others), and the streams that feed Río Manu or upper Madre de Dios (Rivera Chavéz 1988). Nanti/Kugapakori usually have large families and live in groups of 1-3 families per settlement. Each settlement covers an extensive area and contains their huts and farms, and groups move periodically. Their movements can reflect several natural cycles, including rainy and dry seasons, fluxes in reproductive cycles, excess or scarcity of hunted animals, fish, and/or other gathered species, as well as harvests of yucca and plantain crops on their small farms. They leave their farms, along with their hunting/gathering trails, when they migrate in search of food (seasonal), and during their cyclic migrations (for other reasons).

Like "Kugapakori", "Nahua" is a Machiguenga word. It means "strange people." The ethnic group refers to itself as the Yora, which means, "we, the good people." This group belongs to the Pano linguistic family (Reynoso Vizcaino and Helberg Chávez 1986). Yora/Nahua territory extends along both sides of the Río Mishagua, from Parque Nacional Manu to Quebrada Tres Cabezas, and on both sides of the Río Serjali to where this river borders Kugapakori territory. The Yora only sporadically use the resources along the Kugapakori territorial border, but they still consider the area their own. Other indigenous groups and *mestizos* are present along the Yora's territorial borders. However, the Yora demand that no foreigners enter their territory nor remove resources without their permission (Shinai-Serjali 2001).

The Nanti/Kugapakori ethnic group, like the Yora/Nahua people, is traditionally migratory and relies on the forest for survival. Their subsistence activities—hunting, fishing, and collecting non-timber products—underlie their nomadic lifestyle.

Recently, with ineffective protection of the reserve, and inadequate enforcement of the Peruvian Forestry Law, the presence of illegal loggers and natural gas extraction in the RKN has increased. Block 88 (natural gas extraction site) covers 106,000 ha of Nanti/Kugapakori territory within the reserve. Because of natural gas extraction activities, the Nanti/Kugapakori people have left their lands in the lower Camisea basin to seek refuge indefinitely in Camisea's headwaters.

Their new sedentary lifestyle in the Camisea headwaters conflicts with the Nanti/Kugapakori's traditional relationship with the forest, and creates a serious risk to the group's survival—especially since the large group (more than 300 people living between Montetoni and Marankiato) is likely to exhaust rapidly the hunting, fishing, and gathering resources of this already resource-poor forest. As long as they cannot return to their historical settlement areas in the lower Camisea basin for fear of encountering foreigners and their deadly diseases, malnutrition within the Nanti community will likely continue to increase. Moreover, diseases probably will spread within the community because of the unnaturally high population density of the group. These issues need immediate attention.

One possible solution involves excluding the land within the RKN from Block 88, thereby reducing the natural gas concession to the minimum size necessary to develop the Camisea natural gas project, while simultaneously decreasing the negative impacts on the native community.

The southern sector

On the southern side of ZRM, along the left and right banks of the Río Urubamba at the entrance to Pongo de Maenique, lie six rural colonized settlements (Figure 1). Within the Pomoreni and Yoyato settlements, 19 plots border the Reserve.

The Comunidad Nativa Poyentimari is situated on the Río Poyentimari in the extreme southwestern corner next to the Reserve. This Machiguenga community of 280 inhabitants is one of two native communities bordering the Reserve (Sabantiari, northwest of the ZRM, is the other).

In 2002, CEDIA and the Proyecto Especial de Titulación de Tierras (PETT, land titling project), conducted fieldwork to verify the Reserve's south-central boundaries and found colonized settlements within the Zona Reservada Megantoni (CEDIA 2002, Figure 1). These settlements are in the Kirajateni-Koshireni and La Libertad sectors; we do not know when they were founded. Abandoned huts were seen in the Anapatia–Manguriari and Sacramento sectors. Sacramento is an area of puna in the extreme southern region of the ZRM next to Parque Nacional Manu. In these sectors, people were in the first phases of colonization (initial deforestation with temporary settlements) and have been in the area for only two years except in the La Libertad sector.

La Libertad (La Convención Province, Quellouno District) is inside of ZRM's borders and is the only sector that has been titled and recorded in Quillabamba's public registry (since 1998). Nonetheless, the inhabitants are unhappy because the land parcels assigned by PETT do not correspond with their plots' actual shapes, borders, or sizes. They have requested that PETT redo the work and correct these errors. Most of the proprietors in this sector have additional plots in other sectors in Huillcapampa, Yavero, and Santa Teresa, and in La Convención Valley. Many titled lands have been recently deforested (within the last two or three years) and a few are already planted with pasture grasses for cattle. La Libertad is home to 20 to 30 landowners.

In Kirajateni-Koshireni (La Convención province, Echarati district; Figure 1), also within the ZRM's borders, ten landholders are in a precarious situation. For the last two years, they have failed to initiate the process to legalize their land. The colonists are settled in the headwaters of the Ríos Yoyato, Kirajateni, and Koshireni (tributaries of the Río Urubamba, Figure 1) on uneven, abruptly changing terrain with elevations from 1,000 to 3,000 m. The soils are extremely acidic, shallow, and rocky, and the land has been classified as inappropriate for agricultural activities and suitable for protection.

NATIVE COMMUNITIES

The native communities belong to two linguistic families. The predominant linguistic group is the Arahuaca, made up of Machiguenga, Campa (Ashaninka and Kakinte), Nanti/Kugapakori and Yine Yami/Piro. The Pano linguistic family, which is smaller and less influential, is made up of the Yora/Nahua. The ethno-linguistic composition of the region is rather homogeneous because natives belonging to the Arahuaca linguistic family make up 85.8% of the native population of the area. Their similar languages and customs facilitate communication among the ethnic groups.

Machiguenga

The Machiguengas (Figures 12A, 12C) are the most numerous indigenous group in the area. Access to their territory is extremely difficult. Their lands cover approximately 1 million ha in three adjoining geographic areas in the Andean foothills, between the Alto and Bajo Río Urubamba, the Río Manu, and the Río Alto Madre de Dios.

Machiguenga communities are groups of extended family members. Although their traditional settlement pattern was dispersed and migratory, recently Machiguenga groups have become more sedentary, nuclear, and linear. Their values and belief systems form their cultural identity, and their social system is based on mutual help and reciprocity.

The Machiguenga are described as a society of equality, and their skills and cultural values are well known by Amazonian researchers. They have a subsistence-based economy (hunting, fishing, gathering, agriculture) traditionally focused on satisfying family needs. The little surplus that exists plays an important social role since they share or trade any extra food or goods, reinforcing family ties and solidarity. On a small scale, Machiguenga produce agricultural crops like coffee, cocoa, achiote, rice, and peanuts, as well as dried fish, to trade for spices or money.

Communities along the tributaries of the Río Urubamba are the most traditional with an almost exclusive subsistence-based economy. In contrast, communities along the main river channel are more closely connected with outside markets, and therefore tend to be centralized and bigger, with more social services. Generally, the relationship between communities and outside markets is becoming stronger, although there are differences in reliance on external markets.

Ashaninka (Campa)

There are two Ashaninka Campa (Figure 12D) groups in the area. One, the Kakinte Campa from the Tsoroja zone, lives in the Río Tambo basin. Two generations ago, they arrived in the region in search of better land. The Kakinte Campa were pressured into leaving their traditonal territories (the communities of Kitepampani and Taini) by Andean migrants from Central Peru. The second group is the Ashaninka Campa, with traditional territories between the Tambo and Ene rivers.

Two events triggered their migration out of these territories: (1) during the 1970's the central Amazon was colonized, pushing the Ashaninka out of their territory. They migrated toward Atalaya, then past Bufeo Pozo, and finally settled next to the Comunidad Nativa Miaría. For many years, their settlement was considered an annex of Miaría, but it has been recently recognized and titled as an independent native community; (2) terrorism along the Río Ene was rampant. The Catholic Church intervened in this violent situation and flew the Ashaninka out, relocating them from the Ene and Cutivireni basin to the lower Urubamba, where they live today in the communities of Koshiri, Tangoshiari and Taini.

Yine Yami/Piro

The Yine Yami people are better known as the Piro. Traditionally, the Piro controlled inter-regional trade, the entrance to Río Tambo, and the famous Cerro de la Sal. Moreover, Piro controlled the area close to Cusco and contact with the Andes, acting as intermediaries between Amazonian and Andean commerce. Their communities are Sensa and Miaría, adjacent to the department of Ucayali. The Piros are the principal fish suppliers for the town of Sepahua and are known for their skills in commerce and navigation.

Nanti

The Nanti (Figure 12B) are known by most as "Kugapakori." This name was given to them by the Machiguenga and it means "angry or wild people" (they aggressively defend their territories and they decided to live in isolation). In contrast, they call themselves, "Nanti," meaning "good people."

The Nanti/Kugapakori separated from the Machiguenga, opting to remain isolated from missionaries and other people from mainstream society. News of their existence has circulated since 1750, and in 1972 the first small groups were contacted. One of the Nanti/Kugapakori groups is situated in the settlements called Marankiato and Montetoni, within the Reserva Nahua-Kugapakori. There are also other Nanti/Kugapakori groups living inside of Parque Nacional Manu and within Zona Reservada Megantoni (Figure 12E).

Nahua/Yora

The Nahua/Yora are part of the Pano linguistic family and the Yaminahua group: they live between the Río Misahua (Serjali) and Sepahua. Only in the last 12 years have the Nahua/Yora settled close together. Before 1982, they migrated between the Ríos Yurua, Purús, Mishagua and Parque Nacional Manu to hunt, fish, and collect forest resources. Today they live in the basin of the Río Mishagua, a tributary of lower Urubamba. More than 90% of the Nahua/Yora population lives in the native community of Santa Rosa de Serjali within the Reserva Nahua-Kugapakori.

THE COLONISTS

Colonists are distributed in four different sectors, including (1) Saringabeni-Quitaparay, on both banks of the Río Urubamba, downriver from the Pongo de Maenique; (2) Kuway-Las Malvinas, between the Ríos Timpía and Camisea; (3) Nueva Esperanza-Tempero (Shintorini), downriver from the Río Camisea; and (4) Mishahua, along the border between Cusco and Ucayali (see Figure 1).

The colonization process in the Urubamba basin is different from colonization in the central lowland forest. In the upper Urubamba, Andean small farmers arrived in the region to work temporarily on large haciendas. Over time, they began social movements (as in La Convención) to change the property distribution system and to reallocate land. In 1969, emphasis was set on developing cooperative systems, such as those in the upper Urubamba. Later, some cooperatives moved to the middle Urubamba. Many colonists attempted to settle in the lower Urubamba, but were impeded by the natural barrier created by the Pongo de Maenique.

In 1986, the national government promoted colonization in the area because natural gas deposits were found in Camisea, but the colonization was unsuccessful (Rivera Chávez 1992). More recently, colonists from places like Cusco, Apurímac, and Junín have migrated to the area on their own. Eighty percent are poor farmers, and five percent are involved in commerce between Quillabamba and Sepahua, using one or two boats to transport products from one community to another, or moving their commercial center (using portable tents) among communities. Even though there is only a small group of colonists in the lower Urubamba, they have economic and social power, but little influence when it comes to decision-making.

Apéndices/Appendices

Plantas / Plants

Especies de plantas vasculares registradas en tres sitios en la Zona Reservada Megantoni, Perú, durante el inventario biológico rápido entre el 25 de abril y 13 de mayo de 2004. Compilación por R. Foster. Miembros del equipo botánico: R. Foster, H. Beltrán, N. Salinas y C. Vriesendorp. La información presentada aquí se irá actualizando y estará disponible en *www.fieldmuseum.org/rbi*.

PLANTAS / PLANTS

Nombre científico / Scientific name	Forma de vida / Habit	Presencia en los sitios visitados / Presence in inventory sites			Fuente / Source
		Kapiromashi	Katarompanaki	Tinkanari	
Acanthaceae					
Aphelandra aurantiaca	S	X	–	–	NS6651
Aphelandra (1 unidentified sp.)	S	–	–	X	P, NS7207
Herpetacanthus rotundatus	H	X	–	–	P
Justicia (2 unidentified spp.)	S	X	X	–	P, NS6840
Mendoncia robusta	V	X	–	–	P
Mendoncia (3 unidentified spp.)	V	X	–	–	P, NS6561/6776
Sanchezia (1 unidentified sp.)	S	X	–	–	P
Stenostephanus longistaminus	S	X	–	–	P, NS6608/6694
Streblacanthus (1 unidentified sp.)	S	X	–	–	P
(4 unidentified spp.)	S/V	X	X	X	P
Actinidiaceae					
Saurauia biserrata	T	–	–	X	P, NS7209
Alstroemeriaceae					
Bomarea (3 unidentified spp.)	H/V	X	–	X	P
Alzateaceae					
Alzatea verticillata	T	–	X	–	P
Amaranthaceae					
Chamissoa altissima	V	X	–	–	RF
(1 unidentified sp.)	H	–	–	X	P, NS7137
Anacardiaceae					
Tapirira guianensis	T	X	–	–	P
Tapirira peckoltiana cf.	T	X	–	X	RF
Annonaceae					
Annona (1 unidentified sp.)	T	–	–	X	P, NS7302
Cremastosperma (1 unidentified sp.)	S	X			P, NS6546
Guatteria (3 unidentified spp.)	T	X	X	X	P, NS7019
Unonopsis (1 unidentified sp.)	T	X	–	–	RF
Xylopia calophylla cf.	T	X	–	–	P, NS6759
Apiaceae					
Hydrocotyle (2 unidentified spp.)	H	X	–	X	P, NS7221
Apocynaceae					
Forsteronia (1 unidentified sp.)	V	X	–	–	P
Mesechites trifida	V	X	–	–	NS6666
Peltastes peruvianus	V	–	–	X	P, NS7273
Tabernaemontana sananho	S	X	–	–	P, NS6607/6645
(1 unidentified sp.)	T	X	–	–	P, NS6715
Aquifoliaceae					
Ilex (4 unidentified spp.)	S/T	–	X	X	P, NS6923/7058/7070

Species of vascular plants recorded at three sites in the Zona Reservada Megantoni, Peru, in a rapid biological inventory from 25 April–13 May 2004. Compiled by R. Foster. Rapid biological inventory botany team members: R. Foster, H. Beltrán, N. Salinas and C. Vriesendorp. Updated information will be posted at *www.fieldmuseum.org/rbi*.

PLANTAS / PLANTS

Nombre científico/ Scientific name	Forma de vida/ Habit	Presencia en los sitios visitados/ Presence in inventory sites			Fuente/Source
		Kapiromashi	Katarompanaki	Tinkanari	
Araceae					
Anthurium breviscapum	E	X	–	–	P
Anthurium croatii	H	X	–	–	P
Anthurium eminens	E	X	–	–	RF
Anthurium gracile	E	X	–	–	RF
Anthurium (20 unidentified spp.)	E/H	X	X	X	P
Dieffenbachia (3 unidentified spp.)	H	X	–	–	P, NS6637
Monstera (1 unidentified sp.)	E	X	–	–	P
Philodendron acreanum	E	X	–	–	RF
Philodendron ernestii	E	X	–	–	RF
Philodendron (16 unidentified spp.)	E	X	X	X	P
Rhodospatha (2 unidentified spp.)	E/H	X	–	–	P, NS6567
Stenospermation (2 unidentified spp.)	H	–	X	X	P, NS6826/7277
Xanthosoma pubescens	H	X	–	–	P
Xanthosoma vivipera	H	X	–	–	RF
Xanthosoma (1 unidentified sp.)	H	X	–	X	P
Araliaceae					
Dendropanax (1 unidentified sp.)	T	–	–	X	P
Oreopanax (5 unidentified spp.)	T/S	X	X	X	P
Schefflera morototoni	T	X	–	–	RF
Schefflera (7 unidentified spp.)	T/E	X	X	X	P
Arecaceae					
Aiphanes weberbaueri	H	–	–	X	P
Astrocaryum murumuru	T	X	–	–	RF
Ceroxylon parvifrons	T	–	X	–	P, NS7037
Ceroxylon weberbaueri cf.	T	–	–	X	P
Chamaedorea linearis	T	–	–	X	P, NS7225
Chamaedorea pinnatifrons	S	X	X	X	P, NS6994
Desmoncus mitis	V	X	–	–	RF
Dictyocaryum lamarckianum	T	–	X	X	P
Euterpe precatoria	T	–	X	–	P

LEYENDA/LEGEND

Forma de Vida/Habit
E = Epífita/Epiphyte
H = Hierba terrestre/Terrestrial herb
S = Arbusto/Shrub
T = Árbol/Tree
V = Trepadora/Climber

Fuente/Source
HB = Colecciones y observaciones de Hamilton Beltrán/Hamilton Beltrán collections and observations
NS = Colecciones y observaciones de Norma Salinas/Norma Salinas collections and observations
P = Foto/Photograph
RF = Observaciones de campo de Robin Foster/Robin Foster field identifications

Plantas / Plants

PLANTAS / PLANTS					
Nombre científico / Scientific name	Forma de vida / Habit	Presencia en los sitios visitados / Presence in inventory sites			Fuente / Source
		Kapiromashi	Katarompanaki	Tinkanari	
Geonoma brongniartii	H	X	–	–	RF
Geonoma leptospadix	S	X	–	–	P, NS6711
Geonoma macrostachys	H	X	–	–	RF
Geonoma maxima	S	X	–	–	RF
Geonoma orbignyana	S	–	X	–	P, NS7027
Geonoma triglochin	S	X	–	–	P
Geonoma undata	S	X	–	–	RF
Geonoma (2 unidentified spp.)	S	–	X	X	P, NS7208
Hyospathe elegans	S	X	X	–	P
Iriartea deltoidea	T	X	–	–	P
Oenocarpus bataua	T	X	–	–	RF
Socratea exorrhiza	T	X	–	–	RF
Wettinia maynensis	T	X	X	–	P
Aristolochiaceae					
Aristolochia (1 unidentified sp.)	V	X	–	–	P, NS6665
Asclepiadaceae					
Tassadia (1 unidentified sp.)	V	X	–	–	P
(7 unidentified spp.)	V	X	–	X	P, NS7077/7226
Asteraceae					
Achyrocline satureioides	H	X	–	–	P
Acmella ciliata	H	X	–	–	P, HB5909
Ageratum conyzoides	H	X	–	–	HB
Baccharis brachylaenoides	S	X	–	–	HB
Baccharis latifolia	S	X	–	–	P, HB5916
Baccharis salicifolia	S	X	–	–	P
Baccharis trinervis	S	X	–	–	P
Baccharis (1 unidentified sp.)	S	–	–	X	P, HB5930
Barnadesia (1 unidentified sp.)	V	–	–	X	P, HB5938
Bidens (2 unidentified spp.)	V	X	–	–	P, HB5904
Chromolaena (1 unidentified sp.)	S	X	–	–	HB
Clibadium surinamense	S	–	–	X	P, HB5893/5949
Clibadium (1 unidentified sp.)	H	X	–	–	P
Conyza bonariensis	H	X	–	–	HB
Critoniopsis boliviana	H	–	–	X	HB5934
Dasyphyllum (1 unidentified sp.)	T	–	X	–	P, HB5920
Eirmocephala cainarachiensis	V	X	–	–	HB
Eirmocephala megaphylla	V/S	X	–	–	HB
Erato polymnioides	S	–	–	X	HB
Erechtites hieraciifolia	H	X	–	–	P

PLANTAS / PLANTS					
Nombre científico/ Scientific name	**Forma de vida/ Habit**	**Presencia en los sitios visitados/ Presence in inventory sites**			**Fuente/Source**
		Kapiromashi	Katarompanaki	Tinkanari	
Gamochaeta americana	H	X	–		P
Jungia (1 unidentified sp.)	V	–	–	X	P, HB5937
Lepidaploa mapirensis	S	X	–	–	HB
Liabum acuminatum	S/H	X	–	–	P
Liabum amplexicaule	S/H	X	–	–	P
Mikania micrantha	V	X	–	–	RF
Mikania (11 unidentified spp.)	V	X	X	X	P
Munnozia hastifolia	V	X	–	–	HB
Munnozia senecionidis	S	–	X	X	P, HB5935
Munnozia (4 unidentified spp.)	S	X	X	X	P
Pentacalia oronocensis	V	–	–	X	P
Pentacalia (1 unidentified sp.)	V	–	–	X	P, HB5943
Polyanthina nemorosa	H	X	–	–	P
Porophyllum ruderale	H	X	–	–	P
Tessaria integrifolia	T	X	–	–	P
Tilesia baccata	V	X	–	X	HB5942
Vernonanthera patens	T	X	–	–	P
Vernonia s.l. (1 unidentified sp.)	S	–	X		P
(7 unidentified spp.)	V/H/S	X	X	X	P, HB5905/5948
Balanophoraceae					
Corynaea crassa	H	–	–	X	P, NS7110
Langsdorffia hypogaea	H	–	X	–	P, NS6850
Begoniaceae					
Begonia glabra	V	X	–	X	RF
Begonia parviflora	S	X	–	–	RF
Begonia rossmanniae	E	X	–	–	P, NS6691
Begonia (6 unidentified spp.)	H	X	X	X	P
Betulaceae					
Alnus acuminata	T	–	–	X	P
Bignoniaceae					
Arrabidaea oligantha	V	X	–	–	P

LEYENDA/ LEGEND

Forma de Vida/Habit
E = Epífita/Epiphyte
H = Hierba terrestre/ Terrestrial herb
S = Arbusto/Shrub
T = Árbol/Tree
V = Trepadora/Climber

Fuente/Source
HB = Colecciones y observaciones de Hamilton Beltrán/Hamilton Beltrán collections and observations
NS = Colecciones y observaciones de Norma Salinas/Norma Salinas collections and observations
P = Foto/Photograph
RF = Observaciones de campo de Robin Foster/Robin Foster field identifications

PLANTAS / PLANTS					
Nombre científico / Scientific name	Forma de vida / Habit	Presencia en los sitios visitados / Presence in inventory sites			Fuente / Source
		Kapiromashi	Katarompanaki	Tinkanari	
Arrabidaea patellifera	V	X	–	–	P, NS6674
Arrabidaea pearcei	V	X	–	–	P
Jacaranda copaia	T	X	–	–	RF
Jacaranda glabra	T	X	–	–	RF
Paragonia pyramidata	V	X	–	–	RF
Pithecoctenium crucigerum	V	X	–	–	P
Tynnanthus polyanthus	V	X	–	–	P, NS6598
(1 unidentified sp.)	V	X	–	–	P
Bombacaceae					
Ceiba samauma	T	X	–	–	RF
Ceiba (Chorisia) (1 unidentified sp.)	T	X	–	–	P, NS6782
Matisia cordata	T	X	–	–	RF
Ochroma pyramidale	T	X	–	–	P
Spirotheca rosea	T	–	–	X	P, NS7128
Boraginaceae					
Cordia nodosa	S	X	–	–	RF
Cordia (2 unidentified spp.)	T	X	–	X	P
Tournefortia (2 unidentified spp.)	V	X	–	X	P, NS6589/7196
Bromeliaceae					
Aechmea longifolia	E	X	–	–	RF
Aechmea (1 unidentified sp.)	E	X	–	–	RF
Bilbergia (1 unidentified sp.)	E	X	–	–	P, NS6552
Guzmania globosa	H	–	X	–	P, NS6808
Guzmania paniculata	H	–	X	–	P
Guzmania squarrosa	E	–	X	–	P
Guzmania (12 unidentified spp.)	H/E	X	X	X	P
Pepinia (1 unidentified sp.)	H	–	X	–	P, NS6852
Pitcairnea (1 unidentified sp.)	E	X	–	–	P, NS6699
Racinaea (5 unidentified spp.)	E	X	X	–	P, NS6712
Tillandsia (3 unidentified spp.)	E	X	X	X	P
Vriesia (1 unidentified sp.)	E	–	–	X	P
(3 unidentified spp.)	E/H	X	–	X	P
Brunelliaceae					
Brunellia (1 unidentified sp.)	T	–	X	–	P, NS7043
Burmanniaceae					
Apteria (2 unidentified spp.)	H	–	X	X	P, NS7301/6951
Gymnosiphon (1 unidentified sp.)	H	–	X	X	P, NS6784
Burseraceae					
Protium amazonicum	T	X	–	–	RF

PLANTAS / PLANTS

Nombre científico/ Scientific name	Forma de vida/ Habit	Presencia en los sitios visitados/ Presence in inventory sites			Fuente/Source
		Kapiromashi	Katarompanaki	Tinkanari	
Protium nodulosum	T	X	X	–	P
Protium opacum	T	X	–	–	P
Protium sagotianum	T	X	–	–	RF
Protium (3 unidentified spp.)	T	X	X	–	P, NS6864/7169
Tetragastris panamensis	T	X	–	–	RF
Cactaceae					
Disocactus amazonicus	E	–	X	–	RF
Campanulaceae					
Burmeistera (1 unidentified sp.)	S/V	–	–	X	P, NS7147
Centropogon cornutus	S	X	–	–	P, NS6693
Centropogon granulosus	S/V	X	–	–	P, NS6572
Centropogon roseus	S	X	–	–	P
Centropogon (2 unidentified spp.)	S	–	–	X	P
Cannaceae					
Canna (1 unidentified sp.)	H	X	–	–	P, NS6727
Capparaceae					
Cleome (1 unidentified sp.)	H	X	–	–	P
Podandrogyne (1 unidentified sp.)	S	X	–	–	P, NS6583
Caricaceae					
Carica (1 unidentified sp.)	S	X	–	–	NS7275
Caryocaraceae					
Anthodiscus (1 unidentified sp.)	T	X	–	–	P
Caryocar amygdaliforme	T	X	–	–	P
Cecropiaceae					
Cecropia engleriana	T	X	–	–	RF
Cecropia multiflora	T	X	–	–	P
Cecropia sciadophylla	T	X	–	–	RF
Cecropia (2 unidentified spp.)	T	X	–	X	P
Coussapoa (1 unidentified sp.)	E	X	–	–	P
Pourouma cecropiifolia	T	X	–	–	RF
Pourouma guianensis	T	X	–	–	P

LEYENDA/ LEGEND

Forma de Vida / Habit
E = Epífita / Epiphyte
H = Hierba terrestre / Terrestrial herb
S = Arbusto / Shrub
T = Árbol / Tree
V = Trepadora / Climber

Fuente / Source
HB = Colecciones y observaciones de Hamilton Beltrán / Hamilton Beltrán collections and observations
NS = Colecciones y observaciones de Norma Salinas / Norma Salinas collections and observations
P = Foto / Photograph

RF = Observaciones de campo de Robin Foster / Robin Foster field identifications

PLANTAS / PLANTS					
Nombre científico/ Scientific name	Forma de vida/ Habit	Presencia en los sitios visitados/ Presence in inventory sites			Fuente/Source
		Kapiromashi	Katarompanaki	Tinkanari	
Pourouma minor	T	X	–	–	RF
Pourouma (3 unidentified spp.)	T	X	X	X	P, RF
Celastraceae					
Maytenus (2 unidentified spp.)	S	X	X	–	P, NS6670/6981
Perrottetia (1 unidentified sp.)	T	–	–	X	P, NS7152
Chloranthaceae					
Hedyosmum scabrum	T	X	–	–	RF
Hedyosmum (4 unidentified spp.)	T	X	X	X	P
Chrysobalanaceae					
Hirtella (1 unidentified sp.)	T	X	–	–	P, NS6738
Licania (1 unidentified sp.)	T	X	–	–	RF
Clethraceae					
Clethra (1 unidentified sp.)	T	–	X	X	P
Clusiaceae					
Chrysochlamys (3 unidentified spp.)	T	X	X	X	P, NS6966/7174
Clusia (7 unidentified spp.)	T/E	X	X	X	P
Marila laxiflora	T	X	–	–	P
Quapoya peruviana	V	X	–	–	RF
Symphonia globulifera	T	X	–	–	RF
Tovomita weddelliana	T	X	X	–	P, NS6879
Vismia (2 unidentified spp.)	S	X	–	–	P
(1 unidentified sp.)	V	–	–	X	RF
Combretaceae					
Combretum (1 unidentified sp.)	V	X	–	–	P
Terminalia oblonga	T	X	–	–	RF
Commelinaceae					
Dichorisandra hexandra	V	X	X	–	P, NS6976
Floscopa peruviana	H	X	–	–	NS6554
Tradescantia zanonia	H	X	–	–	P, NS6622
Convolvulaceae					
Dicranostyles (1 unidentified sp.)	V	X	–	–	P
Ipomoea (2 unidentified spp.)	V	X	–	–	P, NS6617
Merremia (1 unidentified sp.)	V	X	–	–	P
Costaceae					
Costus productus	H	X	–	–	P, NS6566
Costus scaber	H	X	–	–	RF
Costus (1 unidentified sp.)	H	X	–	–	P
Dimerocostus argenteus	H	X	–	–	P

PLANTAS / PLANTS

Nombre científico/ Scientific name	Forma de vida/ Habit	Presencia en los sitios visitados/ Presence in inventory sites			Fuente/Source
		Kapiromashi	Katarompanaki	Tinkanari	
Cucurbitaceae					
Cayaponia (3 unidentified spp.)	V	X	X	X	P, NS6902/7258
Fevillea (1 unidentified sp.)	V	X	–	–	P
Gurania (1 unidentified sp.)	V	–	X		P, NS6896
(3 unidentified spp.)	V	X	–	X	P, NS6594/6986
Cunoniaceae					
Weinmannia (4 unidentified spp.)	T	–	X	X	P, NS6927/7078
Cyclanthaceae					
Asplundia (2 unidentified spp.)	H/E	X	X	X	P, NS6629/6652
Carludovica palmata	H	X	–	–	RF
Cyclanthus bipartitus	H	X	–	–	RF
Sphaeradenia (3 unidentified spp.)	H	–	X	X	P
(1 unidentified sp.)	E	–	–	X	P
Cyperaceae					
Cyperus odoratus	H	X	–	–	P
Cyperus (1 unidentified sp.)	H	X	–	–	P
Elaeocharis (1 unidentified sp.)	H	X	–	–	P
Rhynchospera (1 unidentified sp.)	H	X	X	–	P
Scleria secans	V	X	–	–	RF
Scleria (1 unidentified sp.)	H	X	X	–	P
(1 unidentified sp.)	H	X	–	–	P
Dilleniaceae					
Davilla (1 unidentified sp.)	V	X	–	–	RF
Dioscoreaceae					
Dioscorea (5 unidentified spp.)	V	X	X	X	P, NS6887/7292
Elaeocarpaceae					
Sloanea (1 unidentified sp.)	T	X	–	–	RF
Ericaceae					
Bejaria aestuans	S	–	X	–	NS6941
Cavendishia bracteata	E	X	X	–	P
Cavendishia nobilis	E	–	X	–	P

LEYENDA/ LEGEND

Forma de Vida/Habit

E = Epífita/Epiphyte

H = Hierba terrestre/ Terrestrial herb

S = Arbusto/Shrub

T = Árbol/Tree

V = Trepadora/Climber

Fuente/Source

HB = Colecciones y observaciones de Hamilton Beltrán/Hamilton Beltrán collections and observations

NS = Colecciones y observaciones de Norma Salinas/Norma Salinas collections and observations

P = Foto/Photograph

RF = Observaciones de campo de Robin Foster/Robin Foster field identifications

PLANTAS / PLANTS					
Nombre científico/ **Scientific name**	**Forma de vida/** **Habit**	**Presencia en los sitios visitados/** **Presence in inventory sites**			**Fuente/Source**
		Kapiromashi	Katarompanaki	Tinkanari	
Cavendishia (1 unidentified sp.)	E	X	–	–	P
Demosthenesia pearcei	E	–	X	–	P
Disterigma alaternoides	S	–	X	–	P, NS6875
Disterigma (1 unidentified sp.)	S	–	X	X	P
Macleania floribunda	E	–	X	–	P, NS6939
Orthaea cf. (1 unidentified sp.)	E	–	X	–	P
Psammisia coarctata cf.	E	–	X	X	P, NS7087
Psammisia guianensis	E	X	X	–	P
Psammisia sp.nov.	E	–	X	–	P, NS6931
Semiramisia speciosa	E	–	X	–	NS6849
Sphyrospermum cordifolium	E	–	X	X	P, NS6811
Sphyrospermum (1 unidentified sp.)	E	X			RF
Thibaudia cf. (1 unidentified sp.)	E	–	X	X	P, NS7073
Euphorbiaceae					
Acalypha diversifolia	S	X	–	–	RF
Acalypha (4 unidentified spp.)	S	X	–	–	P, NS6632
Alchornea glandulosa	T	X	–	–	RF
Alchornea pearcei	T	–	X	–	RF
Alchornea triplinervia	T	X	–	–	RF
Alchornea (4 unidentified spp.)	T	X	X	X	P, NS6795/6872/7276
Croton lechleri	T	X	–	X	RF
Croton (1 unidentified sp.)	T	–	X	–	RF
Glycydendron amazonicum	T	X	–	–	P
Hevea guianensis	T	X	–	–	RF
Hyeronima (2 unidentified spp.)	T	X	–	X	P, NS7151
Mabea (1 unidentified sp.)	T	–	X	–	P
Manihot leptophylla	V	X	–	–	P
Margaritaria nobilis	T	X	–	–	P
Plukenetia (1 unidentified sp.)	V	–	–	X	P
Sapium glandulosum	T	X	–	–	P
Sapium marmieri	T	X	–	–	P
Sapium (2 unidentified spp.)	S	–	X	X	RF
Tetrorchidium macrophyllum	T	–	X	–	P
Tetrorchidium (1 unidentified sp.)	S	–	X	–	P, NS6791/7089
Fabaceae					
Andira inermis	T	X	–	–	RF
Bauhinia (1 unidentified sp.)	V	X	–	–	RF
Calliandra angustifolia	S	X	–	–	P
Calopogonium (1 unidentified sp.)	V	X	–	–	P

PLANTAS / PLANTS					
Nombre científico / **Scientific name**	**Forma de vida /** **Habit**	**Presencia en los sitios visitados /** **Presence in inventory sites**			**Fuente / Source**
		Kapiromashi	Katarompanaki	Tinkanari	
Cedrelinga cateniformis	T	X	–	–	P
Crotalaria nitens	H	X	–	–	P, NS6690
Crotalaria (1 unidentified sp.)	H	X	–	–	P
Desmodium (3 unidentified spp.)	H	X	–	–	P
Dussia (1 unidentified sp.)	T	X	–	–	RF
Enterolobium cyclocarpum	T	X	–	–	RF
Enterolobium schomburgkii	T	X	–	–	RF
Erythrina poeppigiana	T	X	–	–	P
Erythrina (1 unidentified sp.)	T	–	X	–	P, NS6998
Indigofera (1 unidentified sp.)	S	X	–	–	P
Inga adenophylla	T	X	–	–	P
Inga alba	T	X	–	–	RF
Inga nobilis	T	X	–	–	RF
Inga punctata	T	X	–	–	RF
Inga sapindoides	T	X	–	–	RF
Inga umbellifera	T	X	–	–	P
Inga (8 unidentified spp.)	T	X	X	X	P, NS6802
Machaerium (3 unidentified spp.)	V	X	–	–	P
Mimosa pudica	H	X	–	–	P
Mucuna rostrata	V	X	–	–	P
Mucuna (1 unidentified sp.)	V	X	–	–	P, NS6591
Ormosia (1 unidentified sp.)	T	–	X	–	RF
Piptadenia anolidurus	V	X	–	–	RF
Piptadenia (2 unidentified spp.)	V	X	–	–	P
Senna ruiziana	S	X	–	–	P
Senna (2 unidentified spp.)	S	X	–	–	P, NS7167
Tachigali vasquezii	T	X	–	–	P
Vigna caracalla	V	–	X	X	P
Zygia coccinea	T	–	X	–	P, NS6988
(6 unidentified spp.)	V/T	X	–	–	P, NS6537/7212

LEYENDA/
LEGEND

Forma de Vida / Habit
E = Epífita / Epiphyte
H = Hierba terrestre /
    Terrestrial herb
S = Arbusto / Shrub
T = Árbol / Tree
V = Trepadora / Climber

Fuente / Source
HB = Colecciones y observaciones de
     Hamilton Beltrán / Hamilton Beltrán
     collections and observations
NS = Colecciones y observaciones de
     Norma Salinas / Norma Salinas
     collections and observations
P = Foto / Photograph

RF = Observaciones de campo de
     Robin Foster / Robin Foster field
     identifications

PLANTAS / PLANTS					
Nombre científico/ Scientific name	Forma de vida/ Habit	Presencia en los sitios visitados/ Presence in inventory sites			Fuente/Source
		Kapiromashi	Katarompanaki	Tinkanari	
Flacourtiaceae					
Banara guianensis	T	X	–	–	P
Casearia (2 unidentified spp.)	T	X	–	X	P, NS6679/6701
Lacistema aggregatum	S	X	–	–	RF
Lunania parviflora	T	X	–	–	P
Mayna odorata	S	X	–	–	RF
Pleuranthodendron lindenii	T	X	–	–	HB
Prockia crucis	S	X	–	–	P
Tetrathylacium macrophyllum	T	X	–	–	HB
Gentianaceae					
Chelonanthus alatus	H	X	–	–	RF
Macrocarpaea normae	S	–	X	–	P, NS6859
Macrocarpaea sp.nov.	S	–	X	–	P, NS6869
Macrocarpaea (1 unidentified sp.)	S	–	–	X	P, NS7303
Potalia resinifera	S	X	–	–	P
Symbolanthus calygonus	S	–	X	–	P, NS6815
Tapeinostemon zamoranum	H	–	X	–	P, NS6857
Gesneriaceae					
Alloplectus ichthyoderma	H/V	–	–	X	P, HB5945
Alloplectus (1 unidentified sp.)	H/V	X	–	X	P
Anodiscus xanthophyllus	H	X	–	–	P, HB5891
Besleria (7 unidentified spp.)	S/H	X	X	X	P
Columnea anisophylla	V/E	–	–	X	P, HB5931
Columnea ericae	V/E	X	–	–	P, HB5886
Columnea (1 unidentified sp.)	V/E	X	–	–	P, HB5883
Corytoplectus speciosus	H	X	–	–	P, HB5887
Corytoplectus (1 unidentified sp.)	H	X	–	–	P, HB5910
Diastema maculata	H	–	X	–	P, HB5924/5912
Drymonia coccinea	E	X	–	–	P
Drymonia pendula	V/E	X	–	–	HB
Drymonia urceolata	S	X	X	X	P, HB5889
Drymonia (4 unidentified spp.)	E/H	X	–	–	P, HB5899/5898
Gloxinia perennis	H	X	–	–	P, HB5907
Gloxinia sylvatica	H	X	–	–	P, HB5901/5902
Gloxinia (1 unidentified sp.)	H	X	–	–	HB5895/5900
Kohleria (1 unidentified sp.)	H	X	–	–	HB5908
Monopyle (1 unidentified sp.)	H	X	–	–	P
Nautilocalyx (2 unidentified spp.)	H	X	–	–	P, HB5884/5885
Pearcea (2 unidentified spp.)	H	–	–	X	P, HB5927/5928

PLANTAS / PLANTS

Nombre científico / Scientific name	Forma de vida / Habit	Presencia en los sitios visitados / Presence in inventory sites			Fuente / Source
		Kapiromashi	Katarompanaki	Tinkanari	
(15 unidentified spp.)	E/H	X	X	X	P
Gunneraceae					
Gunnera (1 unidentified sp.)	H	–	–	X	P, NS7216
Haemodoraceae					
Xiphidium caeruleum	H	X	–	–	RF
Heliconiaceae					
Heliconia aemygdiana	H	X	–	–	P
Heliconia robusta	H	X	–	–	P, NS6600
Heliconia stricta	H	X	–	–	P
Heliconia subulata	H	–	–	X	P, NS7141
Heliconia tenebrosa	H	X	–	–	P
Heliconia (2 unidentified spp.)	H	X	–	–	RF, NS6672/6728
Hippocrateaceae					
Salacia (1 unidentified sp.)	V	–	–	X	P
(1 unidentified sp.)	V	X	–	–	RF
Hugoniaceae					
Roucheria punctata	T	–	–	X	P
Roucheria (1 unidentified sp.)	T	–	X	X	P
Hydrangeaceae					
Hydrangea (1 unidentified sp.)	E	–	–	X	P, NS7133
Icacinaceae					
Calatola costaricensis	T	–	–	X	P
Citronella incarum	T	X	–	X	P, NS6634
Discophora guianensis	T	X	–	–	RF
Juglandaceae					
Juglans neotropica	T	–	–	X	RF
Lamiaceae					
Hyptis (1 unidentified sp.)	H	X	–	–	P
Lauraceae					
Beilschmiedia (1 unidentified sp.)	T	–	–	X	P
Nectandra reticulata	T	X	–	X	P

LEYENDA / LEGEND

Forma de Vida / Habit
E = Epífita / Epiphyte
H = Hierba terrestre / Terrestrial herb
S = Arbusto / Shrub
T = Árbol / Tree
V = Trepadora / Climber

Fuente / Source
HB = Colecciones y observaciones de Hamilton Beltrán / Hamilton Beltrán collections and observations
NS = Colecciones y observaciones de Norma Salinas / Norma Salinas collections and observations
P = Foto / Photograph

RF = Observaciones de campo de Robin Foster / Robin Foster field identifications

PLANTAS / PLANTS					
Nombre científico/ Scientific name	Forma de vida/ Habit	Presencia en los sitios visitados/ Presence in inventory sites			Fuente/Source
		Kapiromashi	Katarompanaki	Tinkanari	
Nectandra (2 unidentified spp.)	T	X	X	–	P, NS6945
Ocotea javitensis	T	X	–	–	P
Ocotea oblonga	T	X	–	X	RF
Persea (1 unidentified sp.)	T	–	–	X	P
Pleurothyrium (1 unidentified sp.)	T	–	X	–	P
(20 unidentified spp.)	T	X	X	X	P
Lentibulariaceae					
Utricularia (1 unidentified sp.)	E/H	X	X	X	P, NS6706/6914/7044
Loganiaceae					
Strychnos (2 unidentified spp.)	V	X	–	–	P
Loranthaceae					
Dendrophthora (2 unidentified spp.)	E	–	X	–	P, NS6797
Oryctanthus (1 unidentified sp.)	E	–	X	–	P, NS6886
Phoradendron (2 unidentified spp.)	E	–	X	–	P, NS6805
Struthanthus (1 unidentified sp.)	E	–	–	X	P, NS7053
(3 unidentified spp.)	E	–	X	X	P, NS7126/7289
Lythraceae					
Adenaria floribunda	S	X	–	–	RF
Physocalymma scaberrimum	T	X	–	–	HB
Magnoliaceae					
Talauma (1 unidentified sp.)	T	–	–	X	P, NS7164
Malpighiaceae					
Bunchosia (1 unidentified sp.)	T	–	X	X	P, NS6984/7214
Hiraea fagifolia	V	X	–	–	P
(1 unidentified sp.)	V	–	–	X	P
Malvaceae					
Malvaviscus concinnus	V	X	–	–	P
Pavonia fruticosa	H	X	–	–	P, NS6660
Sida (1 unidentified sp.)	S	X	–	–	P
Wercklea ferox	S	X	–	–	P, NS6735
Marantaceae					
Calathea lateralis	H	X	–	–	RF
Calathea lutea	H	X	–	–	RF
Calathea pachystachya	H	X	–	–	P
Calathea (4 unidentified spp.)	H	X	–	–	P
Ischnosiphon (2 unidentified spp.)	H	X	–	–	P
Marcgraviaceae					
Marcgravia (2 unidentified spp.)	V	X	–	–	P, NS6574/6781/7304/
Sarcopera anomala	V	–	X	–	P, NS6881

PLANTAS / PLANTS

Nombre científico/ Scientific name	Forma de vida/ Habit	Presencia en los sitios visitados/ Presence in inventory sites			Fuente/Source
		Kapiromashi	Katarompanaki	Tinkanari	
Schwartzia (1 unidentified sp.)	V	–	X	X	P, NS6880
Melastomataceae					
Adelobotrys (2 unidentified spp.)	V	X	X	–	P, RF, NS6804
Arthrostemma ciliatum	H	X	–	–	P
Bellucia (1 unidentified sp.)	S/T	X	–	–	NS6604/6633
Blakea (3 unidentified spp.)	E	X	X	–	P, NS6671/6882
Clidemia dentata	S	X	–	–	RF
Clidemia dimorphica	S	X	–	–	P
Clidemia heterophylla	S	X	–	–	RF
Clidemia (4 unidentified spp.)	S	X	X	–	P, NS6992
Graffenrieda (4 unidentified spp.)	T	X	X	–	P, NS653/6889/7050
Henriettella (1 unidentified sp.)	S	X	–	–	P
Leandra (1 unidentified sp.)	H/S	X	–	–	NS6725
Maieta guianensis	S	X	–	–	NS6736
Meriania (2 unidentified spp.)	T	–	X	–	P, NS6878/6905
Miconia bubalina	S	X	–	–	NS6544
Miconia condylata cf.	S	–	–	X	P, NS7211
Miconia grandifolia	T	X	–	–	RF
Miconia tomentosa	T	X	–	–	P
Miconia (30 unidentified spp.)	S/T	X	X	X	P
Monolena primulaeflora	E	X	–	–	RF
Ossaea (2 unidentified spp.)	S	X	–	X	P, NS7153/7252
Tibouchina longifolia	H	X	–	–	RF
Tococa (1 unidentified sp.)	S	X	–	–	P
Topobea (2 unidentified spp.)	E	–	–	X	P, NS7254
(3 unidentified spp.)	S	X	X	X	P, NS6758/7026
Meliaceae					
Cabralea canjerana	T	X	–	–	RF
Cedrela fissilis	T	X	–	–	RF
Cedrela montana	T	–	–	X	P
Guarea guentheri	T	X	–	–	RF

LEYENDA/
LEGEND

Forma de Vida / Habit

E = Epífita / Epiphyte

H = Hierba terrestre /
Terrestrial herb

S = Arbusto / Shrub

T = Árbol / Tree

V = Trepadora / Climber

Fuente / Source

HB = Colecciones y observaciones de
Hamilton Beltrán / Hamilton Beltrán
collections and observations

NS = Colecciones y observaciones de
Norma Salinas / Norma Salinas
collections and observations

P = Foto / Photograph

RF = Observaciones de campo de
Robin Foster / Robin Foster field
identifications

PLANTAS / PLANTS					
Nombre científico/ Scientific name	Forma de vida/ Habit	Presencia en los sitios visitados/ Presence in inventory sites			Fuente/Source
		Kapiromashi	Katarompanaki	Tinkanari	
Guarea macrophylla	T	X	–	–	P
Guarea pterorhachis	T	X	–	–	P
Guarea pubescens	T	X	–		RF
Guarea (4 unidentified spp.)	T	X	–	X	P, NS6579/6710/7171
Ruagea (1 unidentified sp.)	T	–	–	X	P
Trichilia elegans	T	X	–	–	P
Trichilia (4 unidentified spp.)	T	X	X	X	P
(1 unidentified sp.)	T	–	–	X	P
Menispermaceae					
Anomospermum (1 unidentified sp.)	V	X	–	–	P
Cissampelos (1 unidentified sp.)	V	X	–	–	P
Disciphania (1 unidentified sp.)	V	–	–	X	P
(4 unidentified spp.)	V	X	X	–	P
Monimiaceae					
Mollinedia killipii	S	X	X	–	P
Mollinedia (3 unidentified spp.)	S	X	X	X	P, NS6642/6824/7105
Siparuna (5 unidentified spp.)	S	X	X	X	P, NS6641/6789/7223
Moraceae					
Batocarpus costaricensis	T	X	–	–	P
Clarisia biflora	T	X	–	–	P
Clarisia racemosa	T	X	–	–	RF
Ficus bullenei cf.	T	X	–	–	P
Ficus insipida	T	X	–	–	RF
Ficus juruensis	T	X	–	–	RF
Ficus paraensis	T	X	–	–	RF
Ficus popenoei cf.	T	X	–	–	P
Ficus (6 unidentified spp.)	T	X	X	X	P, NS6999/7172/7243
Helicostylis tomentosa	T	X	–		RF
Helicostylis tovarensis	T	–	X	X	P
Maclura tinctoria	T	X	–	–	RF
Maquira costaricana	T	X	–	–	P
Morus insignis	T	–	–	X	RF
Perebea angustifolia	S	X	–	–	P, NS6863
Perebea guianensis	T	X	–	–	P
Poulsenia armata	T	X	–	–	HB
Pseudolmedia laevis	T	X	–	–	RF
Sorocea muriculata	S	X	–	–	RF
Sorocea steinbachii	T	X	–	–	P
Sorocea (1 unidentified sp.)	S	X	–	–	RF

PLANTAS / PLANTS					
Nombre científico / Scientific name	**Forma de vida / Habit**	**Presencia en los sitios visitados / Presence in inventory sites**			**Fuente / Source**
		Kapiromashi	Katarompanaki	Tinkanari	
Trophis caucana	T	X	–	–	RF
Myristicaceae					
Virola sebifera	T	X	–	–	P
Virola (1 unidentified sp.)	T	X	–	–	P
Myrsinaceae					
Ardisia (3 unidentified spp.)	S	X	X	X	P, NS6993
Cybianthus (3 unidentified spp.)	S	X	X	X	P, NS6806/7023
Myrsine (2 unidentified spp.)	S	–	X	–	P, NS6948/7057
Stylogyne (1 unidentified sp.)	S	X	–	–	NS6595
Myrtaceae					
Calyptranthes (1 unidentified sp.)	S	–	X	–	NS6847
Eugenia feijoi cf.	T	X	–	–	P
Eugenia (4 unidentified spp.)	T/S	X	X	–	P
Myrcia bracteata cf.	T/S	–	X	–	P
Myrcia splendens	T/S	–	–	X	P
Myrcia (5 unidentified spp.)	T/S	X	X	X	P, NS6810
Plinia cf.	T/S	–	X	–	P
(3 unidentified spp.)	T/S	–	X	X	P
Nyctaginaceae					
Neea (5 unidentified spp.)	S	X	–	–	P, NS6678/6692/6580
Ochnaceae					
Cespedesia spathulata	T	X	–	–	RF
Ouratea (2 unidentified spp.)	S	X	X	–	P, NS6740
Olacaceae					
Minquartia guianensis	T	X	–	–	RF
Onagraceae					
Fuchsia (6 unidentified spp.)	E	–	–	X	P, NS7048/7188
Ludwigia (2 unidentified spp.)	H	X	–	–	RF
Orchidaceae					
Anguloa (1 unidentified sp.)	E	–	X	–	NS
Barbosella (1 unidentified sp.)	E	–	–	X	P, NS7308

LEYENDA / LEGEND

Forma de Vida / Habit
E = Epífita / Epiphyte
H = Hierba terrestre / Terrestrial herb
S = Arbusto / Shrub
T = Árbol / Tree
V = Trepadora / Climber

Fuente / Source
HB = Colecciones y observaciones de Hamilton Beltrán / Hamilton Beltrán collections and observations
NS = Colecciones y observaciones de Norma Salinas / Norma Salinas collections and observations
P = Foto / Photograph
RF = Observaciones de campo de Robin Foster / Robin Foster field identifications

Plantas / Plants

PLANTAS / PLANTS					
Nombre científico/ Scientific name	Forma de vida/ Habit	Presencia en los sitios visitados/ Presence in inventory sites			Fuente/Source
		Kapiromashi	Katarompanaki	Tinkanari	
Baskervilla (1 unidentified sp.)	H	–	X	–	P, NS6904/7245
Brachionidium (1 unidentified sp.)	E	–	X	–	P, NS7017
Comparettia peruviana	E	X	–	–	NS
Cranichis pycnantha	E	–	X	–	NS
Cranichis (1 unidentified sp.)	E	–	–	X	NS7298
Cyclopogon (3 unidentified spp.)	E	–	–	X	NS7107/7227/7298
Cyrtidiorchis (1 unidentified sp.)	E	–	X	X	P, NS7119
Cyrtochilum minax	E/H	–	X	X	NS
Cyrtochilum multiflorum	H	–	X	X	NS
Cyrtochilum tetraplasium aff.	E/H	–	X	X	NS
Cyrtochilum (2 unidentified spp.)	E	–	–	X	NS
Cyrtopodium (2 unidentified spp.)	E	–	X	–	NS
Dichaea laxa	E	X	X	X	NS
Dichaea robusta	E	–	X	X	P, NS7290
Dichaea (4 unidentified spp.)	E	X	X	–	P
Elleanthus conifer	E	–	X	–	P, NS6786
Elleanthus hirtzii	E	X	–	–	P, NS6704/6734
Elleanthus (8 unidentified spp.)	E/H	X	X	X	P
Encyclia (1 unidentified sp.)	E	–	X	–	NS
Epidendrum aquaticoides	H	–	X	–	NS6841
Epidendrum ardens	E/H	–	–	X	NS
Epidendrum fimbriatum	E	–	X	–	P, NS6854
Epidendrum friderici-guilielmi	E	–	–	X	NS
Epidendrum gracillimum aff.	E	–	X	–	NS
Epidendrum laceratum	E	–	X	–	P
Epidendrum nocturnum	H	–	X	–	NS
Epidendrum ramosum	E	–	X	–	P, NS6742/6814
Epidendrum sophronitis	E/H	–	X	–	NS
Epidendrum trachysepalum	E	–	X	X	NS
Epidendrum (12 unidentified spp.)	H/E	X	X	X	P
Epistephium (1 unidentified sp.)	H	–	X	–	P, NS6801
Epilinia (1 unidentified sp.)	E	X	–	–	NS6734
Erythrodes (1 unidentified sp.)	H	–	X	X	P, NS6751
Gomphichis plantaginifolia	E	–	–	X	NS
Habenaria monorrhiza	H	X	–	–	P, NS6779
Habenaria (3 unidentified spp.)	H	X	X	–	P, NS6995/7030
Lepanthes mucronata aff.	E	–	X	–	P, NS6969
Lepanthes (17 unidentified spp.)	E	X	X	X	P
Liparis (1 unidentified sp.)	E	–	X	–	NS6970

PLANTAS / PLANTS					
Nombre científico/ **Scientific name**	**Forma de vida/** **Habit**	**Presencia en los sitios visitados/** **Presence in inventory sites**			**Fuente/Source**
		Kapiromashi	Katarompanaki	Tinkanari	
Lycaste (1 unidentified sp.)	E	–	–	X	P, NS7160
Malaxis (1 unidentified sp.)	H/E	–	X	–	NS
Masdevallia picturata	E	–	X	–	P, NS6967
Masdevallia (1 unidentified sp.)	E	–	–	X	P, NS7309
Maxillaria aggregata	E	–	X	X	P, NS7120
Maxillaria alpestris	E	X	X	X	NS
Maxillaria attenuata	E	–	X	–	P, NS6631/6821
Maxillaria carunculada	E	–	X	–	P, NS6909
Maxillaria cuzcoensis aff.	H	–	X	–	NS
Maxillaria floribunda	H	–	X	–	NS
Maxillaria gigantea	E	–	X	–	P
Maxillaria meridensis	E	–	X	–	P, NS6817/6910
Maxillaria multicolor	E	X	–	–	P, NS6555
Maxillaria quitensis	E	–	X	–	P, NS6856
Maxillaria striata	E	–	X	–	P, NS6792
Maxillaria villosa	E	–	X	–	NS7011
Maxillaria xylobiiflora	E	X	–	–	P
Maxillaria sp.nov.	E	–	X	–	P
Maxillaria (12 unidentified spp.)	E	X	X	X	P
Myoxanthus serripetalus	H/E	–	X	X	NS
Myoxanthus (1 unidentified sp.)	E	–	X	–	P, NS6813
Neodryas (1 unidentified sp.)	E	–	–	X	NS
Octomeria (1 unidentified sp.)	E	–	X	–	P, NS6912
Odontoglossum wyattianum aff.	E	–	X	–	P, NS6920
Odontoglossum (2 unidentified spp.)	H/E	–	X	X	NS
Oncidium cimiciferum	H	–	X	–	NS
Oncidium scansor	E	–	X	X	NS
Oncidium (3 unidentified spp.)	H/E	–	X	X	NS
Otoglossum (1 unidentified sp.)	E	–	–	X	P
Pachyphyllum distichum	E	–	X	–	NS
Pachyphyllum (2 unidentified spp.)	E	–	X	X	NS

LEYENDA/LEGEND

Forma de Vida/Habit
E = Epífita/Epiphyte
H = Hierba terrestre/Terrestrial herb
S = Arbusto/Shrub
T = Árbol/Tree
V = Trepadora/Climber

Fuente/Source
HB = Colecciones y observaciones de Hamilton Beltrán/Hamilton Beltrán collections and observations
NS = Colecciones y observaciones de Norma Salinas/Norma Salinas collections and observations
P = Foto/Photograph
RF = Observaciones de campo de Robin Foster/Robin Foster field identifications

PLANTAS / PLANTS					
Nombre científico/ **Scientific name**	**Forma de vida/** **Habit**	**Presencia en los sitios visitados/** **Presence in inventory sites**			**Fuente/Source**
		Kapiromashi	Katarompanaki	Tinkanari	
Paphinia (1 unidentified sp.)	E	X	–	X	NS6573
Platystele (1 unidentified sp.)	E	–	X	–	NS
Pleurothallis cordata	E	X	X	–	P, NS6796
Pleurothallis ruscifolia	E	X	–	–	P, NS6747/6973
Pleurothallis stenocardios	E	X	–	–	P
Pleurothallis (18 unidentified spp.)	E	X	X	X	P
Ponthieva (1 unidentified sp.)	E	–	–	X	NS
Prosthechea farfanii	E	–	X	–	P, NS6818
Prosthechea vespa	H	–	X	–	NS
Prosthechea (1 unidentified sp.)	E	–	X	–	P
Pterichis silvestris	H	–	X	X	NS
Rusbyella (1 unidentified sp.)	E	–	X	–	P, NS7195
Sauroglossum (1 unidentified sp.)	E	–	X	–	P
Scaphyglottis bifida	E	–	X	–	P, NS6917
Scaphyglottis (2 unidentified spp.)	E	–	X	X	P, NS6933/7129
Sobralia crocea	H	–	X	–	P, NS6928
Sobralia fimbriata	E	X	–	–	P, NS6680
Sobralia virginalis	E	–	X	–	P, NS6844
Sobralia (1 unidentified sp.)	E	X	X	–	P
Stelis tricardium	E	–	X	X	NS
Stelis (14 unidentified spp.)	E	X	X	X	P
Stenorrhynchos cernuus	E	–	X	–	P, NS6938
Telipogon (1 unidentified sp.)	E	–	X	–	NS
Trichoceros antennifer	E/H	–	–	X	NS
Trichosalpinx (1 unidentified sp.)	E	–	X	–	P, NS6952
Xylobium (2 unidentified spp.)	E	X	X	X	P
(9 unidentified spp.)	E/H	X	X	X	P
Oxalidaceae					
Biophytum (1 unidentified sp.)	H	X	–	–	P
Oxalis (2 unidentified spp.)	H/V	–	X	X	P, NS6794/7084
Papaveraceae					
Bocconia frutescens	S	X	X	X	RF
Passifloraceae					
Dilkea (1 unidentified sp.)	S	X	–	–	P
Passiflora (7 unidentified spp.)	V	X	X	X	P, NS6775
Phytolaccaceae					
Hilleria (1 unidentified sp.)	S	–	–	X	P, NS7237
Phytolacca rivinoides	H	X	–	–	P, NS7138

PLANTAS / PLANTS					
Nombre científico/ Scientific name	Forma de vida/ Habit	Presencia en los sitios visitados/ Presence in inventory sites			Fuente/Source
		Kapiromashi	Katarompanaki	Tinkanari	
Picramniaceae					
Picramnia latifolia	S	X	–	–	RF
Picramnia sellowiana	S	X	–	–	RF
Picramnia (1 unidentified sp.)	S	–	–	X	P, NS7206
Piperaceae					
Peperomia serpens	E	X	–	–	RF
Peperomia (24 unidentified spp.)	E/H	X	X	X	P
Piper arboreum	S	X	–	–	P
Piper augustum	S	X	–	–	RF
Piper costatum	S	X	–	–	P
Piper crassinervium	S	X	–	–	P
Piper longestylosum	S	X	–	–	P
Piper obliquum	S	X	–	–	P
Piper reticulatum	S	X	–	–	RF
Piper (17 unidentified spp.)	S/V	X	X	X	P
Poaceae					
Andropogon bicornis	H	X	–	–	RF
Chusquea (7 unidentified spp.)	S/T	–	X	X	P, NS6865/6876
Guadua (1 unidentified sp.)	T	X	–	–	P
Gynerium sagittatum	S	X	–	–	P
Lasiacis (1 unidentified sp.)	V	X	–	–	RF
Olyra (1 unidentified sp.)	H	X	–	–	RF
Panicum (1 unidentified sp.)	H	X	–	–	P
Pariana (1 unidentified sp.)	H	X	–	–	NS6628
Pharus latifolius	H	X	–	–	RF
Rhipidocladum (1 unidentified sp.)	S	–	–	X	P, NS7135
Zeugites (1 unidentified sp.)	H	–	X	–	P, NS6978
(8 unidentified spp.)	H	X	X	–	P, NS6958/7036
Podocarpaceae					
Podocarpus oleifolius	T	–	X	X	NS6937

LEYENDA/LEGEND

Forma de Vida/Habit
E = Epífita/Epiphyte
H = Hierba terrestre/Terrestrial herb
S = Arbusto/Shrub
T = Árbol/Tree
V = Trepadora/Climber

Fuente/Source
HB = Colecciones y observaciones de Hamilton Beltrán/Hamilton Beltrán collections and observations
NS = Colecciones y observaciones de Norma Salinas/Norma Salinas collections and observations
P = Foto/Photograph
RF = Observaciones de campo de Robin Foster/Robin Foster field identifications

PLANTAS / PLANTS					
Nombre científico/ **Scientific name**	**Forma de vida/** **Habit**	**Presencia en los sitios visitados/** **Presence in inventory sites**			**Fuente/Source**
		Kapiromashi	Katarompanaki	Tinkanari	
Polygalaceae					
Monnina (2 unidentified spp.)	S	–	X	X	P, NS6853/7071
Securidaca (2 unidentified spp.)	V	X	–	X	P
Polygonaceae					
Coccoloba (1 unidentified sp.)	T	X	–	–	RF
Polygonum (1 unidentified sp.)	H	X	–	–	P
Triplaris americana	T	X	–	–	P
Triplaris poeppigiana	T	X	–	–	P
Proteaceae					
Panopsis (1 unidentified sp.)	T	–	X	–	P, NS6833
Quiinaceae					
Quiina (1 unidentified sp.)	T	X	–	–	P, NS6689
Rhamnaceae					
Gouania (1 unidentified sp.)	V	X	–	–	P
(1 unidentified sp.)	T	–	X	X	P, NS6906/7060
Rosaceae					
Prunus (1 unidentified sp.)	T	X	–	–	P
Rubus roseus	V	–	X	–	P, NS6884
Rubus (1 unidentified sp.)	V	–	–	X	P, NS7210
Rubiaceae					
Bathysa (1 unidentified sp.)	T	X	–	–	NS6616
Chimarrhis (1 unidentified sp.)	T	X	–	–	RF
Cinchona (1 unidentified sp.)	S	–	–	X	P
Condaminea corymbosa	S	X	–	–	P
Coussarea macrophylla	S	X	–	–	P, NS6545
Coussarea paniculata cf.	S	X	–	–	P, NS6650
Coussarea sp. nov.	S	X	–	–	P, NS6676
Coussarea (1 unidentified sp.)	S	–	X	–	P
Elaeagia utilis	T	X	–	X	P
Elaeagia (2 unidentified spp.)	T	–	X	X	P, NS7271
Faramea multiflora	S	X	–	–	RF
Faramea oblongifolia cf.	S	–	–	X	P
Faramea (2 unidentified spp.)	S	X	X	–	P, NS6827
Gonzalagunia bunchosioides	S	X	–	–	P, NS6635
Gonzalagunia killipii	S	X	–	–	P, NS6732
Guettarda crispiflora	T	X	–	X	P, NS6571/6615
Hamelia patens	S	X	–	X	RF
Hillia parasitica	E	–	–	X	P, NS7134
Hoffmannia (2 unidentified spp.)	S	X	–	X	P

PLANTAS / PLANTS					
Nombre científico / **Scientific name**	**Forma de vida /** **Habit**	**Presencia en los sitios visitados /** **Presence in inventory sites**			**Fuente / Source**
		Kapiromashi	Katarompanaki	Tinkanari	
Isertia laevis	T	–	X	–	P
Ixora killipii	T	X	–	–	RF
Joosia umbellifera	T	X	–	–	P, NS6722
Joosia (2 unidentified spp.)	T	–	X	X	P, NS6996
Ladenbergia carua	T	–	X	X	P, NS6874, 7055
Ladenbergia magnifolia	T	X	–	–	P
Ladenbergia (3 unidentified spp.)	T	–	X	–	P, NS7020
Macrocnemum roseum	T	X	–	–	P
Manettia (1 unidentified sp.)	V	–	X	–	P, NS6944
Notopleura congesta cf.	S	X	–	–	P
Notopleura epiphytica	E	X	X	–	P, NS6556
Notopleura leucantha	S	X	–	–	P
Notopleura macrophylla	S	X	–	–	P
Notopleura montana cf.	S	–	X	–	P
Notopleura scarlatina cf.	S	X	–	–	P
Notopleura tolimensis	S	–	X	–	P
Notopleura triaxillaris	S	X	–	X	P
Notopleura (1 unidentified sp.)	S	–	X	–	P
Palicourea grandiflora cf.	S	X	–	–	P
Palicourea lineata cf.	S	–	X	–	P
Palicourea macrobotrys	S	X	–	–	P
Palicourea punicea	S	X	–	–	NS6638
Palicourea subspicata	S	X	–	–	RF
Palicourea subtomentosa	S	–	X	–	P
Pentagonia (1 unidentified sp.)	S	X	–	X	P
Posoqueria coriacea	S	–	–	X	P
Psychotria acreana	S	X	–	–	P, NS6640
Psychotria boliviana cf.	S	X	–	X	P
Psychotria caerulea	S	X	–	–	P, NS6570
Psychotria compta	S	X	–	–	P
Psychotria conophoroides	S	X	–	–	P

LEYENDA /
LEGEND

Forma de Vida / Habit

E = Epífita / Epiphyte

H = Hierba terrestre /
Terrestrial herb

S = Arbusto / Shrub

T = Árbol / Tree

V = Trepadora / Climber

Fuente / Source

HB = Colecciones y observaciones de
Hamilton Beltrán / Hamilton Beltrán
collections and observations

NS = Colecciones y observaciones de
Norma Salinas / Norma Salinas
collections and observations

P = Foto / Photograph

RF = Observaciones de campo de
Robin Foster / Robin Foster field
identifications

| PLANTAS / PLANTS | | | | | |
| Nombre científico/ Scientific name | Forma de vida/ Habit | Presencia en los sitios visitados/ Presence in inventory sites | | | Fuente/Source |
		Kapiromashi	Katarompanaki	Tinkanari	
Psychotria deflexa	S	X	–	–	P
Psychotria flaviflora	S	X	–	–	P
Psychotria micrantha cf.	S	X	–	–	P
Psychotria microbotrys	S	X	–	–	P
Psychotria oinchrophylla cf.	S	–	X	–	P
Psychotria pangoana cf.	S	X	–	–	P
Psychotria pilosa s.l.	S	X	X	–	P
Psychotria poeppigiana	S	X	–	–	RF
Psychotria racemosa	S	X	–	–	RF
Psychotria ramiflora	S	X	–	–	P
Psychotria reticulata cf.	S	–	X	–	P
Psychotria schunkei	S	X	–	–	P
Psychotria steinbachii cf.	S	–	X	–	P
Psychotria trichotoma	S	X	–	–	P
Psychotria viridis	S	X	–	X	RF
Psychotria sp. nov. 1	S	–	–	X	P
Psychotria sp. nov. 2	S	–	–	X	P
Psychotria (7 unidentified spp.)	S	X	X	X	P
Randia armata	S	X	–	–	NS6741
Randia (1 unidentified sp.)	S	–	X	X	P
Raritebe palicoureoides	S	X	–	–	P
Ronabea latifolia	S	X	–	–	P
Rudgea poeppigii cf.	S	–	–	X	P
Sabicea villosa	V	X	–	–	P
Schradera subandina	E	–	X	–	P
Uncaria tomentosa	V	X	–	–	P
(5 unidentified spp.)	S/T	X	X	X	P
Sabiaceae					
Meliosma (5 unidentified spp.)	T	X	X	X	P
Sapindaceae					
Allophylus pilosus	S	X	–	–	RF
Allophylus (2 unidentified spp.)	S	–	X	X	P, NS6898/6587/7255
Cupania (1 unidentified sp.)	T	–	–	X	P
Matayba (1 unidentified sp.)	T	–	X	–	P
Paullinia pachycarpa	V	X	–	–	RF
Paullinia rugosa	V	X	–	–	RF
Paullinia (7 unidentified spp.)	V	X	–	X	P, NS6673
Serjania (2 unidentified spp.)	V	X	–	–	P

PLANTAS / PLANTS					
Nombre científico / **Scientific name**	**Forma de vida /** **Habit**	**Presencia en los sitios visitados /** **Presence in inventory sites**			**Fuente / Source**
		Kapiromashi	Katarompanaki	Tinkanari	
Sapotaceae					
Pouteria (1 unidentified sp.)	T	X	–	–	P
Scrophulariaceae					
(1 unidentified sp.)	H	–	X	–	P
Simaroubaceae					
Simarouba amara	T	X	–	–	P
Smilacaceae					
Smilax (3 unidentified spp.)	V	X	X	X	P, NS6569/7022
Solanaceae					
Capsicum (3 unidentified spp.)	S/H	X	–	X	P
Cestrum megalophyllum	S	X	–	–	RF
Cestrum (3 unidentified spp.)	S	X	–	X	P, NS6597/7142/7244
Cyphomandra (1 unidentified sp.)	S	X	X	–	P, NS6603
Lycianthes (5 unidentified spp.)	S/H	X	X	X	P
Markea (1 unidentified sp.)	E	X	–	–	RF
Solanum barbeyanum	V	X	–	–	RF
Solanum grandiflorum	T	–	–	X	P
Solanum mite	H	X	–	–	P
Solanum pedemontanum	V	X	–	–	P
Solanum (11 unidentified spp.)	S/V	X	–	X	P
(2 unidentified spp.)	H/S	X	–	X	NS6768/7068
Staphyleaceae					
Turpinia occidentalis	T	–	X	–	P, NS6897
Sterculiaceae					
Sterculia (1 unidentified sp.)	T	X	–	–	RF
Styracaceae					
Styrax (1 unidentified sp.)	T	–	X	–	P, NS6831/7074/7156
Symplocaceae					
Symplocos (2 unidentified spp.)	T	–	–	X	NS7049/7263/7294
Theaceae					
Ternstroemia (1 unidentified sp.)	S	–	X	–	P, NS6935

LEYENDA /
LEGEND

Forma de Vida / Habit

E = Epífita / Epiphyte

H = Hierba terrestre /
Terrestrial herb

S = Arbusto / Shrub

T = Árbol / Tree

V = Trepadora / Climber

Fuente / Source

HB = Colecciones y observaciones de
Hamilton Beltrán / Hamilton Beltrán
collections and observations

NS = Colecciones y observaciones de
Norma Salinas / Norma Salinas
collections and observations

P = Foto / Photograph

RF = Observaciones de campo de
Robin Foster / Robin Foster field
identifications

Nombre científico/ Scientific name	Forma de vida/ Habit	Presencia en los sitios visitados/ Presence in inventory sites			Fuente/Source
PLANTAS / PLANTS		Kapiromashi	Katarompanaki	Tinkanari	
(1 unidentified sp.)	S	–	–	X	P
Tiliaceae					
Heliocarpus cf. *americanus*	T	–	–	X	P
Tovariaceae					
Tovaria pendula	H	X	–	–	P
Tropaeolaceae					
Tropaeolum (2 unidentified spp.)	V	–	–	X	P, NS7235/7253
Ulmaceae					
Celtis iguanaea	V	X	–	–	RF
Celtis schippii	T	X	–	–	RF
Trema micrantha	T	X	–	–	RF
Urticaceae					
Phenax (1 unidentified sp.)	S	X	–	–	NS6686
Pilea (7 unidentified spp.)	H/E/V	X	X	X	P, NS6985/7091/7267
Urera baccifera	S	X	–	X	RF
Urera caracasana	S	X	–	–	RF
Urera eggersii	V	X	X	X	P, NS7132
Urera laciniata	S	X	–	–	RF
(3 unidentified spp.)	S	X	–	X	P, NS7280
Verbenaceae					
Aegiphila (3 unidentified spp.)	V/S	X	X	–	P
Lantana camara	S	X	–	–	P
Violaceae					
Gloeospermum longifolium	T	X	–	–	P, NS6551
Leonia glycycarpa	T	X	–	–	RF
Vitaceae					
Cissus (4 unidentified spp.)	V	X	X	X	P, NS7278/7295
Vochysiaceae					
Vochysia biloba	T	X	–	–	P, NS6714
Vochysia (1 unidentified sp.)	T	X	–	–	RF
Zingiberaceae					
Renealmia thyrsoidea	H	X	–	–	RF
Renealmia (2 unidentified spp.)	H	X	–	–	P, NS6668/6683
Family Indet					
(8 unidentified spp.)	–	X	X	X	P
Pteridophyta					
Adiantum anceps	H	X	–	–	P, NS6687
Anetium citrifolium	E	–	X	–	P
Antrophyum guyanense	E	–	X	–	NS6980

PLANTAS / PLANTS

Nombre científico/ Scientific name	Forma de vida/ Habit	Presencia en los sitios visitados/ Presence in inventory sites			Fuente/Source
		Kapiromashi	Katarompanaki	Tinkanari	
Asplenium delicatulum	E	X	–	–	P, NS6541
Asplenium radicans cf.	H	X	–	–	NS6682
Asplenium rutaceum	E	X	X	X	P, NS6659
Asplenium (6 unidentified spp.)	E	X	–	X	P
Blechnum aureum	H	–	–	X	NS7127
Blechnum (6 unidentified spp.)	H/E	–	X	X	P
Campyloneurum asplundii	E	X	–	–	NS6592
Campyloneurum fuscosquamatum	E	X	–	–	NS6564
Campyloneurum (2 unidentified spp.)	E	X	–	–	P, NS6767/7157/7246
Cnemidaria (2 unidentified spp.)	S	X	X		P, NS7001
Culcita (1 unidentified sp.)	H	–	–	X	NS7192
Cyathea (13 unidentified spp.)	S/T	X	X	X	P, NS6614/6868
Danaea nodosa	H	X	–	–	P, NS6563
Danaea (3 unidentified spp.)	H	X	–	X	P, NS6774/7197
Didymochlaena truncatula	H	X	–	–	RF
Diplazium lechleri	E	–	X	–	P
Diplazium pinnatifidum	H	–	–	X	P
Diplazium (4 unidentified spp.)	H/S	X	–	X	P
Elaphoglossum moorei	E	–	X	X	P
Elaphoglossum (16 unidentified spp.)	E	X	X	X	P
Enterosora (1 unidentified sp.)	E	–	X	–	P
Equisetum bogotense	H	–	–	X	P
Equisetum giganteum	H	X	–	–	RF
Eriosorus (4 unidentified spp.)	V	–	–	X	P, NS7054/7061
Grammitis serrulata	E	X	–	–	P, NS6707
Grammitis (7 unidentified spp.)	E	–	X	–	P, NS6793
Histiopteris incisa	V	–	X	X	P
Huperzia (1 unidentified sp.)	V	–	X	–	P, NS7286
Lindsaea (2 unidentified spp.)	H	X	X	–	P, NS6803/6718
Lomariopsis japurensis	E	X	–	–	RF
Lomariopsis (1 unidentified sp.)	E	–	–	X	P

LEYENDA/ LEGEND

Forma de Vida/Habit
E = Epífita / Epiphyte
H = Hierba terrestre / Terrestrial herb
S = Arbusto / Shrub
T = Árbol / Tree
V = Trepadora / Climber

Fuente / Source
HB = Colecciones y observaciones de Hamilton Beltrán/Hamilton Beltrán collections and observations
NS = Colecciones y observaciones de Norma Salinas/Norma Salinas collections and observations
P = Foto/Photograph
RF = Observaciones de campo de Robin Foster/Robin Foster field identifications

PLANTAS / PLANTS					
Nombre científico / Scientific name	Forma de vida / Habit	Presencia en los sitios visitados / Presence in inventory sites			Fuente / Source
		Kapiromashi	Katarompanaki	Tinkanari	
Lycopodiella cernua	V	–	X	–	P
Lycopodium (1 unidentified sp.)	H	–	–	X	P, NS7052
Lygodium (1 unidentified sp.)	V	X	–	–	RF
Marattia laevis	H/S	X	–	X	P, NS7149
Microgramma fuscopunctata	E	X	–	–	P, NS6542/6543
Microgramma percussa	E	X	–	–	RF
Microgramma (1 unidentified sp.)	E	X	–	X	P
Nephrolepis (3 unidentified spp.)	E	X	X	–	RF, NS6947
Niphidium (2 unidentified spp.)	E	–	X	X	P, NS6989/7261
Oleandra articulata	E	–	X	–	P
Olfersia cervina	H	X	–	X	P, NS7242/6773
Ophioglossum (1 unidentified sp.)	E	–	–	X	P, NS7051
Pecluma (1 unidentified sp.)	E	X	–	–	NS6719/6771
Pityrogramma trifoliata	H	X	–	–	P
Polybotrya (2 unidentified spp.)	E	X	–	–	P/RF
Polypodium fraxinifolium	E	X	X	–	P
Polypodium (5 unidentified spp.)	E	X	X	X	P
Pteris (2 unidentified spp.)	H/S	X	–	X	P, NS7185
Salpichlaena volubilis	V	X	X	–	NS6787
Schizaea elegans	H	–	X	–	P
Selaginella (6 unidentified spp.)	H	X	X	–	P, NS6625/6870/6987
Solenopteris bifrons	E	X	–	–	P
Sticherus (3 unidentified spp.)	V	X	X	X	P
Tectaria incisa	H	X	–	–	P, NS6643
Tectaria plantaginea	H	X	–	–	P, NS6655
Tectaria (1 unidentified sp.)	H	X	–	–	HB
Thelypteris decussata	H	X	X	–	P
Thelypteris (5 unidentified spp.)	H	X	–	–	P
Trichomanes elegans	H	X	–	–	HB
Trichomanes (9 unidentified spp.)	H/E	X	–	–	P, NS6658/6926/7064
Vittaria (3 unidentified spp.)	E	X	X	X	P, NS6990/6708/7093
(13 unidentified spp.)	H/E	X	X	X	P

Escarabajos peloteros registrados en el inventario biológico rápido de la Zona Reservada Megantoni, Perú, entre el 25 de abril y 13 de mayo de 2004. La lista está basada en el trabajo de campo de T. Larsen.

ESCARABAJOS PELOTEROS / DUNG BEETLES

Nombre científico/ Scientific name	Abundancia en trampas de estiércol/ Abundance in dung traps				Hábitat/ Habitat	Cebo/ Bait
	Kapiromashi	Katarompanaki mesa inferior/ lower platform	Katarompanaki mesa superior/ upper platform	Tinkanari		
Ateuchus sp. 1	75	65	–	–	P, B	D, FIT, C
Ateuchus sp. (*aenomicans* group)	–	–	–	–	P	FIT
Bdelyrus cf. *pecki*	–	–	–	–	P	FR
Canthidium coerulescens	–	1	–	–	P	D
Canthidium cf. *escalerei*	–	–	–	10	P, S	D, FIT
Canthidium sp. 1	5	–	–	–	P, B	D
Canthidium sp. 2	–	–	–	22	P, O, S	D
Canthidium sp. 3	5	–	–	–	P	D
Canthidium sp. 4	1	–	–	–	B	D
Canthidium sp. 5	–	–	–	–	P	FIT
Canthidium sp. 6	–	–	–	–	P	FIT
Canthidium sp. aff. *centrale*	–	3	–	–	P	D
Canthidium sp. aff. *cupreum*	–	155	3	–	P, ST	D, FIT, C
Canthidium sp. aff. *dohrni*	–	–	–	–	P	FIT
Canthidium sp. aff. *kiesenwetteri*	22	–	–	–	P, S, B	D, FIT
Canthon aberrans	–	–	–	–	S	H
Canthon cf. *angustatus*	3	–	–	–	P, B	D
Canthon brunneus	21	–	–	–	P, S, B	D
Canthon fulgidus	116	–	–	–	P, S, B	D
Canthon luteicollis	3	1	–	–	P	D
Canthon monilifer	5	–	–	–	B	D
Canthon sp. 1	–	–	–	1	O	D
Canthon sp. aff. *angustatus*	–	–	–	1	P	D
Coprophanaeus ignecinctus	–	12	–	–	P	D, FIT, C
Coprophanaeus larseni	–	–	–	–	P	C

LEYENDA/ LEGEND

Hábitat / Habitat

P = Bosques primarios altos/ Tall primary forest

ST = Árboles enanos/ Stunted primary forest

O = Vegetación abierta, muchos arbustos/Open, many shrubs

S = Bosque secundario/ Secondary forest

B = Bambú (*Guadua* y *Chusquea*)/ Bamboo (*Guadua* and *Chusquea*)

Cebo/Bait

C = Carroña (pescado o insectos muertos)/Carrion (fish or dead insects)

D = Estiércol/Dung

FIT = Trampas de interceptación de vuelo/Flight intercept trap

FR = Fruta podrida (mayormente plátano)/Rotten fruit (mostly banana)

FU = Hongos podridos/Rotten fungi

H = Capturado a mano/Hand captured

Escarabajos Peloteros/
Dung Beetles

Dung beetles recorded in the Zona Reservada Megantoni, Peru, in a rapid biological inventory from 25 April–13 May 2004. The list is based on field work by T. Larsen.

ESCARABAJOS PELOTEROS / DUNG BEETLES

Nombre científico/ Scientific name	Abundancia en trampas de estiercol/ Abundance in dung traps				Hábitat/ Habitat	Cebo/ Bait
	Kapiromashi	Katarompanaki mesa inferior/ lower platform	Katarompanaki mesa superior/ upper platform	Tinkanari		
Coprophanaeus telamon	5	–	–	–	P	D, FIT, C
Deltochilum burmeister	1	24	5	–	P, ST	D, C
Deltochilum carinatum	28	–	–	–	P	D, C
Deltochilum laevigatum	6	–	–	–	P, S, B	D, C
Deltochilum orbiculare	6	–	–	–	P	D
Deltochilum sp. 1 (barbipes group)	–	4	–	–	P	D, FIT
Deltochilum sp. 2 (barbipes group)	8	–	–	–	P, B	D, C
Deltochilum sp. nov. aff. barbipes	–	–	19	8	P, ST, S	D, C
Dichotomius conicollis	4	–	–	–	P, S	D
Dichotomius diabolicus	–	–	–	198	P, ST, S, B	D, FIT
Dichotomius mamillatus	9	–	–	–	P, S, B	D
Dichotomius planicollis	–	410	16	1	P, ST	D, FIT
Dichotomius prietoi	116	–	–	–	P, S, B	D
Dichotomius sp. aff. inachus	–	39	1	79	P, ST, B	D, FIT
Eurysternus caribaeus	97	89	–	–	P, S, B	D, FIT, C
Eurysternus marmoreus	–	–	–	2	P, S	D
Eurysternus plebejus	29	–	–	–	P, S, B	D, FIT, C
Eurysternus sp. nov. 1 (velutinus complex)	2	1	–	–	P	D
Eurysternus sp. nov. 2 (hirtellus group)	–	9	–	–	P	D
Eurysternus wittmerorum	1	–	–	–	P	D
Eurysternus sp. nov. 3 (velutinus complex)	109	–	–	–	P, S, B	D, FIT, C
Ontherus alexis	254	33	–	–	P, S, B	D
Ontherus azteca	2	–	–	–	P	D, FIT
Ontherus howdeni	–	1	–	445	P, S, B	D
Ontherus obliquus	–	12	93	5	P, ST, O, S, B	D
Onthophagus haematopus	113	–	–	–	P, S, B	D, FIT
Onthophagus cf. osculatii	96	–	–	–	P, S, B	D
Onthophagus cf. rhinophyllus	27	–	–	–	P, S, B	D, FIT, C
Onthophagus sp. 1	19	–	–	–	P, S	D
Onthophagus cf. xanthomerus	5	1	–	–	P, S, B	D, FIT, C, FR
Oxysternon aeneum	9	–	–	–	P, S	D
Oxysternon conspicillatum	78	1	–	–	P, S, B	D, FIT
Pedaridium cf. sp. nov.	–	4	–	–	P	D
Phanaeus cambeforti	57	–	–	–	P, S, B	D, FIT
Phanaeus meleagris	–	77	–	–	P	D, FIT, FR
Phanaeus sp. 1	–	9	1	–	P, ST	D

ESCARABAJOS PELOTEROS / DUNG BEETLES

Nombre científico/ Scientific name	Abundancia en trampas de estiércol/ Abundance in dung traps				Hábitat/ Habitat	Cebo/ Bait
	Kapiromashi	Katarompanaki mesa inferior/ lower platform	Katarompanaki mesa superior/ upper platform	Tinkanari		
Scatimus cf. *strandi*	–	1	–	–	P	D
Sylvicanthon bridarollii	52	–	–	–	P, S, B	D
Sylvicanthon cf. sp. nov.	–	3	9	–	P, ST	D, FIT
Uroxys sp. 1	6	68	1	–	P, ST	D, FIT, FU
Uroxys sp. 2	–	4	–	–	P	D, FIT
Uroxys sp. 3	–	3	–	–	P	D
Uroxys sp. 4	–	–	–	8	P, ST, O	D, C
Uroxys sp. 5	–	–	–	44	P, ST, O, S, B	D, FIT
Uroxys sp. 6	–	–	19	–	ST, O	D
Uroxys sp. 7	–	–	–	4	P	D

LEYENDA/ LEGEND

Hábitat / Habitat

P = Bosques primarios altos/ Tall primary forest
ST = Árboles enanos/ Stunted primary forest
O = Vegetación abierta, muchos arbustos/Open, many shrubs
S = Bosque secundario/ Secondary forest
B = Bambú (*Guadua* y *Chusquea*)/ Bamboo (*Guadua* and *Chusquea*)

Cebo/ Bait

C = Carroña (pescado o insectos muertos)/Carrion (fish or dead insects)
D = Estiércol/Dung
FIT = Trampas de interceptación de vuelo/Flight intercept trap
FR = Fruta podrida (mayormente plátano)/Rotten fruit (mostly banana)
FU = Hongos podridos/Rotten fungi
H = Capturado a mano/Hand captured

Resúmen de las características de las estaciones de muestreo de peces en la Zona Reservada
Megantoni, Perú, durante el inventario biológico rápido entre el 25 de abril y 13 de mayo de
2004./Summary characteristics of the fish sampling stations during the rapid biological inventory
of the Zona Reservada Megantoni, Peru, from 25 April–13 May 2004.

ESTACIONES DE MUESTREO DE PECES/FISH SAMPLING STATIONS			
	Kapiromashi	Katarompanaki	Tinkanari
Número de estaciones/ Number of stations	8 (E1–E8)	7 (E9–E15)	8 (E16–E23)
Fechas/Dates	26 al 29 abril 2004/ 26–29 April 2004	2 al 6 mayo 2004/ 2–6 May 2004	9 al 13 mayo 2004/ 9–13 May 2004
Ambientes/ Environments	todos lóticos/all lotic	todos lóticos/all lotic	todos lóticos/all lotic
Tipos de agua/ Types of water	todos agua clara/ all clear water	dominancia de aguas negras/ mostly black water (6)	dominancia de aguas claras/ mostly clear water (7)
Ancho/Width (m)	4–40	0.4–13	0.5–12
Superficie total de muestreo/ Total surface area sampled (m²)	~10,000	~5,420	~10,000
Profundidad/Depth (m)	0.1–2	0.1–0.5	0.1–1.5
Tipo de corriente/ Type of current	lenta a fuerte/ slow to strong	muy lenta a moderada/ very slow to moderate	muy lenta a moderada/ very slow to moderate
Color	marrón a gris verdoso/ brown and green	té oscuro e incoloro/ black and colorless	incoloro y té claro/ colorless and light black
Transparencia/ Transparency (cm)	20–200 (total)	0.5 (total)	150 (total)
Tipo de substrato/ Type of substrate	arenoso–canto rodado/ sand and stone	roca–canto rodado/ rocky and stone	roca–canto rodado–arenoso/ rocky, stone and sand
Tipo de orilla/ Type of bank	estrecha–amplia/ narrow to wide	muy estrecha a estrecha/ very narrow to narrow	estrecha–nula/ narrow to none
Vegetación/ Vegetation	pacal, bosque sucesional/ bamboo, successional forest	bosque maduro, bosque enano, bosque primario/mature forest, elfin forest, primary forest	bosque maduro, con Chusquea (bambú) y helechos arbóreos/ mature forest, with Chusquea bamboo and tree ferns
Temperatura del agua/ Water temperature (°C)	17–19	13–15	14–16

Peces/Fishes

Ictiofauna registrada en la Zona Reservada Megantoni, Perú, durante el inventario biológico rápido entre el 25 de abril y 13 de mayo de 2004. La lista está basada en el trabajo de campo de M. Hidalgo y R. Quispe.

PECES / FISHES			
Nombre científico/ Scientific name	**Nombre común Common name**	**Nombre Machiguenga/ Machiguenga name**	
CHARACIFORMES			
Characidae			
001 *Astyanax bimaculatus*	mojarra	sangovati	
002 *Bryconamericus bolivianus*	mojarita / sardinita	chonaguiro	
003 *Ceratobranchia obtusirostris*	mojarita / sardinita	chonaguiro	
004 *Ceratobranchia* sp.	mojarita / sardinita	chonaguiro	
005 *Creagrutus changae*	mojarita / sardinita	chonaguiro	
006 *Hemibrycon jelskii*	mojarita / sardinita	chonaguiro	
007 *Knodus breviceps*	mojarita / sardinita	chonaguiro	
Erythrinidae			
008 *Hoplias malabaricus*	huasaco	tsengori	
SILURIFORMES			
Heptapteridae			
009 *Rhamdia quelen*	cunchi	kuikiokiti	
Cetopsidae			
010 *Cetopsis* sp. nov.	canero	maboro	
Trichomycteridae			
011 *Trichomycterus* sp. A (cf. *ituglanis*)	bagre / canero	kirompi / kirotsari	
012 *Trichomycterus* sp. B	bagre / canero	kirompi / kirotsari	
013 *Trichomycterus* sp. C	bagre / canero	kirompi / kirotsari	
014 *Trichomycterus* sp. D	bagre / canero	kirompi / kirotsari	
Loricariidae			
015 *Ancistrus* aff. *tamboensis*	carachama	igaratekashiri / etari	
016 *Ancistrus* sp. B	carachama	igaratekashiri / etari	
017 *Chaetostoma* aff. *lineopunctatum*	carachama	igaratekashiri / etari	
018 *Chaetostoma* sp. B	carachama	igaratekashiri / etari	

LEYENDA/LEGEND

Uso/Use

CC = Consumo humano/ Human consumption

N = No conocido/Unknown

Hábitat/Habitat

R = Río/River

Q = Quebrada/Stream

n = Agua negra/Black water

c = Agua clara/White water

Fishes recorded in the Zona Reservada Megantoni, Peru, in a rapid biological inventory from
25 April–13 May 2004. The list is based on field work by M. Hidalgo and R. Quispe.

	Abundancia en los sitios visitados/ Abundance in the sites visited			Rango altitudinal del registro (m)/ Altitudinal range of record (m)	Uso actual o potencial/Current or potential uses	Hábitat/ Habitat	Ocurrencia – Abundancia/ Occurrence – Abundance
	Kapiromashi	Katarompanaki	Tinkanari				
001	551	–	–	750–900	CC	Rc, Qc	c-a
002	6	–	–	750–900	N	Rc	r-me
003	1518	–	–	750–900	N	Rc, Qc	c-a
004	1	–	–	900	N	Rc	mr-me
005	156	–	–	750–900	CC	Rc, Qc	c-a
006	270	–	–	750–900	CC	Rc, Qc	c-a
007	7	–	–	780–900	N	Rc, Qc	r-me
008	20	–	–	750–800	CC	Rc, Qc	r-e
009	20	–	–	760	CC	Rc	mr-e
010	2	–	–	760	N	Rc	mr-me
011	1	–	–	760	N	Rc	mr-me
012	5	–	–	760	N	Rc	mr-me
013	–	110	16	1360–2200	N	Qn, Qc	c-a
014	–	1	111	1360–2200	N	Qc	c-a
015	11	–	–	760–900	CC	Rc	r-e
016	20	–	–	750–800	CC	Rc, Qc	mr-e
017	71	–	–	760–780	CC	Rc	r-pa
018	3	–	–	770	CC	Rc	mr-me

Ocurrencia en las estaciones de muestreo/ Occurrence at sampling stations

c = Común (más de 4 estaciones de muestreo)/Common (more than 4 sampling stations)

r = Raro (2 a 4 estaciones de muestreo)/Rare (2–4 sampling stations)

mr = Muy raro (una sola estación de muestro)/Very rare (single sampling station)

Abundancia (en los tres sitios muestreados)/ Abundance (at three principal inventory sites)

a = Abundante (más de 100 individuos)/Abundant (more than 100 individuals)

pa = Poco abundante (50 a 99 individuos)/Somewhat abundant (50–99 individuals)

e = Escaso (10 a 49 individuos)/ Scarce (10–49 individuals)

me = Muy escaso (menos de 10 individuos)/Very scarce (less than 10 individuals)

PECES / FISHES

Nombre científico/ Scientific name	Nombre común Common name	Nombre Machiguenga/ Machiguenga name	
Astroblepidae			
019 *Astroblepus* sp. A	bagre	maronto	
020 *Astroblepus* sp. B	bagre	materi	
021 *Astroblepus* sp. C	bagre	materi	
022 *Astroblepus* sp. D	bagre	materi	
Total de individuos/Total individuals			
Total de especies/Total species			

LEYENDA/LEGEND

Uso/Use

CC = Consumo humano/ Human consumption

N = No conocido/Unknown

Hábitat/Habitat

R = Río/River

Q = Quebrada/Stream

n = Agua negra/Black water

c = Agua clara/White water

Abundancia en los sitios visitados/ Abundance in the sites visited				Rango altitudinal del registro (m)/ Altitudinal range of record (m)	Uso actual o potencial/Current or potential uses	Hábitat/ Habitat	Ocurrencia – Abundancia/ Occurrence – Abundance
Kapiromashi	Katarompanaki	Tinkanari					
019	2	–	–	760–780	CC	Rc	mr-me
020	–	29	38	1360–2200	N	Qc	c-pa
021	–	–	10	2100–2200	N	Qc	c-e
022	–	–	170	2000–2200	N	Qc	c-a
	2647	140	345				
	17	3	5				

Ocurrencia en las estaciones de muestreo/ Occurrence at sampling stations

c = Común (más de 4 estaciones de muestreo)/Common (more than 4 sampling stations)

r = Raro (2 a 4 estaciones de muestreo)/Rare (2–4 sampling stations)

mr = Muy raro (una sola estación de muestro)/Very rare (single sampling station)

Abundancia (en los tres sitios muestreados)/ Abundance (at three principal inventory sites)

a = Abundante (más de 100 individuos)/Abundant (more than 100 individuals)

pa = Poco abundante (50 a 99 individuos)/Somewhat abundant (50–99 individuals)

e = Escaso (10 a 49 individuos)/ Scarce (10–49 individuals)

me = Muy escaso (menos de 10 individuos)/Very scarce (less than 10 individuals)

**Anfibios y Reptiles/
Amphibians and Reptiles**

Anfibios y reptiles registrados durante el inventario biológico rápido entre el 25 de abril y 13 de mayo de 2004 en la Zona Reservada Megantoni, Perú. La lista está basada en el trabajo de campo de A. Catenazzi y L. Rodríguez.

ANFIBIOS Y REPTILES / AMPHIBIANS AND REPTILES			
Nombre científico/ Scientific name	**Kapiromashi**	**Katarompanaki**	**Tinkanari**
AMPHIBIA			
Bufonidae			
001 *Atelopus erythropus*	–	–	H
002 *Bufo marinus*	VH	–	–
003 *Bufo typhonius* sp. 1	L	–	–
004 *Bufo typhonius* sp. 2	–	L	–
005 *Bufo* sp. gr. *veraguensis*	–	–	L
Centrolenidae			
006 *Centrolene* sp.	–	X	–
007 *Cochranella spiculata*	–	M	–
008 *Hyalinobatrachium* cf. *bergeri*	–	L	–
009 Indet.	–	–	X
Dendrobatidae			
010 *Colostethus* sp.	–	–	M
011 *Epipedobates macero*	L	–	–
Hylidae			
012 *Gastrotheca* sp.	–	–	VH
013 *Hyla boans*	VH	–	–
014 *Hyla lanciformis*	VH	–	–
015 *Hyla parviceps*	L	–	–
016 *Osteocephalus* sp. nov.	H	–	–
Leptodactylidae			
017 *Adenomera andreae*	H	–	–
018 *Eleutherodactylus cruralis*	–	–	L
019 *Eleutherodactylus danae*	L	–	–
020 *Eleutherodactylus fenestratus*	M	–	–
021 *Eleutherodactylus mendax*	L	M	–
022 *Eleutherodactylus peruvianus*	L	–	–
023 *Eleutherodactylus platydactylus*	H	L	–
024 *Eleutherodactylus salaputium*	–	M	X?
025 *Eleutherodactylus* cf. *carvalhoi*	M	–	–

Amphibians and reptiles registered during the rapid biological inventory from 25 April–13 May 2004 in the Zona Reservada Megantoni, Peru. The list is based on field work by A. Catenazzi and L. Rodríguez.

	Rango altitudinal/ Altitudinal range (m)	Tamaño máximo SVL/Maximum SVL measurement (mm)	Microhábitat/ Microhabitat	Actividad/ Activity	Vouchers (L. Rodríguez)
001	1800–2200	28	S/T	D	10548, 10579, 10565 (renecuajo/tadpole)
002	100–1000	150	R/T	N	F
003	750	–	T/LV	N	10502
004	1350	–	T/LV	N	10545
005	2100–2300	34	T	N	10557, 10559
006	1700	–	S	N	F
007	1050–1700	27.8	S	N	F
008	540–2000	24.7	S	N	10544
009	2200	–	S	N	10563
010	2200	–	T	D	10552, 10567, 10577
011	250–800	25	T/R	D	F
012	2100–2300	21	A	N/D	10553, 10558
013	100–1000	118	R	N	F
014	100–1000	94	R	N	F
015	100–1000	26	A	N	F
016	650–1250	60	A/R	N	F
017	100–1500?	28	T	N	10503
018	750–2400	28.5	T	N	10572
019	800–1700	–	LV	N	10506
020	300–2000	43	T	N	10501
021	500–2100	26	LV	N	10517
022	100–1200	46	LV	N	10520
023	1650	26.1	T	N	10511, 10522, 10546
024	1800–2400	20	LV	N	10518, 10525, 10570
025	800	18.4	LV	N	10500, 10504, 10507-10509

LEYENDA/LEGEND

Microhábitats/Microhabitats
A = Arbóreo/Arboreal
LV = Vegetación baja/ Low vegetation
R = Ripario/Riparian
S = Quebradas/Streams
T = Terrestre/Terrestrial

Abundancia/Abundance
L = Baja/Low
M = Mediana/Medium
H = Alta/High
VH = Muy Alta/Very High
X = Presente/Present

Actividad/Activity
D = Día/Diurnal
N = Noche/Nocturnal

Vouchers
F = Foto/Photograph

ANFIBIOS Y REPTILES / AMPHIBIANS AND REPTILES

	Nombre científico / Scientific name	Kapiromashi	Katarompanaki	Tinkanari
026	*Eleutherodactylus* sp. 1 ("*rhabdolaemus*")	–	H	VH
027	*Eleutherodactylus* sp. 2 gr. *discoidalis*	–	M	–
028	*Ischnocnema quixensis*	L	–	–
029	*Phrynopus* cf. *bagrecito*	–	–	H
030	*Phyllonastes myrmecoides*	–	L	–
031	*Telmatobius* sp.	–	–	X
	Microhylidae			
032	*Syncope* sp.	–	L	–
	REPTILIA			
	Gymnophtalmidae			
033	*Alopoglossus* sp.	–	L	–
034	*Euspondylus* cf. *rhami*	–	–	M
035	*Euspondylus* sp. nov.	–	M	–
036	*Neusticurus* sp.	–	L	–
037	*Prionodactylus* cf. *manicatus*	–	–	L
038	*Proctoporus* sp.	–	L	–
	Polychrotidae			
039	*Anolis* cf. *fuscoauratus*	L	–	–
	Teiidae			
040	*Ameiva ameiva*	M	–	–
041	*Kentropyx altamazonica*	M	–	–
	Colubridae			
042	*Clelia clelia*	–	L	–
043	*Chironius monticola*	–	L	–
044	*Chironius* sp.	–	–	L
045	*Imantodes cenchoa*	M	–	–
046	*Leimadophis reginae*	–	L	–
047	*Oxyrhopus marcapatae*	–	–	H

	Rango altitudinal/ Altitudinal range (m)	Tamaño máximo SVL/Maximum SVL measurement (mm)	Microhábitat/ Microhabitat	Actividad/ Activity	Vouchers (L. Rodríguez)
026	1350–2300	31.3	T/LV	N/D	10512, 10513, 10519, 10521, 10526–10528, 10531, 10534–10536, 10539, 10541, 10542, 10549–10551, 10560–10562, 10566, 10568, 10569, 10571
027	1700–1800	35.2	LV	N	10523, 10524, 10529, 10534, 10543
028	100–1000	59	T	N	F
029	2100–2550	22	T	N	10578, 10580, 10581 y 10582
030	100–1500	14	T	N	10532
031	2100–2300	–	T/S	N	10564
032	1700	14.1	T	N	10533
033	1700	57+94	T	D	10538
034	2200	72+105	T	D	10575, 10576
035	1900–2000	?+140	T	D	10540 (cola/tail)
036	1700	51+92	R	D	10537
037	2200	57+110	A	D	10554
038	1700	39+68	T	D	10514
039	100–1000	47+92	A	D	10505
040	100–1000	140+300	T	D	F
041	100–700	114+295	T	D	F
042	1450	2070+280	T	N/D	–
043	1650	565+304	T	D	10515
044	2200	250+160	T	D	10556
045	100–1000	811+357	A	N	F
046	100–1500	436+127	T	D	10547
047	2200	475+205	T	N	10573, 10574

LEYENDA/LEGEND

Microhábitats/Microhabitats
A = Arbóreo / Arboreal
LV = Vegetación baja/ Low vegetation
R = Ripario / Riparian
S = Quebradas/Streams
T = Terrestre /Terrestrial

Abundancia/Abundance
L = Baja / Low
M = Mediana / Medium
H = Alta / High
VH = Muy Alta /Very High
X = Presente/Present

Actividad /Activity
D = Día / Diurnal
N = Noche / Nocturnal

Vouchers
F = Foto / Photograph

ANFIBIOS Y REPTILES / AMPHIBIANS AND REPTILES			
Nombre científico/ **Scientific name**	**Kapiromashi**	**Katarompanaki**	**Tinkanari**
048 *Oxyrhopus* cf. *leucomelas*	–	L	–
049 *Taeniophallus* sp. nov.	–	–	L
Viperidae			
050 *Bothrops andianus*	–	–	M
051 *Bothrops atrox*	L	–	–
Número de especies/ **Number of species**	**20**	**19**	**16**

	Rango altitudinal / Altitudinal range (m)	Tamaño máximo SVL / Maximum SVL measurement (mm)	Microhábitat / Microhabitat	Actividad / Activity	Vouchers (L. Rodríguez)
048	1650	398+113	T	?	10516
049	2150	353+119	T	D	10580
050	2250	333+68	T	D	10555
051	900	1288+222	T	N/D	F

Microhábitats / Microhabitats

A = Arbóreo / Arboreal

LV = Vegetación baja / Low vegetation

R = Ripario / Riparian

S = Quebradas / Streams

T = Terrestre / Terrestrial

Abundancia / Abundance

L = Baja / Low

M = Mediana / Medium

H = Alta / High

VH = Muy Alta / Very High

X = Presente / Present

Actividad / Activity

D = Día / Diurnal

N = Noche / Nocturnal

Vouchers

F = Foto / Photograph

Aves/Birds

Aves registradas durante el inventario biológico rápido del 25 de abril al 13 de mayo de 2004 en la Zona Reservada Megantoni, Perú. La lista está basada en el trabajo de campo de D. Lane y T. Pequeño.

AVES / BIRDS						
Nombre científico/ Scientific name	Rango altitudinal/ Altitudinal range (m)		Abundancia en los sitios visitados/ Abundance in the sites visited			Hábitat/ Habitat
	Min	Max	Kapiromashi	Katarompanaki	Tinkanari	
Tinamidae (8)						
Tinamus tao	800	800	R	–	–	BT
Tinamus osgoodi	900	2100	R	FC	–	BT
Nothocercus nigrocapillus	2100	2200	–	–	R	BS
Crypturellus cinereus	760	760	R	–	–	R
Crypturellus soui	760	800	U	–	–	R, P
Crypturellus obsoletus	1500	2250	–	R	FC	BT, BS
Crypturellus atrocapillus	760	800	FC	–	–	R, BT
Crypturellus bartletti	800	900	R	–	–	BT
Cracidae (4)						
Ortalis guttata	760	800	R	–	–	R
Penelope montagnii	1700	2300	–	R	U	BE, BS
Aburria aburri	1400	2100	–	U	U	BE, BS
Chamaepetes goudotii	1600	2300	–	U	C	BE, BS
Odontophoridae (2)						
Odontophorus speciosus	800	1600	U	U	–	BT
Odontophorus balliviani	2100	2200	–	–	R	BS
Podicipedidae (1)						
Tachybaptus dominicus	2100	2100	–	–	R	L
Ardeidae (1)						
Nycticorax nycticorax	760	760	R	–	–	R
Cathartidae (4)						
Cathartes aura	760	1700	C	R	–	S
Cathartes melambrotus	760	1000	FC	–	–	S
Coragyps atratus	760	900	R	–	–	S
Sarcoramphus papa	0	1500	–	–	R	S
Accipitridae (7)						
Elanoides forficatus	760	2300	C	–	R	S
Accipiter sp.	2200	2300	–	–	R	BS
Harpyhaliaetus solitarius	900	1000	R	–	–	S
Buteo magnirostris	760	800	U	–	–	R
Buteo leucorrhous	2200	2200	–	–	R	S
Buteo albonotatus	900	1000	R	–	–	S
Oroaetus isidori	1900	2200	–	–	U	S
Falconidae (4)						
Ibycter americanus	760	800	R	–	–	R
Herpetotheres cachinnans	760	800	R	–	–	R
Micrastur ruficollis	800	2100	R	–	R	BT, BS
Falco rufigularis	760	1800	R	R	–	BT, BS

Birds registered during the rapid biological inventory from 25 April–13 May 2004 in the Zona
Reservada Megantoni, Peru. The list is based on field work by D. Lane and T. Pequeño.

AVES / BIRDS

Nombre científico/ Scientific name	Rango altitudinal/ Altitudinal range (m)		Abundancia en los sitios visitados/ Abundance in the sites visited			Hábitat/ Habitat
	Min	Max	Kapiromashi	Katarompanaki	Tinkanari	
Rallidae(1)						
Aramides cajanea	760	760	R	–	–	R
Eurypigidae (1)						
Eurypyga helias	760	760	U	–	–	R
Charadriidae (1)						
Vanellus cayanus	760	760	FC	–	–	R
Scolopacidae (2)						
Tringa solitaria	760	760	U	–	–	R
Actitis macularius	760	760	FC	–	–	R
Columbidae (5)						
Patagioenas fasciata	2100	2300	–	–	C	BS
Patagioenas plumbea	760	2400	R	U	C	BT, BS
Patagioenas subvinacea	760	1700	C	R	–	BT
Leptotila rufaxilla	760	760	U	–	–	R
Geotrygon frenata	1400	2200	–	R	U	BE, BS
Psittacidae (13)						
Ara ararauna	760	800	U	–	–	S
Ara militaris	760	1400	C	R	–	S
Ara macao	760	800	U	–	–	S
Ara severa	760	800	R	–	–	S
Propyrrhura couloni	760	800	C	–	–	S
Aratinga leucophthalma	760	1400	FC	U	–	S
Parakeet sp.	2100	2200	–	–	U	BS
Bolborhynchus lineola	1300	2400	–	C	C	S
Pionus menstruus	760	900	C	–	–	S
Pionus tumultuosus	2000	2400	–	–	C	S
Amazona ochrocephala	760	800	C	–	–	S

LEYENDA/ LEGEND

Abundancia/Abundance

C = Común (varios individuos registrados a diario, o en grupos grandes)/Common (multiple individuals observed daily, or in large groups)

FC = Poco común (un registro cada día o varios individuos pero no diariamente)/Fairly common (one record daily or multiple individuals but not every day)

U = No común (observado en cantidades bajas)/Uncommon (observed in low numbers)

R = Raro (una o dos observaciones)/Rare (one or two observations)

Hábitat/Habitat

BT = Bosque alto tropical/ Tall tropical forest

BE = Bosque enano/Elfin forest

BS = Bosque alto subtropical/ Tall subtropical forest

R = Río, ribera/River, riverine habitat

P = Pacal/*Guadua* bamboo

C = Bambú de *Chusquea*/ *Chusquea* bamboo

S = Sobrevolando/Overhead

L = Lagunita/Pond

AVES / BIRDS						
Nombre científico/ Scientific name	**Rango altitudinal/ Altitudinal range (m)**		**Abundancia en los sitios visitados/ Abundance in the sites visited**			**Hábitat/ Habitat**
	Min	Max	Kapiromashi	Katarompanaki	Tinkanari	
Amazona mercenaria	800	2400	R	R	C	S
Amazona farinosa	760	800	R	–	–	S
Cuculidae (2)						
Piaya cayana	760	2200	C	U	U	BT, BS
Neomorphus geoffroyi	800	800	R	–	–	BT
Strigidae (6)						
Megascops ingens	760	2300	R	FC	FC	BT, BS
Megascops albogularis	2200	2200	–	–	R	BE
Pulsatrix melanota	760	760	R	–	–	BT
Ciccaba huhula	760	800	U	–	–	BT, R
Ciccaba albitarsis	2100	2400	–	–	FC	BS
Glaucidium jardinii	2100	2400	–	–	U	BE, BS
Nyctibiidae (1)						
Nyctibius maculosus	2100	2100	–	–	R	BS
Caprimulgidae (3)						
Lurocalis rufiventris	2100	2300	–	–	R	S
Nyctidromus albicollis	760	760	U	–	–	R
Caprimulgus longirostris	1700	1800	–	R	–	BE
Apodidae (5)						
Streptoprocne rutila	800	1800	R	R	–	S
Streptoprocne zonaris	760	2400	U	–	U	S
Chaetura cinereiventris	760	800	FC	–	–	S
Chaetura brachyura	760	760	R	–	–	S
Aeronautes montivagus	760	2400	R	R	U	S
Trochilidae (22)						
Eutoxeres condamini	760	2200	R	–	R	R, BS
Threnetes leucurus	760	900	FC	–	–	BT
Phaethornis hispidus	760	850	FC	–	–	BT, R
Phaethornis malaris	760	760	R	–	–	BT
Doryfera ludovicae	2100	2100	–	–	R	BS
Colibri coruscans	2200	2400	–	–	U	BE
Anthracothorax nigricollis	760	760	R	–	–	R
Chlorostilbon mellisugus	760	760	R	–	–	R
Thalurania furcata	760	900	U	–	–	R
Taphrospilus hypostictus	760	760	U	–	–	R
Adelomyia melanogenys	1600	2400	–	C	C	BT, BE, BS
Phlogophilus harterti	760	1000	FC	–	–	BT, P
Heliodoxa aurescens	760	760	R	–	–	R
Heliodoxa rubinoides	2200	2200	–	–	R	BS

AVES / BIRDS

Nombre científico / Scientific name	Rango altitudinal / Altitudinal range (m)		Abundancia en los sitios visitados / Abundance in the sites visited			Hábitat / Habitat
	Min	Max	Kapiromashi	Katarompanaki	Tinkanari	
Heliodoxa leadbeateri	2100	2300	–	–	U	BS
Boissonneaua matthewsii	2300	2300	–	–	R	BS
Coeligena coeligena	1600	2400	–	C	C	BT, BE, BS
Coeligena torquata (eisenmanni?)	2200	2200	–	–	R	BS
Coeligena violifer	2300	2300	–	–	R	BS
Haplophaedia aureliae	1700	2300	–	R	R	BE, BS
Ocreatus underwoodii	1600	2400	–	C	C	BE, BS
Aglaiocercus kingi	1600	2400	–	C	C	BE, BS
Trogonidae (7)						
Trogon viridis	760	900	U	–	–	BT
Trogon curucui	760	800	C	–	–	BT, R
Trogon collaris	800	1600	R	R	–	BT
Trogon personatus	1700	2400	–	U	C	BS
Trogon melanurus	760	900	U	–	–	BT
Pharomachrus auriceps	2100	2100	–	–	C	BS
Pharomachrus antisianus	2100	2300	–	–	R	BS
Alcedinidae (3)						
Chloroceryle amazona	760	760	U	–	–	R
Chloroceryle americana	760	760	FC	–	–	R
Chloroceryle inda	760	760	R	–	–	R
Momotidae (1)						
Momotus aequatorialis	2100	2100	–	–	R	BS
Galbulidae (1)						
Galbula cyanescens	760	900	C	–	–	R, P
Bucconidae (6)						
Nystalus striolatus	800	800	R	–	–	BT
Malacoptila fulvogularis	1600	1800	–	U	–	BT, BS

LEYENDA / LEGEND

Abundancia / Abundance

C = Común (varios individuos registrados a diario, o en grupos grandes) / Common (multiple individuals observed daily, or in large groups)

FC = Poco común (un registro cada día o varios individuos pero no diariamente) / Fairly common (one record daily or multiple individuals but not every day)

U = No común (observado en cantidades bajas) / Uncommon (observed in low numbers)

R = Raro (una o dos observaciones) / Rare (one or two observations)

Hábitat / Habitat

BT = Bosque alto tropical / Tall tropical forest

BE = Bosque enano / Elfin forest

BS = Bosque alto subtropical / Tall subtropical forest

R = Río, ribera / River, riverine habitat

P = Pacal / Guadua bamboo

C = Bambú de Chusquea / Chusquea bamboo

S = Sobrevolando / Overhead

L = Lagunita / Pond

AVES / BIRDS						
Nombre científico / Scientific name	Rango altitudinal / Altitudinal range (m)		Abundancia en los sitios visitados / Abundance in the sites visited			Hábitat / Habitat
	Min	Max	Kapiromashi	Katarompanaki	Tinkanari	
Micromonacha lanceolata	850	850	R	–	–	P
Monasa nigrifrons	760	800	C	–	–	R, BT
Monasa flavirostris	900	900	R	–	–	P
Chelidoptera tenebrosa	760	760	R	–	–	R
Capitonidae (4)						
Capito auratus	800	900	R	–	–	BT
Eubucco richardsoni	760	800	U	–	–	BT, R
Eubucco tucinkae	760	800	R	–	–	BT, R
Eubucco versicolor versicolor	1400	1650	–	U	–	BT
Rhamphastidae (3)						
Aulacorhynchus prasinus	760	760	R	R	–	BT
Aulacorhynchus coeruleicinctus	2100	2400	–	–	C	BS
Pteroglossus castanotis	760	800	U	–	–	BT, R
Picidae (10)						
Picumnus dorbygnianus	760	800	U	R	–	BT, R
Picumnus rufiventris	760	900	C	–	–	P
Picumnus subtilis	760	900	U	–	–	R, P
Melanerpes cruentatus	760	900	C	–	–	R
Veniliornis passerinus	760	800	C	–	–	R
Piculus rubiginosus	1300	2400	–	C	C	BE, BS
Dryocopus lineatus	760	800	U	–	–	BT, R
Campephilus haematogaster	1400	2300	–	U	FC	BE, BS
Campephilus rubricollis	800	800	R	–	–	BT
Campephilus melanoleucos	760	800	C	–	–	BT
Dendrocolaptidae (10)						
Sittasomus griseicapillus	760	1000	C	–	–	BT, R
Glyphorynchus spirurus	760	1000	C	–	–	BT
Dendrexetastes rufigula	760	1000	C	–	–	BT, P
Xiphocolaptes promeropirhynchus	800	2200	R	–	C	BT, BS
Dendrocolaptes certhia	800	800	C	–	–	BT
Xiphorhynchus ocellatus (chunchotambo)	760	900	C	–	–	BT, R
Xiphorhynchus guttatus	800	900	U	–	–	BT
Xiphorhynchus triangularis	1400	2400	–	C	C	BE, BS
Lepidocolaptes lachrymiger	2100	2400	–	–	C	BS
Lepidocolaptes albolineatus	760	900	U	–	–	BT
Furnariidae (21)						
Furnarius leucopus	760	760	C	–	–	R
Synallaxis azarae	1800	2400	–	U	C	BE

AVES / BIRDS						
Nombre científico / Scientific name	Rango altitudinal / Altitudinal range (m)		Abundancia en los sitios visitados / Abundance in the sites visited			Hábitat / Habitat
	Min	Max	Kapiromashi	Katarompanaki	Tinkanari	
Synallaxis albigularis	760	760	R	–	–	R
Synallaxis cabanisi	760	1000	C	–	–	P, R
Synallaxis gujanensis	760	760	C	–	–	R
Cranioleuca curtata	1300	1600	–	R	–	BT
Premnornis guttuligera	2100	2300	–	–	U	BS
Premnoplex brunnescens	1400	2400	–	C	C	BE, BS
Margarornis squamiger	2100	2400	–	–	FC	BS
Pseudocolaptes boissonneautii	1700	2400	–	U	C	BE, BS
Anabacerthia striaticollis	760	2300	U	U	FC	BT, BS
Syndactyla rufosuperciliata	2200	2200	–	–	U	BS
Simoxenops ucayalae	760	1000	FC	–	–	P
Anabazenops dorsalis	760	1000	C	–	–	P, R
Thripadectes melanorhynchus	1500	1500	–	R	–	BT
Thripadectes holostictus	1600	2200	–	FC	U	BE, BS
Automolus ochrolaemus	760	1000	C	–	–	BT
Automolus rubiginosus	800	800	R	–	–	BT
Automolus rufipileatus	760	760	R	–	–	R
Sclerurus mexicanus	760	760	R	–	–	BT
Xenops rutilans	760	1600	C	R	–	BT
Thamnophilidae (31)						
Cymbilaimus lineatus	800	900	R	–	–	BT
Cymbilaimus sanctaemariae	760	1000	C	–	–	P
Frederickena unduligera	760	760	R	–	–	R
Taraba major	760	760	C	–	–	R
Thamnophilus palliatus	760	1000	C	–	–	P
Thamnophilus schistaceus	760	1000	C	–	–	BT
Thamnophilus caerulescens	1600	2400	–	C	C	BE, BS

LEYENDA / LEGEND

Abundancia / Abundance

C = Común (varios individuos registrados a diario, o en grupos grandes) / Common (multiple individuals observed daily, or in large groups)

FC = Poco común (un registro cada día o varios individuos pero no diariamente) / Fairly common (one record daily or multiple individuals but not every day)

U = No común (observado en cantidades bajas) / Uncommon (observed in low numbers)

R = Raro (una o dos observaciones) / Rare (one or two observations)

Hábitat / Habitat

BT = Bosque alto tropical / Tall tropical forest

BE = Bosque enano / Elfin forest

BS = Bosque alto subtropical / Tall subtropical forest

R = Río, ribera / River, riverine habitat

P = Pacal / *Guadua* bamboo

C = Bambú de *Chusquea* / *Chusquea* bamboo

S = Sobrevolando / Overhead

L = Lagunita / Pond

AVES / BIRDS						
Nombre científico/ Scientific name	**Rango altitudinal/ Altitudinal range (m)**		**Abundancia en los sitios visitados/ Abundance in the sites visited**			**Hábitat/ Habitat**
	Min	Max	Kapiromashi	Katarompanaki	Tinkanari	
Thamnistes anabatinus	900	900	R	–	–	BT
Dysithamnus mentalis	800	1600	U	R	–	BT
Thamnomanes schistogynus	760	1000	C	–	–	BT, R
Myrmotherula spodionota	800	900	U	–	–	BT
Myrmotherula ornata	760	1000	C	–	–	P
Myrmotherula brachyura	760	1000	C	–	–	BT, R
Myrmotherula schisticolor	1500	2300	–	FC	R	BT, BE, BS
Herpsilochmus motacilloides	900	1650	R	R	–	BT
Herpsilochmus axillaris	800	1000	FC	–	–	BT
Microrhopias quixensis	800	900	U	–	–	P
Drymophila caudata	2100	2400	–	–	C	C
Drymophila devillei	800	1000	FC	–	–	P
Cercomacra nigrescens notata	1500	1800	–	C	–	BT, BE
Cercomacra manu	760	1000	C	–	–	P
Myrmoborus leucophrys	760	1400	C	R	–	BT, R
Myrmoborus myotherinus	800	900	U	–	–	BT
Hypocnemis cantator subflava	760	1000	C	–	–	P
Percnostola lophotes	800	900	R	–	–	P
Myrmeciza hemimelaena	800	1500	C	R	–	BT
Myrmeciza atrothorax	760	800	C	–	–	R
Myrmeciza fortis	800	900	U	–	–	BT
Rhegmatorhina melanosticta	800	800	R	–	–	BT
Hylophylax naevius	760	1000	C	–	–	BT
Phlegopsis nigromaculata	760	800	U	–	–	BT
Formicariidae (9)						
Formicarius analis	760	1000	C	–	–	BT, R
Formicarius rufipectus	1400	2200	–	FC	U	BT, BS
Chamaeza campanisona	1400	1600	–	R	–	BT
Chamaeza mollissima	2100	2400	–	–	C	BS
Grallaria guatimalensis	1400	1500	–	R	–	BT
Grallaria erythroleuca	2100	2400	–	–	C	BS, C
Myrmothera campanisona	800	800	R	–	–	BT
Grallaricula flavirostris	1600	2300	–	C	C	BE, BS
Conopophaga ardesiaca	1600	1700	–	FC	–	BT, BE
Rhinocryptidae (2)						
Scytalopus atratus	1400	2400	–	C	C	BE, BS
Scytalopus parvirostris	2200	2300	–	–	C	BE, BS
Tyrannidae (60)						
Phyllomyias cinereiceps	2200	2200	–	–	R	BS

AVES / BIRDS

Nombre científico / Scientific name	Rango altitudinal / Altitudinal range (m)		Abundancia en los sitios visitados / Abundance in the sites visited			Hábitat / Habitat
	Min	Max	Kapiromashi	Katarompanaki	Tinkanari	
Myiopagis gaimardii	760	800	U	–	–	BT
Elaenia albiceps	2200	2200	–	–	R	BS
Ornithion inerme	760	800	FC	–	–	BT, R
Serpophaga cinerea	760	760	R	–	–	R
Capsiempis flaveola	760	900	C	–	–	P, R
Pseudotriccus simplex	1600	2300	–	U	C	BS
Corythopis torquatus	800	800	R	–	–	BT
Zimmerius bolivianus	2100	2300	–	–	U	BS
Zimmerius gracilipes	800	800	R	–	–	BT
Phylloscartes poecilotis	2100	2200	–	–	FC	BS
Phylloscartes ophthalmicus	1400	1600	–	R	–	BT
Phylloscartes ventralis	1600	2300	–	C	U	BE
Phylloscartes parkeri	760	1000	C	–	–	BT, R
Mionectes striaticollis	1400	2400	–	R	FC	BE, BS
Mionectes olivaceus	800	2100	U	C	R	BT, BE, BS
Leptopogon amaurocephalus	760	1000	C	–	–	BT, R
Leptopogon superciliaris	1400	1600	–	R	–	BT
Leptopogon taczanowskii	2100	2300	–	–	C	BS
Myiotriccus ornatus	760	2200	C	C	C	BT, BE, BS
Myiornis ecaudatus	760	800	R	–	–	BT
Lophotriccus pileatus	760	1900	R	C	–	BT, BE
Hemitriccus flammulatus	760	800	C	–	–	P
Hemitriccus granadensis	2100	2300	–	–	U	BE, BS
Poecilotriccus albifacies	760	900	C	–	–	P
Poecilotriccus latirostris	760	760	U	–	–	R
Todirostrum chrysocrotaphum	750	800	C	–	–	BT, R
Rhynchocyclus olivaceus	800	800	R	–	–	BT

LEYENDA / LEGEND

Abundancia / Abundance

C = Común (varios individuos registrados a diario, o en grupos grandes) / Common (multiple individuals observed daily, or in large groups)

FC = Poco común (un registro cada día o varios individuos pero no diariamente) / Fairly common (one record daily or multiple individuals but not every day)

U = No común (observado en cantidades bajas) / Uncommon (observed in low numbers)

R = Raro (una o dos observaciones) / Rare (one or two observations)

Hábitat / Habitat

BT = Bosque alto tropical / Tall tropical forest

BE = Bosque enano / Elfin forest

BS = Bosque alto subtropical / Tall subtropical forest

R = Río, ribera / River, riverine habitat

P = Pacal / *Guadua* bamboo

C = Bambú de *Chusquea* / *Chusquea* bamboo

S = Sobrevolando / Overhead

L = Lagunita / Pond

AVES / BIRDS						
Nombre científico/ **Scientific name**	**Rango altitudinal/** **Altitudinal range (m)**		**Abundancia en los sitios visitados/** **Abundance in the sites visited**			**Hábitat/** **Habitat**
	Min	Max	Kapiromashi	Katarompanaki	Tinkanari	
Tolmomyias assimilis	760	800	U	–	–	BT
Tolmomyias poliocephalus	760	1000	R	–	–	R
Tolmomyias flaviventris	760	800	C	–	–	BT, R
Platyrinchus mystaceus	800	800	R	–	–	BT
Myiophobus inornatus	2100	2100	–	–	R	BS
Myiophobus pulcher	2100	2300	–	–	FC	BS
Myiophobus fasciatus	760	800	U	–	–	R
Myiobius villosus	800	800	R	–	–	BT
Pyrrhomyias cinnamomeus	760	2400	FC	R	C	BT, R, BS
Lathrotriccus euleri	760	1000	C	–	–	BT, P
Contopus cooperi	800	800	R	–	–	BT
Contopus fumigatus	1500	2400	–	C	C	BE, BS
Contopus sordidulus	760	760	C	–	–	R
Mitrephanes olivaceus	2100	2300	–	–	FC	BS
Pyrocephalus rubinus	760	760	R	–	–	R
Knipolegus poecilurus	1800	2000	–	R	–	BE
Muscisaxicola fluviatilis	760	760	R	–	–	R
Ochthoeca frontalis	2300	2300	–	–	R	BS
Colonia colonus	760	1000	C	–	–	R, P
Myiozetetes similis	760	760	C	–	–	R
Myiozetetes granadensis	760	760	C	–	–	R
Conopias cinchoneti	800	800	R	–	–	BT
Myiodynastes chrysocephalus	1500	1500	R	R	–	BT
Megarynchus pitangua	760	760	U	–	–	R
Tyrannus melancholicus	760	800	C	–	–	R
Rhytipterna simplex	800	800	R	–	–	BT
Myiarchus tuberculifer atriceps	1600	2400	–	U	C	BE, BS
Myiarchus ferox	760	760	U	–	–	R
Myiarchus cephalotes	1700	1700	–	R	–	BE
Ramphotrigon megacephalum	760	1000	C	–	–	P
Ramphotrigon fuscicauda	800	900	R	–	–	P, R
Attila spadiceus	760	1000	R	–	–	BT
Cotingidae (11)						
Schiffornis turdinus	800	800	R	–	–	BT
Pachyramphus versicolor	2100	2100	–	–	R	BS
Pachyramphus castaneus	760	760	C	–	–	R
Pachyramphus polychopterus	760	900	R	–	–	BT, R
Ampelion rufaxilla	2100	2400	–	–	C	BE, BS
Pipreola intermedia	2200	2200	–	–	R	BS

AVES / BIRDS						
Nombre científico / Scientific name	**Rango altitudinal / Altitudinal range (m)**		**Abundancia en los sitios visitados / Abundance in the sites visited**			**Hábitat / Habitat**
	Min	Max	Kapiromashi	Katarompanaki	Tinkanari	
Pipreola arcuata	2300	2400	–	–	FC	BS
Pipreola pulchra	2100	2300	–	–	C	BS
Rupicola peruvianus	760	2100	C	FC	FC	BT, BS
Lipaugus uropygialis	2100	2400	–	–	FC	BS
Cephalopterus ornatus	760	900	R	–	–	BT, R
Pipridae (4)						
Lepidothrix sp.	1400	1600	–	R	–	BS
Xenopipo unicolor	2200	2200	–	–	R	BS
Pipra fasciicauda	760	760	R	–	–	R
Piprites chloris	800	1600	U	R	–	BT
Vireonidae (5)						
Cyclarhis gujanensis	800	800	R	–	–	BT
Vireo leucophrys	2200	2200	–	–	R	BS
Vireo olivaceus	760	1000	C	–	–	BT, R
Hylophilus hypoxanthus	800	1000	C	–	–	BT
Hylophilus ochraceiceps	800	800	R	–	–	BT
Corvidae (3)						
Cyanolyca viridicyanus	2400	2400	–	–	R	BS
Cyanocorax violaceus	760	800	C	–	–	R
Cyanocorax yncas	1500	2400	–	C	C	BT, BE, BS
Hirundinidae (6)						
Tachycineta albiventer	760	760	C	–	–	R
Pygochelidon cyanoleuca cyanoleuca	760	760	C	–	–	R
Pygochelidon cyanoleuca patagonica	760	760	C	–	–	R
Atticora fasciata	760	760	C	–	–	R
Neochelidon tibialis	760	760	U	–	–	R
Stelgidopteryx ruficollis	760	760	C	–	–	R

LEYENDA / LEGEND

Abundancia / Abundance

C = Común (varios individuos registrados a diario, o en grupos grandes) / Common (multiple individuals observed daily, or in large groups)

FC = Poco común (un registro cada día o varios individuos pero no diariamente) / Fairly common (one record daily or multiple individuals but not every day)

U = No común (observado en cantidades bajas) / Uncommon (observed in low numbers)

R = Raro (una o dos observaciones) / Rare (one or two observations)

Hábitat / Habitat

BT = Bosque alto tropical / Tall tropical forest

BE = Bosque enano / Elfin forest

BS = Bosque alto subtropical / Tall subtropical forest

R = Río, ribera / River, riverine habitat

P = Pacal / Guadua bamboo

C = Bambú de Chusquea / Chusquea bamboo

S = Sobrevolando / Overhead

L = Lagunita / Pond

AVES / BIRDS						
Nombre científico/ Scientific name	**Rango altitudinal/ Altitudinal range (m)**		**Abundancia en los sitios visitados/ Abundance in the sites visited**			**Hábitat/ Habitat**
	Min	Max	Kapiromashi	Katarompanaki	Tinkanari	
Troglodytidae (8)						
Microcerculus marginatus	800	1000	C	–	–	BT
Troglodytes solstitialis	2100	2400	–	–	C	BS
Campylorhynchus turdinus	760	1000	C	R	–	R, P
Thryothorus genibarbis	760	800	FC	–	–	R
Cinnycerthia fulva	2200	2400	–	–	FC	BE
Henicorhina leucophrys	1400	2400	–	C	C	BE, BS
Cyphorhinus thoracicus	760	2100	C	R	R	BT, BS
Cyphorhinus arada	760	800	C	–	–	BT
Turdidae (6)						
Myadestes ralloides	1500	2300	–	FC	C	BT, BS
Catharus dryas	800	2300	R	U	FC	BT, BS
Entomodestes leucotis	1700	2400	–	R	C	BE, BS
Turdus serranus	2200	2400	–	–	U	BS
Turdus nigriceps	2100	2100	–	–	R	BS
Turdus albicollis	800	800	R	–	–	BT
Coerebidae (1)						
Coereba flaveola	760	1000	C	–	–	R, P
Thraupidae (45)						
Cissopis leverianus	760	1000	C	–	–	R, P
Creurgops dentatus	2100	2200	–	–	R	BS
Hemispingus frontalis	2100	2200	–	–	R	BS
Hemispingus melanotis	1600	2200	–	R	U	BT, BS
Cnemoscopus rubrirostris	2100	2400	–	–	FC	BS
Thlypopsis sordida	760	760	U	–	–	R
Tachyphonus rufiventer	800	800	R	–	–	BT
Ramphocelus carbo	760	800	C	–	–	R
Thraupis palmarum	760	800	R	–	–	R
Thraupis episcopus	760	800	C	–	–	R
Thraupis cyanocephala	1800	2300	–	R	C	BE
Calochaetes coccineus	2100	2300	–	–	FC	BS
Buthraupis montana	2100	2400	–	–	C	BE, BS
Anisognathus somptuosus somptuosus	1500	2300	–	C	C	BE, BS
Chlorornis riefferii	2100	2100	–	–	R	BE
Iridosornis analis	1500	2300	–	C	FC	BE
Chlorochrysa calliparaea	1400	1700	–	C	–	BT, BE
Tangara mexicana	760	900	FC	–	–	BT
Tangara chilensis	760	1000	C	–	–	BT

AVES / BIRDS

Nombre científico / Scientific name	Rango altitudinal / Altitudinal range (m)		Abundancia en los sitios visitados / Abundance in the sites visited			Hábitat / Habitat
	Min	Max	Kapiromashi	Katarompanaki	Tinkanari	
Tangara schrankii	760	1000	C	–	–	BT
Tangara arthus	1000	1800	R	R	–	BT
Tangara xanthocephala	1500	2400	–	FC	C	BT, BE, BS
Tangara gyrola	800	1000	U	–	–	BT
Tangara parzudakii	1700	2400	–	R	C	BE, BS
Tangara ruficervix	2100	2300	–	–	FC	BS
Tangara cyanicollis	760	1000	R	–	–	BT
Tangara nigrocincta	800	900	FC	–	–	BT
Tangara nigroviridis	1500	2400	–	U	C	BE, BS
Tangara vassorii	2200	2300	–	–	R	BS
Tangara viridicollis	1700	2400	–	R	C	BE, BS
Tersina viridis	760	760	R	–	–	R
Dacnis lineata	760	900	C	–	–	BT, R
Dacnis cayana	760	760	R	–	–	R
Chlorophanes spiza	760	760	U	–	–	BT, R
Cyanerpes caeruleus	760	900	C	–	–	BT, R
Conirostrum albifrons	2100	2400	–	–	FC	BS
Conirostrum speciosum	760	760	U	–	–	R
Diglossa glauca	1600	2400	–	C	FC	BE, BS
Diglossa caerulescens	1600	2400	–	C	C	BE, BS
Diglossa cyanea	2100	2400	–	–	FC	BE, BS
Chlorospingus ophthalmicus	1500	2400	–	C	C	BE, BS
Chlorospingus flavigularis	900	2100	C	R	R	BT, BS
Piranga flava	1500	1500	–	R	–	BT
Piranga leucoptera	800	1700	R	R	–	BT
Habia rubica	800	800	R	–	–	BT

LEYENDA / LEGEND

Abundancia / Abundance

C = Común (varios individuos registrados a diario, o en grupos grandes) / Common (multiple individuals observed daily, or in large groups)

FC = Poco común (un registro cada día o varios individuos pero no diariamente) / Fairly common (one record daily or multiple individuals but not every day)

U = No común (observado en cantidades bajas) / Uncommon (observed in low numbers)

R = Raro (una o dos observaciones) / Rare (one or two observations)

Hábitat / Habitat

BT = Bosque alto tropical / Tall tropical forest

BE = Bosque enano / Elfin forest

BS = Bosque alto subtropical / Tall subtropical forest

R = Río, ribera / River, riverine habitat

P = Pacal / Guadua bamboo

C = Bambú de Chusquea / Chusquea bamboo

S = Sobrevolando / Overhead

L = Lagunita / Pond

AVES / BIRDS						
Nombre científico / Scientific name	Rango altitudinal / Altitudinal range (m)		Abundancia en los sitios visitados / Abundance in the sites visited			Hábitat / Habitat
	Min	Max	Kapiromashi	Katarompanaki	Tinkanari	
Emberezidae (4)						
Ammodramus aurifrons	760	760	C	–	–	R
Arremon taciturnus	760	800	R	–	–	BT
Buarremon brunneinucha	1400	2400	–	U	C	BS
Atlapetes melanolaemus	2100	2100	–	–	C	BE
Cardinalidae (3)						
Saltator maximus	760	800	U	–	–	R
Saltator coerulescens	760	760	R	–	–	R
Cyanocompsa cyanoides	800	800	R	–	–	BT
Parulinae (7)						
Myioborus miniatus	760	2100	C	C	U	BT, BE, BS
Myioborus melanocephalus	2100	2400	–	–	C	BE, BS
Basileuterus chrysogaster	760	1000	C	–	–	BT
Basileuterus signatus	2100	2400	–	–	C	BE, BS
Basileuterus coronatus	1500	2400	–	C	C	BE, BS
Basileuterus tristriatus	1400	2200	–	C	C	BT, BE, BS
Phaeothlypis fulvicauda	760	900	C	–	–	BT
Icteridae (10)						
Psarocolius angustifrons	760	1000	C	–	–	R
Psarocolius atrovirens	2100	2300	–	–	C	BS
Psarocolius decumanus	760	800	C	–	–	R
Psarocolius bifasciatus	760	800	U	–	–	R
Cacicus koepckeae	760	800	U	–	–	R, P
Cacicus solitarius	760	900	FC	–	–	R
Cacicus cela	760	1000	C	–	–	BT, R
Amblycercus holosericeus	2100	2300	–	–	FC	C
Icterus cayanensis	800	800	R	–	–	BT
Molothrus oryzivorus	760	760	R	–	–	R
Fringillidae (5)						
Carduelis olivacea	1400	2000	–	C	–	BE
Euphonia laniirostris	800	800	R	–	–	BT
Euphonia chrysopasta	800	800	R	–	–	BT
Euphonia xanthogaster	760	2400	C	C	FC	BT, BE, BS, R
Chlorophonia cyanea	800	2400	R	U	C	BT, BS
Total			**243**	**102**	**140**	

**Mamíferos Grandes /
Large Mammals**

Mamíferos registrados durante el inventario biológico rápido del 25 de abril al 13 de mayo de 2004 en la Zona Reservada Megantoni, Perú, y su estatus de conservación a nivel mundial y nacional. La lista está basada en el trabajo de campo de J. Figueroa y asistentes locales. Los nombres Machiguenga vienen de entrevistas con los pobladores de las comunidades de Timpia, Matoriato, y Shivankoreni. Las categorías de amenaza de la UICN (2003) y los apéndices de CITES (2004) están disponibles en *www.redlist.org* y *www.cites.org*. Las categorías del INRENA están disponibles en *www.inrena.gob.pe.*

MAMÍFEROS GRANDES / LARGE MAMMALS

	Nombre científico/ Scientific name	Nombres Machiguenga/ Machiguenga name	Nombre en español/ Spanish name	Nombre en inglés English name	
MARSUPIALA					
	Didelphidae				
001	*Didelphis albiventris*	Kapairini	Zarigüeya común de orejas blancas	White-eared opossum	
002	*Didelphis marsupialis**		Zarigüeya común	Common opossum	
XENARTHRA					
	Megalonychidae				
003	*Choloepus didactylus**	Soroni	Perezoso de dos dedos	Southern two-toed sloth	
004	*Choloepus hoffmanni**	Soroni	Perezoso de Hoffmann	Hoffmann's two-toed sloth	
	Dasypodidae				
005	*Cabassous unicinctus*	Etini	Armadillo de cola pelada	Southern naked-tailed armadillo	
006	*Dasypus novemcinctus*	Etini	Carachupa, armadillo común	Nine-banded armadillo	
007	*Priodontes maximus*	Kinteroni	Carachupa mama	Giant armadillo	
	Myrmecophagidae				
008	*Cyclopes didactylus**		Serafín	Pygmy anteater	
009	*Myrmecophaga tridactyla*	Shiani	Oso hormiguero	Giant anteater	
010	*Tamandua tetradactyla**	Mantiani	Tamandua	Southern tamandua	
PRIMATES					
	Callitrichidae				
011	*Saguinus fuscicollis*	Tsintsipoti	Pichico común	Saddleback tamarin	
012	*Saguinus* sp.	Tsintsipoti	Pichico (sin identificar)	–	
	Cebidae				
013	*Alouatta seniculus*	Yaniri	Coto, mono aullador	Red howler monkey	
014	*Aotus nancymae**	Pitoni	Musmuqui	Night monkey	
015	*Ateles belzebuth**	Osheto	Mono araña de vientre blanco	White-bellied spider monkey	
016	*Ateles paniscus*	Osheto	Mono araña, Maquisapa	Black spider monkey	
017	*Callicebus* sp.	Togari	Mono titi	Titi monkey	
018	*Cebus albifrons*	Koakoani	Machín blanco	White-fronted capuchin monkey	
019	*Cebus apella*	Koshiri	Machín negro	Brown capuchin monkey	

LEYENDA/LEGEND **Registros/Records**

O = Observación directa/ Direct observation
E = Excretas/Scats
H = Huellas/Tracks
V = Vocalizaciones/Calls
S = Senderos/Paths

Ra = Restos de alimentación/ Food remains
OI = Olor/Smell
M = Madrigueras/Den
P = Pelos/Fur
R = Rasguños/Scratches

* = Esperado, pero no observado/ Expected, but not observed

AR = Abundancia relativa, número de registros por km/Relative abundance, number of records per km

**Mamíferos Grandes /
Large Mammals**

Mammals registered during the rapid biological inventory from 25 April–13 May 2004 in the Zona Reservada Megantoni, Peru, and their conservation status at the global and national level. The list is based on field work by J. Figueroa, and local assistants. The Machiguenga names were provided by members of the Timpia, Matoriato, and Shivankoreni communities. IUCN threat categories (2003) and CITES categories (2004) are available at *www.redlist.org* and *www.cites.org*. The INRENA categories are available at *www.inrena.gob.pe*.

	Kapiromashi		Katarompanaki		Tinkanari		Shakariveni	Entrevistas	INRENA	UICN/ IUCN	CITES
	Registros/ Records	AR	Registros/ Records	AR	Registros/ Records	AR		450–600 m			
001	–	–	–	–	O, OI	0.243	–	–	–	–	–
002	–	–	–	–	–	–	–	–	–	–	–
003	–	–	–	–	–	–	–	X	–	DD	III
004	–	–	–	–	–	–	–	–	–	DD	–
005	–	–	–	–	O, M		–	–	–	–	–
006	H, M	0.757	–	–	–	–	H, M	X	–	–	–
007	H	0.054	–	–	M	–	M	–	VU	EN	I
008	–	–	–	–	–	–	–	–	–	–	–
009	H	0.054	–	–	–	–	H, Ra	–	VU	VU	II
010	–	–	–	–	–	–	–	X	–	–	–
011	–	–	O	0.636	–	–	–	X	–	–	II
012	–	–	O	0.091	–	–	–	X	–	–	II
013	O, V	0.054	–	–	–	–	–	X	NT	–	II
014	–	–	–	–	–	–	–	X	–	–	II
015	–	–	–	–	–	–	–	–	EN	VU	II
016	–	–	–	–	–	–	–	X	–	–	II
017	–	–	–	–	–	–	–	X	–	–	II
018	–	–	O	0.364	O	0.146	–	X	–	–	II
019	O, Ra, V	0.486	O	0.091	–	–	O	X	–	–	II

**Categorías del INRENA / INRENA categories
Categorías de la UICN / IUCN categories**

EN = En peligro / Endangered

VU = Vulnerable

LR/nt = Riesgo menor, no amenazada / Low risk, not threatened

NT = Casi amenazada / Near threatened

DD = Datos insuficientes / Data Deficient

Apéndices CITES / CITES Appendices

CITES I = En vía de extinción / Threatened with extinction

CITES II = Vulnerables o potencialmente amenazadas / Vulnerable or potentially threatened

CITES III = Reguladas / Regulated

Mamíferos Grandes /
Large Mammals

MAMÍFEROS GRANDES / LARGE MAMMALS			
Nombre científico/ Scientific name	Nombres Machiguenga/ Machiguenga name	Nombre en español/ Spanish name	Nombre en inglés English name
020 *Lagothrix lagothricha*	Komaginaro	Choro común	Common woolly monkey
021 *Pithecia* sp.	Maramponi	Huapo negro	Monk saki monkey
022 *Saimiri sciureus*	Tsigeri	Fraile	Squirrel monkey
CARNIVORA			
Canidae			
023 *Speothos venaticus*	–	Perro de monte	Bush dog
Ursidae			
024 *Tremarctos ornatus*	Maeni	Oso Andino, oso de anteojos	Andean bear, spectacled bear
Procyonidae			
025 *Bassaricyon gabbii*		Olingo	Olingo
026 *Nasua nasua*	Kapeshi	Achuni, coatí	South American coati
027 *Potos flavus**	Kutsani	Chosna	Kinkajou
028 *Procyon cancrivorus*	Patiairi	Osito lavador cangrejero	Crab-eating raccoon
Mustelidae			
029 *Eira barbara*	Oati	Manco	Tayra
030 *Lontra longicaudis*	Parari	Nutria	Southern river otter
031 *Mustela frenata**	Mantani	Comadreja de cola larga	Long-tailed weasel
Felidae			
032 *Herpailurus yagouaroundi*	–	Yaguarundi	Jaguarundi
033 *Leopardus pardalis*	Matsonsori ityomiani	Ocelote	Ocelot
034 *Leopardus tigrinus**	Pamoko	Oncilla	Oncilla
035 *Leopardus wiedii**	Vamporoshi	Margay	Margay
036 *Panthera onca*	Matsonsori sankienari	Otorongo	Jaguar
037 *Puma concolor*	Matsonsori potsonari	Puma	Puma
PERISSSODACTYLA			
Tapiridae			
038 *Tapirus terrestris*	Kemari	Tapir, Sachavaca	Lowland tapir

LEYENDA/LEGEND   **Registros/Records**

O   = Observación directa/ Direct observation   Ra = Restos de alimentación/ Food remains   *   = Esperado, pero no observado/ Expected, but not observed

E   = Excretas/Scats   Ol = Olor/Smell   AR = Abundancia relativa, número de registros por km/Relative abundance, number of records per km

H   = Huellas/Tracks   M   = Madrigueras/Den

V   = Vocalizaciones/Calls   P   = Pelos/Fur

S   = Senderos/Paths   R   = Rasguños/Scratches

	Kapiromashi		Katarompanaki		Tinkanari		Shakariveni	Entrevistas	INRENA	UICN/IUCN	CITES
	Registros/Records	AR	Registros/Records	AR	Registros/Records	AR		450–600 m			
020	–	–	O, Ra	1.273	O, E	1.408	O	–	VU	–	II
021	–	–	–	–	–	–	–	X	–	–	II
022	–	–	–	–	–	–	–	X	–	–	II
023	–	–	–	–	–	–	–	X	–	VU	II
024	–	–	H, Ra, M, P, S	1.000	H, E, S, Ra, M	1.165	Ra, S, H, R	X	EN	VU	I
025	–	–	O	0.091	–	–	–	X	–	LR/nt	III
026	O, Ra	0.108	–	–	O, Ra	0.097	O	X	–	–	–
027	–	–	–	–	–	–	–	X	DD	–	III
028	O	0.054	–	–	–	–	–	X	DD	–	–
029	O, H	0.162	–	–	–	–	–	–	–	–	III
030	O, H, E	0.649	–	–	–	–	O, H	X	–	DD	I
031	–	–	–	–	–	–	–	X	–	–	–
032	–	–	–	–	O	0.049	–	X	–	–	II
033	H	0.054	–	–	–	–	H	X	–	–	I
034	–	–	–	–	–	–	–	–	DD	NT	I
035	–	–	–	–	–	–	–	–	–	–	I
036	H, V, E	0.541	–	–	–	–	H	X	NT	NT	I
037	–	–	–	–	H, S	0.097	O, H	X	NT	NT	II
038	O, H, E	1.027	–	–	–	–	O, H	X	VU	VU	II

**Categorías del INRENA/INRENA categories
Categorías de la UICN/IUCN categories**

EN = En peligro/Endangered

VU = Vulnerable

LR/nt = Riesgo menor, no amenazada/
Low risk, not threatened

NT = Casi amenazada/Near threatened

DD = Datos insuficientes/Data Deficient

Apéndices CITES/CITES Appendices

CITES I = En vía de extinción/
Threatened with extinction

CITES II = Vulnerables o potencialmente
amenazadas/Vulnerable or
potentially threatened

CITES III = Reguladas/Regulated

**Mamíferos Grandes/
Large Mammals**

MAMÍFEROS GRANDES / LARGE MAMMALS				
**Nombre científico/
Scientific name**	**Nombres Machiguenga/
Machiguenga name**	**Nombre en español/
Spanish name**	**Nombre en inglés
English name**	
ARTIODACTYLA				
Tayassuidae				
039 Pecari tajacu	Kytyarikiti	Sajino	Collared peccary	
040 Tayassu pecari	Santaviri	Huangana	White-lipped peccary	
Cervidae				
041 Mazama americana	Maniro kirari	Venado colorado	Red brocket deer	
042 Mazama chunyi*	–	Tanka taruca	Dwarf brocket	
043 Mazama gouazoubira	Tsienkari	Venado gris	Gray brocket deer	
RODENTIA				
Erethizontidae				
044 Coendou bicolor*	Tontori	Puercoespín	Bicolored-spined porcupine	
045 Coendou prehensilis*	Tontori	Puercoespín	Brazilian porcupine	
Dinomyidae				
046 Dinomys branickii	Shiatoni	Pacarana	Pacarana	
Hydrochaeridae				
047 Hydrochaeris hydrochaeris	Iveto	Ronsoco	Capybara	
Agoutidae				
048 Agouti taczanowskii	Samani kirari	Majaz de altura	Mountain paca	
049 Agouti paca	Samani	Majaz	Paca	
Dasyproctidae				
050 Dasyprocta fuliginosa	Sharoni	Añuje negro	Black agouti	
051 Dasyprocta variegata	Shironi	Añuje marrón	Brown agouti	
052 Myoprocta pratti	Tsotsari	Acuchi verde	Green acouchi	
Especies esperadas	**46**			
Especies registradas	**32**			

LEYENDA/LEGEND   **Registros/Records**

O = Observación directa/
Direct observation

E = Excretas/Scats

H = Huellas/Tracks

V = Vocalizaciones/Calls

S = Senderos/Paths

Ra = Restos de alimentación/
Food remains

Ol = Olor/Smell

M = Madrigueras/Den

P = Pelos/Fur

R = Rasguños/Scratches

* = Esperado, pero no observado/
Expected, but not observed

AR = Abundancia relativa, número
de registros por km/Relative
abundance, number of records
per km

**Mamíferos Grandes /
Large Mammals**

	Kapiromashi		Katarompanaki		Tingkanari		Shakariveni	Entrevistas	INRENA	UICN/ IUCN	CITES
	Registros/ Records	AR	Registros/ Records	AR	Registros/ Records	AR		450–600 m			
039	O, H	0.108	–	–	–	–	H	X	–	–	II
040	H, S	0.162	–	–	–	–	H	–	–	–	II
041	O, H	0.324	–	–	–	–	H	X	–	DD	III
042	–	–	–	–	–	–	–		VU	DD	–
043	–	–	–	–	–	–	H	–	–	DD	–
044	–	–	–	–	–	–	–	X	–	–	–
045	–	–	–	–	–	–	–	–	–	–	–
046	O, M	0.108	–	–	–	–	M	X	EN	EN	–
047	H	0.054	–	–	–	–	–	X	–	–	–
048	–	–	–	–	M, Ra	–	–		VU	LR/nt	–
049	O, H, M	0.216	O	–	–	–	O	X	–	–	–
050	O, H	0.054	O	–	O	–	–	X	–	–	–
051	–	–	O		–	–	–	X	–	–	–
052	–	–	–	–	–	–	–	X	–	–	–
	19		**10**		**11**		**18**				

**Categorías del INRENA / INRENA categories
Categorías de la UICN / IUCN categories**

EN = En peligro / Endangered
VU = Vulnerable
LR/nt = Riesgo menor, no amenazada / Low risk, not threatened
NT = Casi amenazada / Near threatened
DD = Datos insuficientes / Data Deficient

Apéndices CITES / CITES Appendices

CITES I = En vía de extinción / Threatened with extinction
CITES II = Vulnerables o potencialmente amenazadas / Vulnerable or potentially threatened
CITES III = Reguladas / Regulated

Acosta, R., M. Hidalgo, E. Castro, N. Salcedo, and D. Reyes. 2001. Biodiversity assessment of the aquatic systems of the Southern Vilcabamba Region, Peru. Pages 140-146 in L. E. Alonso, A. Alonso, T. S. Schulenberg, and F. Dallmeier (eds.), Biological and social assessments of the Cordillera de Vilcabamba, Perú. RAP Working Papers 12 and SI/MAB Series 6. Washington DC: Conservation International.

Alonso, L. E., A. Alonso, T. S. Schulenberg, and F. Dallmeier (eds.). 2001. Bological and social assessment of the Cordillera de Vilcabamba, Perú. RAP Working Papers 12 and SI/MAB Series 6. Washington DC: Conservation International.

Alverson, W. S., L. Rodriguez, and D. K. Moskovits (eds.). 2001. Perú: Biabo Cordillera Azul. Rapid Biological Inventories Report 02. Chicago: The Field Museum.

Andresen, E. 1999. Seed dispersal by monkeys and the fate of dispersed seeds in a Peruvian rain forest. Biotropica 31(1): 145-158.

Aucca, C. 1998. Birds I. Biodiversity assessment in the lower Urubamba region. Pages 143-164 in Alonso, A., and F. Dallmeier (eds). Biodiversity assessment and monitoring of the lower Urubamba region, Peru. Cashiriari-3 well site and the Camisea and Urubamba Rivers. SI/MAB Series #2. Washington DC: Smithsonian/Man and the Biosphere.

Berlepsch, H. G. von and Stolzmann. 1902. On the ornithological researches of M. Jean Kalinowski in Central Peru. Proceedings of the Zoological Society of London 2 (part 1):18-60.

Birdlife International. 2000. Threatened birds of the world. Barcelona and Cambridge, UK: Lynx Ediciones and BirdLife International.

Bodmer, R. E., J. F. Eisenberg and K. H. Redford. 1997. Hunting and the likelihood of extinction of Amazonian mammals. Conservation Biology 11: 460-466.

Boulenger, G. A. 1903. Descriptions of new Batrachians in the British Museum. Annals and Magazine of Natural History 7(71): 552-557.

Boyle, B. 2001. Vegetation of two sites in the northern Cordillera de Vilcabamba, Perú. Pages 69-79 in L. E. Alonso, A. Alonso, T. S. Schulenberg, and F. Dallmeier (eds.), Biological and social assessments of the Cordillera de Vilcabamba, Perú. RAP Working Papers 12 and SI/MAB Series 6. Washington DC: Conservation International.

Brako, L. and J. L. Zarucchi. 1993. Catalogue of the flowering plants and gymnosperms of Peru. Monographs in Systematic Botany 45. St. Louis: Missouri Botanical Garden.

Cano, A., K. R. Young, B. León, and R. B. Foster. 1995. Composition and diversity of flowering plants in the upper montane forest of Manu National Park, southern Perú. Pages 271-280 in S. P. Churchill, H. Baslev, E. Forero, and J. Luteyn (eds.), Biodiversity and conservation of Neotropical montane forests. New York: New York Botanical Garden Press.

Catenazzi, A., and L. Rodríguez. 2001. Diversidad, distribución y abundancia de anuros en la parte alta de la Reserva de Biosfera del Manu. Pages 53-57 in L. Rodriguez (ed.), El Manu y otras experiencias de manejo y conservación de bosques neotropicales. Lima: Proyecto Aprovechamiento y Manejo Sostenible de la Reserva de Biosfera y Parque Nacional del Manu (Pro-Manu).

CEDIA (Centro para el Desarrollo del Indígena Amazónico). 1994. Términos de referencia para establecer el Santuario Natural Machiguenga Megantoni. Lima: CEDIA.

CEDIA (Centro para el Desarrollo del Indígena Amazónico). 1999. Expediente técnico para el establecimiento del Santuario Machiguenga Megantoni. Lima, Perú.

CEDIA (Centro para el Desarrollo del Indígena Amazónico). 2001. Programa de conservación comunitaria y desarrollo sostenible con comunidades indígenas en Vilcabamba. Informe Final Sub Contrato CEDIA. Lima: CEDIA.

CEDIA (Centro para el Desarrollo del Indígena Amazónico). 2002a. Diagnóstico de la propiedad, tenencia y uso de la tierra en las àreas de influencia del Gasoducto Camisea: Tramo selva, entre el Río Apurímac y el Río Saringabeni. Lima: CEDIA.

CEDIA (Centro para el Desarrollo del Indígena Amazónico). 2002b. Informe Técnico Nº 03: Tenencia de la tierra en las áreas colindantes al Santuario Nacional Machiguenga Megantoni propuesto. Cusco: CEDIA.

CEDIA (Centro para el Desarrollo del Indígena Amazónico). 2004. Banco de Datos: Comunidades Nativas reconocidas oficialmente en el Valle del Río Urubamba, Provincia La Convención, Cusco. Lima: CEDIA.

Chang, F., and H. Ortega. 1995. Additions and corrections to the list of freshwater fishes of Peru. Publicaciones del Museo de Historia Natural UNMSM (A) 50: 1-11.

Chapman, F. M. 1921. The distribution of birdlife in the Urubamba valley. Bulletin of the U. S. National Museum 117: 1-183.

Chapman, F. M. 1926. The distribution of bird-life in Ecuador: a contribution to the study of the origin of Andean bird-life. American Museum of Natural History Bulletin 55: 17-84.

CITES (Convention on International Trade in Endangered Species of Wild Fauna and Flora). 2004. Species Database: CITES-Listed Species. Published on the internet at www.cites.org.

Clements, J. F., and N. Shany. 2001. A field guide to the birds of Peru. Temecula: Ibis Publishing Company.

Colwell, R. K. 1997. EstimateS: Statistical estimation of species richness and shared species from samples. Version 5. User's Guide and application published on the internet at http://viceroy.eeb.uconn.edu/estimates.

Dallmeier, F. and A. Alonso (eds.). 1997. Biodiversity assessment and long-term monitoring of the lower Urubamba region, Peru: San Martin-3 and Cashiriari-2 well sites. SI/MAB Series # 1. Washington DC: Smithsonian/Man and the Biosphere.

De Rham, P., M. Hidalgo, and H. Ortega. 2001. Peces del Biabo-Cordillera Azul. Pages 64-69 in W. S. Alverson, L. Rodríguez, and D. K. Moskovits (eds.), Perú: Biabo Cordillera Azul. Rapid Biological Inventories Report 02. Chicago: The Field Museum.

Duellman, W. E., and C. Toft. 1979. Anurans from Serranía de Sira, Amazonian Perú: Taxonomy and Biogeography. Herpetologica 35(1): 60-70.

Duellman, W. E., I. De La Riva and E.R. Wild. 1997. Frogs of the *Hyla armata* and *Hyla pulchella* groups in the Andes of South America, with definitions and analyses of phylogenetic relationships of Andean groups of *Hyla*. Scientific Papers of the Natural History Museum University of Kansas 3: 1-41.

Eigenmann, C., and W. Allen. 1942. Fishes of Western South America I. The intercordilleran and Amazonian lowlands of Peru. II. The High pampas of Peru, Bolivia and northern Chile, with a revision of the Peruvian Gymnotidae, and the genus *Orestias*. Lexington: University of Kentucky Press.

Emmons, L. H., and F. Feer. 1999. Mamíferos de la selva pluvial Neotropical: guia de campo. Primera edición en español. Santa Cruz: FAN.

Emmons, L., L. Luna and M. Romo. 2001. Mammals of the northern Vilcabamba mountain range, Peru. Pages 105-109 and 255-261 in L. E. Alonso, A. Alonso, T. S. Schulenberg, and F. Dallmeier (eds.), Biological and social assessments of the Cordillera de Vilcabamba, Perú. RAP Working Papers 12 and SI/MAB Series 6. Washington DC: Conservation International.

Fernández, M., and C. Kirkby. 2002. Evaluación del estado poblacional de la fauna silvestre y el potencial turístico en los bosques de Salvación y Yunguyo, Reserva de Biósfera del Manu, Madre de Dios, Perú. Reporte Final. Lima: Proyecto Aprovechamiento y Manejo Sostenible de la Reserva de Biosfera y Parque Nacional del Manu (Pro-Manu).

Figueroa, J. 2003a. Cacería del oso andino en el Perú: etnozoología y comercio. Reporte Final Cooperación Técnica Alemana-GTZ/FANPE/Proyecto Oso Andino Perú. Lima, Perú.

Figueroa, J. 2003b. El oso andino en el SINANPE: Parque Nacional del Manu. II Symposium Internacional: El Manu y otras experiencias de manejo y conservación de bosques neotropicales. Cusco, Perú.

Figueroa, J., and M. Stucchi. 2003. Presencia del oso andino (*Tremarctos ornatus*) en los bosques secos de la Zona Reservada de Laquipampa y áreas adyacentes, Lambayeque. Libro de Resúmenes del I Congreso Internacional de Bosques Secos. Piura, Perú.

Fitzpatrick, J. W. and D. F. Stotz. 1997. A new species of tyrannulet (*Phylloscartes*) from the Andean foothills of Peru and Bolivia. Pages 37-44 in Remsen, J. V., Jr. (ed.). Studies in Neotropical Ornithology Honoring Ted Parker. Ornithological Monographs 47. Washington DC: American Ornithologists Union.

Fjeldsa, J., and N. Krabbe. 1990. Birds of the high Andes. Zoological Museum, Svendborg: Zoological Museum, University of Copenhagen and Apollo Books.

Foster, R.B. 1990. The floristic composition of the Rio Manu floodplain forest. Pages 99-110 in Gentry, A.H. (ed.) Four Neotropical Rain Forests. New Haven: Yale University Press.

Foster, R. B. and H. Beltran. 1997. Vegetation and flora of the eastern slopes of the Cordillera de Cóndor. Pages 44-58, 62 in Schulenberg, T. and K. Awbrey (eds.). The Cordillera de Cóndor region of Ecuador and Peru: A biological assessment. RAP Working Papers 7. Washington DC: Conservation International.

Franke, I., J. Mattos, C. Mendoza and T. Pequeño. 2003. Redescubrimiento de Cacicus koepckeae (Icteridae: Passeriformes) en Camisea (Cuzco, Perú). Libro de resúmenes, XII Reunión Científica del ICBAR-UNMSM. Lima, Perú.

Gerhart, N. G. 2004. Rediscovery of the Selva Cacique (Cacicus koepckeae) in southeastern Peru with notes on habitat, voice and nest. Wilson Bulletin 116: 74-82.

Halffter, G., M.E. Favila, and V. Halffter. 1992. A comparative study of the structure of the scarab guild in Mexican tropical rain forests and derived ecosystems. Folia Entomologica Mexicana (84): 131-156.

Hanski, I. 1989. Dung Beetles. Pages 489-511 in H. Lieth and J.A. Wagner (eds.), Ecosystems of the World, 14b, Tropical Forests. Amsterdam: Elsevier.

Henle, K., and A. Ehrl. 1991. Zur Reptilienfauna Perus nebst Beschreibung eines neuen Anolis (Iguanidae) und zweier neuer Schlangen (Colubridae). Bonner Zoologische Beiträge 42(2): 143-180.

Hershkovitz, P. 1977. Living New World Monkeys (Platyrrhini). Vol. 1. Chicago: The University of Chicago Press.

Hidalgo, M. 2003. Evaluación biológica de helipuertos Sísmica 3D en el Lote 88: Grupo Peces. Informe Técnico para ACPC y Pluspetrol. Lima, Perú.

Hidalgo, M. and R. Olivera. 2004. Peces de la región del Ampiyacu, Apayacu, Yaguas y Medio Putumayo. Pages 62-67 in N. Pitman, R. C. Smith, C. Vriesendorp, D. Moskovits, R. Piana, G. Knell & T. Watcher (eds.), Perú: Ampiyacu, Apayacu, Yaguas, Medio Putumayo. Rapid Biological Inventories Report 12. Chicago: The Field Museum.

Holst, B. K. 2001. Vegetation of an outer limestone hill in the Central-East Cordillera de Vilcabamba, Perú. Pages 80-84 in L. E. Alonso, A. Alonso, T. S. Schulenberg, and F. Dallmeier (eds.), Biological and social assessments of the Cordillera de Vilcabamba, Perú. RAP Working Papers 12 and SI/MAB Series 6. Washington DC: Conservation International.

Howden, H. F. and V. G. Nealis 1975. Effects of clearing in a tropical rain forest on the composition of the coprophagous scarab beetle fauna (Coleoptera). Biotropica 7(2): 77-83.

Icochea, J., E. Quispitupac, A. Portilla and E. Ponce. 2001. Amphibians and reptiles of the southern Vilcabamba Region, Peru. Pages 131-137 in L. E. Alonso, A. Alonso, T. S. Schulenberg, and F. Dallmeier (eds.), Biological and social assessments of the Cordillera de Vilcabamba, Perú. RAP Working Papers 12 and SI/MAB Series 6. Washington DC: Conservation International.

INRENA (Instituto Nacional de Recursos Naturales). 2003. Categorización de especies amenazadas de fauna silvestre. D. S. 034-2004-AG. Lima: INRENA. Available at www.inrena.gob.pe.

IUCN. 2003. Red list of globally threatened plants and animals. Published on the internet at www.redlist.org.

Köhler, G. 2003. Two new species of Euspondylus (Squamata: Gymnophthalmidae) from Peru. Salamandra 39(1): 5-20.

Krabbe, N., and T. S. Schulenberg. 1997. Species limits and natural history of Scytalopus tapaculos (Rhinocryptidae), with descriptions of the Ecuadorian taxa, including three new species. Pages 47-88 in J. V. Remsen, Jr. (ed.), Studies in Neotropical Ornithology honoring Ted Parker. Ornithological Monographs 48.

Kratter, A. W. 1997. Bamboo specialization by Amazonian birds. Biotropica 29: 100-110.

Leite, R., H. Beck and P. Velazco. 2003. Mamíferos terrestres y arbóreos de la selva baja de la Amazonía peruana: Entre los ríos Manu y Alto Purús. Pages 109-122 in R. Leite, N. Pitman and P. Alvarez (eds.), Alto Purús: Biodiversidad, conservación y manejo. Lima: Center for Tropical Conservation.

Lötters, S., W. Haas, S. Schick and W. Böhme. 2002. On the systematics of the harlequin frogs (Amphibia: Bufonidae: Atelopus) from Amazonia. II. Redescription of Atelopus pulcher (Boulenger, 1882) from the eastern Andean versant in Peru. Salamandra 38(3): 165-184.

Lowery, G. H., Jr., and J. P. O'Neill. 1965. A new species of Cacicus (Aves, Icteridae) from Peru. Occasional Papers of the Museum of Zoology, Louisiana State University 33: 1-5.

Mazar Barnett, J., G. M. Kirwan, and J. Minns. 2004. Neotropical notebook (other records received). Cotinga 21: 84-87.

Mitchell, C. 1998. Lista completa de especies de mamíferos que se saben que habitan en la Reserva de la Biósfera del Manu. Pages 256-260 in K. MacQuarrie (ed.), Peru's Amazonian Eden: Manu National Park and Biosphere Reserve. Barcelona: Francis O. Patthey e Hijos.

Mittal, I. C. 1993. Natural manuring and soil conditioning by dung beetles. Tropical Ecology 34(2): 150-159.

Myers, N., R. A. Mittermeier, C. G. Mittermeier, G. A. B. da Fonseca, and J. Kent. 2000. Biodiversity hotspots for conservation priorities. Nature 203: 853-858.

Orejuela, J., and J. Jorgenson. 1996. Plan de acción del oso andino. Encuentro nacional sobre conservación y manejo del oso andino. Bogota: Ministerio del Medio Ambiente, Colombia.

Ortega, H. & R. P. Vari. 1986. Annotated checklist of the freshwater fishes of Peru. Smithsonian Contributions to Zoology 437: 1-25.

Ortega, H. 1992. Biogeografía de los peces de las aguas continentales del Perú, con especial referencia a especies registradas a altitudes superiores a los 1000 m. Pages 39-45 in K. R. Young and N. Valencia (eds.), Biogeografía, Ecología y Conservación del Bosque Montano del Perú. Memorias del Museo de Historia Natural UNMSM 21: 39-45.

Ortega, H. 1996. Ictiofauna del Parque Nacional del Manu. Pages 453-482 in D. E. Wilson and A. Sandoval (eds), Manu: the Biodiversity of Southeastern Perú. Washington DC: Smithsonian Institution.

Ortega, H., and F. Chang. 1997. Ichthyofauna of the Cordillera del Condor. Pages 88-89 and 210-211 in T. S. Schulenberg and K. Awbrey (eds.), The Cordillera del Condor region of Ecuador and Peru: A biological assesment. RAP Working Papers 7. Washington DC: Conservation International.

Ortega, H., M. Hidalgo, N. Salcedo, E. Castro, and C. Riofrio. 2001. Diversity and Conservation of Fish of the Lower Urubamba Region, Peru. Pages 143-150 in A. Alonso, F. Dallmeier and P. Campbell (eds.), Urubamba: the Biodiversity of a Peruvian Rainforest. SI/MAB Series 7. Washington DC: Smithsonian Institution.

Ortega, H., M. Hidalgo, and G. Bertiz. 2003. Peces del río Yavarí. Pages 59-63 in N. Pitman, C. Vriesendorp, and D. Moskovits (eds.), Perú: Yavarí. Rapid Biological Inventories Report 11. Chicago: The Field Museum.

Pacheco, V., B. D. Patterson, J. L. Patton, L. H. Emmons, S. Solari, and C. F. Ascorra. 1993. List of mammal species known to occur in Manu Biosphere Reserve, Peru. Publicaciones del Museo de Historia Natural, UNMSM (A) 44:1-12.

Pacheco, V., H. de Macedo, E. Vivar, C. F. Ascorra, R. Arana-Cardo and S. Solari. 1995. Lista anotada de los mamíferos peruanos. Occasional Papers in Conservation Biology, Conservation International 2: 1-35.

Parker, T. A., III and J. P. O'Neill. 1980. Notes on little known birds of the upper Urubamba Valley, southern Peru. Auk 97: 167-176.

Parker, T. A., III, S. A. Parker, and M. A. Plenge. 1982. An annotated checklist of Peruvian birds. Vermilion, S.D: Buteo Books.

Parker, T. A., III and W. Wust. 1994. Birds of the Cerros del Távara (300-900 m). Pages 83-90 in Foster, R. B., J. L. Carr, and A. B. Forsyth (eds.). The Tambopata-Candamo Reserved Zone of southeastern Perú: a biological assessment. RAP Working Papers 6. Washington DC: Conservation International.

Pequeño, T., E. Salazar, and C. Aucca. 2001. Birds of the southern Vilcabamba region, Peru. Pages 98-104 in L. E. Alonso, A. Alonso, T. S. Schulenberg, and F. Dallmeier (eds.), Biological and social assessments of the Cordillera de Vilcabamba, Perú. RAP Working Papers 12 and SI/MAB Series 6. Washington DC: Conservation International.

Peters, J. L. and J. A. Griswold, Jr. 1943. Birds of the Harvard Peruvian Expedition. Bulletin of the Museum of Comparative Zoology 92:279-327.

Peyton, B. 1980. Ecology, distribution and food habits of spectacled bear, Tremarctos ornatus, in Peru. Journal of Mammalogy 61(4): 639-652.

Peyton, B. 1983. Uso de hábitat por el oso frontino en el Santuario Histórico de Machu Picchu y zonas adyacentes en el Perú. Libro de resúmenes del IX Simposio Conservación y Manejo Fauna Silvestre Neotropical. Arequipa, Perú.

Peyton, B. 1987. Criteria for assessing habitat quality of the spectacled bear in Machu Picchu, Peru. International Conference on Bear Research and Management. Ursus 7: 135-143.

Peyton, B. 1999. Spectacled bear conservation action plan. Pages 157-198 in C. Servheen, S. Herrero and B. Peyton (eds.), Bears: Status survey and conservation action plan. Switzerland and Cambridge, UK: UICN/SSC Bear Specialist Group.

Pitman, N., R. Foster, and R. Aguinda. 2001. Endemic plants. Pages 135-138 in Pitman, N., D. K. Moskovits, W. S. Alverson, and R. Borman A. (eds.). Ecuador: Serranías Cofán-Bermejo, Sinangoe. Rapid Biological Inventories Report 3. Chicago: The Field Museum.

Redford, K.H. and J.G. Robinson. 1991. Subsistence and commercial uses of wildlife in Latin America. Pages 6-23 in J.G. Robinson and K.H. Redford (eds.), Neotropical wildlife use and conservation. Chicago: The University of Chicago Press.

Reeder, T. W. 1996 A new species of *Pholidobolus* (Squamata: Gymnophtalmidae) from the Huancabamaba depression of Northern Peru. Herpetologica 52(2): 282-289.

Reynoso Vizcaino, P. and H. Helberg Chávez. 1986. Primer Estudio Etnográfico del Grupo Etnico Yura o Nahua. Lima, Perú.

Ridgely, R.S. and P. Greenfield. 2001. The birds of Ecuador: Field Guide. Ithaca: Comstock Publishing Associates.

Rivadeneira, C. 2001. Dispersión de semillas por el oso andino y elementos de su dieta en la región de Apolobamba–Bolivia. Tesis de Licenciatura. La Paz, Bolivia: Universidad Mayor San Andrés.

Rivera Chávez, L. 1992. Área de influencia del proyecto gas de Camisea; Territorio indígena. Libreta de campo. Lima: CEDIA.

Rivera Chávez, L. 1998. Estudio etnográfico del grupo Kugapakori. Lima: CEDIA.

Robbins, M.B., and S.N.G. Howell. 1995. A new species of pygmy-owl (Strigidae: *Glaucidium*) from the eastern Andes. Wilson Bulletin 107(1): 1-6.

Rodríguez, J., and J. Amanzo. 2001. Medium and large mammals of the Southern Vilcabamba Region, Peru. Pages 117-126 in L.E. Alonso, A.Alonso, T. S. Schulenberg, and F. Dallmeier (eds.), Biological and social assessments of the Cordillera de Vilcabamba, Perú. RAP Working Papers 12 and SI/MAB Series 6. Washington DC: Conservation International.

Rodríguez, L. 2001. The Herpetofauna of the northern Cordillera de Vilcabamba, Peru. Pages 127-130 in L.E. Alonso, A. Alonso, T.S. Schulenberg, and F. Dallmeier (eds.), Biological and social assessments of the Cordillera de Vilcabamba, Perú. RAP Working Papers 12 and SI/MAB Series 6. Washington DC: Conservation International.

Ron, S.R, W.E. Duellman, L.A. Coloma, and M.R. Bustamante. 2003. Population decline of the Jambato toad *Atelopus ignescens* (Anura, Bufonidae) in the Andes of Ecuador. Journal of Herpetology 37:116-126.

Rylands, A., R. Mittermeier and E. Rodriguez-Luna. 1997. Conservation of Neotropical primates: Threatened species and an analysis of primate diversity by country and region. Folia Primatologica 68: 134-160.

Salcedo, N. 1998. Ictiofauna de la cuenca del río Perené. Tesis de Licenciatura. Lima, Perú: Universidad Nacional Mayor de San Marcos.

Schuchmann, K.L. 1999. Family Trochilidae (hummingbirds). Pages 468-680 in del Hoyo, J, A. Elliott, and J. Sargatal (eds.). Handbook of the birds of the world, volume 5: Barn-owls to hummingbirds. Barcelona: Lynx Editions.

Schulenberg, T.S., C.A. Marantz, and P.H. English. 2000. [compact disk] Voices of Amazonian birds. Birds of the rainforest of southern Peru and northern Bolivia. Volume three: antbirds (Formicariidae) through jays (Corvidae). Ithaca: Laboratory of Ornithology, Cornell University.

Schulenberg, T.S., and G. Servat. 2001. Avifauna of the northern Cordillera de Vilcabamba, Peru. Pages 92-96 in L.E. Alonso, A. Alonso, T.S. Schulenberg, and F. Dallmeier (eds.), Biological and social assessments of the Cordillera de Vilcabamba, Perú. RAP Working Papers 12 and SI/MAB Series 6. Washington DC: Conservation International.

Schulenberg, T.S. 2002. Birds. Pages 141-148 in N. Pitman, D.K. Moskovits, W.S. Alverson, and R. Borman A. (eds.), Ecuador: Serranías Cofán- Bermejo, Sinangoe. Rapid Biological Inventories: 03. Chicago: The Field Museum.

Servat, G.P. 1996. An annotated list of birds of the BIOLAT Biological Station at Pakitza, Perú. Pages 555-575 in Wilson, D.E. and A. Sandoval (eds.). Manu: the biodiversity of southeastern Peru. Washington DC: Smithsonian Institution.

Shepard, G., and A. Chicchón. 2001. Resource use and ecology of the Matsigenka of the eastern slopes of the Cordillera de Vilcabamba, Peru. Pages 164-174 in L. E. Alonso, A. Alonso, T. S. Schulenberg, and F. Dallmeier (eds.), Biological and social assessments of the Cordillera de Vilcabamba, Perú. RAP Working Papers 12 and SI/MAB Series 6. Washington DC: Conservation International.

Shinai-Serjali, S. 2001. Tenencia de tierras y uso de recursos en el Alto Mishagua, Sudeste del Perú, Informe Preliminar. Lima, Perú.

Solari, S., E. Vivar, P. Velazco and J. Rodríguez. 2001. Small mammal diversity from several montane forest localities (1300-2800 m) on the eastern slope of the Peruvian Andes. Pages 110-116, 262-264 in L.E. Alonso, A. Alonso, T.S. Schulenberg, and F. Dallmeier (eds.), Biological and social assessments of the Cordillera de Vilcabamba, Perú. RAP Working Papers 12 and SI/MAB Series 6. Washington DC: Conservation International.

Spector, S., and A. B. Forsyth 1998. Indicator taxa for biodiversity assessment in the vanishing tropics. Conservation Biology Series, Conservation International 1: 181-209.

Stearman, A. M., and K. H. Redford. 1995. Game management and cultural survival: the Yuqui ethnodevelopment project in lowland Bolivia. Oryx 29: 29-34.

Terborgh, J., and J. S. Weske. 1975. The role of competition in the distribution of Andean birds. Ecology 56(3): 562-576.

Tewes, M. E. and D. J. Schmidly. 1987. The neotropical felids: Jaguar, ocelot, margay and jaguarundi. Pages 697-711 in Novak, M (ed.), Wild furbearer management and conservation in North America. Ontario: Ontario Trappers Association.

Tryon, M., and R. Stolze. 1994. Pteridophyta of Peru. Part VI. Fieldiana: Botany, New Series no. 34.

Vari, R. P. 1998. Higher level phylogenetic concept within Characiforms (Ostariophysi), a historical review. Pages 111-122 in L. R. Malabarba, R. E. Reis, R. P. Vari, Z. M. S. de Lucena and C. A. S. de Lucena (eds.), Phylogeny and Classifications of Neotropical Fishes. Porto Alegre: EDIPUCRS.

Vari, R. P., A. Harold and H. Ortega. 1998. *Creagrutus kunturus*, a new species of Characoid fishes from the Ecuadorean and Peruvian area in the Western Andes. Ichthyological Exploration of Freshwaters 6(4): 289-296.

Vickers, W. T. 1991. Hunting yields and game composition over ten years in an Amazon Indian territory. Pages 53-81 in J. G. Robinson and K. H. Redford (eds.), Neotropical wildlife use and conservation. Chicago: The University of Chicago Press.

Voss, R., and L. H. Emmons. 1996. Mammalian diversity in Neotropical lowland rainforests: A preliminary assessment. Bulletin of the American Museum of Natural History 230: 1-115.

Walker, B. 2002. Field guide to the birds of Machu Picchu, Peru. Lima: PROFONANPE.

White, T. G., and Alberico, M. S. 1992. *Dinomys branickii*. Mammalian Species 410: 1-5.

Wilson, D. E., and A. Sandoval (eds.). 1996. Manu: the Biodiversity of Southeastern Perú. Washington DC: Smithsonian Institution.

Yerena, E. 1994. Parques nationales y conservación ambiental. Corredores ecológicos en los Andes de Venezuela. Fundación Polar: 17-18.

Young, K. R. 1990. Dispersal of *Styrax ovatus* seeds by the Spectacled Bear (*Tremarctos ornatus*). Vida Silvestre Neotropical 2(2): 68-69.

Young, K. R. 1991. Floristic diversity on the eastern slopes of the Peruvian Andes. Candollea 46: 125-143.

Alverson, W. S., D. K. Moskovits, and J. M. Shopland (eds.).
2000. Bolivia: Pando, Río Tahuamanu. Rapid Biological
Inventories 01. Chicago: The Field Museum.

Alverson, W. S., L. O. Rodríguez, and D. K. Moskovits (eds.).
2001. Perú: Biabo Cordillera Azul. Rapid Biological
Inventories 02. Chicago: The Field Museum.

Pitman, N., D. K. Moskovits, W. S. Alverson, and R. Borman A.
(eds.). 2002. Ecuador: Serranías Cofán–Bermejo, Sinangoe.
Rapid Biological Inventories 03. Chicago:
The Field Museum.

Stotz, D. F., E. J. Harris, D. K. Moskovits, Ken Hao, Yi Shaoling,
and G. W. Adelmann (eds.). 2003. China: Yunnan, Southern
Gaoligongshan. Rapid Biological Inventories 04. Chicago:
The Field Museum.

Alverson, W. S. (ed.). 2003. Bolivia: Pando, Madre de Dios.
Rapid Biological Inventories Report 05. Chicago:
The Field Museum.

Alverson, W. S., D. K. Moskovits, and I. C. Halm (eds.). 2003.
Bolivia: Pando, Federico Román. Rapid Biological Inventories
Report 06. Chicago: The Field Museum.

Pitman, N., C. Vriesendorp, and D. Moskovits (eds.). 2003.
Perú: Yavarí. Rapid Biological Inventories Report 11.
Chicago: The Field Museum.

Pitman, N., R. C. Smith, C. Vriesendorp, D. Moskovits,
R. Pianza, G. Knell, and T. Wachter (eds.). 2004.
Perú: Ampiyacu, Apayacu, Yaguas, Medio Putumayo.
Rapid Biological Inventories Report 12. Chicago:
The Field Museum.